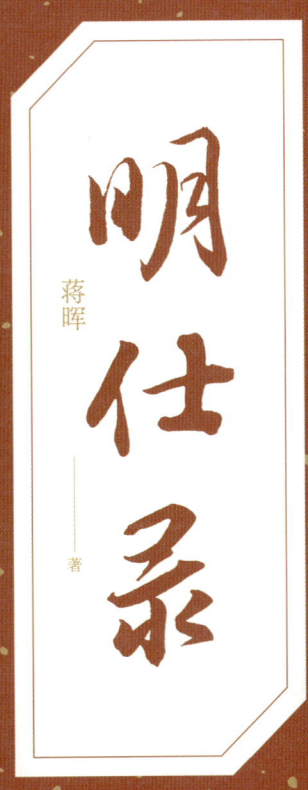

明仕录

蒋晖 著

图书在版编目（CIP）数据

明仕录 / 蒋晖著 . -- 北京：中信出版社，2025.
7. -- ISBN 978-7-5217-7231-9
Ⅰ. B834.3
中国国家版本馆 CIP 数据核字第 2024PQ8992 号

明仕录

著者：	蒋晖
出版发行：	中信出版集团股份有限公司
	（北京市朝阳区东三环北路 27 号嘉铭中心　邮编　100020）
承印者：	北京盛通印刷股份有限公司

开本：880mm×1230mm 1/32　　印张：19.75　　字数：600 千字
版次：2025 年 7 月第 1 版　　印次：2025 年 7 月第 1 次印刷
书号：ISBN 978-7-5217-7231-9
定价：199.00 元

版权所有·侵权必究
如有印刷、装订问题，本公司负责调换。
服务热线：400-600-8099
投稿邮箱：author@citicpub.com

明朝：风雅又俗气 物质又清高（序言）

明朝既有闭关锁国，藩王权贵土地兼并、生活荒淫，北方蒙古贵族南扰，倭寇入侵，战乱四起，也有郑和下西洋的壮阔航行，进入大航海时代的全球贸易，明朝的丝绸、瓷器、茶叶，带着东方文明的智慧和创造力，传播到世界各地，并换回了巨额财富。

明朝是一个矛盾的复合体，但总体而言，这是一个接续中华文明传统，生产力发达，不断自我调整和修复的朝代。

尤其对于当时的全世界来说，明朝属于东方强盛大国，不仅人口数量第一，也是全球第一大经济体，人民安居乐业，兴农桑耕种，习礼乐诗书。到了晚明，东南地区大量人口移居海外，建立海外华人自己的社区，客观上加强了不同地域间人们的经济交流和文化传播，这在之前历史上是罕见的。

明朝的文化精英，包括官员、富商、艺术家以及山林隐士、民间高人，热衷诗文写作，游山玩水，收藏和鉴赏书法作品、古画、古籍、碑帖，喝茶闻香，讲究文房器具的制作，造园种树，设计家居，谈禅写经……他们精心设计自我空间，强调现实的愉悦享受，将艺术审美融入日常生活，形成风潮，并广为传播，影响后世。

文震亨的《长物志》、高濂的《遵生八笺》，这两种晚明时代的生活美学著述，忠实记录了明代文人的审美取向。其他一些文人的生活细节描绘，在李日华的《味水轩日记》、冯梦祯的《快雪堂日记》里得到全面的展示。这些"无用""消闲""小众"的文献，经过岁月打磨，时至今日，渐渐散发温润的光，如同一面出水日久的青铜古镜，揽镜自照可身入其境。

明朝江南文人的日常生活美学经验，有些其实离我们不远，或根本不曾离开，我们不自知而已。有些眉目，随时代变迁反而日益舒展，变得清晰。本书的写作，围绕晚明时代江南地区文人日常衣食住行的物质层面展开，进而刻画当时文人追求的精神世界、审美趣味，由外向内，从不同的侧面还原明朝人的日常生活、社会风貌。

衣食住行、日常起居，明朝人给我们留下许多细致入微的精彩描述，比如：当时有哪些流行的服饰？人们日常吃什么？为什么把鹤当宠物养？春踏青、夏避暑、秋问菊、冬围炉的养生之法是如何养成的？有哪些热门的奢侈品牌？外出旅行的装备有哪些？

今天的人们焦虑于社区、学区房，住在哪里已然是身份的体现。而在明初，朝廷根据不同社会地位对居所做出严格规制。晚明时，普通人造屋建宅逐步奢华多元，居所讲究品位，园林宅邸流行一时，文人士大夫热衷营造的美好生活空间，在江南城市、郊外、山林徐徐展开。他们选择社区有哪些标准，如何设计私家园林，时新陈设、家具款式有哪些，书房器物如何摆布，平平无奇的日用品又有哪些讲究，等等，这些曾经消逝的细节，用细致耐心的考据加以浇灌，都会在本书中呈现最初的色相与本质。

明朝人们的精神世界和艺术人生，其实丰富异常。比如，眼力和财富如何考验收藏家；从收藏品中如何窥见收藏者的爱好和精神世界；为什么昆曲家班成为上层社会的交际手段；从雅集到结社，如何发展出抚琴、赏香、啜茗、读画的文人意趣；琴、棋、茶、酒、花、香等雅事如何滋养文人的精神世界。另外，个性张扬的张岱、不为人知的隐士周履靖、富可敌国的项元汴、画风诡异的陈老莲、传奇隐士赵宧光夫妇……他们的人生是今人所好奇的另一种人生。而明代闺阁女子也有别样的魅力，她们中有大家闺秀，有人格独立的"闺塾师"，有行走江湖的奇女子，还有绕不开的秦淮风月、红颜素心……当时的人们认真追求着的艺术趣味，在今天的人们看来，也许有点奢侈，甚至不合理，那么他们的理念从何而来？这样的生活方式今天还保留了多少？

　　在全球化的今天，文化不应该只是商品的包装，更应是对身份、自我的认同。研究、继承优秀的传统文化，从观察明朝人的生活方式入手，继而体认、实践每个人认同的生活方式，这就是所谓的"美学观念"。

　　文化，就是生活方式——

　　自己喜欢、认同并享受其中的生活方式。

　　我一直生活在江南地区的苏州，这里曾经是明朝经济最发达的地区，也是文风最盛、人文荟萃之地。多年前，我从研究明代苏州园林历史、考据园林主人生平、收藏园林文物书画开始，逐步涉及明代艺术史的方方面面。生活在当时的人,不论是建设者还是品论者,他们的喜怒哀乐、青春白发,以及敢于从世俗生活中挣扎出自己的精神天地的个性,都深深吸引着我。了解古人的生活品位以及文人倡导的美学观念,对我而言,是自然而然的一个过程——煮水,投叶,舒展,看茶色如线注入杯中,碧螺春从山林进入城市,与我相遇,就是这样简单的事情。

让我们一起进入明代文人的生活世界,它风雅而俗气,物质又清高,千姿百态,好像昨天,又好像今天。

目录

第一章 衣饰 /001
吴罗宋锦：沉香色看马面裙

第二章 饮食 /021
饕餮风味：带骨鲍螺玫瑰酒

第三章 茶事 /035
大道至简：听松竹炉惠山泉

第四章 岕茶 /049
神秘岕茶：粗枝大叶天下绝

第五章 虎丘茶 /065
倚天屠龙：虎丘天池松萝茶

第六章 香料 /081
香料传奇：龙涎伽南沉香片

第七章 香事 /097
制香秘方：空熏隔火蒸花果

第八章 香炉 /111
光怪陆离：潘炉胡炉宣德炉

第九章 香具 /125
焚香七要：香盒香瓶金蒳绘

第十章 赏画 /137
文人赏画：手卷册页与屏风

第十一章 藏画 /153
古画传奇：题跋借观与钤印

第十二章 插花 /165
古铜插花：滚水肉汤爱梅花

第十三章 花事 /179
牡丹荷花：刹那断送十分春

第十四章 养宠 /191
宫廷萌宠：狸猫朱鱼富贵图

第十五章 珍禽 /203
鹤鹿同春：海外鹦鹉倒挂鸟

第十六章 医药 /219
养生摄护：静坐延年江湖行

第十七章　养生 /231
遵生八笺：百病百药少抑郁

第十八章　商铺 /241
明代店铺：玉兰花露孙春阳

第十九章　折扇 /257
清风徐来：怀袖雅物书画扇

第二十章　手炉 /267
张鸣岐炉：不惜袭蹄金一饼

第二十一章　泛舟 /275
卧游漫游：泛凫江湖逍遥行

第二十二章　游船 /287
画舫游船：水上书房与园林

第二十三章　异域 /301
海外见闻：利玛窦与李日华

第二十四章　造园 /313
筑圃见心：湖山梦里快雪堂

第二十五章　山中园 /325
栖岩幽居：山中隐士雅与俗

第二十六章　城中园 /341
城市山林：闹市之中好修行

第二十七章　山师 /355
叠石山师：园林设计魔术师

第二十八章　园中水 /365
人造瀑布：云在青天水在园

第二十九章　太湖石 /377
一峰独秀：仙山气质太湖石

第三十章　灵璧石 /389
片石有情：十面灵璧非非想

第三十一章　雨花石 /405
灵岩宝玉：醉石斋中雨花石

第三十二章　大理石 /419
天然石画：一片苍山在大理

第三十三章 黄花梨 /431
明代家具：文人设计黄花梨

第三十四章 斑竹榻 /445
皇帝木匠：折叠家具斑竹榻

第三十五章 天然几 /459
流云仙槎：隐几奇物蝶几图

第三十六章 吴孺子 /471
文人制造：破瓢道人吴孺子

第三十七章 古籍 /485
宋版第一：最是人间留不住

第三十八章 版画 /499
萝轩变古：木刻版画黄金期

第三十九章 清玩 /513
清玩大会：家家都有倪云林

第四十章 藏家 /527
最佳损友：王世贞与项元汴

第四十一章 制壶 /541
鬼斧神工：时壶黄锡昊十九

第四十二章 巧工 /557
天生高手：工匠人生也风流

第四十三章 露香园 /573
顾绣针神：露香园中女主人

第四十四章 奇书 /585
文家淑女：金石昆虫草木状

第四十五章 戏曲 /597
昆曲奢靡：绕梁三日水磨腔

后记 /609

第一章 衣饰

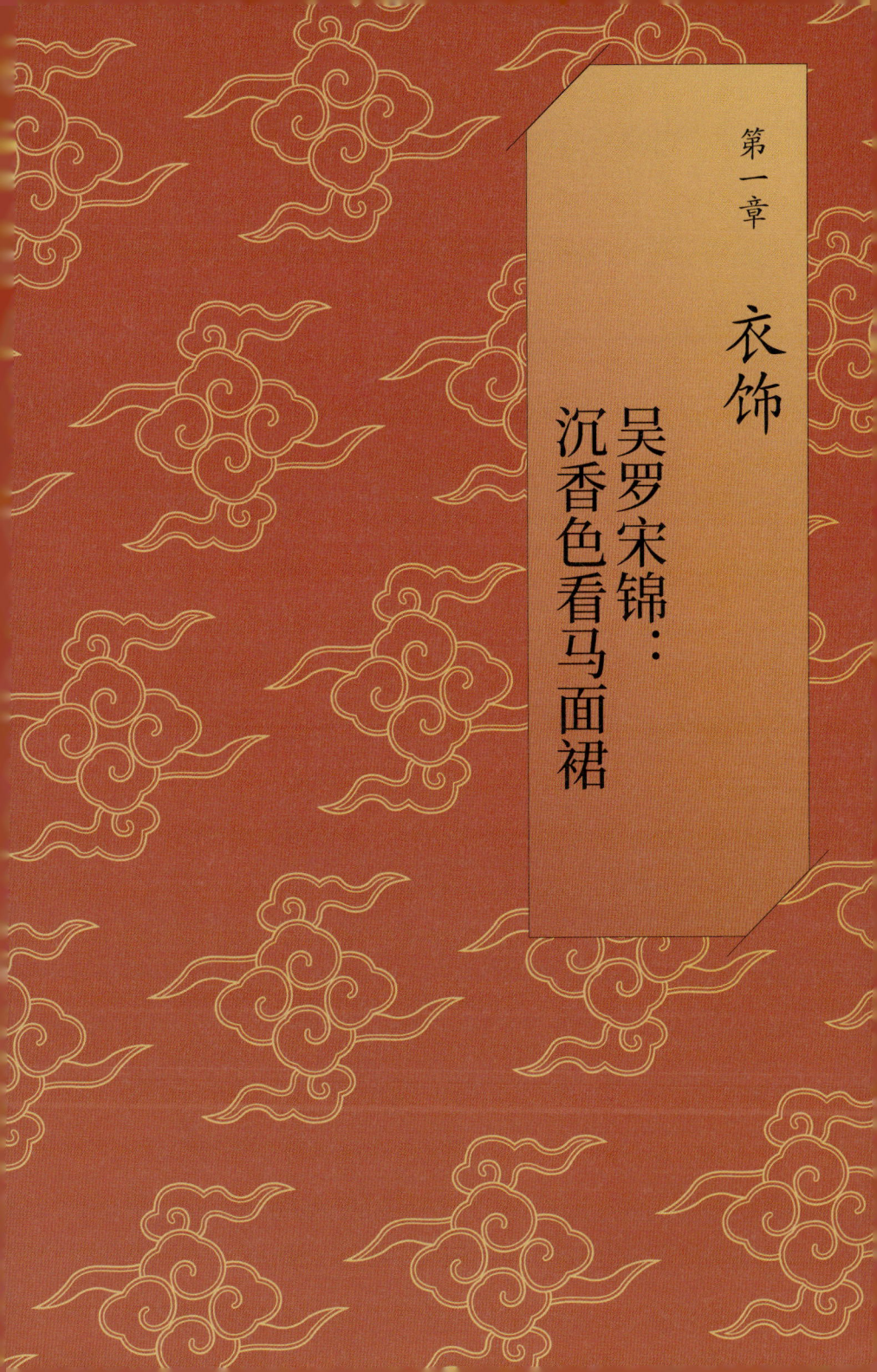

吴罗宋锦：沉香色看马面裙

从洪武元年（1368）朱元璋开创明朝，到崇祯十七年（1644）朱由检殉国，明朝历时 276 年。

所谓"汉家衣冠"庄严辉煌，明代服饰绚丽多彩，而晚明的文人服饰相比之前更为独特，可以反映出晚明社会风尚的变迁。

先说面料。明代南北各地除了寻常布匹，还盛行"绫罗绸缎"等高级面料。以江南为中心，苏州、杭州、松江、嘉兴、湖州都是丝绸的重要产地。朱元璋曾经下令，农民家里有五亩田必须栽种桑麻、棉花各半。明代纺织业规模、丝绸工艺水平都是有史以来的巅峰。纺织品有绢、纱、罗、锦等传统的织物，也有苎丝、改机、丝绒等创新品种。

纺

采用平纹组织，经、纬丝不加捻或加弱捻，采用生织工艺织制而成的外观平整缜密、质地较轻薄的素、花丝织物。一般采用不加捻桑蚕丝、人造丝、锦纶丝、涤纶丝等原料织制，也有以长丝为经丝，人造棉、绢纺纱为纬丝交织的产品。有平素生织的，如电力纺、无光纺、尼龙纺、涤纶纺和富春纺等；也有色织和提花的，如伞条纺、彩格纺和花富纺等。

绉

采用平纹组织、绉组织或其他组织，运用加捻等各种工艺条件（如经、纬丝加捻，经、纬丝张力差异，经、纬丝缩率不一样，轧纹处理，等等），使织物成品外观呈现出明显绉效应，并富有弹性的花、素丝织物。如轻薄透明似蝉翼的乔其绉（纱），中薄型的双绉、花绉、碧绉、香葛绉，中厚型的缎背绉、留香绉、柞丝绉，等等。

缎

织物的全部或大部分采用缎纹组织，绸面平整光亮的花、素丝织物。一般原料采用桑蚕丝、黏胶长丝或合纤长丝，如用桑蚕丝与黏胶丝交织的花、素软缎等。

绫

采用斜纹组织或斜纹变化组织，绸面具有明显斜向纹路，或不同斜向组成的山形、条格形以及阶梯形等花纹的丝织物。质地轻薄，亦有中型偏薄的，一般采用单经、单纬织造，如真丝斜纹绸、人丝斜纹绸、涤丝绫等。

纱

采用绞纱组织，绸面地纹或花纹的全部或部分构成均匀分布的孔眼及不显条状的花、素丝织物。如窗帘纱、面纱、筛绢、庐山纱等。

罗

全部或部分采用罗组织，使织物构成等距或不等距条状孔眼的花、素丝织物。如应用罗组织使织物经向构成一行孔眼，各行孔眼组成等距或不等距直条形状的花织物，称为直罗；应用罗组织使织物纬向构成一行孔眼，各行孔眼组成等距或不等距横条形状的花织物，称为横罗。典型品种如杭罗等。

绒

采用经起绒或纬起绒组织，绸面地纹或花纹的局部或全部形成绒毛或绒圈的丝织物。质地柔软，色泽鲜艳光亮，绒毛、绒圈紧密，耸立或平卧。如乔其绒、乔其立绒、彩经绒、天鹅绒、漳绒和灯芯绒等。

绡

采用平纹组织或假纱（透孔）组织为地纹，经纬密度小，质地轻薄、透明的花、素丝织物。经纬常用不加捻或加中、弱捻的桑蚕丝、黏胶丝、锦纶丝、涤纶丝等，生织后再经练、染色或印花整理，或者是生丝先练、染后熟织，织后不需整理。如头巾绡、建春绡、明月绡、尼涤绡、条花绡等。

锦

采用缎纹组织、斜纹组织、平纹组织等，经纬无捻或加弱捻，色织多重经或纬结构，绸面外观绚丽多彩、精致典雅的色织提花丝织物。如宋锦、云锦、蜀锦、彩库锦等。

呢

采用绉组织、平纹组织、斜纹组织或混用基本组织、变化组织，应用较粗的经、纬丝线，绸面粗犷不光亮、质地丰厚有毛型感的丝织物。运用绉组织构成的"呢"，表面有颗粒，凹凸明显，光泽柔和，绉纹丰满，质地松软厚实。如五一呢、素花呢等。

葛

采用平纹组织、经重平组织或急斜纹组织，一般经细纬粗、经密纬疏，绸面有明显均匀横向凸条纹，质地厚实缜密的花、素丝织物。一般经纬不加捻，如采用纬面斜纹时，织物反面呈缎背状。如素文尚葛、花文尚葛、明罗尚葛等。

绨

采用平纹组织，各种长丝作经，棉、蜡纱或其他短纤纱作纬，质地较粗厚的花、素丝织物。如素线绨、线绨被面等。

绢

采用平纹或平纹变化组织，经纬先精练、染色或部分染色后进行色织或半色织套染的丝织物，一般经丝加捻、纬丝不加捻或经、纬丝均加弱捻，质地较轻薄，绸面细密、平整、挺括、光泽柔和。如真丝素塔夫、花塔夫等。

绸

织物地部采用平纹组织或各种变化组织，或同时混用多种组织（三原组织和变化组织，但纱、罗、绒组织除外），无其他十三大类织物特征的各类、花素丝织物。如涤棉绸、锦格绸、华挺绸、织绣绸、益民绸、双花绸等。[1]

缎起源于宋朝，称为"苎丝"，明朝改称"缎子"。缎子花纹有暗花、光束、金丝、彩妆等，品类繁多。据崇祯《吴县志》记载，吴县生产的最上等缎子叫作"清水缎"，次一等为"倒挽缎"，再次一等为"丈八头缎"。缎子是明代最流行的高档面料，有一种独特的"闪缎"，穿在身上随主人行动坐卧闪闪发光，不同角度有颜色的细微变化，所以叫"闪缎"。"闪缎"工艺采用经纬不同颜色的丝线制作，面料从不同角度看有"闪光"效果，而"闪光"的色彩组合也经过事先设计，如"红闪绿""蓝闪紫""石青闪月白"……这种经纬丝线异色搭配的技艺，后来也被运用到其他丝绸产品上，如"闪绢""闪绫""闪纱""闪罗"。

明代织锦代表了当时丝织品的最高工艺水准与美学境界。工坊生产一匹锦，先要将蚕丝染色，再上机织造。锦的图案整体非常紧凑，

---

[1] 以上丝绸种类介绍，资料来源于苏州丝绸博物馆。

明代中晚期　石青地绵羊太子纹织金妆花缎　贺祈思藏　　明代晚期　绿油地凤穿花卉纹织金缎　华萼交辉楼藏　　明代晚期　红地小菱格"卍"字地杂宝纹锦　华萼交辉楼藏

浑然一体，看起来不是单一平面花纹——它有"底子"纹饰，"底子"上再织别种花纹，二者有明显区分，因此花纹具有繁复且立体的效果。也正因工艺如此考究，相比其他丝绸产品，锦的质感更为紧密、厚实，非常耐用。古人一般不舍得把它用作日常衣饰用料，往往精心设计，将织锦作为"画龙点睛"的贵重面料，用来布置陈设空间，比如制成高档家具的坐垫，楼阁、闺房的窗帘、幔帐。

明代织锦有两个著名产地——四川和苏州。"蜀锦"产自四川。蜀锦是历代皇家织染局的贡品，厚实而华美。繁复的生产工艺决定了其价格高昂：明代一匹蜀锦，仅工价就有五十多两白银之巨。明朝正德年间，蜀锦的织造技术传入江南，对苏州传统的"宋锦"工艺产生影响。何为宋锦？苏州地区的宋锦，因仿制宋代纹饰风格而得名。宋锦图案高雅，虽然只是简单的几何纹样重重叠加，但在纹样骨架间添加诸如花卉、动物等图案，层次感丰富，视觉上雍容典雅。

明代的宋锦集中产于苏州，吴地工匠借鉴了四川的蜀锦工艺，技术远超前代。苏州地区所产宋锦，有海马纹、云鹤纹、宝相花纹、方胜纹等图案，色彩缤纷但并不浓艳。庄重华贵的宋锦不仅适合用作宫廷、豪门装饰，名贵家具的垫褥，明末还出现了一种新的用途——制作高级文玩、礼品匣盒。晚明开始出现的这种装匣雅致悦目，收纳功能与审美功能完美融合。宋锦还发展出与书籍的亲密关联，文人喜欢以宋锦作为珍贵的图书装帧材料，如同欧洲藏书家喜用染色、烫金的小牛犊皮装护珍本一样，明代的善本书匣、书板以宋锦装裱、点缀，当年的士绅、文人对古书极为珍爱，所以用宋锦来抵挡江南的梅雨天气。

明代丝织品繁盛，体现了当时极高的生产工艺水平和极高的消费水平。

在传统中国社会，正式场合穿衣戴帽不是个人之事，而是属于社会秩序规范的重要组成部分，不同身份、阶层的衣饰，有国家礼制规定，不可逾越。如锦衣卫是明朝皇帝直辖的私人武装，锦衣卫的飞鱼服一直令人津津乐道。"飞鱼"其实不是指飞起来的鱼，而是一种近似龙首、鱼身、有翼的形象。飞鱼服的胸前补子有类似蟒袍的图案，后背的确有鱼鳍的纹样，似乎代表着海洋与陆地间无所不能的权势。当年万历皇帝曾经赏赐过一件飞鱼服给日本关白丰臣秀吉，这件飞鱼服至今保存完好，见证着万历援朝战争中的一段往事。在国内，山东博物馆也有孔府旧藏的一件明代锦衣卫飞鱼服。以明代军官品级而言，七品武职得以"穿蟒"绝对是一种殊荣，飞鱼服体现的是明代官员服装的森严等级。

明朝开国之初，朱元璋对于不同社会阶层的衣饰做出严格规定，王侯大臣"冠服"制度完备，士农工商等级分明，无论官员还是平民，服饰僭越都要受到处罚。比如，明朝初年崇尚简朴，不仅平民不允许穿用丝绸，甚至皇帝所穿内衣也必须用松江棉布。

晚明时期，尤其是万历一朝，随着海外远洋航线的打通，江南地

明　香色麻飞鱼贴里
山东博物馆藏

区丝织业空前发展，民间百姓穿着丝绸服装变得普遍。丝绸生产、贸易已成重要经济产业，从事丝绸生产能够获得非常大的利润。普通百姓的消费观念也发生了变化。

华亭人范濂，出生于嘉靖十九年（1540），其出版于万历二十一年（1593）的《云间据目抄》记载了本地的风俗变化，"风俗自淳而趋于薄也，犹江河之走下而不可返也"，嘉靖、隆庆后豪门贵室荒淫奢侈，服饰如巾、帽、鞋、袜、袄、裙的式样、颜色、用料变化很大，人们的发型也发生改变，甚至出现了"女装皆踵娼妓"的奇特现象。县城里的豪门公子"即下体亵服，靡匪绮縠"，内裤也用高档丝绸制作，风气所及，连平民百姓都"遂得恣意暴殄"，不顾身家，过度消费。范濂本人也反省道："余最贫，尚俭朴，年来亦强服色衣，乃知习俗移人，贤者不免。"万历时代，松江出现了许多新店铺，原先松江绝无鞋店，但万历中期，松江城东出现了许多鞋店，开始有男子从事制鞋业，鞋子样式日趋时髦，"渐轻俏精美"。江苏宜兴产一种

"史大蒲鞋"，样式精美，松江华亭许多贵公子竟以高价争购。于是宜兴地方制鞋者五六人为伙，在松江开店营业，数量达到惊人的几百家。"松江旧无暑袜店，暑月间穿毡袜者甚众。万历以来，用尤墩布为单袜，极轻美，远近争来购之。故郡治西郊，广开暑袜店百余家。"

明代隐士陈继儒（1558—1639），字仲醇，号眉公、麋公，松江府华亭人，自幼颖悟，博学，终生不仕。他编纂的《松江府志》记，本地女子发髻越来越小，有的缀有珍珠，有的佩戴龙凤翡翠饰件。倒是松江地方一些退隐官员，与文人交游，多角巾野服，从服饰上看不出等级官阶，像本地陆树声这样的高官，与僧人交往，宽袍拄杖如寻常乡野老丈，意态潇洒。然而这种情况毕竟罕见，就社会风气而言，衣饰日渐奢华，男子身穿绸缎，面料花纹日新月异，多达数十种。女子流行围肩，缀以金珠，裙子多用彩绣。

明代中叶开始，北京宫廷里贵妃、宫女流行的衣饰，大多来自苏州、杭州、南京。宫廷派出织造太监，太监获得各地流行面料、样式的资讯，转而进贡邀宠。从这个时期开始，宫中贵妃所穿戴的衣饰逐渐以江南地区流行式样为时髦，宫中流行"苏样"，也就是苏州地区民间的服装风尚。成化皇帝最宠爱的万贵妃喜欢"苏样"，派出太监到苏州地区搜罗各种珠宝首饰、"苏样"奇珍，这件事甚至引发了江南骚动。苏州衣饰较宫廷样式更为素雅，但制作考究，如明代嘉兴李日华在《紫桃轩杂缀》中曾记："硖石人积梅雨水，以二蚕茧缲丝织绸，有自然碧色，名曰'松阴色'，索上价。"

自然碧色，听起来很高级，但缲丝、染色的过程其实大费人工。李日华在《味水轩日记》卷四的"万历四十年五月二十四日"条中记载："硖石人来，言用雪水澡茧作绵，有天然碧色。织以为绸，谓之松阴色，甚雅观，但不易多得也。"李日华继而阐述自己的观点："余谓蚕食桑，肠中抽绎青苍，是其本色。特木气既极，反兼金化，故茧被白章耳。雪者，天地至洁之物，故能濯露其本色，非谬巧也。"

不论是雪水还是梅雨之水，想获得这种"雅观"，都代价不菲。宫廷对江南衣饰时尚的追求，其实代表开国之初社会质朴风气的消亡，取而代之的是日趋奢华的攀比风气。万历末年，南京乡绅顾起元感慨道，留都（南京）妇女的衣饰，"在三十年前，犹十余年一变。迩年以来，不及二三岁，而首髻之大小高低，衣袂之宽狭修短，花钿之样式，渲染之颜色，鬓发之饰，履綦之工，无不变易"。

明代文人的穿着，最重头上巾、帽。明朝开国之初，关于头巾的样式，朱元璋曾经自己设计，别出心裁制作了一款男子佩戴的头巾，名曰"四方平定巾"，名字寓意吉祥，充满政治意味。

有一张明代画家唐寅好友张灵所绘的《唐伯虎像》，画的是唐寅高中"南京解元"之后的形象。画像里唐寅戴的帽子，有点像今天藤编的"铜锣帽"，当时称作"直檐帽"，更准确的叫法是"大帽"，大帽其实代表了唐寅的举人身份。

这种帽子起源于宋代，在元代开始流行。传说明太祖朱元璋有一次在南京监考，看见参加考试的举人站在太阳底下晒得大汗淋漓，他很体贴地给每个考生一顶遮阳帽，这种遮阳"大帽"，后来成为明代举人、贡生、监生这些较高科举等级的士子的礼服。童生、秀才没有资格戴大帽。唐寅的画像，一看就知道是位"举人老爷"。戴这种帽子一般搭配穿一种圆领的衣服，并且规定必须是青色圆领，这种搭配起源于明代洪熙朝。当时的唐寅画像多头戴大帽，身穿青圆领衣服，完全符合当时国家的服饰礼制。

头巾，代表普通读书人身份。最普通的一种叫作"儒巾"，意为"儒生之巾"。唯有取得功名，至少考中秀才才可以戴，没有任何功名在身的老百姓不允许戴儒巾。秀才日常所穿名"襴衫"，明朝"襴衫"是秀才专用制服。"襴衫"又称蓝衫，表示男子的功名只限于秀才，若是蓝衫破旧，则代表了无力更换的窘境。蓝衫其实是一件比较大、比较长的深衣，到了清代或者民国时代，人们习惯把它称为"长衫"，它一直是读书人的象征。秀才们"方巾配蓝衫"的规矩，也是朱元璋开国之初所定礼制。但是晚明时代风气大变，礼部制定的规定变为一纸空文，很多秩序、规矩乱了。男子所戴的各种样式帽子、头巾千奇百怪，层出不穷。文人开始流行一种头巾叫"东坡巾"，以北宋文豪苏东坡命名，样子看起来洒脱文雅，其实也是读书人追求的一种复古之风。

"东坡巾"很快就从读书人的圈层慢慢传播出去，很多平民百姓、爱慕风雅的富人也以戴东坡巾为时髦。各种职业的社会人士，爱戴什么巾帽就戴什么巾帽，衣饰中的社会等级制度日益淡化。万历时代已不流行"晋唐形制"，还有时尚青年戴"纯阳巾"、装饰玉器等。

范濂《云间据目抄》记录晚明松江地区的情形："布袍乃儒家常服。迩年鄙为寒酸。贫者必用绸绢色衣，谓之薄华丽。而恶少且从典肆中觅旧段旧服，翻改新制，与豪华公子列坐，亦一奇也。"

明代男子日常所穿便

《唐六如先生小像》（局部）
清　方筠
上海博物馆藏

服,大多为袍、衫,穿得最多的一种叫"直裰",也称为"直身"。这种便服都是宽袍大袖,与今天衣裤分开不同,"直身"一件到底,类似今天的风衣,与道袍相似。

《观榜图》(局部)
明　仇英
台北故宫博物院藏
——
可以看出当时儒生的装扮。

明代女性服饰千姿百态,最普遍的一种为襦裙。襦裙上身是短衣,下身是裙子,束腰带。上衣长度较短,不过膝盖。上衣、下衫合称为襦裙。

明代女子穿裙风尚,也逐步发生了变化。崇祯初年,北京女子多

《嬉春图》(局部)
(传)明　孔伯明
香港中文大学文物馆藏

此图展现了典型的晚明南方仕女服饰,画的是崇祯时代的南京留都仕女在郊外游春嬉戏的景象。

穿素白色裙,裙摆上有一些刺绣作为装饰,比较简单。裙服最早有六褶,称"六幅(福)裙",有诗赞曰"裙拖六幅湘江水",此后人们似觉六幅之裙不够动人,潮流一变而成八幅。女裙这种细细的褶皱越来越多,动静相宜,穿裙走路时裙摆轻轻摆动,褶皱如秋水微澜,如果止步静立,霎时"波浪"平静无痕,淑女亭亭玉立,显得端庄大方。

近年,某国际品牌曾发生"抄袭马面裙"事件,引发华人和留学生抗议。这种褶皱裙的确传递着东方魅力,裙服刺绣精细,颜色搭配典雅,看起来古意盎然,设计足以打动今天的时尚女性。

不论古今,女性都追求自己的美好形象,凸显优雅气质。崇祯末年,江南妇女流行一种"水田衣",由衣料零拼碎补而成,这种新奇样式的女装一出,"群然则而效之"。为了显得与众不同,当时人们穿

明　蓝色缠枝四季花织金妆花缎裙
山东博物馆藏

衣装饰确实是挖空心思，包括各种各样的配饰标新立异。女子不戴头巾、不戴帽子，但是有特制的假发，可以用来佩戴不同的首饰，假发设计让她们的发饰造型可以经常改变，因此假发在当时大受欢迎。

明代染织技术突飞猛进。陈继儒编撰的《松江府志·俗变》记"染色之变"：早年本地织物染色，有大红、桃红、出炉银红、藕色红，崇祯时期流行水红、金红、荔枝红、橘皮红、东方色红。原先的沉绿、柏绿、油绿，改为水绿、豆绿、兰色绿。起初的竹根青翠蓝，到崇祯时改为天蓝、玉色、月色浅蓝。以此类推，从前的丁香、茶褐色、酱色，改为墨色、米色、鹰色、沉香色、莲子色。起初的姜黄改为鹅子黄、松花黄，大紫改为蒲萄紫。

我做《长物志》注释时，曾纠结于陈继儒提到的这个名词——沉香色。

沉香的颜色，到底是什么样的一种颜色？我翻阅了很多古代典籍,结果发现"沉香色"其实接近于褐色,但据晚明方以智的博物学著作《通雅》所记载,褐色竟然有上百种不同名称,每种特定名称都代表一点点色差,换言之,每一种深浅不一的褐色都有特定名称,比如说有朱子褐、藕丝褐、茶褐、麝香褐、鼠毛褐、葡萄褐、丁香褐……林林总总,数量惊人。从对染色的讲究,可以看到晚明人们对于服装已经到了何等极致的追求。与此相对应,当时社会风气较前朝开放的程度更高,自有其深刻背景:传统程朱理学被王阳明"心学"拥趸们所打破,新的自由观念层出不穷,导致整个社会的"自由度"显著提升。除了常规的服饰,在晚明社会还出现了两种极端不同的穿衣风尚,称为"服妖",即衣服穿得妖形怪状。

嘉靖年间,苏州张家三兄弟张凤翼、张献翼、张燕翼闻名遐迩,皆为一时名士。兄长张凤翼进士为官,是明代著名戏曲家。弟弟张献翼才华横溢,文采不输兄长,深得前辈文徵明赏识,但属于另类,是一位狂士。他晚年或许因为一直没有考中科举而变得性情偏激,做事张扬。沈德符《万历野获编》记载:"主者以三人同列稍引嫌,为裁其一,则幼予也。归家愤愤,因而好怪诞以消不平。"张献翼被考官取消功名,心态逐渐失衡,会客、出访"身披采绘荷菊之衣,首戴绯巾,每出则儿童聚观以为乐"(衣服绘有荷花、菊花图案,头戴红巾,搭配怪异跑到街上招摇)。每次出门身后都有群小孩子尾随看新鲜,或围着他拍手呼笑,张献翼不以为耻,甚至得意扬扬,有点像《天龙八部》结尾慕容复的做派。他"晚年与王稚登争名,不能胜,颓然自放,与所善张生孝资,行越礼任诞之事"。

与张献翼怪诞风格类似,晚明寺院中的一些所谓高僧,穿衣风格也是相当夸张。有一位雪浪洪恩,在中国佛教史上也很有名气,曾经重修南京的皇家寺院大报恩寺,同门中不乏德高望重的禅门龙象。雪浪在当年就是颇有争议的人物,不过他的信众非常多,上到高官,下

《青林高会图》（摹本局部）
明　黄存吾
明尼阿波利斯美术馆藏
—
从右到左（童子不算）为：董其昌、陈继儒、王稚登、张凤翼、严天池（演奏者）。最左边两位分别是赵宧光、莲池大师。①

到平民，男男女女都非常疯狂地崇拜他。雪浪在庙里有几个侍者，都很年轻，长得唇红齿白，很英俊。这些侍者穿红戴绿，衣饰妖娆，据说雪浪自己穿的内衣也颇有脂粉之气。出家人和他的侍者衣服如此世俗化，缺乏应有的威仪，由此折射出当时社会的一种奇怪现象。

　　与这种极度追求自我满足的怪诞心理、奢侈风气相比，当时有一些所谓的高士、山人，他们比较中意的穿着如道服、鹤氅，宽袍大袖，穿起来有点仙风道骨。为与道袍相配，高士们头上戴的冠、簪甚至弃用金玉，而是用一些奇怪的木头，看起来很朴素，其实用料都很

---

① 　王应奎《柳南随笔》说《青林高会图》"为黄存吾手笔，会者七人，为张伯起、王伯毂、赵凡夫、董思白、陈眉公、严天池、莲池大师，盖存吾仰慕七人，乃合绘其像于一卷，而即请思翁题署者也。七人各有诗，皆手书，惟莲公独缺。后有某公题跋，谓当精于拣择，勿滥入，恐为莲公笑，盖有所指也。或曰'指凡夫而言，以凡夫所著《说文长笺》杜撰不根，为某公所深非也！'今图藏天池后人，而诸公手书已失，仅存临本矣"。

高级。文震亨在《长物志》里面说，道袍穿起来很舒服，但是要用白布来做，颜色不要太夸张、艳俗，道袍四边还要用黑色或茶褐色的布镶边，这种日常居家服装穿起来朴素、简单，隐隐然有一种古人之风。陈继儒隐居佘山时，就是"不衫不履"，穿着随意：

背水临山，门在松阴里。草屋数间而已。土泥墙，窗糊纸。曲床木几。四面拥书史。若问主人谁姓，灌园者，陈仲子。不衫不履。短发垂双耳。携得钓竿筐筥。九寸鲈，一尺鲤。菱香酒美，醉倒芙蓉底。旁有儿童大笑，唤先生看月起。

不衫不履，是因为陈继儒青年时代就烧掉了代表秀才身份的青衿襕衫，突破了日常社会阶层的藩篱，靠修养、学识、才华赢得世人尊重，在这种旷达的人生格局下，内敛朴素的衣饰也代表着某种自由。

小时候读过一则笑话：

苏州虎丘曾经是晚明复社举行集会的地方，儒生云集千人石上，慷慨议论天下得失。钱谦益曾为东林领袖，却打开南京城门率先降清，为天下士人鄙视。顺治五年（1648），钱谦益到虎丘游玩，穿着"小领大袖"之衣。明代士人都是宽袍大袖，清代八旗骑马射箭，官服样式为小领窄袖。钱谦益这身衣服，可谓不伦不类。有一士人向他作揖，请教他为何如此穿着。钱谦益说："小领者，遵时王（清朝）之制，大袖乃不忘先朝（明朝）耳！"那个士人听了，咳嗽一声，肃然起敬道："公真可谓两朝领袖矣！"

陈继儒的宽袍大袖，比钱谦益不知潇洒多少。

《汉宫春晓图》（局部）
明　仇英
台北故宫博物院藏

《汉宫春晓图》（局部）
明 仇英
台北故宫博物院藏

第二章 饮食

饕餮风味：带骨鲍螺玫瑰酒

晚明的江南是全国财赋重地，官宦、富豪、乡下土财主、文人、寻常百姓都有各种美食追求。不论是官宦人家的饕餮宴饮，还是普通人的家常风味，或是文人推崇、明代著述中记载的特色风味，甚至是素食，无不呈现明代饮食文化的发达，各种菜肴、点心、茶酒，令人口齿生香。

明代官僚最著名的饕餮故事，是万历朝内阁首辅张居正的"无可下箸"。

万历五年（1577），张居正父亲去世，他出京奔丧，仪仗显赫如帝王銮驾。沿途地方官供奉饮馔，奇珍异味、水陆毕陈，一餐菜品过百。张居正是湖北人，又长期生活在北京，这次南下，几乎穿越了半个中国，面对一道道佳肴，居然无可下箸，目光所及，用筷子点一点、拨一拨，已望而生厌。直到来到江南，真定地方官送来的菜肴是"吴馔"，张居正吃得津津有味，说"吾至此始得一饱"。于是江南地方上的好厨子，一时被"召募殆尽"。首辅喜欢的口味，还是江南味道。晚明，苏州饮食在全国大行其道，"京师筵席，以苏州厨人包办者为尚，余皆绍兴厨人，不及格也"。

明朝食材的贵贱标准跟今天差异很大。当年王羲之换鹅是因为爱其隽美，如今潮汕狮头鹅属于地方名品，普遍做成熏鹅。在明代，只有非常富裕的人家，才能够奢侈到去吃一只鹅，鹅肉算是待客珍肴。无锡巨富安国，家中园林精美，喜好收藏书画、古籍，曾致力以铜活字印刷书籍。他家里有农庄专门养鹅，数量达几千只，每日宴客需三四只大白鹅，时人以为太过奢豪，可见鹅作为食材之珍贵。有意思的是，据传，明代御史不许食鹅，一说是朱元璋定的规矩。《涌幢小品》记载:"食品以鹅为重,故祖制:御史不许食鹅。"有人故意先去掉鹅的头尾,"伪装"成其他食材上桌,苏州方言里,鹅叫"白乌龟",如江湖切口,不知是否由此而来。

明朝普通百姓平时吃什么?明朝普通人餐桌上的菜跟今天差别不大,一样是青菜豆腐、猪肉鱼虾。当时物流不及今天发达,南北交通靠大运河运输往来,很多有保鲜要求的食材无法畅销全国,反而造就了各地特色风味的独树一帜。有些小地方还出现了稀奇古怪的菜品,颇可作为谈资。

常熟有一个地主是饕餮之徒,他挖空心思创出一道菜,名为"荤粉皮"。一般粉皮是豆制品,平常菜市场都能买到,但这道"荤粉皮"另有玄机。首先是在春天油菜花盛开的时候,专门请人去捕捞一种本地野生的甲鱼。厨师只用甲鱼最精华的裙边做原料,所以很多只甲鱼才能凑成一碗"荤粉皮"。所选甲鱼,只用常熟本地所产,长江以北的外地甲鱼味道不够好。取裙边,先稍微水煮,可轻松把裙边剔出,此时裙边上有一层黑膜,须用镊子小心撕掉,令裙边更加莹白。烹制时用猪油爆炒,加入姜末、桂皮等调料后出锅,入口芳香异常。有的食客不识货,吃到嘴里还以为真是粉皮,这个土财主得意扬扬,夸耀这道菜的戏剧性效果完美达成。地主家还有一道"鲫鱼舌"。虽然是普通鲫鱼,但要用到许多鲫鱼舌,需要专门到鱼贩处收集。鲫鱼舌用白酒去腥,用山泉水烹煮,最后放一点点细葱,这道菜其实就是醒酒汤。地主家第三道菜是"雄鸡冠"。先将鸡冠取下,用绢包裹,放入酒糟腌制一晚待用。入锅前,用麻油、甜白酒调味,辅料有嫩笋尖、新鲜松花菌,三样食材一起炒。一些客人吃了这道"雄鸡冠",往往吃不出原料是什么,这也是一道古怪的菜。

特殊的烹饪方式,也能体现身份门第,比如江南大户人家吃鲥鱼不能去鳞。有个故事是说,新媳妇嫁到大户人家,婆婆为考量其家教如何，就请她蒸一条鲥鱼，若是媳妇把鲥鱼之鳞刮干净入锅，就是穷门小户手段。结果新媳妇刮去鳞片，接着用针线把刮掉的鳞片再一片一片串起，入锅跟鱼一起蒸熟，这串鱼鳞受热化开，变成了胶原蛋白，婆婆佩服其手段，满意赞扬道："看来你们家更讲究。"一条鱼的做法，玄机如此。

朱彝尊在《食宪鸿秘》里提到一种嘉兴野味——黄雀，这种黄雀比麻雀还要小，九月稻熟，黄雀尤为肥美："秋水寻常没钓矶，秋林随意敞柴扉。八月田中黄雀啅，九月盘中黄雀肥。"当地人捕来黄雀后，将这小小的野鸟仔细加工，腌制、油炸、焖炖，装入小坛罐密封，做成馈赠远方朋友的珍贵礼物。这道费工耗时的黄雀菜肴，一直是江南乃至全国有名的野味。直到清代，康熙皇帝宠臣宋荦在苏州做官，还有嘉兴的朋友专门给他送来黄雀，宋荦也特意写了一首长诗感谢。

屠隆做过青浦知县。青浦靠近海边，《海味索隐》一书里有蚬子、江珧柱、子蟹、砺房、淡菜等十六种风味，屠隆发挥文人本事，写了各种体裁的文字，或赞或颂，或铭或歌，或笺或说，最后一一索隐考证，如鳇鱼跟黄鱼有何不同，与梅鱼相比滋味如何，福建人称鳇鱼为"小黄鱼"，鳞色灿烂。嘉靖时渔民第一次从海里打捞出鳇鱼，还以为它是怪物。

明代高濂写过一部很有意思的《遵生八笺》，提到很多食物的烹饪方法，其中有一道至今常会吃的菜——糟猪蹄，做法很简单：将猪蹄煮烂，接着把里面的大小骨头拆掉，用布将猪蹄包住，上面压上大石头，把猪蹄连皮带肉压扁，压足一晚。次日再用酒糟来制作，风味非常清淡。《遵生八笺》里也提到清蒸肉：取上好的猪肉，放在水里面煮一煮，然后切块，再用清水漂过，把肉皮割开一点让汤汁入味，将茴香、花椒、草果、桂皮等香料放进小纱布里做成调味包，扔到锅中与猪肉同煮。更难得的是，这道菜的调味还要用到鸡汁、鹅汁、珍贵的鹅汁竟要浇在猪肉上做高汤。还要放入大葱、腌菜，大火急烧，吃的时候把调味包去掉，虽谓"清蒸"，但功夫十足。

江南多水产，包括今天很有知名度的阳澄湖大闸蟹。明代文献里有文徵明吃螃蟹的故事。文徵明去北京翰林院之前，生活相当清苦，一些仰慕他的本地好友、乡贤，逢年过节会给他送一些礼物，其中有各种食物，他们送礼的时候都会有一份礼单，主人收到礼物以后会写一封信感谢。文徵明就有这么一纸书信保留下来，抱怨说螃蟹虽好，却错送到隔壁大哥处，自己没有收到，很遗憾……文学家张岱年轻时吃蟹兴致很高，曾经和朋友专门组织了一个吃蟹会。金秋时节，一人一次要吃六只螃蟹。吃螃蟹是很享受的事情，蟹的五种滋味都具备，但是要注意不能直接放到水里去煮，古人讲究一点，会把它放在笼屉里去蒸，这样的好处是蟹黄不会流到汤锅里面。如今吃螃蟹有专门的工具，据说有人吃完螃蟹，能完整复原拼出一只螃蟹的形状来，真是一种匪夷所思的吃蟹境界。

晚明时期饮宴更为奢华，明末清初的叶梦珠在《阅世编》中回忆："肆筵设席，吴下向来丰盛。缙绅之家，或宴官长，一席之间，水陆珍羞，多至数十品。即士庶及中人之家，新亲严席，有多至二三十品者，若十余品则是寻常之会矣。"

崇祯《松江府志》记"宾宴之变"，酒席大多丰盛，蔬果菜肴百种、遍陈水陆，杯盘碟碗器用精美，"金玉犀角，递相行觞"，还要

《郭索图》
明 沈周
台北故宫博物院藏

选优伶演剧，或重设酒席到别院，张灯结彩热闹到天明。作者陈继儒感叹，风俗如此，也不知道谁为滥觞。

明末松江有一士大夫笔记里说，当时本地官宦人家请客用的酒器，都是金器或是银器，还有用名贵玉石来制作的。这些酒器、食器均由江南工匠按古代器物样式打造。松江何良俊在《四友斋丛说》感慨说，自己小时候家里请客，"只是菜五色肴五品而已"，要有贵宾临门或者新女婿、新媳妇家来走亲眷，才增加几个虾蟹蚬蛤之类的水产表示隆重，一年中不过几次。而到后来，寻常宴会动辄十多道菜肴，水陆毕陈。嘉靖三十四年（1555），嘉兴著名收藏家项元汴为父亲举办八十大寿，当时供职于南京翰林院的何良俊也应邀前往。这一天，到场的宾客有二十余人，项家用一种银制的"水火炉"和金制的酒盏飨客，席间可谓闪闪发光，每一位宾客桌前皆有金台盘一副，宾客用的双螭虎大金杯每副约有十五六两。餐毕，洗面用梅花银沙锣，连漱口盂都是纯金打造的"金滴嗉"，宴席上还设有金香炉。餐具耗费如此，整场宴会的费用可想而知。项元汴财力称雄天下，这样的餐具远非寻常富户可及。

画家文徵明晚年时参加苏州士绅宴会，席间发现缺了银杯。文徵

明　金盏、托
首都博物馆藏

北京右安门外万贵墓出土，此为一套。万贵为明宪宗万贵妃父，
初为掾吏入军籍，官居锦衣卫指挥使。

明知道有人偷窃，故意说自己喜欢此银杯，为之掩盖。文老先生慈悲，处处替人着想，从侧面也看出当时宴席之靡费。

晚明文人追求简单的生活方式，饮食倡导舒适清淡，隐士则追求"仙家风味"。出家僧人常年茹素，擅长烹制清淡素食。晚明文人多喜谈禅，每与高僧交游，自家设斋招待，或去寺院随喜，素席常备，清淡饮食很有市场。当年苏东坡喜食烧笋，春笋则雅称"玉版"，"蓼茸蒿笋试春盘，人间有味是清欢"。成化朝进士、余姚人滑浩，撰写有《野菜谱》（一说为王磐所编），记录白鼓钉、剪刀股、猪殃殃、丝荞荞、牛塘利、浮蔷、水菜等约六十种野菜，如南京人爱吃的蒌蒿，滑浩说，"采蒌蒿，采枝采叶还采苗。我独采根卖城郭，城里人家半凋落"；抓抓儿，深秋时采集，晒干煮食，清香可口，滑浩赞曰，"抓抓儿，生水浊，却似瓦松初出时，须知可食不可弃，不能疗痒能疗饥"；还有清凉明目的枸杞头，"枸杞头，生高丘，实为药饵来甘州。二载淮南谷不收，采春采夏还采秋，饥人饱食如珍馐"。野菜如珍馐，灾荒之年充饥救命，平常岁月也是健康的食材。

陈继儒一直在深山隐居，对素食情有独钟，他擅长将鲜花做成菜肴：

吾山无薇蕨，然梅花可以点汤，蘑卜、玉兰可以蘸面，牡丹可以煎酥，玫瑰、蔷薇、茱萸可以酿酱，枸杞、藘葱、紫荆、藤花可以佐馔，其余豆荚、瓜蓝、菜苗、松粉，又可以补笋脯之阙。此山癯食谱也。

安徽文人、戏剧家潘之恒《广菌谱》记载了数十种菌类，包括云南"鸡坳蕈"，"土人采烘寄远，以充方物"，但是潘之恒觉得不如香蕈更有"风韵"，香蕈"其味隽永，有蕈延之意"。常熟虞山古刹兴福寺山下，至今有一种蕈油面，风味如潘之恒所说风韵隽永。平日的山地林间，野蕈不见踪迹，只有本地人知道哪些地方会有"蕈窝"，他们暗暗记下，秘而不宣，雨后前去采撷，定有收获。

文震亨《长物志》，专辟一卷谈水果、蔬菜之类的饮食。其中不乏江南特有的水生蔬菜，包括所谓水八仙，它们都是湖荡、池塘所产：茭白、藕、水芹、茨菰（慈姑）、荸荠、莼菜、水红菱、芡实（鸡头米）。水八仙是蔬菜，也是时令水果，都是寻常老百姓日常消费之物，经济实惠。

《花果图》（局部）
明　孙克弘
故宫博物院藏
——
图绘茭白、荸荠、慈姑、菱角、藕等"水八仙"，以及竹笋、杨梅、青梅、枇杷、橘子等江南蔬菜、水果。

文坛领袖王世贞,字元美,号凤洲。他晚年在弇山园安详度日,家中庭院栽有玉兰。春天玉兰花开,花尚未凋谢时,他派人将花摘下,以面粉包裹油炸,蘸蜜食用。江南人食用花卉是有传统的,最普遍的一种是桂花,桂花未落前,将地面扫干净再铺上布,收集落下的桂花,做成桂花酱,吃甜点时放一点点,能够激发甜食滋味。"水八仙"里最名贵的鸡头米,苏州人的吃法简单,只用清水煮一煮,放一点桂花酱就好。

素食也可以非常考究。万历四十二年(1614)四月,李日华有"礼白岳"(白岳即安徽齐云山)祷告神灵之行。齐云山为道教名山,明朝人尊崇"白岳"如"五岳"。入休宁境内,李日华同年金丽阳任本地按察使,闻讯请他赴宴,李日华说,这次虔诚进山礼拜,一路茹素,金大人非常热情,说"明日具蔬笋供为请"。次日李日华赴宴,"出素馔凡百事,楚楚丰洁。饤茶之物,俱以果核雕镂八宝,甚有巧思。又以蕨粉点胭脂作榴子,与真无二。休宁之俗奢而喜饰,此类是也"。素席之精巧,令他感慨万千。

无酒不成席。

明朝的酒也分为三六九等。比如宫廷御酒乃端午节、中秋节赏赐给亲近大臣所饮,宫廷御酒当然有它特殊的做法,老百姓没有机会品尝。当年在北京,一般人都知道有一种酒叫薏酒,据说比较淡。还有一种北京可饮之酒,名为易州酒,比薏酒滋味更淡。这两种酒在当时北方影响较大。明代获得最多好评的酒是"三白酒",一度风行天下。"三白"是白米、白水、白曲,取上好糯米,用泉水、好的酒曲做成。这种酒口味清淡、物美价廉,酒精度数类似米酒。正宗三白酒产地在苏州,也叫"金昌三白酒","金昌"就是"金阊",阊门一带是苏州城里最繁华的商市。范濂《云间据目抄》也提到过苏州三白酒:"华亭熟酒,甲于他郡,间用煮酒、金华酒。隆庆时,有苏人胡沙汀者,携三白酒客于松,颇为缙绅所尚,故苏酒始得名。"不同的人、不同饮酒场合,喝什么酒也有分别,陈继儒说:"甘酒以待病客,辣酒以待饮客,苦酒以待豪客,淡酒以待清客,浊酒以待俗客。"

李日华一生好酒、懂酒。他的夫人姓沈,是大家出身,《味水轩日记》记,她每年用不同原料、配方在家酿美酒,有竹叶酒、玫瑰露、菊花酒……李日华享受家酿,乐在其中。《味水轩日记》多记李日华饮酒事,凡雅集、出游、聚会,常大醉而归,次日头疼不已,以至晚年病酒,伤及目力。

万历四十年(1612)闰十一月二十七日,潘之恒拜访李日华,说起《黄海》一书正在编纂,估计足有六百卷之多。客人走后,李日华翻阅苏东坡《仇池笔记》所载数种宋代美酒,儿子李肇亨问道:"大人所饮有奇酒,亦可著乎?"

李日华回答:"余游未半天下,何足多数?"继而一一列举生平"可言之酒":

燕京双塔寺蕙茋酒;范工部光父饮余易水酒;建昌白麻姑酒;赵思日郡丞饮余

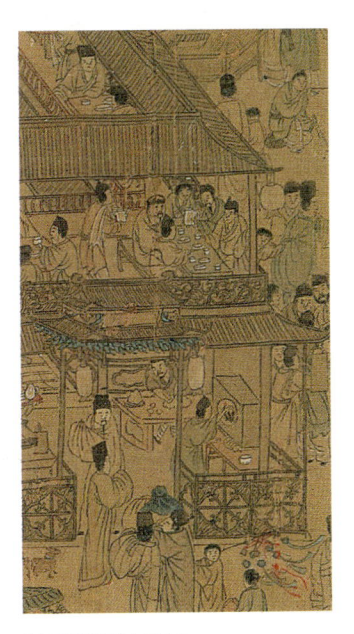

《上元灯彩图》(局部)
明 佚名
台北观想艺术中心藏

——

《上元灯彩图》描绘了晚明南京秦淮河闹市的元宵节街景盛况。图卷记录了两千多个人物,其中官员、富商、士大夫等社会上层人物是其呈现的重点。局部图中描绘的是商人制作并售卖元宵的景象。

《上元灯彩图》（局部）
明　佚名
台北观想艺术中心藏
—
图中画的是酒楼。

南海荔支酒；德化令杨紫泉饮余枣子酒，光如琥珀；又饮余西瓜瓢酒，色如水，味甘；郏县酒醇酽如膏；襄县交酒性极烈；陈州罗州将饮余治民酒，味冲雅，少饮辄酣，多饮不醉，妙品也；山人缪仲醇饮余五味酒，虎丘张豫园酿梅花酒；福橘酒、鲫鱼酒，皆奇品也。

　　梅花酒、福橘酒、鲫鱼酒，苏州虎丘名声犹在，这些光听名字就令人向往的明代苏州美酒，早已消失在时代更迭中。李日华的老师冯梦祯在《快雪堂漫录》中，记有茉莉酒酿法："用三白酒，或雪酒色味佳者，不满瓶，上虚二三寸，编竹为十字或井字，障瓶口，不令有余不足。新摘茉莉数十朵，线系其蒂，悬竹下令齐，离酒一指许，贴用纸封固，旬日香透矣。"

　　江南多糯稻，明代正德《松江府志》记有松江的稻米，三月种、五月熟的叫"六十日稻"；四月种、八月熟的叫"中秋稻"；五月种、九月熟、皮赤的叫"红莲稻"。其中最适宜酿酒的，是三月种、七月熟、米粒长的"金钗糯"。文人如果有雅兴，可在乡下自己酿酒。王世贞家居无聊，自创一种佳酿"凤州酒"，因为产量有限，时人以能喝到此美为荣。据说有人千里迢迢而来，得到了他家的著名好酒，运到北方后专门请来朋友们品鉴。然而有客人尝过后问道，杯中莫非是著名的无锡惠山泉？估计是酒味寡淡至极，在北方酒豪们饮来跟清水一样。

《云间杂识》记明代内阁首辅徐阶酒量极好，相会诸公的场面上，

《陈裸画君实小像图》（局部）
明　陈裸
故宫博物院藏
——
李日华字君实，该图有陈继儒的四十八个字的题赞：
老松长影，虚如清音。悬瓢倚杖，山涯水浔。
恪然高隐，课子一经。既有道貌，复有道心。
醇谦有余，然诺不侵。是曰君实，把臂入林。

能"共四十二大杯而别"。徐阶的同乡、礼部尚书顾清,平时能"一饮百杯,竟日不起坐,杯中不剩余沥"。但有趣的是,每逢徐阶在座,两人同席,徐阶酒量不改,"连进数十大觥",而平日海量的顾清则"止饮小杯"。酒场就是官场,下属定须甘拜下风。

与醉生梦死、频频斗酒的官场宴饮不同,陈继儒讲究"饮法":"法饮宜舒,放饮宜雅,病饮宜小,愁饮宜醉,春饮宜庭,夏饮宜郊,秋饮宜舟,冬饮宜室,夜饮宜月。"

最后,我们上道甜食。

传教士利玛窦来到中国之后,广泛地接触了中国的社会各阶层,从南到北,很多城市他都去过,对当时老百姓的生活非常了解。他写成的游记内容非常翔实,但是有一点小小的错误:他说中国人不吃奶酪,其他奶制品吃得也不多。其实明代苏州人就养奶牛,正德年间,王鏊主编的《姑苏志》载:"牛乳出光福诸山,田家畜乳牛,冬日取其乳,如茇乳法点之,名曰'乳饼'。"按照点豆腐的办法制作奶干,可以作为长途旅行携带的食物,还有更高级的,"别点其精者为酥,或作泡螺、酥膏、酥花"。

晚明时,这种以牛奶为关键原料做成的奶酪制品,进化成为"带骨鲍螺",是著名的苏州特产。售卖"带骨鲍螺"的老板叫过小拙。过小拙先把牛奶做成奶酥,再加入甘蔗汁,使糖跟牛奶结合,最后做成一种雪白晶莹的奶制品,就是明朝人的高级甜品。号称吃遍天下美食的张岱,按照流程试验过这种做法后承认,过家的带骨鲍螺"天下称至味",自己无从超越。这道甜品的制作方法,过家父子看作性命一般,将它深锁起来绝不外传。

过小拙聪明,将奶制甜食做成了一枚枚来自海洋的鲍螺形状,这个天才想法浪漫而疯狂。好像我第一次吃到抹茶蛋糕,茶粉清苦,糕饼滋味浓郁,如青苔白石,能致幽远。

第三章 茶事

大道至简：听松竹炉惠山泉

唐人饮茶，多放梅盐同煮。宋人饮茶，看重形式，追求味觉之外的极致感官体验。明朝人喝茶更为朴实、直接，从饮茶的方式来说，最大的改变是明朝不再像宋朝宫廷那样奢豪、繁缛，甚至加入麝香等材料制作片茶、茶饼，而是改为"散茶"，茶叶直接用沸水冲泡，非常简单明快。这种至简的茶饮冲泡方式能将茶叶真实、鲜美的滋味体现得淋漓尽致。虽然泡茶比煮茶简单，但还是有讲究。泡茶有三种方法：先将开水倒入壶中再投茶叶，称为"上投"，这是夏天的喝法；茶壶里面放一半沸水，再投茶叶称为"中投"，这是春天、秋天的喝法；把茶叶放好了之后注入沸水是"下投"法，是冬天和初春的喝法。

从茶叶制作角度看，明代制茶技术发生重大变化，宋人偏好采摘刚刚长出新芽的嫩叶，再加以揉搓、烘焙。从某种程度上看，茶叶尚未长足，滋味其实并不浓郁，甚至可以说暴殄天物。而明朝人采茶已经非常讲究季候，往往要在清明，甚至立夏的时候才开始采摘，根据全国不同地区茶叶的成熟情况，摸索出一套适合当地茶叶加工的流程。可以非常肯定地认定，晚明人所喝之茶与我们今天喝的茶叶已经别无二致，而从冲泡方法来说，也非常简单、有效，能够发挥茶叶最好的滋味，这其实是一种饮茶方式的革命，其中最重要的标志是紫砂壶出现。晚明饮茶方式的改变，其实是有一个漫长的变迁过程的。

明朝两京十三省，各个地方都有不同风味的茶叶出产。像四川地区邛州有火井茶，雅州出产唐代贡茶名品蒙顶茶，峨眉山有峨眉山茶，泸州地区有泸州茶、纳溪茶，天全则出产乌茶，剑南地区有石花茶，林林总总，一个四川地区就有十七种茶叶。又如当时云南有太华山的太华茶，大理点苍山有三种茶，分别是感通茶、阳山茶、五华茶，如今知名的普洱地区则出产普洱茶。

全国各地名茶众多，有五种茶叶名声最大，分别是：产自浙江杭州的龙井茶；产自南直隶徽州府休宁的松萝茶；产自浙江太湖边长兴地区的岕茶，当时最出名；产自江苏苏州的虎丘茶；产自福建的武夷茶，它又分岩茶、洲茶，当时产量已经达到了几十万斤。

明代喝茶风气流行，大城市中有一些雅致、讲究排场的茶馆，装潢、家具陈设文雅。乡村、田野、各地码头、小镇街巷，凡是在人群聚集的地方，都有高档的茶楼，为人们提供休闲之所。也不乏简陋的路边茶棚，为舟车劳顿的旅客提供餐饮。不仅是城市、乡村，一些深山寺庙、道观里更有出家人制作的茶叶，数量不多，但往往别具风味。还有文人自己制作、改良的茶叶，也别出心裁，如张岱自制"兰雪茶"，闻名天下。

喝茶，是柴米油盐之外最重要的日常之事。从另一个层次看，又是精神愉悦、自我满足的审美探险之旅。再换一个角度，茶会雅集，是志同道合者的集体味觉旅行，登山临水，鉴赏书画，三五知己的茶宴尤其精彩。惠山茶会就是明代最重要的一次茶文化雅集。陆羽论烹茶之水，"用山水上，江水中，井水下"，二十种烹茶水中，他把无锡惠山寺石泉评为天下第二。稍后的唐人刘伯刍、张又新也列出了各自不同的排名，但无锡惠山泉始终稳坐第二把交椅。

《惠山茶会图》是明代画家文徵明的真迹，绘于正德十三年（1518）。这年二月十九日，文徵明、蔡羽、汤珍、王守、王宠一起游览惠山，在"天下第二泉"的泉井亭下，"注泉于王氏鼎，三沸而三啜之"，谈茶论道，相得相宜。"以煮茶法欲定水品"，《惠山茶会图》绘画精细，从蔡羽所撰序文中可知，王守、王宠兄弟为了此次茶会特意携带"王氏鼎"，多年前我留意找寻蔡羽《林屋集》，只因其收录有

《茶鼎记》文：

> 茶鼎铜质，高不满尺；足为方箱，高寸五分；箱上束而腹张，高三寸。口微反，旁作两耳兽文，而隆为梁以举，可眠起。腹容黑薪二升，为铁床，以行烬于箱。箱三面弥竟，一面为户，以纳风。户之上系锁，用则启扇以衔锁。

陆羽的《茶经》将茶具从日用用具中独立开来，茶炉尤其重要，《茶经》中称之为"风炉"，并将其列于"四之器"之首。茶鼎也是茶炉别名，和鼎相似，下有三足，足下配有灰承，炉的材质可用铁或者泥，炉内涂以泥壁。炉身开洞通风，上有三个支架，用于放煮茶的鍑。唐代皮日休《茶鼎》一诗，直接称其为"鼎"。王宠此鼎为铜制，与《惠山茶会图》所绘茶炉几乎完全符合。蔡羽将王氏兄弟擅茗归功于此鼎，说他们"酷好饮茶"，专门有房间收纳茶器，烹茶之法不墨守成规，与陆羽所传之法迥异，"色香滋味，近年无有及者"，可见王氏兄弟烹茶手段。蔡羽文章中还提到吴中旧物，有卢氏收藏的茶鼎，是洪武年间狮林寺僧人制作，可见茶鼎等茶器在明代茶人心中的重要性。

说起茶器，惠山泉所在的惠山听松庵里，有一件身世非常传奇的茶炉，也是文徵明等人决定来此举办茶会的原因。

有僧人在惠山结庐松下，建"听松庵"作为惠山寺下院。当年唐代诗人皮日休在惠山游玩，见到一块大石，姿态万千，恰好石头前的松树有松子落下，清越击石之声响彻山谷，皮日休诗兴大发，得句"殿前日暮高风起，松子声声打石床"。洪武二十八年（1395），惠山寺住持性海请湖州竹工编制了一只煮茶竹炉，竹炉高不满尺，上圆下方，收藏在听松庵中，凡文人好友来访，僧人便从山中汲泉，以此茶

《惠山茶会图》（局部）
明　文徵明
故宫博物院藏

《惠山茶会图》（局部）
—
图中可见煮茶器物。

炉烹茶招待大家。竹炉山房也是僧房，僧人烹茶习禅的风雅代代相传。同时代的画家王绂特地绘《竹炉图》，后成为海内名迹。成化七年（1471）夏，沈周的伯父沈贞过毗陵，访惠山寺普照和尚于竹林深处，灯下再绘《竹炉山房图》以供清赏。但当时听松庵的这件竹炉，早在永乐时已不知所终，据说性海离开无锡去虎丘做住持，行前将茶炉送给了好友潘克诚。听松庵竹炉在潘家深藏不露六十年，随后潘家在成化年间将它送给杨某。成化十二年（1476），武昌知府秦夔回家乡无锡，僧人取出当年众多名家题咏过的《竹炉图》请他观赏，听松庵却早没有竹炉踪影。秦夔找到杨氏，竹炉得以物归原处。当时李东阳、程敏政等名流几十人多次题咏此事，听松庵竹炉由此天下闻名。比如成化十五年（1479）三月吴宽服阙上京，好友李应祯等人相送，自苏州启程途经无锡，应秦夔之邀游览惠山，一行人来到听松庵观赏刚刚觅回的竹茶炉。吴宽得以享用真正的竹炉，留下《游惠山入听松庵观竹茶炉》：

与客来尝第二泉，山僧休怪急相煎。
结庵正在松风里，裹茗还从谷雨前。
玉碗酒香挥且去，石床苔厚醒犹眠。
百年重试筠炉火，古朴争怜更瓦全。

成化十六年（1480）春天，秦夔陪同沈周与李应祯游惠山。沈周夜宿听松庵中，观摩王绂所绘的水墨壁画，欣赏无锡人王达《竹茶炉记并诗》手迹，还在秦夔陪伴下，得以一试竹炉。"谩着芒鞋蹑云磴，还开竹屋试风炉。"秦夔用诗句记录下了此次交游的情景。

听松庵竹茶炉的名声愈传愈远，成化十九年（1483），刑部侍郎盛颙让他的侄子盛舜臣按原样制作两具竹茶炉，并作《苦节君铭》：

> 肖形天地，匪冶匪陶。心存活火，声带湘涛。
> 一滴甘露，涤我诗肠。清风两腋，洞然八荒。

《苦节君铭》写得漂亮，被铭刻于竹茶炉底部，盛颙将复制的两个茶炉带到北京。

弘治十二年（1499）春，七十三岁的沈周再次来惠山。正德四年（1509），唐寅、祝枝山合作《唐六如竹炉图祝枝山草书合璧卷》，诗云：

> 仙掌分来自玉泉，呼童试向竹炉煎。
> 苍虬蟠绕笔床外，彩凤和鸣诗槅前。
> 冰鏊著铭深得趣，鲍庵索句久忘眠。
> 几回欲付丹青画，又恐丹青画不全。

清乾隆皇帝久仰听松庵竹茶炉大名，让内务府根据画卷中的竹茶炉仿制若干，分别存放在几处茶室。无锡知县吴钺等人将明代至乾隆时期的相关诗文、书法、绘画汇集在一起，整理文献，编刻为《竹炉图咏》一书。当年王世襄先生旧藏一册散出，我在北京有机会观摩此书，一函四册，竹纸精印，图文并茂，的确是不同凡响的茶史宝贵资料。

明朝开国之初，朱元璋第十七子、获封第一代宁王的朱权是一个喝茶非常考究之人，他撰写了明代的第一本《茶谱》。这本书成书于宣德年间，书中全面记载了明朝初年的饮茶风尚。根据他的文字记录，再对比明代中后期的茶书，可以发现朱权所在的时代还保留着相当多的宋元时期的饮茶风尚。比如书里关于茶具的记录，还可以看到茶磨、茶碾等工具，茶磨、茶碾都是加工茶饼时才需要的工具。

《煮茶图》（局部）
明　王问
台北故宫博物院藏

清　乾隆竹茶炉
故宫博物院藏

朱权《茶谱》很有意思的一点是提到了果茶和花茶。朱权认为制作花茶是一件非常奇特的事情。春天百花盛开，凡有香气的花都可以用来熏制花茶。当鲜花最盛时，用纸糊住放茶叶的竹笼两边，上盛茶叶，下放鲜花，然后密封一晚，次日再换一批鲜花，如此数日，茶叶才能饱吸鲜花的芬芳之气：这是最早的一种花茶制法。一百多年后，也就是嘉靖九年（1530），苏州城外大阳山下，有一位所谓的"隐君子"顾元庆，他撰写了明代第二部重要的茶谱。顾元庆的时代，江南地区喝茶的方式与明初相比有何变化？

无独有偶，顾元庆《茶谱》同样记录了制作花茶之法，而且将具体制作工艺记述得非常详细。其中有一种做法，是将橙子皮细细切丝，然后以一斤陈皮丝配五斤好茶烘焙，这样就做成了陈皮茶。更有意思的是，顾元庆发明了一种莲花茶：夏日莲花在每天的清晨盛开，当太阳还没有出来的时候，先把半开的莲花轻轻拨开，把茶叶放一点点到花蕊当中，然后把花扎起。第二天取出茶叶，再稍加烘焙，反复几次就制作成了莲花茶。莲花茶的做法一直延续到民国时代，苏州著名文人范烟桥就曾按此古法，在夏天制作莲花茶。当然，顾元庆制作的花茶不止两种，其他诸如木樨、茉莉、玫瑰、蔷薇，甚至兰花、菊花、栀子花、木香、梅花，都可以拿来熏做花茶。基本原理就是在鲜花半开、花蕊香气最旺盛时，放入一定比例的茶叶，制成花茶。

《茶谱》里还大谈特谈果茶。顾元庆说，茶叶本身有香味，可以配上核桃、榛子、瓜仁、枣仁、菱米、橄榄、栗子、鸡头米、银杏果、山药、笋干、芝麻、莴笋、芹菜等一起食用。适合搭配茶叶的干果还有松子、杏仁、莲心等，唯独一样东西，顾元庆认为与茶的本味不能兼容，就是"牛乳"，也就是牛奶。今天我们喝红茶，放一点牛奶，能做成大家喜欢喝的奶茶，而顾元庆觉得这个喝法不行。水果之中，顾元庆反对入茶的有荔枝、龙眼、梨、枇杷，也许是他觉得这些水果太甜了，会夺茶之本味。

顾氏《茶谱》中花、果能入盏而与茶混泡，这样的饮茶方式证明，在明代中叶喝茶未必是我们想象的清茶一杯，今天的人喝茶讲究，往往会另外配茶点、水果，但明代是以鲜花制成花茶，或者将鲜果、果仁直接放到茶里冲泡。

顾元庆的《茶谱》出版二十多年后，嘉靖三十三年（1554），文人田艺蘅写了一部《煮泉小品》，也是专门讲喝茶的著作。田艺蘅首先提出自己的怀疑，说我们现在喝茶经常要放一些茶果，"此尤近俗"，"纵是佳者，能损真味"，花、果终究伤害了茶的味道，所以必须把它们去除。田艺蘅进一步说，现在的人们以梅花、菊花、茉莉作为制茶的辅料，"虽风韵可赏，亦损茶味"，如果有上好的茶叶尤其不要做这件事情，这是浪费珍贵之物。

距离田艺蘅发声又过去了近四十年，万历十八年（1590）屠隆作《茶笺》，延续田艺蘅之说，认为茶有真香，有佳味，有正色，"不宜以珍果、香草夺之"，更说"凡饮佳茶，去果方觉清绝"，这个清要清到底，"杂之则无辨矣"。茶中放了松子、木香、梅花、茉莉这些东西之后，对茶之口感、风韵完全是一种伤害，但此时的屠隆也没有绝对反对花、果之茶，他小心翼翼地写道，如果"必日所宜"，那么核桃、榛子、杏仁、栗子、银杏之类，"精制或可用也"。一年后，万历十九年（1591），高濂也写了一部茶书，后来内容被收入《遵生八笺》。高濂在喝茶时要不要放果品的问题上，基本沿袭了屠隆的观点。

万历二十三年（1595），终于有一位喝茶的专家彻底否定了喝茶、点茶时用花果的做法。

张源，苏州西山人，万历二十三年时，他明确反对花果茶，认为花果之味会伤害、夺走茶叶本身鲜洁的味道，茶"一经点染，便失其真"，如同水里面撒了盐。张源所在的西山是名茶产区，宋代就有水

《销闲清课图·烹茗》
明　孙克弘
台北故宫博物院藏

题跋：顾渚天池，吴越所尚。中泠惠泉，须知火候。一盏风生，其乐奚如。

月庵所产水月茶，清代流行的碧螺春绿茶，西山也是产地之一。张源对茶味醇正的坚持态度，也许与当时茶种改良、加工技术迅速提高有关。明朝人这个时候已经有条件品尝到更好的茶叶，因此也格外注意茶汤滋味里更细微的差异。进步往往是舍弃的前提，明代江南制茶工艺的提升，已令花果茶相形见绌，终于被一些行家彻底否定。

当然，这种声音开始时还比较微弱，文震亨在《长物志》"香茗"部分，依然提到花果茶。但随着时代潮流的变化，到天启、崇祯两朝，茶书中关于花果茶的记述就完全不见了。

返璞归真，安安静静喝一碗清茶就好。

茶人都强调水的重要，张大复在《梅花草堂笔谈》中说："茶性发于水，八分之茶，遇十分之水，茶亦十分矣；八分之水，遇十分之茶，茶只八分耳。"可见晚明文人对于烹茶之水的看重。

邹光迪的愚园茶席在当年负有盛名。烹茶之水，一为惠山泉，一为旧储雪水。李日华好茶，更首创运泉之船，与乡里同好组织了运泉

会,《运泉约》文曰:

> 吾辈竹雪神期,松风齿颊,暂随饮啄人间,终拟逍遥物外。名山未即,尘海何辞!然而搜奇炼句,液沥易枯;涤滞洗蒙,茗泉不废。……今者,环处惠麓,逾二百里而遥;问渡松陵,不三四日而至。登新捐旧,转手妙若辘轳;取便费廉,用力省于桔槔。凡吾清士,咸赴嘉盟。运惠水:每坛偿舟力费银三分。坛精者,每个价三分,稍粗者二分。坛盖或三厘,或四厘,自备不计。水至,走报各友,令人自抬。每月上旬敛银,中旬运水,月运一次,以致清新……松雨斋主人谨订。

专门有船运泉水,一瓮瓮从惠山运来。无锡泉水运到嘉兴,水路二百多里。画家项圣谟是项元汴的孙子,曾随李日华远赴北京,一路相伴。他绘有《听泉图》:茅舍破败,墙角有几个大水瓮,上面盖着竹箧圆盖,还有一张古琴,寓意泉声,清雅至极。

说起"天下第二泉"惠山泉,还有一则趣闻。袁宏道《识张幼于惠泉诗后》记载,好友丘长孺,慕名"载惠山泉三十坛之团风……命仆辈担回。仆辈恶其重也,随倾于江,至倒灌河,始取山泉水盈之"。仆人偷懒,以为大家分辨不出两种泉水。其实仆人推测也不是没有道理,只有真正懂茶之人,才能辨别各种山泉、江水、井水、雨水的味道。这次丘长孺诸友毕集,却偏偏都是外行,端起茶杯,大家"皆叹羡不置而去",事后丘长孺知道了实情,大怒不已,也深感惭愧。袁宏道忆老友往事,不禁绝倒。

高濂曾说:"西湖之泉,以虎跑为最。两山之茶,以龙井为佳。谷雨前采茶旋焙,时激虎跑泉烹享,香清味洌,凉沁诗脾。每春当高卧山中,沉酣新茗一月。"

其实，泡茶之水只要"茶水相宜"就好。用产茶之地的水冲泡本地茶叶，一般而言口感最好。

我喝过西湖龙井配虎跑泉水，也试着用武夷山泉泡岩茶，还用家乡天池山上的泉水来泡本地炒青，这些都是绝配。茶席用水的讲究，今天看的确有科学依据，水质软硬、酸碱度不同，如男女婚恋，讲究心灵契合。天山雪水清饮最佳，用来泡广西六堡茶尚可，但用来泡碧螺春、龙井就汤色发红，风味全失。实践出真知，对水的讲究代表着对好茶的珍重。

明朝人喝茶，是认真的。

《煎茶图》（局部）
明　唐寅
台北故宫博物院藏

第四章

岕茶

神秘岕茶：
粗枝大叶天下绝

第四章 岕茶

曾经有人做过统计，明朝二百多年间共有茶谱四十多种，其中有些茶谱只是针对前代史料的归纳整理，但是有一种奇特的岕茶，明朝竟然有六位茶人为它专门写过书和文章，包括《茶疏》《罗岕茶记》《岕茶笺》《洞山岕茶系》《岕茶汇钞》《岕茶别论》等。作者中，有著名的才子冒辟疆，有做过三任尚书的熊明遇，另外四位周庆叔、许次纾、冯可宾、周高起也都是当时著名茶人。如江阴人周高起，他的《洞山岕茶系》全面梳理了岕茶产地，他还写过《阳羡茗壶系》，深得茶道精髓。

岕茶的发源地是浙江湖州长兴县。稍晚，江苏宜兴也出产岕茶，品质各有千秋。

岕，本义是两山之间的平地。从历史上来看，传统岕茶产区在唐朝就有名气，所谓"顾渚紫笋、阳羡茶"。阳羡茶在唐代被用作贡茶，当时有皇家茶园，唐代诗人卢仝写过一首《七碗茶歌》，其中"天子须尝阳羡茶，百草不敢先开花"一句，说的就是阳羡的茶叶。

岕茶的采摘时间独特。一般新茶在清明、谷雨时上市，全国各地茶园多在这个时间采集茶叶，但是岕茶的采摘时间比六安茶、松萝茶、天池茶、龙井茶、云雾茶、虎丘茶等名茶更晚，要到立夏后三日，长兴人才开始到岕中采茶。《西游记》作者吴承恩曾担任长兴县丞，他记载当时岕茶采摘在立夏前六七天，新芽形状如雀舌，芽叶很嫩。文震亨《长物志》说岕茶，"采茶不必太细，细则芽初萌而味欠足；不必太青，青则茶已老而味欠嫩。惟成梗蒂，叶绿色而团厚者为上"，符合当年岕茶采摘的标准。

因为产自山地，有岩石里的矿物元素滋养，岕茶"浑是风露清虚

《明文伯仁诗意图》
明　文伯仁
台北故宫博物院藏

——

杜甫诗：傍舍连高竹，疏篱带晚花。

之气，故为可尚"。好茶既不长在全部是泥土的平原，也不长在高海拔山区的岩石中。最好的茶区，往往有一些小的碎石、砾石混杂着泥土，茶树汲取精华，滋味千变万化，芥茶就是如此，而且它的加工方法与其他地区晒青、炒青做法不同，"芥茶不炒，甑中蒸熟，然后烘焙。缘其摘迟，枝叶微老，炒不能软，徒枯碎耳"。芥茶的传统做法保留了唐朝蒸青工艺，因其看起来叶大枝粗，其味太厚且有草气，必用蒸焙法始成佳，故制作工艺比较特殊。

明代中叶开始，芥茶进入文人视野，不乏知音。画家沈周钟爱罗芥，推之为群茶之首，他说："昔人咏梅花云：'香中别有韵，清极不知寒。'此惟芥茶足当之。若闽之清源、武夷，吴郡之天池、虎丘，武林之龙井，新安之松萝，匡庐之云雾，其名虽大噪，不能与芥相抗也。"他还说："自古名山，留以待羁人迁客，而茶以资高士，盖造物有深意。而周庆叔者为《芥茶别论》，以行之天下。……庆叔隐居长兴，所至载茶具邀余，素瓯黄叶间，共相欣赏。恨鸿渐、君谟不见庆叔耳，为之覆茶三叹。"

《沈周半身像》（局部）
明　佚名
故宫博物院藏
——
正德元年（1506），沈周八十岁。自题云："人谓眼差小，又说颐太窄。我自不能知，亦不知其失。面目何足较，但恐有失德。苟且八十年，今与死隔壁。"

沈周的学生文徵明也是岕茶知己。每年新茶上市，宜兴人吴纶（字大本）都送茶给朋友分享。文徵明有两首诗，就是感谢吴纶所寄的阳羡新茶，一首是《谢宜兴吴大本寄茶》：

> 小印轻囊远寄遗，故人珍重手亲题。
> 暖舍烟雨开封润，翠展枪旗出焙齐。
> 片月分明逢谏议，春风仿佛在荆溪。
> 松根自汲山泉煮，一洗诗肠万斛泥。

还有一首《是夜酌泉试宜兴吴大本所寄茶》：

> 醉思雪乳不能眠，活火沙瓶夜自煎。
> 白绢旋开阳羡月，竹符新调慧山泉。
> 地炉残雪贫陶谷，破屋清风病玉川。
> 莫道年来尘满腹，小窗寒梦已醒然。

吴大本所寄的应该就是岕茶。"白绢旋开阳羡月，竹符新调慧山泉"，珍贵之茶，连茶罐封口包裹都用了讲究的白绢，文徵明也郑重对待，特意以无锡惠山泉来泡茶。

苏州状元吴宽也是好茶之人，曾特意去太湖东山寻觅泉眼，他与吴大本也有交往，认为吴大本的烹茶技术一流。《饮阳羡茶》诗云：

> 今年阳羡山中品，此日倾来始满瓯。
> 谷雨向前知苦雨，麦秋以后欲迎秋。
> 莫夸酒醴清还浊，试看旗枪沉载浮。
> 自得山人传妙诀，一时风味压南州。

《五同会图》（局部）
明　佚名
故宫博物院藏

——

坐在画面右侧的是时任礼部尚书的吴宽。

吴宽曾夸口说，自己得到吴大本煎茶之法，从此烹茶技艺独步江南。吴宽有一个侄子吴弈，号"茶香居士"，对茶道深有研究，概因有所传承。

文徵明生活的年代，岕茶只在苏州、无锡、湖州等太湖流域文人圈子中得到认可，在外界影响不大。晚明时代，使岕茶真正名声大振的关键人物是熊明遇。熊明遇被指为东林党人，得罪了魏忠贤阉党，一度被革职充军。他在崇祯朝复起，担任过刑部、兵部、工部尚书，还是明末西学东渐的代表人物。《罗岕茶记》是他在担任长兴知县期间完成的著作。岕茶初出茅庐，其貌不扬，但"吴中所贵，梗粗叶厚"，显然已经得到上流社会青睐，被作为珍稀礼物相互馈赠。

长兴的地理位置比较独特，历史上"环长兴境，产茶者……不可指数"，"独罗嶰最胜"，最好的岕茶称"罗岕"。"罗岕"一地再细分，有八十八处产区，分为五等，以老庙、庙后所产为第一。新庙后、棋

《品茶图》（局部）
明　文徵明
台北故宫博物院藏

盘顶等所产属于第二等级，稍逊一筹。熊明遇推崇长兴岕茶，但也注意到邻县宜兴的洞山岕茶质量很好。

与长兴一山之隔的洞山岕茶，色泽如玉，胜过庙后岕茶，熊明遇称其为"仙品"。熊明遇是在担任长兴知县六年之后，才有机会喝到后起之秀洞山岕茶，究其原因，洞山岕茶产量很少，而且据说明月峡山区还有猛虎出没，采茶、运输都很危险。陈继儒的《试岕茶作》诗，就提到过这种情形：

> 明月岕茶其快哉，熏兰丛里带云开。
> 一甄花乳非容易，常伴深山虎穴来。

冒辟疆回忆，苏州老人朱汝圭一生酷爱岕茶，七十四岁时带了岕茶前来拜访他。老人自述，他十四岁开始以此谋生，六十年间曾一百多次前往茶区："年十四入岕，迄今春夏不渝者百二十番，夺食色以好之。……每竦骨入山，卧游虎呲，负笼入肆，啸傲瓯香，晨夕涤瓷洗叶，啜弄无休。"

冒辟疆感慨，这位老茶商为生活奔波，不惜"竦骨入山"，明知山有虎，偏向虎山行，但是观察老人气色，与之交谈，"激扬赞颂之津津，恒有喜神妙气，与茶相长养，真奇癖也"。这是多年得到好茶滋润的结果，奇人奇茶，都难能可贵。

冯可宾在天启二年（1622）担任湖州推官，代理长兴知县，他对岕茶也非常欣赏。当时茶界舆论已开始发生微妙的变化，人们更推崇宜兴的洞山岕，就行政辖区而言，以南直隶常州府宜兴县山谷者为佳。崇祯十三年（1640），冯可宾写成《岕茶笺》，对洞山岕茶也非常推崇，认为"洞山所产茶，为岕茶之首"，原先"罗岕"中品质最佳的庙后岕茶则屈居"第一品"。"洞山之岕，南面阳光，朝旭夕晖，

《冒襄肖像图》（局部）
清　佚名
上海博物馆藏

云瀚雾渀，所以味迥别也"，点出了洞山岕茶的特别之处。

两地岕茶，谁为第一，是当时名流官宦热衷谈论的时髦话题。万历二年（1574）进士、无锡邹迪光曾专门送岕茶给上海画家宋懋晋品尝，随附信札中，邹迪光特别提到两家岕茶的不同特色：

> 据姚文学言，岕茶以洞山为杰，此数斤者悉其山所产，色馨风味，夐别恒调，即吾家亦不常有。今幸有之耳。仆昨试之，清冽洒然，非不可爱而殊乏冲和隽永之味，下喉微有石气，如深山道士草衣木食，寒骨凛凛。又如辟支禅，独行独来，终非大乘地位，似出朱鸿胪家下。岂仆秽口浊肠昧而不得其味耶？将司汤执爨，于一切法未谙

也。仆不能为此茶月旦，辄往数片，足下试躬率苍头，涤除诸器物而后行事。姚家、朱家，毕竟孰优，请以足下口舌续之茶经，为两家公案。

换成白话文，意思就是：

按照当地姚秀才的说法，现在岕茶已经是以洞山的为佳，送给您的这几斤茶都是洞山岕，产量非常少，味道独特，我家也不是经常能有。今年幸好有一些，特意转赠您品尝。昨天我自己试着喝了，觉得入口微有岩石之气，好像深山道士编草为衣，以草木果实为食，令人敬畏，又像佛门修行人独来独往，令人难以亲近，似乎是朱大人家茶山所产。这难道是我喝茶不精，无法辨别它的真味，或者是我的烹茶技术不好所致？我是不敢断言好坏，送给您少许，希望您能亲自监督茶童，将茶器洗涤干净再认真泡茶。姚家、朱家孰好孰坏，请您亲自评判。

喝茶，有时候全凭个人主观判断，邹迪光很客气。陈继儒就看重长兴罗岕，认为"浙之长兴者佳，荆溪稍下"，即宜兴岕茶不如长兴岕茶。

也有倚老卖老不客气的江湖人，《陶庵梦忆》记录了一个著名故事，万历六年（1578）九月，张岱正是二十出头的年纪，他从绍兴到南京桃叶渡，拜访茶人闵汶水。闵老夫子看起来就"婆娑一老"，开始以为张岱是那种肤浅的贵公子。因为跑到留都来附庸风雅的人实在太多了，所以他就故意找个理由，说手杖忘在外头了，招呼一声就出门了。张岱年轻气盛，心里暗说：来都来了，岂可空手而回？老先生回来，见到张岱仍枯坐家中，心里还是烦他不识趣，斜眼看着小伙子："您还在呢，有何贵干啊？"张岱客客气气："久仰老先生泡茶本事，今天喝不到您的茶绝不走啦。"老人家都爱听恭维，颜色立变，笑眯眯烧水煮茶，招呼张岱到另一茶室落座，明窗净几，几十件茶器陈列其中，看气质就都是高级货，还有当时刚开始流行的宜兴紫砂壶、宣德、成化官窑茶盏、茶盅等。

窗外，已是日落西山。张岱端起茶盏，凑近灯下，仔细观看茶汤的颜色，淡淡的，几乎与青瓷茶碗本身的颜色没有区别。还没喝，先闻香，一股浓烈茶香扑鼻而来，张岱不禁叫好，请教这是什么茶。这老先生爱开玩笑，故意说是四川阆中所产的阆苑茶。张岱皱眉，再喝一口细品，摇头说："你别糊弄我啊，这茶的味道明明就是罗岕一路。且慢，好像又不对，应该是罗岕，但是用了松萝茶的做法，味道还是不一样。是谁这么大动干戈，挖空心思地制茶？味道的确不同凡响。"闵汶水摇头，再摇头，喃喃自语："真稀奇，这年头怪事就是多，毛头小伙喝茶都成精了，老夫佩服。"张岱兴奋极了，问水是哪里的。闵汶水脖颈一仰："当然是天下第二泉——无锡惠山泉。老夫这里最差的茶，都用惠山泉沏泡，否则糟蹋好茶。"

张岱笑嘻嘻看着老头："你别再忽悠我，这泉水虽然很好，如果真是惠山泉，无锡到南京几百里路程，运输途中泉水在瓮中晃荡来晃荡去的，喝起来味道不会如此恬静沉稳，发茶滋味淋漓尽致，你是怎么做到的？"这回闵汶水彻底服气了。他传授张岱运水诀窍，其实关键不在途中，而是汲取惠山泉水之前一定要淘井，静夜等待新泉涌出，然后马上取水。在水瓮底部铺上小卵石，待到有风时才快速行船，让泉水保持鲜活。所以平时的惠山泉比今天我们喝的泉水要逊色许多。

闵汶水这次是真正遇见知音了，起身出去再沏茶，张岱一喝就知，这是春茶，与刚才喝的秋茶不一样。闵汶水说："老朽今年七十，喝了几十年的茶，稍有虚名在外，阅人多矣，真正懂得鉴赏好茶的，天下有几人？张公子，好本事，了不起！"

第四章 芥茶

老少两人遂结成忘年之交。

苏州虎丘山下的山塘街，号称销金窟，其中有一区域称为"半塘"。此处妓馆云集，酒楼茶肆密布，是全江南最著名的高消费街区。名妓董小宛曾栖身于半塘，才子冒辟疆为追求她，也专门在半塘居住。董小宛跟冒辟疆在苏州交往时，经常喝芥茶，当地有一个老板叫顾子兼，会定期搜罗上好芥茶送去。芥茶产量一直非常稀少，后来董小宛跟随冒辟疆回到了如皋老家，顾老板每年专门找来一点芥茶再专程送去如皋冒家的水绘园。按照冒辟疆的说法，他收到顾子兼送的最精良的芥茶，具有"片甲蝉翼之异"，就像蝉的翅膀一样薄，然后董小宛"文火细烟，小鼎长泉，必手自吹涤"，每次都要先仔细洗茶再冲泡，冒辟疆在《影梅庵忆语》中回忆这段生活，感慨说："余一生清福。九年占尽，九年折尽矣。"有意思的是，每次芥茶上市，顾子兼一定要先送给钱谦益、柳如是夫妇以及冒辟疆和董小宛，再送给别人。

冒辟疆在《芥茶汇抄》中回忆起四十七年前，有一个姓柯的苏州人，每年都会给他带来十多种芥茶，都是最为精妙的上品，但不过一斤几两而已。其实这已经是令人目瞪口呆的数字了。号称第一精绝的老庙罗芥，全部茶园仅两三亩，都是老茶树，泡出来汤色淡黄，叶梗也非常少，这两三亩茶园，年产不过二十斤。冒辟疆记述好友于象明曾赠他芥茶，芥山上的"棋盘顶"茶园是他家产业，每年于象明的父亲都亲自前往茶园监督制茶。有年夏天，于象明一次就带了庙后、棋顶、涨沙等不同茶园的芥茶，味道各有差异，但都是最地道的极品。"极真极妙，二十年所无。"冒辟疆感慨。文人的奇异嗜好，表现得淋漓尽致。

藏书家茅坤之子茅维，和汪道昆的弟弟汪道会曾有一次"分茶之约"，汪道会以十锭徽州好墨换芥茶千片，汪道会的《和茅孝若试芥

茶歌兼订分茶之约》长诗记述了这段风雅往事,读来颇有趣味:

昔闻神农辨茶味,功调五脏能益思。
北人重酪不重茶,遂令齿颊饶膻气。
江东顾渚凤擅名,会稽灵舜称日铸。
松萝晓风出吾乡,几与虎丘争市利。
评者往往为吴兴,清虚淡穆有幽致。
去年春尽客西泠,茆君遗我岕一器。
更寄新篇赋岕歌,蝇头小书三百字。
为言明月峡中生,洞山庙后皆其次。
终朝采撷不盈筐,阿颜手泽柔荑焙。
急然石鼎斛惠泉,汤响如聆松上吹。
须臾缥碧泛瓷瓯,蒳然鼻观微芳注。
金茎晨露差可方,玉泉寒冰讵能配。
顿浣枯肠净扫愁,乍消尘虑醒忘睡。
因知品外贵希夷,芳馨秾郁均非至。
陆羽细碎抟紫芽,烹点虽佳失真意。
常笑今人不如古,此事今人信超诣。
冯公已死周郎在,当日风流犹未坠。
君之良友吴与臧,可能不为兹山志。
嗟予耳目日渐衰,老失聪明惭智慧。
君能岁赠叶千片,我报隃糜当十剂。
凉飔杖策寻黄山,倘过陆家茶酒会。

岕茶的喝法与众不同,关键在洗茶。文震亨《长物志》专门记述烹制岕茶的方法,强调茶叶上的灰尘必须洗掉,要先用沸水泼在茶叶上面，让茶叶"醒一醒"，这时在茶炉上煮水，水温达到用手指可探的程度后，仔细洗涤茶沫，然后取出茶叶，用手将茶叶拧一拧，控干水放在一边，等到水沸，直接"上投"。冯可宾《岕茶笺》记："以竹箸夹茶，于涤器中反复涤荡，去尘土、黄叶、老梗净，以手搦干，置涤器内盖定。少刻开视，色青香烈，急取沸水泼之。"过程与文震亨所述一致，但他更强调了不同季节岕茶的"投法"，"夏则先贮水而后入茶，冬则先贮茶而后入水"，岕茶冲泡的时间相对要长一点，据说味道更好。

岕茶冲泡后散发的香气，被一些茶人形容为"婴儿肉香"，仿佛襁褓中宝宝身上的一股奶香之气。用婴儿肉香来形容一种茶叶是明朝人浪漫的想象。

万历年间，袁宏道在苏州做吴县县令，他记载了岕茶的价格，每斤是两千多钱，相当于二两银子。吴县与长兴隔一个太湖，袁宏道寻觅数年，仅仅觅到几两罗岕细茶。按照他的说法，这种罗岕细茶的价格已是苏州天池茶的两倍。这么高昂的价格，原因是岕茶的产量特别稀少。

也有不识货的。

冯梦祯《快雪堂漫录》"品茶说"记一则趣闻。李攀龙作为文坛"后七子"领袖，曾担任浙江按察副使，"后七子"之一的徐中行是长兴人，从福建按察使任上丁忧回家，其间送给李攀龙家乡特产岕茶，品质精绝。二人不久后在杭州昭庆寺相见，徐中行问及此茶，李攀龙漫不经心回答说："老兄赠我茶叶，看起来不甚佳，因为叶大、多梗，我已经赏给皂役了。"冯梦祯痛惜地评论说，李攀龙是北方人，不知岕茶之妙。

明末清初上海人叶梦珠撰写的《阅世编》记载，明末时，岕茶一斤价值纹银二三两，清顺治四年、五年前后，卖价二两，到顺治九年、十年前后,价格降为一两二钱。康熙十七年(1678),叶梦珠在江阴看见有人兜售岕茶,只要二钱一斤,颜色如旧但完全没有香气。

雍正朝,岕茶在市场完全消失了。我猜测其中原因,应与顺治朝开始的江南奏销案有关。为了打压江南士绅追思故国、不满清朝的情绪,清廷通过严厉的赋税追溯、征缴,令许多乡绅、地主破产,并且革去他们的功名,受到打击牵连者人数众多,影响极广,江南士绅阶层彻底屈服,一些世家大族破产衰亡。岕茶,这一晚明士大夫追捧之物,失去了原来的消费阶层,终于湮没无闻。

今天的长兴、宜兴,仍是传统的好茶产区。这里水土依旧,风物清嘉。有一年,我专程去宜兴山区,喝到了朋友山中茶园的新茶,茶园都不大,东一块西一块地散落山中,老婆婆戴着防晒帽子采摘嫩叶,手不停歇。

一片茶,充满阳光、土地的能量,在水中轻舞,徐徐绽放如花。

第五章 虎丘茶

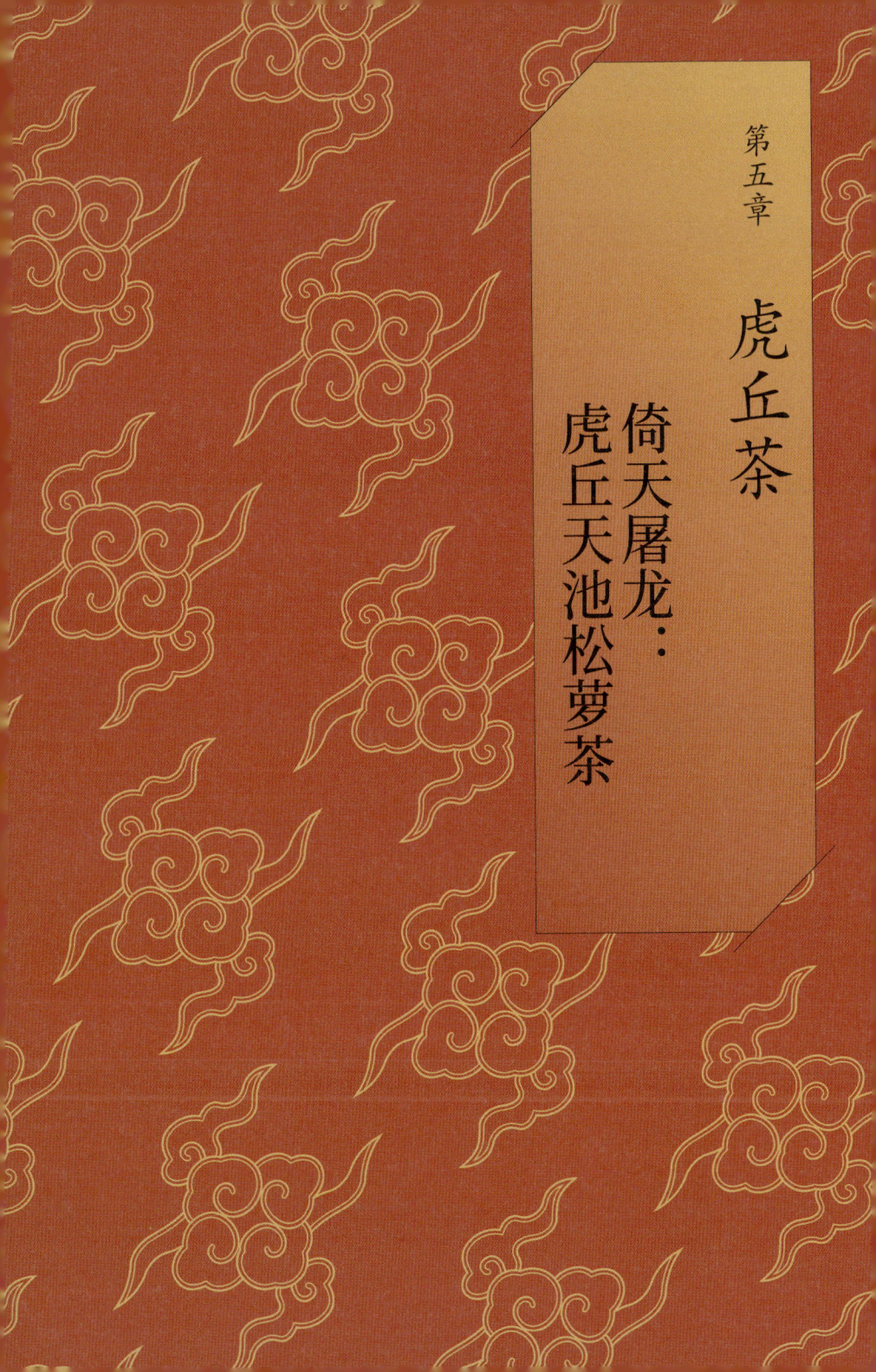

倚天屠龙：虎丘天池松萝茶

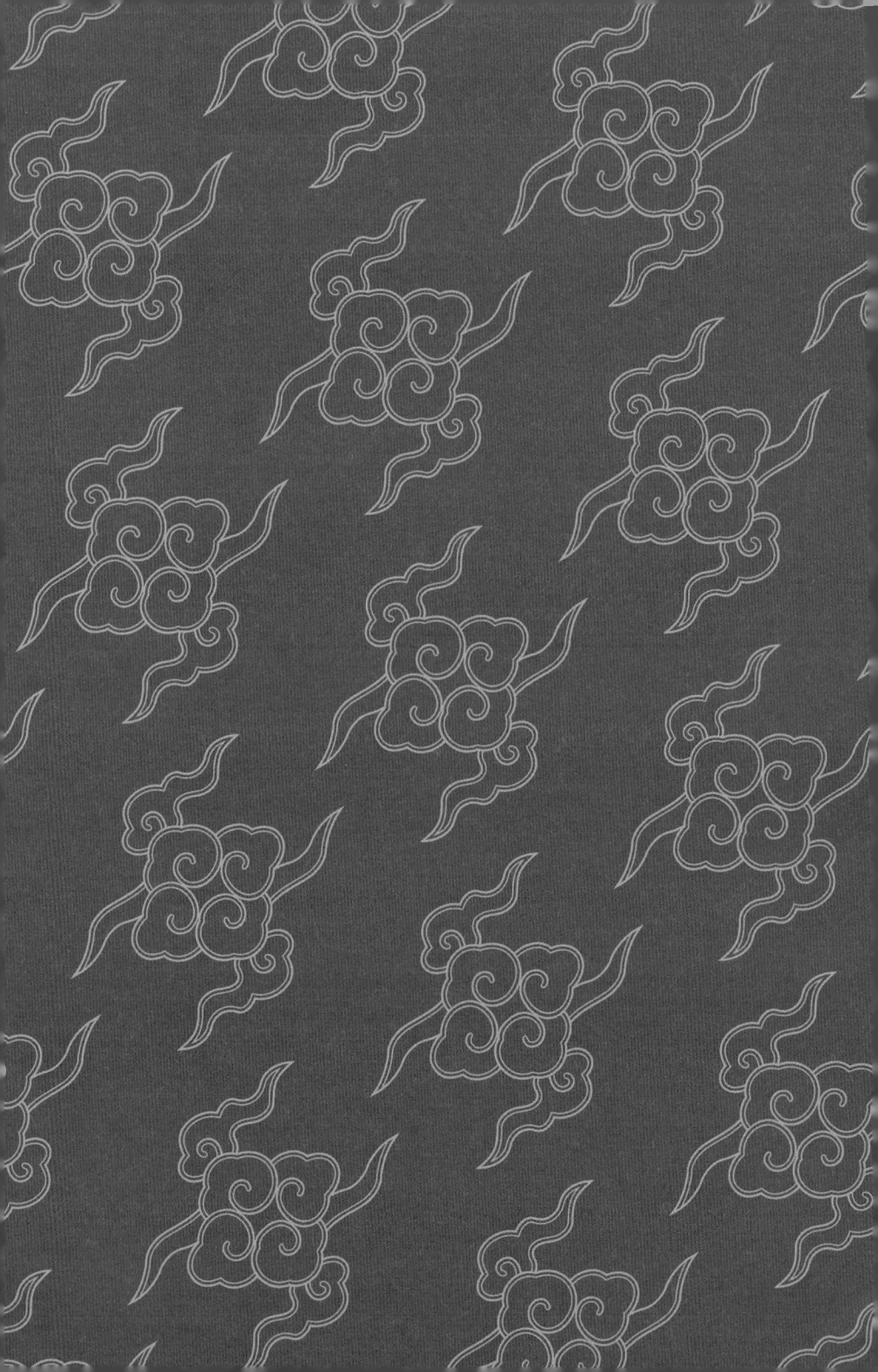

第五章 虎丘茶

苏州虎丘山，相传春秋时吴王夫差葬其父阖闾于此，葬后三日有白虎踞其上，故名虎丘。剑池里藏着干将莫邪宝剑，池水幽碧，隐隐如有剑气纵横。千人石上，有中秋曲会，笛声悠扬；有复社大会，名流云集。这样的地方，有生公说法、顽石点头、三笑留情等典故。虎丘历来是苏州最著名的名胜，云岩寺高僧辈出，如今虎丘塔依然高耸而微倾，有人说这是中国的比萨斜塔，其实虎丘的历史、格局更为超迈。

这么一个历来游人如织的地方，后山竟然有一个小小茶园。晨钟暮鼓里，茶叶春天发芽，清明采摘，名扬四海。虎丘茶的历史，可以追溯到唐代韦应物做苏州刺史时期写过的虎丘山采茶诗。而真正的虎丘茶，要从明初天台起云禅师来到虎丘种茶开始。

明代虎丘茶，最早的粉丝是徐有贞。徐有贞是明代书法家祝允明的外公，他一生跌宕起伏，是景泰八年（1457）明英宗"夺门之变"的策划者之一。政变后不久，徐有贞就被流徙金齿，后来被特赦回到老家苏州，九死一生，不由得说声侥幸。晚年的徐有贞看破红尘，游山玩水聊以抒发郁气，虎丘是他最喜欢的地方。每年春天，徐有贞和吴宽、沈周等人都来虎丘踏青游玩，他们发现这里的茶叶不错，就开了一个茶社，经常在虎丘举行雅集、喝茶。到更晚的正德时，沈周、吴宽相约虎丘采茶、手煎、对啜。后来沈周的学生文徵明也加入，史料记载文徵明"素性不喜杨梅，客食杨梅时，乃以虎丘茶陪之"。吴中风雅几代人，无不珍视虎丘茶。

《虎丘志》记："虎丘茶色如玉，味如兰，宋人呼为白云茶，号称珍品。"志书所记虎丘茶汤色洁白如玉、味如兰花。李日华《六研斋

《高贤饯别图》（局部）
（传）明 沈周
台北故宫博物院藏
——
画中描绘了徐有贞出游的场景。

笔记》说虎丘茶味道清淡如水，汤色也一般，香气却非常好，但还没有达到兰花香气的馥郁程度："虎丘以有芳无色，擅茗事之品。顾其馥郁不胜兰芷，与新剥豆花同调，鼻之消受，亦无几何。至于入口，淡于勺水。""新剥豆花"形容的也是香气，明显低于兰香，但这几个字容易令人联想到龙井的香气。谢肇淛《五杂组》也说："余尝品茗，以武夷、虎丘第一，淡而远也。"虎丘茶逃不过一个"淡"字的评价。李日华是"味水轩主人"，他懂茶、嗜茶，日常品茗都特意用船走几百里水路，老远从惠山大瓮运泉回嘉兴，必须等泉水"静下来"几天后，再烹茶。李日华认定虎丘茶其实就一个"淡"字，他的老师、南京国子监祭酒冯梦祯不知作何感想。

冯梦祯既是文人也是大收藏家，《快雪堂日记》至今流传，记述了他大量的日常生活细节。冯梦祯退休之后酷爱喝茶，论定天下名茶，认为浙江所产罗岕堪称茶中的"妃后"，但是他心目中最好的

"帝王之茶"当属虎丘茶。《遵生八笺》刊刻于万历十九年,高濂是冯梦祯好友,高濂认为:"若近时虎丘山茶,亦可称奇,惜不多得。若天池茶,在谷雨前收细芽,炒得法者,青翠芳馨,嗅亦消渴。若真岕茶,其价甚重,两倍天池。"这个评价也很高。

李日华认为虎丘茶味淡如白水,恰巧冯梦祯就有一个绰号"白水先生"。

冯梦祯认为天下好茶难得,必须精心烹制,若不能展现茶叶最佳的口感、香气、色泽,就是暴殄天物。于是,童仆们烹茶待客的日常工作,开始迈步走向学术层次。冯梦祯要求茶器洗涤有严格流程,水温控制不能草草了事,必须做到极为细致、专业……冯府泡茶是一个技术活,甚至是一门绝活。冯梦祯逐渐开始不放心让手下泡茶待客,他认为好茶都是有生命的,好像顶级青铜器蕴含着上古先贤的神秘回响,一定要小心对待,冯梦祯立了一个规矩:凡是待客好茶,都要自己亲手来泡,否则对不起好茶。

客人们的"厄运"就此到来,都知道冯府有好茶,可是枯坐半晌,不见仆人端茶敬客,主人也是"黄鹤一去不复返"。相熟老友有实在忍不住的,在大厅里咆哮着要茶喝,结果仓皇失措的仆人只能从厨房里捧出一盏"茶"。客人掀盖一喝,淡如白水——就是白水,主人正守着冒烟茶炉焦急等待惠山泉水冒泡呢。"白水先生"的绰号就此传扬开来,而绰号中饱含着大家的敬重,熟人相见戏谑问:"昨日又去喝冯祭酒家白水否?"

这当然是夸张的形容,也是冯梦祯一生爱茶的写照。冯氏作为资深茶客,一生为官走遍天下,尝遍名茶,最后隐居杭州,每日抄写佛经,欣赏家乐,赏石品茶,认定虎丘茶为"茶中王种"。苏州在历史上不是重要的茶叶产区,碧螺春在清康熙之后才得大名,成为全国性的名茶。据《大明会典》记载,万历年间苏州府及其下辖各县,全部

《憨憨泉图》（局部）
明　刘原起
南京博物院藏

茶叶税收也不过白银两千九百两。就全国来说，苏州茶税只占千分之四，无论从产量还是交易量来看，苏州都不是大的产茶区，但就是在这么一个地方，虎丘茶居然获得了特别高的地位和名望。

文震亨《长物志》说虎丘茶"最号精绝，为天下冠，惜不多产，又为官司所据，寂寞山家，得一壶两壶，便为奇品，然其味实亚于岕"。这是很公允的说法。天下第一不好当，"官司"二字，其实隐藏着一段尘封往事，颇见晚明苏州社会百态。文震亨的哥哥、天启二年状元文震孟有一篇《薤茶说》，实录苏州官吏拷掠虎丘僧人，取虎丘名茶趋奉权贵的事实。栽种于虎丘山寺的这种名茶，引发过种种荒唐与不幸：

吴山之虎丘,名艳天下。其所产茗柯,亦为天下最。色、香与味在常品外,如阳羡、天池、北源、松萝,俱堪作奴也。以故好事家争先购之。然所产极少,竭山之所入,不满数十斤。而自万历中,有大吏而汰者,橄取于有司,动以百斤计。有司之善谀者,若以此为职守然。每当春时,茗花将放,二邑之尹即以印封封其园。度芽已抽,则二邑胥吏之黠者逾垣入,先窃以献令。令急先以献大吏,博色笑。其后得者,辄锒铛其僧,痛楚之。

为孝敬争宠翻墙而入,形如盗贼,偏偏还是胥吏这样的官家人所为,我一直好奇这位嗜好虎丘茶的万历后期"大吏而汰者"为谁,而迄今无考,也是遗憾。崇祯进士朱隗有《虎丘采茶竹枝词》,记录当时乱象:

> 钟鸣僧出乱尘埃,知是监司官长来。
> 携得梨园高置酒,阊门留着夜深回。
> 官封茶地雨泉开,皂隶衙官搅似雷。
> 近日正堂偏体贴,监茶不遣掾曹来。
> 茶园掌地产希奇,好事求真贵不辞。
> 辨色嗅香空赏鉴,那知一样是天池。

连不欣赏虎丘茶的李日华,得到消息也表示遗憾,在《六研斋笔记》里说:"清冷之渊,何地不有,乃烦有司章程,作僧流楚哉!"

这种情形,居然持续了三十多年。

虎丘寺一度被迫创造了一种"替身茶",即以产自苏州西部山区的天池茶应付各方索讨。天池茶品质不如虎丘茶,青草气比较重,但无碍它成为虎丘茶的遮眼法。当年看似狂热的购茶人,其实也是"只要贵的，不要对的"，根本不懂品茶。更荒诞的是，因为虎丘茶当时的名声，隐隐然带动了"替身"天池茶，使其被列入全国名茶。嘉靖二十年（1541），松江状元陆树声作《茶寮记》，称"与五台僧演镇、终南僧明亮，同试天池茶于茶寮中"，茶会雅集，通篇只有天池一种，可见天池茶确有所长。但到万历二十五年（1597），许次纾所著《茶疏》则称："往时士人皆贵天池。天池产者，饮之略多，令人胀满。"茶人评价已经发生了转变。

而真正品茶的行家开始发愁。虎丘茶的第一知己冯梦祯说，自己购买虎丘茶已经非常困难。他在《快雪堂漫录》中提到了当时虎丘茶的价格和造假，读来饶有情趣：

茂吴品茶，以虎丘为第一，常用银一两余购其斤许。寺僧以茂吴精鉴，不敢相欺。他人所得，虽厚价亦赝物也。

子晋云："本山茶叶微带黑，不甚青翠。点之色白如玉，而作寒豆香，宋人呼为白云茶。稍绿便为天池物。天池茶中杂数茎虎丘，则香味迥别。虎丘其茶中王种耶？芥茶精者，庶几妃后，天池、龙井便为臣种，其余则民种矣。"

文震孟曾建议用霹雳手段、慈悲心肠，剿灭人间贪欲：

客有读书其地者，往往为僧咨嗟而莫为之计。余笑谓客："设有僧具勇猛力者，拔去根株，无留纤寸，具此手段，便许之成佛作祖。"直戏言耳。

不是戏言，一语成谶！

"甲子岁，有巡方使者，督责尤苦。僧某竟如予言，薙除略尽，盖已办此身殉也。"

天启四年（1624），虎丘寺僧因茶被官府逮问，"胥吏辈复唉咋，僧尽衣钵，资不足偿，攒眉蹙额，或闭门而泣"，虎丘寺僧人走投无路，悲愤欲绝，将茶树以开水浇透，斧锯齐下，连根拔掉了这些害人不浅的茶树。

虎丘茶遂绝。

听到这个消息，李日华慨然落笔道："我刚刚还在写文章，觉得虎丘茶名气虽大，但是味道其实还不如岕茶、龙井。没想到我提笔写完这段，就听到了僧毁茶树的消息，从此世上再无虎丘茶。我倒是很佩服这位住持，他是有血性的比丘。"

此事之后，余音袅袅。当时苏州知府寇慎和文震孟聊起此事，大家笑而不语，包括吴县知县陈文瑞在内，两位父母官其实都大大松了一口气，文震孟记述说："一日，郡伯礼亭寇公过余言曰：'当吾作守，而有此举，差强人意。'"意思是："我做苏州知府任内发生这个事情，总算除了一个祸根，文老兄觉得还行吧？"文震孟笑呵呵地回答："出了这事情，才看出寇大人爱惜地方，英明得很啊！如果不是你暗中支持，一心想成佛作祖的和尚们，口慈心善只会念'阿弥陀佛'，怎么会痛下辣手呢？"寇知府得意了："能不能请文状元写篇文章？替我这个风尘俗吏留下一点好名声，也好对'上面'交代过去。"

文震孟不久后遇见吴县知县陈文瑞，将二人的对话转述一番，陈知县也哈哈大笑说："有是哉！多欲则多事，多事则扰民。能使根株拔尽，无留纤寸者，精可成佛作祖，粗可抚民莅众。世法略具此矣！"陈文瑞也是学问好，大赞虎丘住持霹雳手段，佛法高明，替自己这样的地方官都解了围。世间法，就得上这样的"硬核科技"。

万历二十五年，许次纾写成《茶疏》。《茶疏》较早提到了松萝茶的大名："若歙之松萝，吴之虎丘，钱塘之龙井，并可雁行。"虎丘茶树被人为破坏后，原先一直没有出现过松萝茶的明代茶史文献，突然出现了松萝茶的名字，并非巧合。

松萝山位于安徽休宁，属于黄山余脉，海拔八百多米。

上海冯时可，字元成，是晚明文学"中兴五子"之一，一生淡泊名利，著述甚富，他的《茶录》记虎丘茶、松萝茶之间渊源最为详细：

徽郡向无茶，近出松萝茶最为时尚。是茶始比丘大方，大方居虎丘最久，得采造法。其后于徽之松萝结庵，采诸山茶于庵焙制，远迩争市，价倏翔涌，人因称松萝，实非松萝所出也。是茶，比天池茶稍粗而气甚香，味更清，然于虎丘能称仲不能伯也。

冯时可对虎丘茶非常了解。万历十二年（1584）三月九日，冯时可从贵州提学副使任上辞官回到家乡，开始长达八年的闲居生活。他专门来到虎丘采明前茶，一位眉毛都白了的老和尚拄着一根拐杖走来，二人在林间相遇，老和尚对他作揖说道："您怎么自己采茶，连个童儿都不带来呢？老僧看您是敦厚质朴之人，有勤劳上进的雄心，以后一定大有作为。我在此山为僧，超过一甲子时间了，当年苏州陆粲、文徵明都是我的施主。我看到过很多前辈士大夫，风流韵致如今还在眼前，他们每到良辰佳日，就聚会于此山，二三知交角巾野服坐船而来，席地而坐交谈宴饮，意态从容，当年看见老僧也是客气招呼同坐，大家一起说笑，亲密无忌。如今风气大变，高官贵客来虎丘山，张罗豪宴，奴仆气势汹汹大呼小叫，我看着就很害怕，犹如遭遇虎豹豺狼，不敢与之亲近。老僧虽然没有学问，但察言观色，看阁下一定先辈就做官，保持了儒生风度，不像有些人突然做官显贵，气势夸张啊。您是素心人。"老僧表扬完冯时可，想要翩然离去，冯时可身边的一位朋友笑着问老僧:"您出家修行佛法,早就没有差别心,看世间众生平等,应该个个都是菩萨,为什么如此黑白分明?"老和尚说:"正因为菩萨慈悲心肠,所以看世风日下,心里悲凉啊。希望二位努力,学习先辈好品德。"这一番话,冯时可甚为赞同,拿出随身带的纸笔记录下和尚话语,留下虎丘采茶的一段逸事。

对照后来虎丘发生的毁树事件,此时其实已经隐约显露出虎丘云岩寺僧人的困境。

松萝茶始于虎丘茶,故色、香、味相近,香气清淡,味如豆花,色如梨花,种愈佳则色愈白,可谓茶中姐妹品,将默默无闻的安徽茶提升到名茶地位,甚至"松萝"二字也成为新一代制茶工艺的代称。比丘大方传授的焙法,不外乎精选茶叶,与火候调燮得宜。冯时可说:"茶全贵采造。苏州茶饮遍天下,专以揉造胜耳。"历史上虎丘茶

《虎丘十二景图·憨憨泉》(局部)
明　沈周
克利夫兰艺术博物馆藏

的采、造都有独特之处。

松萝茶与虎丘茶一脉相承,历来被赞许制法精良、考究。最真切的松萝制法记录来自龙膺,他是湖广武陵人,万历八年至十四年期间担任徽州府推官,《蒙史》一书记录他去松萝山拜访大方和尚之事,他亲见大方先杀青再揉搓炒青的制茶手段:"予理新安时,入松萝亲见之,为书《茶僧卷》。其制法,用铛磨擦光净,以干松枝为薪,炊热,候微炙手,将嫩茶一握置铛中,轧轧有声,急手炒匀,出之箕上。箕用细篾为之,薄摊箕内,用扇搧冷,略加揉授,再略炒,另入文火铛焙干,色如翡翠。"这是相当详细、真实的现场记录。

另外一则详尽的文字记录,出自崇祯三年(1630)闻龙所著《茶笺》,也强调松萝茶看重采、造,更第一次提及所谓"松萝法":

茶初摘时,须拣去枝梗老叶,惟取嫩叶。又须去尖与柄,恐其易焦,此松萝法也。炒时,须一人从旁扇之,以祛热气。……炒起出铛时,置大瓷盘中,仍须急扇,令热气稍退,以手重揉之,再散入铛,文火炒干。

闻龙说"拣去枝梗老叶",方以智在《通雅》中完全沿用了闻龙之说。闻龙强调松萝茶要选用嫩叶,这是名贵绿茶的普遍做法,有些内容不易理解:"须去尖与柄,恐其易焦",茶芽"去尖与柄"照字面意思不容易操作、人工极繁,故所谓"尖与柄"或是茶叶没有长成的部分与茶叶梗。

谢肇淛《五杂组》里,曾遇见一个松萝"制茶僧":

余尝过松萝,遇一制茶僧,询其法,曰:"茶之香原不甚相远,惟焙者火候极难调耳。茶叶尖者太嫩,而蒂多老。至火候匀时,尖者已焦，而蒂尚未熟。二者杂之，茶安得佳？"

以上谈论焙火、原料都没问题，但谢肇淛接下来的这段文字"害人不浅"，他想当然地认为，松萝茶每片茶叶都要剪掉"尖蒂"：

松萝茶制者，每叶皆剪去其尖蒂，但留中段，故茶皆一色，而功力烦矣，宜其价之高也。

充分展开想象力翅膀的《五杂组》飞跃事实，干脆亮出了剪刀。事情还没完，罗廪《茶解》更夸张：

松萝茶出休宁，松萝山僧大方所创造。其法，将茶摘去筋脉，银铫炒制。今各山悉仿其法，真伪亦难辨别。

"摘去筋脉"之说，好像飞花摘叶取人性命的神奇武功了。

这当然是耳食之言。松萝山上采的本就是嫩叶，试问如何再将嫩叶去除筋脉？制茶，不是在实验室里浸泡福尔马林、制作标本，纵使耗费时日也无妨。若一叶一芽之工繁剧如此，大量鲜叶存在保鲜问题，如何来得及？每年茶季，茶农谁家不是争分夺秒？罗廪如此想当然，实在是书呆子气。

松萝法"摘去筋脉"一说，正常理解，大致就是把老叶、叶梗去掉，采用嫩芽标准统一，炒制时受热均匀，不会有的焦枯、有的没熟。苏州茶区制作碧螺春至今仍有这道工序：清明前几日，上山采鲜芽毕，村中男女团团围坐在一个大竹匾旁，挑出不合标准的瑕疵原料，总之要求嫩叶原料大小齐一。松萝茶源自苏州，苏州碧螺春做法一直延续，当与虎丘茶制法相同。

当然，顶级奢侈品都需要故事。"每叶皆剪去其尖蒂"已不可思议，还只是强调松萝叶芽的鲜嫩，罗廪《茶解》则进一步夸张，说用银铫锅炒茶，能增加尊贵、神秘感。掌握炒茶锅温度、火候确实重要，但用银锅炒茶纯属商业噱头。龙膺亲眼见过那口炒茶锅，"磨擦光净"是真，只字未提银制。

罗廪《茶解》还透露一则信息，"今各山悉仿其法"，松萝仿品大量出现。徽州邻府宁国所辖六县，除南陵外，其他五县各山产茶，皆以松萝茶为名。谢肇淛是福建人，《五杂组》承认："闽方山、太姥、支提，俱产佳茗，而制造不如法，故名不出里闬。"距离黄山几百里的福建，开始学习"松萝法"制作"建茶"，当年称"武夷松萝"。今天的武夷岩茶炒焙法一系的诞生，其实都受过明朝"松萝法"影响，

《隐居十六观图·谱泉》
明 陈洪绶
台北故宫博物院藏

"谱泉"就是根据泉水适合煮茶的程度，给泉水排定次序。

在历史演变中逐步定型。记录这一情况最详细的资料是《闽小纪》：

> 僧拙于焙，既采，则先蒸而后焙，故色多紫赤，只堪供宫中浣濯用耳。近有以松萝法制之者，即试之，色香亦具足，经旬月，则紫赤如故。盖制茶者，不过土著数僧耳。语三吴之法，转转相效，旧态毕露。

一开始当地人并不能娴熟掌握"松萝法"，它的引进是武夷山制茶工艺革新的关键之一。

有趣的不仅是茶的好坏，还有人的命运波折。

万历官修《休宁县志·物产》记录以下故事：

> 邑之镇山曰松萝，以多松名，茶未有也。远麓为榔源，近种茶株，山僧偶得制法，遂托松萝，名噪一时。茶因踊贵，僧贾利还俗，人去名存，士客索茗松萝，司牧无以应，徒使市恣赝售，非东坡所谓河阳豕哉。

这个僧人，开始我猜未必就是大方本人，毕竟松萝茶深受市场欢迎，大方一人恐怕做不了许多，还俗僧人或许另有其人吧。但是看到李维桢撰写的《大方象赞》，他在文章前有序言曰："今新安松萝茶出自大方，名冠天下，而大方亦服隐士巾服，鬒发美须，翩翩仙举矣。"这个细节明确暗示大方当时已经留发、蓄须，如儒雅文人般注重仪表，不再是素朴刚健的出家人威仪。

几百年前的往事，当不得真。

1745 年 9 月，瑞典有一艘远洋贸易船哥德堡号，从东方采购了大量的丝绸、茶叶，即将回到母港，站在岸上的亲人们已经肉眼可见这艘船远远开来。但是不幸发生了，哥德堡号触礁沉没。因为距离港口较近，很多人立即打捞，据说打捞起八十匹丝绸、少量瓷器，还有三十吨茶叶。以上货物进行商业拍卖，居然抵消了远洋航行的全部开销，甚至还有盈利。哥德堡号曾经三次到过广州。1986年，这艘沉船的考古发掘工作全面展开，考古人员发现还有三百多吨茶叶，主要是松萝茶，部分松萝茶样品后来被送给广州博物馆以作纪念。

哥德堡号当时装载数量巨大的松萝茶，证明清代安徽地区茶叶出口量十分庞大。

据万历年间的官方统计，当时徽州地区缴纳茶税已达七万两白银，是苏州的二十几倍，而安徽广德州所缴茶税更多，达到了五十万两，这个天文数字在全国来说也是非常惊人的。

虎丘、松萝一脉相承，明代人的茶谱大小几十部，几乎都谈论过这两种茶，写得最好的是陆树声的《茶寮记》，记与终南僧明亮一起喝茶，短短几百字，烟云满纸：

> 园居敞小寮于啸轩埤垣之西，中设茶灶，凡瓢汲、罂注、濯拂之具咸庀。择一人稍通茗事者主之，一人佐炊汲。客至，则茶烟隐隐起竹外。其禅客过从予者，每与余相对，结跏趺坐，啜茗汁，举无生话。终南僧明亮者，近从天池来。饷余天池苦茶，授余烹点法甚细。

有太子太保的荣衔，海内清望第一，陆树声这次喝的居然不是虎丘茶，只是天池。

他是嘉靖二十年的会元，官至礼部尚书，与严嵩不和，与张居正又不和……

《明史》说他"端介恬雅，翛然物表"。

只论喝茶，这也是大人物。

第六章 香料

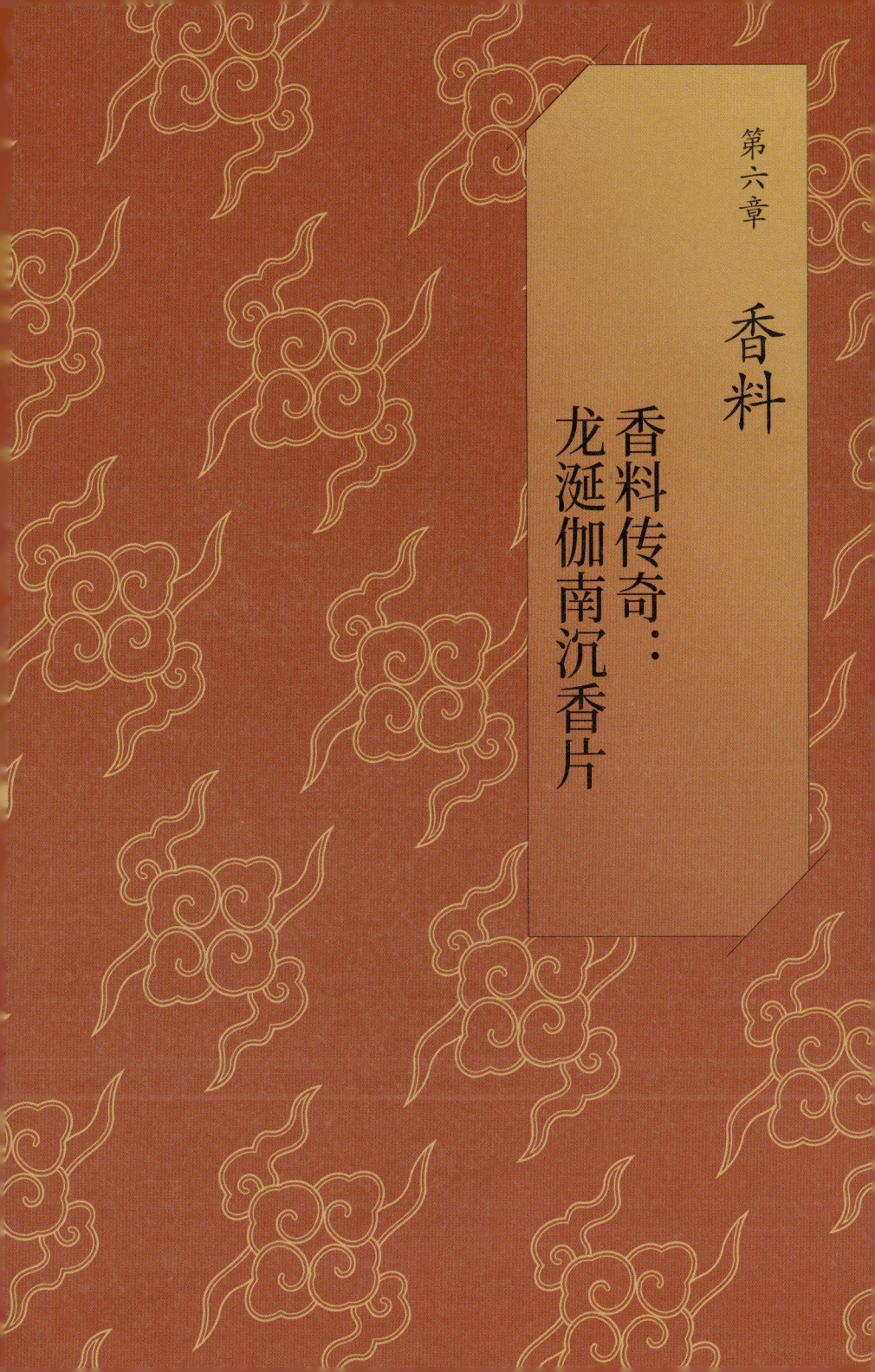

香料传奇：龙涎伽南沉香片

汉唐以来，中国人一直有着悠久的用香、闻香传统，香料采自大自然中的植物，用以熏衣、净化室内的空气，可以起到提神的作用。在宋代，文人对香的使用已经相当痴迷。宋代的香文化蔚为大观，出现了专门研究、讨论各种香品的专门著作，其中有名的是《香谱》。

明代周嘉胄的《香乘》一书，集中国香学文化之大成。周嘉胄约为嘉靖、万历年间人，擅长装裱等工艺，《香乘》继承了前朝关于香品使用的种种史料、技艺，同时对整个明代的用香习俗进行了非常精确的归纳和记述。从《香乘》可知，明代香品已经得到了很大发展，香的品类日益增多，焚香的技巧丰富多样，香具琳琅满目，明代人对于香的使用有了更深刻的体悟。香是用来闻的，闻香的好处究竟是什么？隐士陈继儒的《岩栖幽事》是一本意境优美的明代奇书，陈继儒

《销闲清课图·焚香》
明　孙克弘
台北故宫博物院藏
—
题跋：磁炉沉速，爇火时揾。幽芬馣满，四壁生馨。

开头就写:"香令人幽。"

一个"幽"字,不是幽默,是清幽、幽静之意。

幽,若有若无,无处不在。呼吸香气可以让人沉静下来,时间长了,在香气缭绕中自然会收敛对各种物质的欲望,使人姿态从容,得意悠然。

陈继儒说:"焚香倚枕,人事都尽。"

所谓"人事",就是世界上各种纠纷、各种利益的计算。"人事都尽",心里一点念头都没有了,人间的烦恼也没有了。"梦境未来,仆于此时,可名卧隐",这个时候,身心放空,闻香,以嗅觉来感受这个世界,在一缕缕香气当中安定自己的心境,没有了权谋,没有了功利,也没有了虚荣攀比。"焚香倚枕"可以称作"卧隐",人的精神完全放松,姿态是躺卧,意识进入空灵状态,但是还没入睡,没有梦境,由此感悟到隐居生活的不易。陈继儒深有体悟,他说:"便觉凿坏住山为烦。"隐居山中,还要建造屋宇,真是麻烦,如果一个人想

元　青瓷鱼耳炉
台北故宫博物院藏
——
炉盖内有项元汴收藏印记及"甲"字铭。

要逃离城市,还得专门跑到深山里去,不如就点一炉香,直接闻香,就可以进入闲适自如的境界,堪称方便法门。

具体而言,明代珍贵香品可以分为两类:第一类数量比较少,是来自动物的香料——龙涎香;第二类就是沉香、檀香等植物产生的香料。香料可以按照不同配方、比例"和香",制作出众多有特点的成品香饼、香丸、线香。

龙涎香一直是很传奇的香品,宋代宫廷里经常会使用龙涎香。龙涎香最大的特点是,据说点燃之后,就算把宫殿四面窗格都打开,有风吹过,宫殿炉鼎中燃烧的龙涎香也可以香烟不散,袅袅婷婷之青烟徐徐地一直升起。龙涎香是香中极品,但是它本身不宜单独用来焚香,不仅是价格奇昂之故,而且也是龙涎香本身特质所决定的。它是王者之香,只需要取一点点与其他香料搭配,就可使整个香气更加华贵馥郁,一下进入更高的境界。当然,龙涎香最神秘的一点,还是具备"收敛凝香"之功,能够把烟气凝固,有风吹过而不散,自从宋代洪刍《香谱》记载这个神话以来,龙涎香就受到帝王们的特别推崇。

中国人对龙涎香的认识起源于神话传说。我们中国人深信有龙,"龙涎"二字,顾名思义就是龙吐出来的分泌物。宋代《香谱》里写得活灵活现:有人曾经在大海中看到蛟龙搏斗,其实是阴阳相交,然后龙的精液排到大海上,为海水所凝固,变成像石头一样的东西,再漂浮到海滩上,被打鱼的人发现,如获至宝。其实在今天,龙涎香在世界各地还时有发现。近年有一则新闻:在澳大利亚某海滩上,有人拾到了龙涎香,它的外观看起来像一块石头,但是懂行之人鉴别出这是非常好的龙涎香。

龙涎香到底从何而来?

答案其实很简单——海洋里的抹香鲸吃了太多东西,胃中积存无法消化的部分,只能慢慢地吐出来,呕吐物于是漂浮在海上,但是,这些呕吐物,经过抹香鲸体内如小型化工厂一样的"加工"产生化学反应,在海上经过长期日晒,易腐之物自然脱去,外表硬如岩石,色分灰白或者灰黑色,最终形成了香料。灰黑、灰白颜色不同的龙涎香,其中蕴藏香精含量不同,价格也有差异。龙涎香漂浮于海上,有些被冲上海滩,被人捡到,于是人们奉若至宝。而导致抹香鲸产生龙涎香的食物,有专家指出其实是它吞食的乌贼,乌贼身体中有部分骨骼是抹香鲸终生难以消化的,自然界亿万年来形成的生物本能,激发抹香鲸定时吐出这部分身体中的"垃圾",这些垃圾却是世人梦寐以求之宝物。乌贼与抹香鲸一直是天敌关系,据说海洋深处存在巨大的乌贼,也觅食幼年抹香鲸,同样能产生龙涎香。这两种海洋动物身体的化学反应,真是上天安排的奇特联系。扬之水先生《香识》一书,讨论早期佛教莲花香炉、香宝子,还有宋代香盒、香炉之源流,也考证了"印香炉"的发端,内容非常吸引人,其中提到了神秘的龙涎香,还有类似于香水的古代海外"蔷薇水"的来历。龙涎香至今仍然是很多高档香水重要的制作原料,据说香奈儿香水里面不仅有麝香,也有龙涎香。

龙涎香属于宫廷消费品,其他人拥有便有僭越之嫌。《游宦纪闻》记录,宋代龙涎香的市场价格是每两龙涎香一百多两银子。

明代龙涎香的价格,根据《大明会典》卷一百十三《礼部·给赐》所记,龙涎香"每两三贯","三贯"可以理解为白银三两,而同时记载的沉香价格是每斤三贯,换言之,龙涎香的价格是沉香价格的十倍,原因在于获得龙涎香纯靠"海外土人"偶然发现,可贸易之数量少之又少,"每两三贯"这个天价,很多时候也是有价无货。按照今天的说法,这是香料界的天花板。龙涎香珍贵,民间罕有使用者。《世宗实录》记载,嘉靖三十四年,嘉靖皇帝几度下旨催促严嵩内阁、户部采办龙涎：

> 上谕辅臣严嵩等：户部访买龙涎香，至今未有，祖宗之制，宫朝所用诸香，皆以此为佳，内藏亦不多，且近节用，非不经也。其亟为计奏……嵩等以示户部。部覆：此香出云广僻远之地，民间所藏既无因而至，有司所得，以难继而止，又恐真赝莫测，不敢献者有之，非臣等敢惜费以误上供也。
>
> 疏入，上责其玩视诏旨，令博采兼收以进。

还有嘉靖三十五年（1556）八月的记录：

> 上谕户部：龙涎香十余年不进，臣下欺怠甚矣。其备查所产之处。……仍令差官一员于云南求之。

嘉靖四十年（1561）十一月，嘉靖皇帝在西苑与新宠、年仅十三岁的尚美人"试烟火"，烧毁万寿宫，沈德符《万历野获编》说："凡乘舆一切服御及先朝异宝，尽付一炬。……此后即下诏云南买诸宝石及紫英石，屡进不当意，仍责再买。如命户部尚书高燿求龙涎香，经年仅得八两。盖诸珍煨烬已尽，无一存者，故索之急耳。"

宫中大内所求，户部尚书全力采办，一年才得到八两龙涎香，民间哪得享用？居然也有意外。

明朝民间人士使用龙涎香难得的一则记录，发生在北京。

嘉靖四十一年（1562），文徵明长子、篆刻家文彭结束丁忧，去往北京，担任顺天府学训导，文彭曾到研山斋访中书舍人顾从义，写下了一首诗题冗长的诗作《连日奔走尘冗，怀抱欠佳，偶过顾舍人汝由研山斋，其窗明几净，折松枝梅花作供，凿玉河冰，烹茗啜之，又新得匋鼎奇古，目所未见，炙内府龙涎香，恍在世外，不复知有京华尘土，赋此纪兴》。诗题中，"内府龙涎香"五个字相当醒目。陈继儒《笔记》提到此事，文彭亲口告诉过自己"炙内府龙涎香"时内心之震撼，时隔多年，难以忘怀。

明代士绅阶层日常焚香，最看重的还是产自木本植物的各种沉香。在宋代之前，沉香就是帝王们所追求的一种奢侈品。当年隋炀帝的罪状之一，就是花费巨万，焚烧数量惊人的沉香。唐代武则天在获得帝位前，曾遁入佛门，深谙焚香在宗教场所的特殊妙处。武则天即位后，曾在佛诞日将皇宫内库上千斤珍贵的沉香运到寺院，焚香礼佛。整座长安城，一时香云缭绕，香气冲天，万众欢呼，如痴如狂。

明朝宫廷有香品采购清单，采办数量巨大，不同香料珍贵程度从高到低依次为沉香、沉速香、海添香、速香、黄速香、降真香。嘉靖皇帝笃信道教，每年消耗大量沉香。《明世宗实录》"嘉靖二十九年六月二十八日"条记："供用库移文户部，趣征内用香品：沉香七千斤，大柱降真香六万斤，沉速香一万二千斤，速香三万斤，海添香一万斤，黄速香三万斤。"

又如"嘉靖三十二年六月三日"条记："沉速香坐派一万五千余斤，又召卖一十四万二千余斤。"

宫廷从海外收购大量香料，沉香、速香是当时大宗。海南上好的沉香与舶来品不同，被称为"土沉"，香气独特，与海外诸香迥异。晚明时，海南岛黎族人民因为朝廷索香，多次爆发起义，原因之一是海南出产沉香极为稀少。

沉香名贵，适合作为礼物馈赠，如万历四十年三月七日，李日华《味水轩日记》记，盐官人"朱季长从闽回，贻余沉香片、沙谷米、闽游诗一编"。

不论是龙涎香还是沉香，至今人类也无法用科技手段人工制造出同样品质的香料。沉香馥郁甜美，作为极品香料，是怎么产生的呢？

香树在大自然中容易遭遇种种意外伤害，如被虫蛀、被飞鸟啄开了树皮、被闪电劈中。闪电劈中香树，树身燃烧，出现伤口。为愈合伤口，香树分泌芳香物质，就像人的皮肤受伤以后会结疤，香树遇到外界刺激才有了疤结，也有树木倒地之后埋在土里，或者倒在水里，慢慢地形成了香结，香木精华自然产生。精于采香之山民会结伴进入深山，专门寻找这种香树，采集香结。一棵产香之树，不可能完完整整全部都是沉香，可能也就几个地方或者仅仅一个地方结有沉香。人们需要把这部分木头采下来，精心地加工，古人称为"剔锼"，即拿一把尖刀细细地将树木含有油脂的部分采下来，这样得到的香才能够使用。如海南本地沉香"结香"原理，当年苏辙在文章里描述到位："风雨摧毙，涂潦啮蚀。肤革烂坏，存者骨骼。"

沉香在宋代就有很多名称，也是当时朝廷的贡品。朝廷规定了每年各个产香地区，包括海外采购，需要进贡多少香品。其中有称为黄熟香的，进口香料有称为速香的，还有一种叫作马牙香。沉香的产地除了我国海南，主要是在东南亚地区，包括今天的柬埔寨、老挝、泰国，印度尼西亚的加里曼丹岛也出产非常有个性、好闻的沉香。这些国家当中，越南出产的沉香质量是比较好的。

不同的沉香，外观、油脂的含量、质量都有差别。香气与产地也有很大关系，有些香气如花香，有些清凉透彻，还有些带着奶香，行家们往往很了解不同沉香的特点，可以辨别出相应的名称、产地、等级。特别值得一提的是伽南（又叫奇蓝、琪楠、奇楠），伽南是沉香中的极品。明代将伽南分为糖结、金丝两种。《遵生八笺》记："糖结锯开，上有油若饴糖，焚之，初有羊膻微气。糖结黑白相间，黑如墨，白如糙米。金丝者，惟色黄，上有绺若金丝。惟糖结为佳。"

李日华《六研斋笔记》记，安徽人吴循吾为人豪放，晚年寓居杭

《金石昆虫草木状》明万历时期彩绘本
明 文俶

1. 广州沉香 2. 檀香 3. 广州龙脑香 4. 苏合香

清乾隆　沉香木如意
台北故宫博物院藏

州吴山，"家有伽南观世音像二躯，大者高几三尺，小者高尺余，皆糖结之精者，供置室中，奇香溢于户外，诚异品也"。

《味水轩日记》记，万历四十一年九月二十三日，李日华收到"山人"沈恒川寄来的礼物："伽南香油一两，真安息片子二两。今年熏燎事已办，明日恰立冬，又暖炉会中一种佳况也。"

从伽南香中提炼出的精油，比起伽南香木纯度更高，香气浓郁无比。所以李日华非常满意，说今年用来熏香的原料差不多了，更期待立冬的暖锅宴席上以此熏香，一定香溢四座，令众人惊叹不已。

特别珍贵的伽南，与其他沉香不同，在常温条件下反而闻不到任何香气，但是如熏香得法，其香气之浓郁、独特，令人终生难忘，以至于今天的人们还相信，一生中得闻一次伽南香也是殊为难得的福泽。

晚明文人冒辟疆在回忆录里提到了一种黄熟香。"黄熟香"之名宋代始见。叶廷珪《南番香》录蜜香、沉香、鸡骨香、黄熟香、栈香、青桂香、马蹄香、鸡舌香，"八香"同出一树，香树根部出香为"黄熟香"。黄熟香品质很高，但又不像伽南那样千金难得，可以作为日常使用的"口粮香"。崇祯十四年（1641），周嘉胄在《香乘》里引用宋代文献，也有新的材料补充："黄熟香、夹栈黄熟香，诸番皆出，而真腊为上。黄而熟，故名焉。其皮坚而中腐者，形状如桶，故谓之黄熟桶。其夹栈而通黑者，其气尤朦，故谓之夹栈黄熟。此香虽泉人之所日用，而夹栈居上品。"

按照油脂含量分类，黄熟香油脂含量低于沉香，但品质较速香为好，属于栈香，故《香乘》认为黄熟香"亦栈香之类也，但轻虚枯朽不堪者"，因其"轻虚"浮于水，速熟近音，讹为"速香"。李时珍也持此观点，《本草纲目》说："其黄熟香即香之轻虚者。俗讹为速香是矣。"

冒辟疆好友、晚明四公子之一的陈贞慧著有《秋园杂佩》，其中论黄熟香云："黄熟出粤中、真腊者为上，香味甚稳，佳者不减角沈，次亦胜沈速，下者谓之黄熟桶，烟浓泼鼎，不能堪耳。初价不甚昂，山家所易办，今不能多得，香肆中绝少佳品。每坐雨煮茶，窗绿正午，辄思此良友。"晚明时黄熟香不只有海外进口，粤东地区亦产之。像人工茶园一样，当地人像种茶一样种植香树，开始人工培养、制作沉香。《香乘》记载："近时东南好事家，盛行黄熟香，又非此类。乃南粤土人种香树，如江南人家艺茶趋利。树矮枝繁，其香在根，剔根作香，根腹可容数升，实以肥土，数年复成香矣。以年逾久者逾香，又有生香、铁面、油尖之称。故《广州志》云：'东莞县茶园村香树，出于人为，不及海南出于自然。'"

冒辟疆强调，广东地区的香树结香之后，"自吴门解人剔根切白，而香之松朽尽削，油尖铁面尽出"。来自苏州的行家擅长剔除、刮净树根处无用朽木、白茬，凡松软腐朽者一律切削，只留下"油尖铁面"，即结香部分的精华。

冒辟疆当年跟董小宛在苏州半塘结识，有专门的香料商人为他们提供上品沉香，"金平叔最精于此，重价数购之。块者净润，长曲者如枝如虬,皆就其根之有结处随纹缕出。黄云紫绣,半杂鹧鸪斑,可拭可玩."冒辟疆买到的黄熟香,不但品质纯净,而且本身体量比较大,甚至可以用来摩挲把玩。据冒辟疆观察,这些黄熟香都是在树根的部分,随着"香线",也就是有结香的地方剔锼、雕刻,最后显现的花纹称作"鹧鸪斑"。鹧鸪是一种水鸟,所谓"半杂鹧鸪斑"就是香料最后呈现的样子有点像鹧鸪羽毛的花纹。这种黄熟香可烧、可玩,用手掌抚摸香木,渐渐也会带出木头里蕴藏的香气。

还有一种生黄香。冒辟疆说,他曾经到苏州收集了很多生黄香,有广东来的客人寄赠他这种大的香料,"有大根株尘封如土,皆留意觅得",大得像树根一样的生黄香,看起来如璞玉般浑然。冒辟疆描述:"携归,与姬为晨夕清课,督婢子手自剥落,或斤许仅得数钱,盈掌者仅削一片……"他每天和董小宛督促手下剥香,一斤木头里面只能得到数钱,一块手掌大的木头只能够削得一片沉香。这种亲自参与制作沉香原料的行为,在晚明文人记述中并不多见。

李时珍《本草纲目》总结说:"香之等凡三:曰沉,曰栈,曰黄熟是也。沉香入水即沉,其品凡四:曰熟结,乃膏脉凝结自朽出者;曰生结,乃刀斧伐仆膏脉结聚者;曰脱落,乃因木朽而结者;曰虫漏,乃因蠹隙而结者。生结为上,熟脱次之。坚黑为上,黄色次之。"

文震亨是玩香的高手,《长物志》推崇对香料充分珍惜,用小小一个香炉,用一点点沉香木,不过指甲大小,慢慢熏烤以发挥最佳香气。《长物志》里提到的很多香品,都是通过商业店铺购得,可见香品行业的发达。他也提到,因为沉香木珍贵,有人不舍得一烧了之,于是拿它雕刻佛像、制作器皿,比如沉香酒杯、沉香笔筒、沉香搁笔。如果是伽南制作的器物,那就更了不起了。伽南是沉香中最好的品类,一般来说真的不舍得直接把它烧掉,那么怎么办?人们通常会专门把它放到一个地方保存,防止气味散发,一般会专门用密闭性能

《汉宫春晓图》（局部）
明　仇英
克利夫兰艺术博物馆藏

图中女性左手拿香盒，右手着香箸，红袖添香。

最好的锡做成上下两层的香盒，上层放伽南，下层放蜂蜜，用蜂蜜去养伽南，用的时候只取一小片而已。有的人会把伽南雕刻成小小的扇坠，或者把它车成珠子做成手串。这种把玩的小物件，不论是做扇坠还是手串，都能够辟邪驱暑，也是一种非常风雅的做法。

说到底，焚香在明朝已经属于一种日常生活的习俗。而当年这些名贵香品的价格，今天的人看来可能瞠目结舌。

《大明会典》卷一百十三《礼部·给赐》记载，龙涎香每两三贯，沉香每斤三贯，速香每斤二贯。黄熟香进口的价格是每斤一贯，暹罗进口的高达十贯。乳香每斤五贯，特例暹罗四十贯。檀香每十斤银一两，折钱七百文，暹罗、满剌加檀香，每斤钞十贯。以上属于进贡香料，官方收购的"番货"价格。

万历《漳州府志》的相关记录，反映了当时真实的市场收购交易情况，如隆庆六年（1572），有一份漳州进口商品的税额资料《商税则例》记录了进口香料的税费，间接体现了香料的价格非常高昂：

檀香，每百斤五钱；奇楠香，每一斤二钱；沉香，每十斤一钱；丁香，每百斤二钱；乳香，每百斤二钱五分；肉豆蔻，每百斤一钱；片脑，每十斤一两；没药，每百斤二钱五分；束香，每百斤二钱五分；降香，每百斤五分。

请注意，以上不是香料价格，仅仅是所收取的关税而已。相比香料关税，其他名贵的海外珍品，如燕窝，税额不过每十斤四分，象牙没有雕刻成器的，每百斤四钱，成器者每百斤七钱。隆庆六年开始的这份《商税则例》，万历三年（1575）开始称为"陆饷"。到万历十七年（1589），这一"陆饷"征税商品有一百零三种一百一十三项。

如此众多的商品，没有比较的话，对香料税费之高可能没有准确的概念。举例来说，隆庆六年，漳州海关权定之税率，犀角每百斤一钱五分。

如何解读呢？

犀角是传统的贡品，也是远洋商业贸易中典型的"海外奇物"，犀角雕刻品一直比象牙雕刻品更名贵，犀角还是明朝二品官员朝服所镶嵌之物，是明朝上流社会追捧的玩物，文人也喜欢能做成酒杯器皿的犀角，如文人张凤翼曾以犀角杯作为给文徵明的贺寿礼物；张居正夺情引起官员抗议，常熟赵用贤因此被杖责得血肉模糊，事后同僚合资购买了一个犀杯，杯上镌刻赞扬其风骨的文字留作赵氏传家之物……

而海关榷定之税率，犀角每百斤一钱五分。

我们再来看当时沉香的税率：沉香，每十斤一钱。

比沉香更贵重的进口"奇物"，大约只有"阿片"，也就是后世的鸦片，当时关税为每十斤二钱。

另一份月港"陆饷则例"中香料的关税记录：奇楠香每斤二钱八分，沉香每十斤一钱六分。

到万历四十三年，每斤奇楠香税银为二钱四分二厘，沉香每十斤的税银是一钱三分八厘，相差甚巨。

假如税率按照十抽一计算，奇楠香的价格，接近同等重量白银的三倍。

奢侈品消费，从来如此吧。

第七章 香事

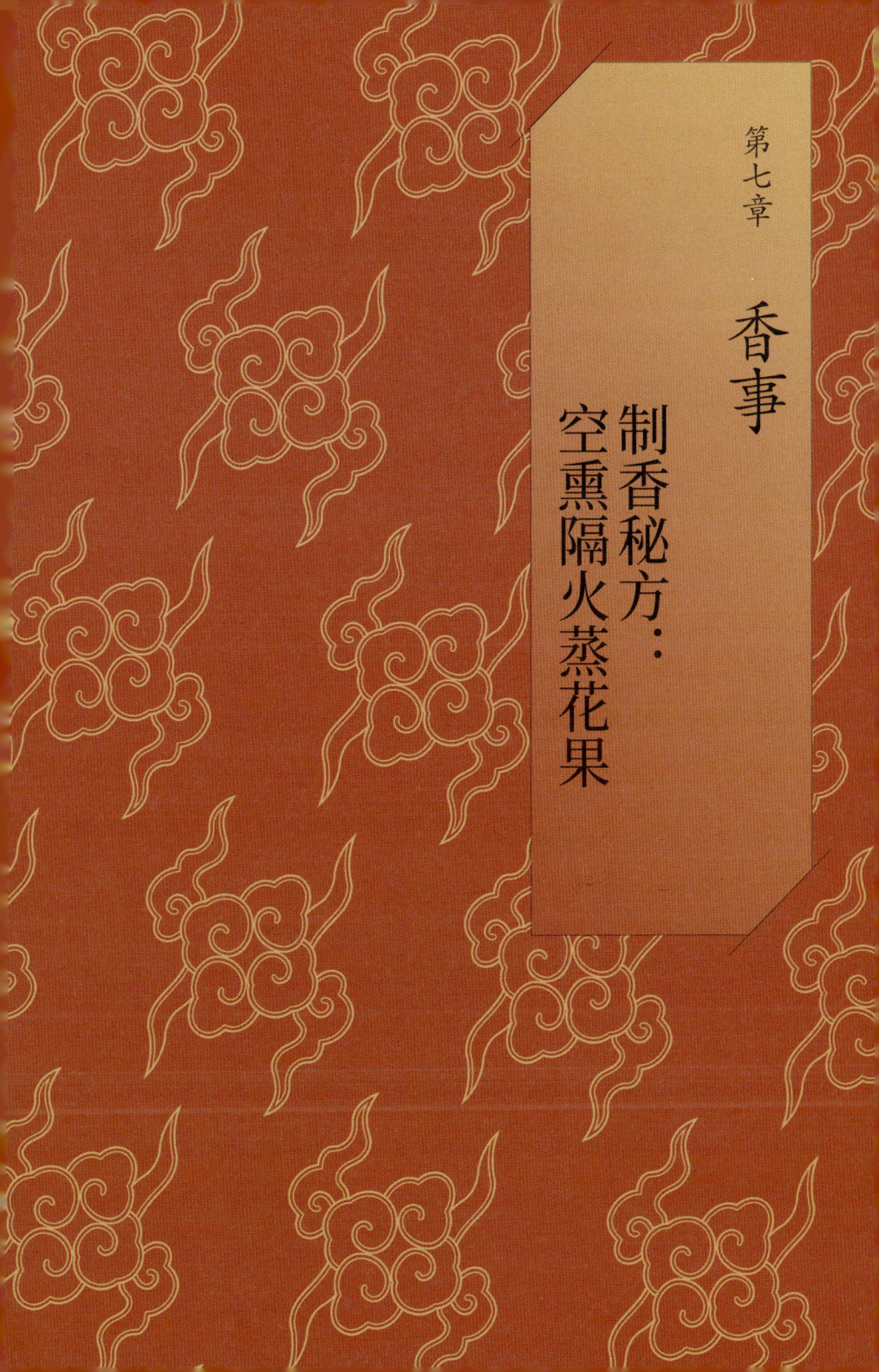

制香秘方：
空熏隔火蒸花果

明代人使用的香，品类非常多。从香的形状来说，有我们今天熟悉的线香，点燃之后袅袅的青烟上升，一根香从头烧到尾；也有盘香，非常大的盘香直径在一米以上，像条龙一样盘旋下来，这种香一般用在寺庙里面；还有香饼和香丸。这些人工制作的线香、香饼、香丸、盘香，一般来说配方往往不止一种材料，甚至有用几十种不同的香料为原料按照比例制作而成的。一般而言，制作香品的核心原料还是各种沉香、檀香。

《长物志》记有一种恭顺侯家所造的香饼，这种香饼味道非常独特，"大如钱者，妙甚"，大小像一枚铜钱一样，文震亨给它取的名字就叫"黄、黑香饼"。明代周嘉胄的《香乘》有一种黄香饼的配方，用了沉速香六两、檀香三两，这两种都是木头的香，还有丁香、木香、乳香、苏合油、麝香、龙脑等。这么多的原料与蜂蜜混合在一起，制成了香饼。高濂《遵生八笺》有《黑香饼方》：

用料四十两，加炭末一斤，蜜四斤，苏合油六两，麝香一两，白芨半斤，榄油四斤，唵叭四两。先炼蜜熟，下榄油化开，又入唵叭，又入料一半，将白芨打成糊，入炭末，又入料一半，然后入苏合、麝香，揉匀印饼。

此香在《香乘》中也有记载，配方选材略有差异而更丰富，但同样使用了苏合油、麝香、橄榄等原料。《香乘》中还提及丁香、木香、乳香等，来自中亚、西亚地区，这些万里而来的香料，也是当时和香常用之物。

《清明上河图》（局部）
明　仇英
辽宁省博物馆藏
—
图中可见，香铺已将线香作为主要产品销售，香铺门前挑一幌子，上书"上料八百高香"，两个制香师傅正在房顶晾晒制作好的线香与盘香。

  中国人自古就有"香草美人"的说法，各种香草一直被充分运用到焚香这种日常活动中。

  众多的草木类香料里，芸香比较独特。芸香是一种草，古人经常会把芸香的叶子做成香囊，或者直接放到书橱里面。芸香的气味非常重，因此它有一个实际的功能，即驱虫防蛀，芸香就是所谓的"书香"，走进古人的书房，扑面而来的一种古雅气息，往往源自芸香草，幽幽散发在满架藏书中。所以"芸香"两个字，从一种防蠹驱虫的香料，演变成了古籍善本的美好别名。还有一种草本原料叫作苍术，佳者出自江苏句容，其中来自道教名山茅山的最有名气。其叶梗细一点比较好。在梅雨季节，水汽蒸腾的南方会焚烧苍术。我们端午节的时候要挂的菖蒲，从严格意义上来说，也可以被认作一种香草。

第七章　香事

以沉香、檀香为主的木本香料，再加上来自西亚地区进口的原料，诸如安息香、唵叭香等树脂类香料，构成了一个光怪陆离、气味复杂的嗅觉宇宙。这些原料香气各异，互相融合、激发，每个制香人都可以根据自己的奇思妙想，不断地试验，调整比例，改良制作流程。历代制香人汇集了很多不同的香方，有的方子简直天马行空，比如可以助眠的"鹅梨帐中香"，相传是南唐李后主发明的，沉香与檀香结合水果清香，制作时需要在果汁中浸润、熏蒸。

明代宫廷制作香品的历史悠久，《长物志》提及的黄、黑香饼虽是恭顺侯家所造，但源头还是皇家。恭顺侯家说起来很有意思，第一代恭顺侯叫吴克忠，他的父亲叫吴允诚。但是这两位都是蒙古人，早在明初永乐时代就归顺了朝廷。吴允诚的蒙古名字叫把都帖木儿，他们父子从永乐朝到宣德朝，一直参与明朝的军事行动。正统十四年（1449），土木堡之变发生。身为军人的吴克忠和他的弟弟吴克勤战死于宣府，追赐国公。因为这样的战功和他们对朝廷的忠诚，吴家的女儿、孙女先后嫁入宫中，成为明成祖朱棣和宣德皇帝的妃子。吴家的香饼这么有名，应该源自宫中的秘传。如《长物志》所载，明朝宣德年间，宫廷确实是有一种比较独特的甜香，味道清幽可爱。这种甜香的外包装也特别考究，是一个黑色瓷坛，坛子颜色如黑漆，底部有具体烧造年月，比如宣德二年制，如果保留至今，也是名贵的宣德官窑瓷器了。更讲究的是，坛子专门用锡做了一个盖子来保存香品。锡具有良好的密闭性，今天许多藏老茶的朋友也在使用类似器物。

至于甜香的配方，细分还有芙蓉香、梅花香两种。据周嘉胄《香乘》的记载，芙蓉香方主料是龙脑，其他配料采用了苏合油，还有沉香、檀香、片速、芸香、排草、丁香、乳香，众香云集的制法可见它的讲究。不过，恭顺侯家所造的黄、黑香饼，是不是因为吴氏家族与明朝皇室联姻，而得到了不外传的宫廷秘方，这仍是一个谜。

文人制香，往往有自己独到的想法和做法。苏东坡被贬到当时还是荒蛮之地的海南岛，非常思念自己的亲人，曾经写过一封信给弟弟苏辙，提到海南出产的好香。他找到了以本地沉香制作的一座小"山子"。所谓"山子"，可以理解为一座山形的案头摆件。苏东坡千里迢迢将这件"巉然孤峰，秀出岩穴"的沉香山子寄给苏辙作为六十岁生日寿礼，同时写了一篇《沉香山子赋》作为贺寿文章。

高濂《遵生八笺》论当时香品，看得出市场上门类众多，消费者的选择已趋于个性化。作为品香大家，高濂总结香品的幽微区别，把香品比作人品，不同的香适合不同年龄、性别、气质者。他说：

妙高香、生香、檀香、降真香、京线香，香之幽闲者也。兰香、速香、沉香，香之恬雅者也。越邻香、甜香、万春香、黑龙挂香，香之温润者也。黄香饼、芙蓉香、龙涎饼、内香饼，香之佳丽者也。玉华香、龙楼香、撒馥兰香，香之蕴藉者也。棋楠香、唵叭香、波律香，香之高尚者也。

幽闲者，物外高隐，坐语道德，焚之可以清心悦性。恬雅者，四更残月，兴味萧骚，焚之可以畅怀舒啸。温润者，晴窗拓帖，挥麈闲吟，篝灯夜读，焚以远辟睡魔，谓古伴月可也。佳丽者，红袖在侧，密语谈私，执手拥炉，焚以薰心热意，谓古助情可也。蕴藉者，坐雨闭关，午睡初足，就案学书，啜茗味淡，一炉初爇，香霭馥馥撩人，更宜醉筵醒客。高尚者，皓月清宵，冰弦戛指，长啸空楼，苍山极目，未残炉爇，香雾隐隐绕帘，又可祛邪辟秽。

按照高濂的标准，室内家居，不同的空间有不同的香品选择：佛堂燃香供奉，用黄暖阁、黑暖阁、官香、纱帽香，"俱宜爇之佛炉"；隐秘的卧室床榻间，用聚仙香、百花香、苍术香、河南黑芸香，以此助眠。

陈继儒讲究用香,在山中读书的岁月,自己曾做过一个冷门香方,把老松树、柏树的树根、树枝、树叶和松果拿回来以后,放在石臼里捣碎,挑个风和日丽的日子,做成小小的香丸。据他说,"每焚一丸,亦足助清苦"。清是清香,苦是苦涩,松柏制成的香丸得一个"苦"字,确实有点别出心裁。他还有一种"四和香",用荔枝壳、甘蔗滓、干柏叶、黄连四样原料制成,如果还不满意,"又或加松球、枣核、梨",总之废物利用,无物不可合香,陈继儒觉得"皆妙"。

晚明　錾金银兽面纹鼎式铜炉
李景勋藏

明朝人焚香的技巧日臻完善,焚香的过程非常讲究。毕竟,从海外进口,从海岛、深山苦苦搜求得来的沉香,若像帝王、富豪那样一烧了之,实在浪费,非常不可取。

小小一片沉香,富含油脂,如果我们直接放进香炉,点了火,是什么结果呢?可想而知,直接用火焚烧,往往带有烟火之气,木头不充分燃烧,肯定有浓烈的烟熏味道,而深藏于香木之中的芬芳物质不能很好地发挥，木头中的杂质燃烧的烟气也掩盖了香味本身。

焚香比较周全的做法，到晚明时已经非常成熟，就是"空熏"，这个做法关键在于隔火，即把明火隔开的东西。怎么做呢？过程确实有点复杂。

找一个香炉，在香炉里面埋上香灰。有专用的一种香炭，这类香炭在今天也能买到，是圆柱形小小的一枚，点燃香炭后，用专门夹炭的铜质筷子将它夹住，埋到香炉的香灰里面。香炭这时已经燃烧得很旺，再在香炭上面放一片防止沉香木高温熔化的云母片，或是用银子做成的银叶片，这就是隔火。把小巧的隔火放到燃烧的炭火上，取出沉香木，放到云母片或银叶片隔火上面。这样做的好处就是香炭火焰不会直接点燃沉香木，但是热度还能透过隔火，缓缓地进入沉香木，以此控制沉香木香气挥发的时间，且没有木头的焦味。这个时候，沉香木里的芬芳物质可以很从容、很优雅地一点一点散发到空间中。一般来说，有经验的人可以让一炉香、一片沉香木一整晚慢慢燃烧。香炭本身的制作工艺也非常讲究，才能够不断地散发热量，而不是一下

明　潞王朱常淓制饕餮纹四夔足鼎

子就化为灰烬。高濂在《遵生八笺》里关于制作香炭的细节描述，也令人叹为观止。

缓慢加热沉香木，是一种很好的节约利用方式。尤其关键的一点，是明朝人通过大量实践得出结论——只有通过隔火空熏的焚香方法，香品才能够带来最巅峰的嗅觉体验。

在《影梅庵忆语》里，冒辟疆是这么描述自己焚香的过程的："俗人以沉香著火上，烟扑油腻，顷刻而灭，无论香之性情未出，即著怀袖，皆带焦腥。"把沉香直接放到火上去烤，因为有烟气，一会儿香就烧完了，香的性情没有得到完整的表达。这个时候你坐在旁边，身上的衣服会染上浓郁的又焦又腥的怪味道。有一年，他跑到扬州去，跟董小宛一起亲手制作了一百个香丸，都是闺阁中适用的优质香品。他们制作香丸有一个原则——以不见烟为佳，这些香丸放到香炉里面，也是不能一点就冒烟的。这要靠董小宛的细心和耐心，同时方子要好，制作的时候工艺也要考究。

所以，当年陈继儒隐居山中，有朋友来拜访，问他："你住在山中草堂，每日做些什么事情？"陈继儒回答，无非是"种花春扫雪，看箓夜焚香"。箓，是道家的秘密文书，晚上读书学道是正经修行。夜焚香？我们现代人看了，一开始或许不以为意，不就是点一个香吗？但若能充分了解当时要求繁缛甚至严苛的焚香过程，我们或能认识到，焚香，确实是一个技术活儿。

隔火焚香，一夜之后，剩下来的已经变成焦炭一样的一点点香木，古人也舍不得扔掉。那么拿来做什么呢？经过一夜熏烤之后的沉香木会被收集起来，专门用来熏衣。

隔火空熏之法也适用于香饼、香丸。不同配方的香饼、香丸，一般都采用隔火取香的办法。

若想获得香材的极致的味道，在晚明有一种做法堪称登峰造极。

汉唐时期，焚香尚见明火；到了明代中叶以后，广泛流行隔火焚香之法，也就是肉眼不可见浓烟的一种熏法。到了明末清初的时候，浙江人董若雨创制了一种全新的闻香方法。董若雨出生于万历四十八年（1620），先辈中最著名的人物是董份，他做过礼部尚书，是嘉靖皇帝的宠臣。董家居乡广占田地，蓄积财货，富冠三吴，号称天下巨富，同时一门科甲兴旺。明朝覆灭以后，董若雨过着隐居的生活，后来出家成为高僧。他的友人、出版家闵齐伋从金陵回乌程，以金陵故宫遗香赠送董若雨。董若雨有一段时间沉醉于制香，各种极致的办法都尝试了，自创"非烟香法"。

> 余囊中有振灵香屑，是能熏蒸草木，发扬芬芳。振灵香者，其药不越馥草、甘松、白檀、龙脑，然调适轻重，不可有一铢之失。振灵之香成，则四海内外，百草木之有香气者，皆可入蒸香之鬲矣。振草木之灵，化而为香，故曰"振灵"，亦曰"空青之香"，亦曰"千和香"，亦曰"客香"。名客香者，不为物主，退而为客，抱静守一，以尽万物之变。亦曰"无味香"，历众香而不留。亦曰"寒翠"，翠言其色，寒言其格也。亦曰"未曾有香"，百草木之有香气者，皆可以入蒸香之鬲，此上古以来未曾有也。亦曰"易香"，以一香变千万香，以千万香摄一香，如卦爻可变而为六十四卦、三百八十四爻，此天下之至变易也。自名其居曰"众香宇"，名其圃曰"香林"。天下无非香者，而我为之略例者也。
>
> 项偃寒南村，熏炉自随，摘玉兰之蕊蕊，收寒梅之坠瓣，花蒸水格，香透藤墙。悲夫世之君子，放遁山林，与草木为伍，而不知其香也。故记《非烟香法》以为献。

董若雨认为，传统的博山炉是长于用火，短于用水，所以香的味道没有发挥极尽。他对这种器具进行了改革，创造了一种新式的类似于博山炉的香器：

> 余以意造博山炉变，选奇石，高五寸许，广七八寸，玲珑郁结，峰峦秀集。凿山顶为神泉，细别石脉为百折涧道，水帘悬瀑，下注隐穴，洞穿穴底，而置银釜焉，谓之"汤池"。汤池下垂如石乳，近当炉火。每蒸香时，水灌神泉中，屈曲转输，奔落银釜，是为蒸香之渊，一曰"香海"。可以加格，可以置篝。其下有承山之炉，盛灰而装炭。其外又有磁盘承炉，环之以汤，如古博山。

香器的主体部分是石头，高五寸许，广七八寸，像一座山峰一样。山顶有水注入，水一直流到下面的银盘子里，银盘子叫"汤池"。香器中有炉火燃烧，也就是说流水是热水，再用这些热水去熏香。这

汉　博山炉
台北故宫博物院藏

样的话，熏蒸出来的香飘回炉顶上面，形成香海。董若雨独制的新式博山炉，以及自创的"蒸香"之法，比之前的隔火熏香更进了一步。董若雨认为，蒸香的好处是用热水来激发香料的味道，有一种视觉上的享受，整个香器像一座假山，山洞里出水，下面热气蒸腾，仿若仙山，香的味道更加温和、千回百转。

董若雨发明了新型香器和蒸香之法，并以此试验各种各样的香料，比如他熏蒸以松树为原料的香品，熏蒸梅花、兰花、菊花，也蒸橄榄、菖蒲、薄荷，还蒸茶叶，甚至连水果也拿来蒸，确实令人耳目一新。他写有一篇《众香评》，堪称千古奇文，沁人心脾：

蒸松虬，则清风时来拂人，如坐瀑布声中，可以销夏，如高人执玉柄麈尾，永日忘倦。

蒸柏子，如昆仑玄圃，飞天仙人境界也。

蒸梅花，如读郦道元《水经注》，笔墨去人都远。

蒸兰花，如荆蛮民画轴，落落穆穆，自然高绝。

蒸菊，如踏落叶入古寺，萧索霜严。

蒸腊梅，如商彝周鼎，古质奥文。

蒸芍药，香味懒静，昔见周昉《倦绣图》，宛转近似。

蒸荔子壳，如辟寒犀，使人神暖。

蒸橄榄，如遇雷氏古琴，不能评其价。

蒸玉兰，如珊瑚木难，非常物也，善震耀人。

蒸蔷薇，如读秦少游小词，艳而柔。

蒸橘叶，如登秋山望远。

蒸木樨，如褚河南书《儿宽赞》，挟篆隶古法，自露文采。

蒸菖蒲，如煮石子为粮，清癯而有至味。

蒸甘蔗，如高车宝马，行通都大邑，不复记行路难矣。

蒸薄荷，如孤舟秋渡，萧萧闻雁南飞，清绝而凄怆。

蒸茗叶，如咏唐人"曲终人不见，江上数峰青"。

蒸藕花，如纸窗听雨，闲适有余，又如鼓琴得缓调。

蒸藿香，如坐鹤背上，视齐州九点烟耳，殊廓人意。

蒸梨，如春风得意，不知天壤间有中酒气味，别人情怀。

蒸艾叶，如七十二峰深处，寒翠有余，然风尘中人不好也。

蒸紫苏，如老人曝背南檐时。

蒸杉，如太羹玄酒，惟好古者尚之。

蒸栀子，如海中蜃气成楼台，世间无物仿佛。

蒸水仙，如宋四灵诗，冷绝矣。

蒸玫瑰，如古楼阁、樗蒲诸锦，极文章钜丽。

蒸茉莉，如话鹿山时，立书堂桥，望雨后云烟出没，无一日可忘于怀也。

可惜，我们现在只是从文字当中看他写得活灵活现，如果有人能够把这整套设计恢复，倒也是一件很有意思的事情。以这些水果、花卉蒸香，与前文所提的虎丘花露，都只有僧人能制作，不知二者是否有某种关联。

还有一种历史悠久的香，叫篆香。它不仅是香，也可以是一种计时工具，就像今天的手表。篆香是把不同材料合成的香粉放到一个模具里，可大可小，点燃之后缓慢燃烧。一炉香有可能燃烧整整十二个时辰，也有可能燃烧六个时辰。这种篆香最早都是僧人打坐时放在佛堂里，一方面通过香气祛除睡意，另一方面也是一个很好的计时工具。到南宋时，篆香已经被社会广泛使用。一些酒楼为了营造更好的商业气氛，注意到室内空气芳香问题，会有专门打篆香的人上门提供服务。但是到了明朝，提到篆香的人好像不多。直到清末，篆香才再次兴盛，丁月湖（1829—1879）是其中革命性的人物。丁月湖是南通人，清代印香炉工艺名家，能书善画，擅仿制各式炉形。他设计的芸香炉，名字很文雅，适合书斋、闺房使用，且花样繁多、制作精致。丁月湖制作芸香炉的灵感其实就源自篆香。

据记载，明代僧人的房子里面有一种特别的暖香，这种暖香点燃之后室内会温暖如春，所以又被称为"辟寒香"。文献记载，这种暖香是外国进口的，在大寒节气时才烧，可以升温，室内热到衣服都要减去。《金瓶梅》第二十三回有使用这种香的情景：宋蕙莲来到藏春坞洞儿内，"但觉冷气侵人，尘嚣满榻。于是袖中取出两枝棒儿香，灯上点了，插在地下"。

明人总结，"香宜远焚，茶宜旋煮，山宜秋登"，意思就是说焚香的时候，香炉的位置距离人要稍微远一点；喝茶时，水一开就要立刻冲泡；秋天时景色最好，适宜登高望远。

"香宜远焚"是内行话，香品的特点就是似有似无。我的切身感受是，有时候在一个小的空间里，焚一炉香，几个朋友坐在一起，离香炉很近，反而闻不到香气。若走远几步，到书箱那里取本书，忽然一股幽香就钻到鼻孔里面了。等到你几乎已经忘记焚香这回事了，一股浓香又提醒你，"我还在"。香有不可捉摸之美，这也是我们玩香的乐趣所在。

陈继儒说："掩户焚香，清福已具，如无福者，定生他想。更有福者，辅以读书。"掩户焚香是一种清福，不是"洪福"。按照陈继儒的说法，这是前世修行而来的好福气，其实讲的就是一个人独立的精神世界的构建，可以脱离世俗而进入纯真的自我。清福难享，一个人闲下来，往往会感觉与世界脱节，感到孤独。清福的好处是独处，难处也是独处，怎么办呢？我们在日常繁复的生活中，该勇于奋进的时候要奋进，但有时候不妨停下来，焚一炉香，静一静。

第八章 香炉

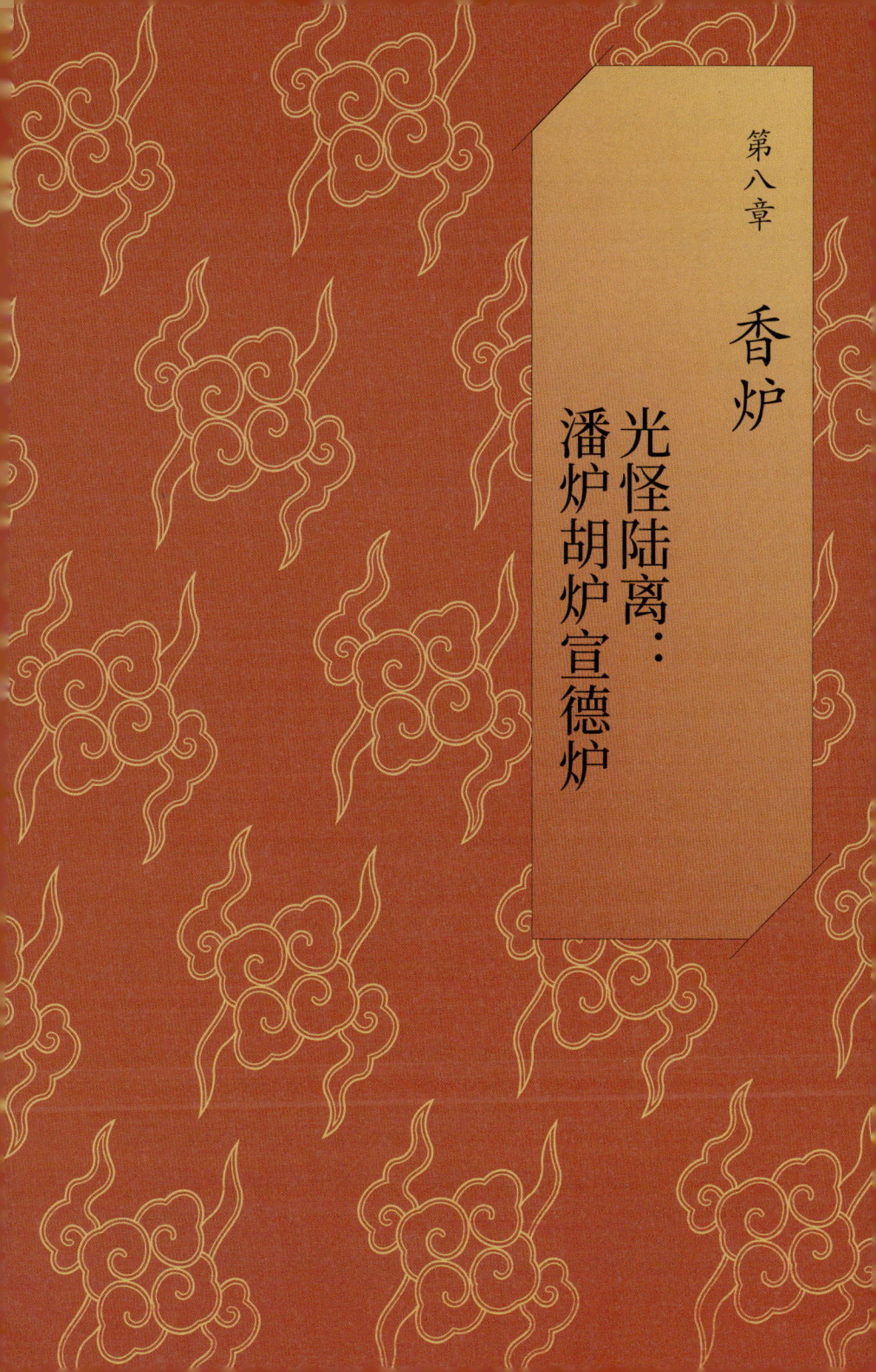

光怪陆离:潘炉胡炉宣德炉

第八章 香炉

明代焚香已经发展出了一套非常成熟也比较繁缛的流程。相应地，器物本身就显得格外重要，焚香、烧香、闻香，香具的功能也愈加细分、专业，就像汉代的博山炉、法门寺地宫出土的唐代皇家金银香器，都是当时根据客观条件及香料的不同来制作的，历代焚香器物都有自己的特点。到了明代中叶以后，焚香的过程应该说是日趋"简单"。所谓的"简单"，本质上是越来越程式化。这个时候我们不可避免地会提到一个概念——炉瓶三事。炉瓶三事是哪三事？

香炉、香盒、香瓶。

明代高濂在一篇叫《焚香七要》的小文章里提到了焚香需要七件东西，所以称为"焚香七要"。

炉瓶三事其实是包含在"焚香七要"的七件器物中的，香炉、香盒、香瓶，这三件香具是最基本、最重要的。明代使用隔火熏香法，各种香料都要放在香炉里面。在宋代，比较流行的是瓷制香炉；到了明代，随着冶金技术的不断提高，出现了令后世叹为观止的"宣德炉"。这是一种合金香炉，我们一般统称其为"铜炉"。明代铜炉应该是大宗，当然也有一些高古的前朝瓷炉，对于明朝人来说也是古董炉，比如宋代的龙泉瓷炉、官窑瓷炉，元代的磁州窑行炉，这些香炉年代久远、价格高昂，主人往往不舍得使用。

宣德三年（1428），暹罗国王进贡了数万斤质地精良的"风磨铜"。热爱艺术的宣德皇帝为改善郊坛、太庙及内廷所陈设的鼎彝祭器，下令工部、礼部官员，利用贡铜铸造鼎彝，由礼部尚书吕震主持。吕震参照《宣和博古图录》《考古图》等所录铜器，挑选出八十八种样式，又在宫内所藏宋代柴窑、汝窑、官窑、哥窑、钧窑、定窑等瓷器中选出样式典雅者二十九种，共计一百一十七种，有鼎、炉、鬲、簋等器，其中香炉样式有二三十种，包括鼎炉、彝炉、鬲炉、敦炉、乳炉、钵炉、筒炉等，深具法度，多为敞口，方唇或圆唇，颈矮。这年六月，工部侍郎吴邦佐带领一百多名铸工开始铸造，总数约为一万八千件。完工后有部分香炉赏赐诸王、大臣。宣德炉以失蜡法铸造，主要用风磨铜及锌、锡等合金原料经十二炼，最少也得六炼，每斤铜液烧到十二炼时只剩下四两精铜，《宣炉博论》提及："凡铜经炼至六，则现珠光宝色，有若良金矣。宣庙遂敕工匠炼必十二，每斤得其精者才四两耳，故其所铸鼎彝，特为美妙云。"再由工匠以杨木炭磨光处理，精细做色，后人评宣德炉有五种上等颜色——栗壳色、茄皮色、棠梨色、褐色、藏经纸色，其中又以藏经纸色为第一。宣德炉有珠宝的光泽，颜色特别漂亮，以致后世传说铜液中特意加入了金银，更衍生出讹传，说因为大内失火，库房里的金银器物熔化，皇帝下旨将烧毁的金银用来铸造宣德炉云云。冒辟疆的《宣炉注》认为："宣炉最妙在色，假色外炫，真色内融，从黯淡中发奇光。"

宣德炉好像有生命一般"善变"，使用日久能令宣德炉"灿烂"，假如"久不著火，即纳之污泥中"，颜色会变得暗淡无光，但要是真

晚明　洒金压经铜炉
维多利亚与艾尔伯特博物馆藏

宣德炉就没关系，"拭去如故"。假如不是真的宣德炉，"虽火养数十年，脱则枯槁"，这是辨别真伪的一个诀窍。

以样式而论，宣德炉"以百折彝、乳足、花边、鱼、鳅、蚰蜒诸耳，薰冠、象鼻、石榴足、橘囊、香奁、花素方员鼎为最；索耳、分裆判官耳、甪端、象鬲、鸡脚扁番环、六棱四方直脚、漏空桶、竹节等为下"。

宣德炉出自宫廷，非当朝权贵不能获赐，一直是需要珍藏的稀罕秘宝，价比和氏之璧。民间多有仿造，如万历末期，南京甘文堂、苏州周文甫能分别仿造一二种，如猪肝色乳足炉、鱼耳炉、蚰耳炉，常常被人抢购一空，价值得真炉一半。《宣炉博论》记，当时真宣德炉绝少面世，而赝品流行，十炉九伪。

上海博物馆收藏有《张献翼致黄姬水札》书法作品，内容是赠送宣德炉："宣炉一件，奉供记室清玩，不足为敬也。万望得留，勿至深拒，令人愧悚，幸甚。"黄姬水是黄省曾之子，家贫却喜欢收藏古董玩物，"所蓄敦彝法帖名画甚富，一室之中，棐几莹洁，笔砚精良，焚香宴坐，忻然忘老"。张献翼结交吴中士人，出手豪阔，存世《文徵明集》收录的信札中，回复张献翼的不止一封，感谢他馈赠犀杯、古铜等文房礼物。这封张氏写给黄姬水的信札提及宣德炉，可见当时宣德炉深得文人喜爱，亦属名贵礼物。

张岱《五异人传》记堂弟张燕客，人称"穷极秦始皇"，曾以五十金买一宣德铜炉。万历四十年七月十五日，李日华来到无锡孙姓古董商的"书画舫"挑选古玩，他在《味水轩日记》里写道：

出观诸种，青绿铜鸡彝一，沈绿一，枝瓶一，姜铸方圆香炉二，宣铜索耳四脚方鼎一，口缘有楷字一行云：一样二十个，内府物也。宣铜瓜棱小香炉一，古犀杯一，成窑磬口敦盖一。

古董商人告诉李日华，这些铜炉都是无锡世家巨富"安华二氏物也"。

明代的铜炉本身就是顶级的艺术品，尤其是宣德炉，到清初时更是传说中的宝物，寻常人根本无缘一见。康熙宠臣宋荦做过江苏巡抚，也是当时的大收藏家。他的《西陂类稿》卷二十六，有《记宣铜炉二则》。康熙三十八年（1699），宋荦写道：

宣铜琴炉，一无盖，栗壳色，质柔而气厚。明末出自大内，都门王济之以一金得之穷市，旋为济之宗人有大购去。后抵百金，负于辽阳耿继训，继训亡，以原值归予，有咏炉联句载予集中。

琴炉，是特别小巧的香炉。宋荦提到的王济之，是明代正德皇帝的老师、大学士王鏊，而耿继训为清代三藩之一耿氏的后代，耿继训的父亲耿嘉祚也是知名收藏家。宋荦写道，他在江南为官的时候，真宣德炉已经寥若晨星，"江南有真宣炉二：一为鱼耳石榴炉，其一为鱼耳八吉祥炉，即此是也"。他得到的另外一件宣德炉，"雕花，藏经色，内含神采信一，尤物二"。这两只流传于江南豪门中的宣德炉，来源清晰，最早"为明中贵王瑞楼所藏"，本是明朝大太监王瑞楼的藏品，"后归长洲韩敬堂，其嗣古洲赠金坛于季鸾，季鸾授子连水，连水之叔逸圃以二百缗购石榴炉，以百缗购此"。明代苏州韩世能家族，是享誉全国的收藏家族。宋荦花费整整二百金，购买了其中一只香炉，可谓豪气干云。究其原因，也是宣德炉独特的艺术感染力、神秘的身世，能引发后代文人无尽的倾慕之情。宋荦有一首长诗三十韵，专门叹咏所得的宣铜琴炉：

焚香购雅制，厥品贵而狭。部鼎貌太庄，博山韵殊乏。

第八章 香炉

宣庙冶最良，文房用维甲。质当百炼精，式与七弦合。
形缩难动操，工巧烦拨蜡。款识逼钟王，雕镌劳目睫。
陋嗤朝冠弇，色允栗壳杂。诮拥祥云粗，奚贝多叶压。
远瞩体匪俯，近抚爪欲掐。中翠含瓜皮，外斑点僧衲。
柔物帝京纪，赝器吴门法。磨洗此仅免，盉盂那容狎。
摩挲鉴避光，细腻肉偏洽。润媲端溪珍，秀夺美人颊。
亡盖爇愈便，疑杯酒将呷。特荐选倭盘，防触慎火筴。
瀹水沉若岚，贮楎柮如匣。宝惜元禁籞，拂拭经绣袷。
虽下彼天球，讵侪乎睡鸭。傍镫气熊熊，并砚位恰恰。
刻论尚愧乳，别种自登阁。颖师缅抱携，苟令藏周匣。
削足朴有棱，侧耳凿以插。微薰爱氤氲，急响失镗鞳。
烓幸谢闿闹，供还远禅榻。偶冷怕深宵，常温宜残腊。
聊取膝上横，莫更椟中纳。赚或兰亭同，价终连城答。
吟兴弄处增，鼻观悟来嗒。句拟石鼎联，盟共弥明歃。

宣德以后，铜炉大为流行。其实铜炉比较适合冬天使用，不仅可以用来焚香，而且铜是良好的导热材料，随着香炭在炉子中缓缓燃烧，铜炉自身也获得了较高的温度。当时流行的铜炉样式各异，还有一种摹古的倾向。为什么叫摹古倾向？宣德炉本身就是效仿古代器物所制，比如民间有一种仿铸的姜娘子炉——宋代有一位女子姓姜，南宋临安府人，人称姜娘子，她居然是一位冶炼铜器的高手，她仿制的前朝青铜香炉非常古朴，样子就像一个青铜鼎。这个鼎炉周身还有非常精美的雷纹图案，看起来十分大气，后世称为"姜铸"，意即姜娘子所铸。姜铸青铜器在宋代就很珍贵了，到了明代，有人模仿姜铸青铜器改铸香炉样式。

《上元灯彩图》(局部)
明 佚名
台北观想艺术中心藏

—

这间南京的古董铺子内陈设珊瑚、青铜鼎彝等,还有虎皮、豹皮等稀罕之物,客人络绎不绝,伙计热情招待、攀谈。柜台上的铜炉就有桥耳宣德炉、鼎式炉、钵式炉几种,还出售两层剔红香盒。

宫廷制造的宣德炉,根据不同的使用场所有不同的造型。祭祀或陈设,造型都有特定的寓意,宣德炉影响深远,一炉难求,明代铜炉样式也呈现了多样化趋势。

文震亨觉得,用于道观祭祀、寺院供奉的香炉样式,并不适于书

明至清 铜方炉
台北故宫博物院藏

房使用。比如宣德炉样式中，有一种用于道观的太乙炉，一听名字，好像"金光洞道长太乙真人"使用的香炉，文震亨觉得这个炉子不应该放在书房里。他还觉得有的香炉装饰太过繁缛，非常俗气，比如有的鎏金，位置分为上流云、下流云，金光灿烂，有的洒金，金片密度也有不同。在古代，铜器多属于礼器，也就是祭祀场合所用，明代由此而衍生相应的铜炉。比如有一种青铜器叫鬲，它的前身应该是一种炊器，模仿鬲样式的铜炉被称为"鬲式炉"，这种炉子的两边往往还装饰着大象的形象。文震亨觉得繁缛的、鎏金的、象鬲的铜炉，还有两边耳朵是小鱼造型的双鱼炉，通通不好看。《长物志》里对各式铜炉的议论，体现了晚明文人看似比较狭隘、特别挑剔的审美趋向。

高濂在《遵生八笺》里明确提出，香炉不能太大，大小如茶杯就可以了。再大的话，就是国家进行祭祀时使用，或适合宗教场所，不是日常所使用的。

我自己也有一点体会，如果一个香炉口径大到三四十厘米，那么当年陈设的地方，就应该是道观的三清殿、寺院的大雄宝殿，或者是官宦人家的大开间厅堂。而文人书房中陈设的香炉，应该小巧雅致，样式素净，线条相对简单，没有很多夸张的动物图案装饰。我这个观点也是受到了文震亨的影响。

文震亨在他的书里特别提到，他最反对的是云间潘铜、胡铜。

云间，就是今天的上海松江。潘铜、胡铜是两位民间工匠做的铜炉。《遵生八笺》记：

近有潘铜打炉，名假倭炉。此匠幼为浙人，被虏入倭，性最巧滑，习倭之技，在彼十年。其凿嵌金银倭花样式，的传倭制。后以倭败还省，在余家数年，打造如倭尺，内藏十件文具，折迭剪刀，古人未有。其铜合子、途利筒，彝炉、花瓶，无一不妙，此真倭物也。故其初出价高，炼铜镂金，錾嵌金银，花巧精妙，与倭无二。

香炉锻造师潘师傅，幼年时被倭寇掳掠到了日本，后在日本定居。他从小给人家做学徒，学到日本铜炉制作、锻造技术。日本的金属加工工艺很独特，如日本刀具的配件，錾刻镶嵌工艺精致繁缛。若干年之后，两国关系有所缓和，他坐船回到了国内，发挥他在日本学习到的那套技艺，开始制作各类铜器，其中就包括铜炉。他做的"假倭炉"鋈金更为华丽、夸张，周身花纹繁复，镶嵌金银，完全按照日本工艺做法。云间本是富裕之地，官宦人家对"假倭炉"颇为青睐，价格很高。

说起日本香炉，万历三十八年（1610）七月二十九日，嘉兴收藏家、文人李日华的朋友盛德潜去世，李日华前去吊唁，盛德潜的遗物中有一个倭漆香炉。李日华在《味水轩日记》中详细描述这个香炉：香炉分量轻，表面是木质，内胆填砂，可以起到阻燃效果，黑漆描金，是浪花的图案。香炉木质坚硬而轻巧，填砂均匀细密，他买下来既作为对朋友家人的接济，也是留作纪念。

可能是受到潘炉影响，不久之后，也是在上海松江地区出现了一个名气更大的品牌——胡炉。胡文明，万历年间铸铜工艺名匠，松江

晚明　胡文明款铜鋈金熏炉
明尼阿波利斯美术馆藏

人。《云间杂志》记载:"郡西有胡文明者,按古式制彝、鼎、尊、卣之类,极精,价亦甚高,誓不传他姓。时礼帖称'胡炉',后亦珍之。"

胡文明擅长铸铜炉与文房器具,特别是鎏金文房器皿,多仿三代簋、鼎礼器,以红铜手工捶打而成,器物通身錾刻衬底花纹,无一空隙,行家称为"满工"。铜炉周身大量采用了鎏金工艺,雕刻出山水、法器、吉兽、"八吉祥"等富贵吉利装饰,而且整个炉身遍布图案,与传统文人对香炉简约、素雅风格的追求南辕北辙,即使是传统的簋式香炉,也格外饰以黄金,达成浓墨重彩的效果。因为造型仿古,且仿的是古代宫廷礼器,倒也是一般中国人可以接受的审美,属于典型的晚明"时玩",价超"古玩"而迅速流行。凡有"云间胡文明制"篆字于香炉底部的,当年都受到市场追捧。胡炉出名后,缙绅大户来往以此作为贵重礼品,写在送礼清单上的"胡炉"二字俨然天下名物。传世实物中,有的胡炉甚至底部篆字也做鎏金处理。胡家制作的铜器,不只香炉一种,还有一些文房把玩器物,如镶嵌细银丝的如意、铜洗、手炉,以及"炉瓶三事"中的香盒、香瓶,气派非凡。

晚明流行的胡炉、潘炉,有八吉祥、倭景、百钉等样式。文震亨认为这些都是很俗气的样式,这种有暴发户气质、异域风情的炉子,只算时髦玩意儿,即所谓"时玩",文人书房一概不能用。文震亨还

明 胡文明鎏金刻花三足炉
上海博物馆藏

落款"云间胡文明男光含制"。
胡家制炉的独门工艺"誓不传他姓",其铸造技法传于其子胡光含,而坊间一直多有仿冒,直到清代还有人陆续仿制。

第八章 香炉

觉得，宋代的官窑香炉太名贵，一不小心打碎了太罪过。

这个贵重不喜欢，那个太俗气也不喜欢，那么文人喜欢什么样的炉子呢？

因为宣德炉，其实文人内心首选还是铜炉。宁波人薛冈说，宣德炉在万历时期已经难得一见：

本朝永乐、宣、成、正、嘉窑器，与宣庙铜炉，数百年后，价视宋时诸瓷、商周彝鼎必翔。宋瓷色制虽古雅，而器之精工细泽，远逊今代。彝鼎出土者反易毁，宣炉在今日已不多得矣。

铜炉当然最好是当年宣德皇帝宫廷所制造的，比如有一种蚰龙耳炉，炉腹略扁，器形规整，据说是宣德皇帝最爱的铜炉，是他御书房中的陈设之物，同时被颁赐给诸王。

又如桥耳炉，又称"凤眼炉"，大气沉稳，当时多赏赐给国子监等学府，堪称经典铜炉。压经炉最是沉稳素净，试想，用香炉轻轻压住经书，何等庄重。此炉朴实无华，浑然一体的线条含蓄表达出自在、安详的意境。鬲式炉仿青铜圆鼎造型，敞口、平唇、束颈，仅几根素净的线条装饰炉身，层次感强，非常耐看。

这种简单、耐看的形制，才是文人所中意的宣德炉，以此陈设书房，整日相伴左右。

讲到文人炉，最极端的一种香炉，连瓷和金属材料都彻底革命掉了。这种香炉，放弃了对名贵官窑瓷器的追求，对本朝宣德炉这一重要发明也弃之不顾。那么用什么做香炉呢？深山老林里面的古树枯藤，一段"烂木头"！由高手取来，依照枝丫虬结的自然形状，把它做成了类似洞天福地里面烧炼丹药的一种木鼎，自然扭曲，而无人工之造作。当然，这种香炉不管叫铜炉还是叫木炉，都是完全取自天然

第八章 香炉

清　天然树根炉瓶盒组
台北故宫博物院藏

的材料，在雕刻过程中也是尽量追拟自然的形状。这种香炉有时在称谓上也直接复古，被称为"木鼎"，即奇木之鼎，看起来清高脱俗。

　　有人会问，这些木鼎看起来会不会比较粗制滥造？如果这样的话，我去山里面拿一段木头不就行了？完全不是！当时有极少数的文人，自己就是能工巧匠，完全看不上任何量化生产的东西。他们取一段木头回来做木鼎，可能设计三五天，琢磨三五月，制作过程长达三五年。把木头稍微雕琢定形之后，还要不断地加工其表面，用水磨功夫去打磨外壳，用自己的双手不停地抚摸、擦拭它，让它变得精光外露、晶莹剔透，摸上去极光滑，一看就是一件了不得的东西。它仅有的缺点是贵而且数量太少，每件都算孤品。谁能够拥有一两件这样古气盎然、仙风道骨的木鼎，一定会被所有人羡慕。

　　香炉是陈设器，也是实用器，因此产生了一个问题：香炉必须有盖子。有盖子的香炉一般也被称为熏炉。香炉燃烧时冒出来的烟气，透过有很多小孔的炉盖散发而出，看上去像升腾的仙气。明代不少香炉用乌木、紫檀等名贵木材镂空雕刻做成盖子，炉盖上面还有更细致的装饰，也很实用，称为"炉顶"。给香炉添换香料及炭时，可用手轻轻地把炉盖揭开。炉顶的材质丰富多彩，有宝石，有水晶，有砗磲，有青金石，让人瞠目结舌。我看过明代唐伯虎仿作的一幅《韩熙载夜宴图》，场景与原作基本相同，但是明代人想象中的《韩熙载夜宴图》，居然画了一个红色珊瑚做的香炉盖顶。明代的高档炉顶，也有公认的标准，如宋元玉雕被称为秋山玉、春水玉，香炉主人会将一块这样的古玉作为香炉的炉顶。所谓秋山玉、春水玉，雕刻主题再现北方游牧民族的捕猎生活，"秋山"表现在秋天进行山林围猎的场景，纹饰就是一只鹿的造型，"春水"则是描绘海东青这种猛禽捕捉天鹅的场景，纹饰属于飞禽形象。以这两种元素为主题雕琢的古玉，元人多用来做帽顶。到了明朝，这些大量存世的玉帽顶摇身一变，干脆做了炉顶，也是极具巧思的一种挪用。

第九章 香具

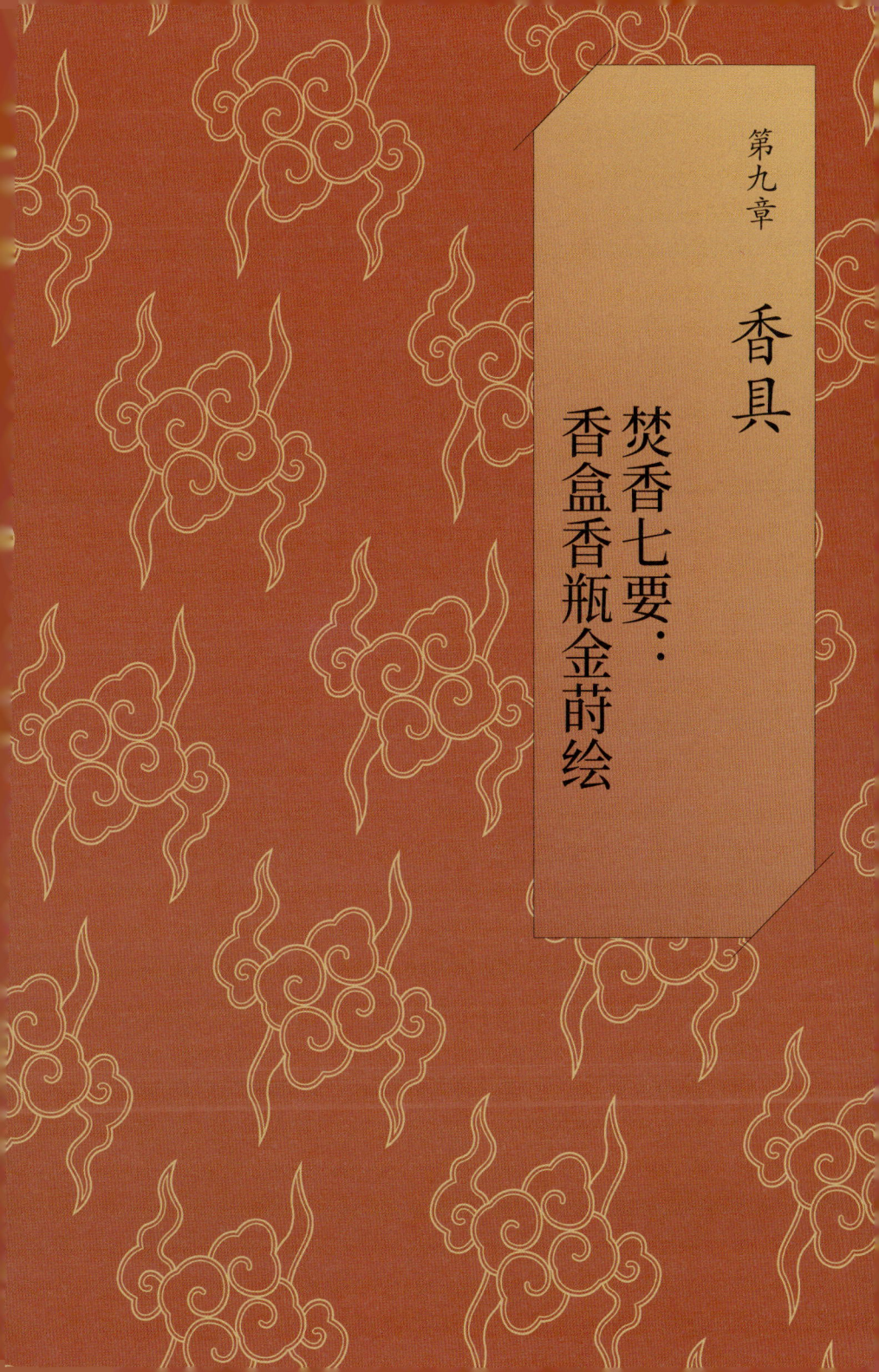

焚香七要：
香盒香瓶金莳绘

第九章 香具

宋人的焚香器物已经相当完备，除了香炉，宋代香盒至今存留很多。宋代流行的香盒，除了瓷器所制，还有一种"剔盒"。所谓"剔"，就是在漆器上雕刻，"剔盒"就是漆盒。

剔盒一般以朱红色居多，也有美称为珊瑚色的。朱红色漆质香盒的图案有差别。《长物志》认为，宋代的漆器香盒，如果是有剑环纹，即一把宝剑图案的，属于最少见的上品；第二等级，雕刻的是花草；第三等级雕的是人物，就是一些神仙、高士。以上都是用朱红单色漆所制成的香盒。

用多种颜色漆做成的香盒，更了不起。这就要讲到漆器的做法了。剔漆，是一种雕漆工艺，即把漆一层一层地刷在木胎上面，让漆层由薄变厚。古代的工匠有一个创意：在制作漆器的时候，事先把不同颜色的漆一层一层设计好，按照深浅顺序，或是一层红、一层黄、一层黑，不断地叠涂，之后再进行雕刻。随着漆层被锋利的刀刃剔除，层次不同的颜色就会立体显现，因为漆层颜色事先设计好了，工匠可以随心所欲地安排图案的立体配色，明朝人称之为"随妆露色"，意思是随心装点，露出需要的颜色。这样做的好处很多，比如可以表现"红花绿叶"，红色的是花，叶子的绿色也被安排妥帖，还可以增加黄颜色的底子，上面

明　剔红观梅图圆盒
台北故宫博物院藏

表现出一块黑色的石头,就是"黄心黑石"。这种剔漆工艺可以说是极尽机巧,但是特别费工耗时,因此剔漆香盒在宋元比较流行,而对明代的人来说,这种前朝的漆盒都是罕见的古董,非常珍贵。

明代典型的漆质香盒,特别是皇家所制的漆质香盒,以朱红色为主。永乐年间,皇家在北京果园厂建立了专门的工坊制作漆器。永乐朝的漆器非常有名,宣德朝的漆器也是不得了。高濂在《遵生八笺》中说:

> 若我朝永乐年果园厂制,漆朱三十六遍为足。时用锡胎、木胎,雕以细锦者多。然底用黑漆针刻"大明永乐年制"款文,似过宋元。宣德时制同永乐,而红则鲜妍过之。器底亦光黑漆,刀刻"大明宣德年制"六字,以金屑填之。

徐树丕的《识小录》记述了当年宫廷漆匠的遭遇:"宣庙极爱之,开柯延厂,制造靡丽。有滇人精此伎,拘入厂内,至老死不能归骨。今价极贵,小者尤珍。"

永、宣两朝制作的漆器香盒是明代漆器香盒中的巅峰之作。今天在一些博物馆、拍卖会上还能看到这些瑰宝,朱红色的漆器底部往往是黑色的,还用小小的针刺上金字,落款为"永乐年制""宣德年制",格式类似于官窑瓷器,都是无价之宝。

当代作家董桥喜欢将明代剔红香盒的量词说成"一丸",感觉非常亲切。如果有机会"一丸在手",将一个圆圆的、小小的明代香盒攥在手里,你可以试着用手去感受这个香盒。香盒经由古代工匠用刀剔漆,每处刀口是锋利还是圆润?古董行家有一个小秘密:明代漆器的刀口,摸上去是圆润、不拉手的。这样的微妙触感,是明代早期香盒才有的特征。《遵生八笺》记:"穆宗时,新安黄平沙造剔红,可比园厂，花果人物之妙，刀法圆滑清朗。"明代隆庆一朝，新安工匠黄平沙的剔红香盒，可以与一百多年前果园厂的漆盒媲美！制作漆器是很难的一件事情，有特别的工艺，比如有一种螺钿漆器，工匠在预留的位置将漆层剔掉，将从海中螺壳上揭下的透明薄片镶嵌其上。螺钿又分几种，软螺钿最漂亮，根据光线、角度不同，有五彩变化，还有金片、银片、金银屑装饰。晚明大家江千里制作的螺钿漆器闻名海内。有意思的是，天启皇帝嗜好木工活儿，据说为了做好家具，他学习过各种油漆技术，包括来自日本的莳绘工艺，同时不惜将宫廷珍藏的永乐、宣德时期剔红、剔黑、剔五彩的各种漆器损毁，一一拆解学习。《天启宫词》说他"考工厘正六宫多，湛黑施丹费揣摩。御漆原同宣漆样，黄金煜爚不称倭"，他要研究前朝御制漆器，还想知道日本漆器金光闪闪的奥秘。

《长物志》罗列了内府皇家所制作漆盒之外的瓷盒，当时有定窑、饶州窑等地烧制的瓷香盒。饶州窑，就是今天江西景德镇瓷窑。文震亨提到一种"蔗段"香盒，可以想象为几个小香盒分段叠加，就像甘蔗一节一节的。香盒分为几节，也可以称为几"撞"，里面可以放几种不同的香料。这种香盒，明代宣德、成化、嘉靖、隆庆各朝御窑厂都生产。高濂认为，不同的香料应该放在不同材质的香盒里面，比如黄、黑香饼，可以放在瓷香盒里；定窑或者饶州窑烧制的香盒可以用来盛放芙蓉香、万春香、甜香。文震亨要求比较高，他认为瓷香盒不够好，就算是宣德青花、成化斗彩、嘉靖五彩等大名鼎鼎的官窑烧造的香盒也都不够优雅，必须用剔漆的漆盒。

高濂、文震亨都提到一种倭香盒，用来存放沉速香、兰香、伽南香等香。倭香盒，顾名思义就是日本人制作的香盒，当时通过贸易进入中国。这种香盒确实有特点，它也是漆器，但不是我们今天所说的传统意义上的漆香盒（剔红、剔彩或剔黑）。有的倭香盒采用了日本独有的莳绘工艺，就是在木胎上涂的颜料里加入了大量的金粉、银粉，然后以极细的工笔勾勒。如果是"高莳绘"的话，触摸这个香盒表面的漆，会感觉到颜料堆得很厚，有一点隐隐的隆起。除了香盒，当时日本以莳绘为特色的其他中型家具、小型家具也被大量引入国内。明初，中国漆工杨埙就学习了日本莳绘技法并加以创新，所以在高濂的时代，莳绘物件并不罕见。因为莳绘香盒做工细腻、金光灿烂，但是看起来居然不俗气，所以高濂、文震亨都非常推崇它。

明　剔红高士携琴花卉纹倭角四层香盒
明尼阿波利斯美术馆藏

《遵生八笺》记："盒有蒸饼式、河西式、蔗段式、三撞式、两撞式、梅花式、鹅子式，大则盈尺，小则寸许，两面俱花。盘有圆者、方者、腰样者，有四入角者，有绦环样者，有四角牡丹瓣者。"此香盒为罕见的"四撞式"，可隔层分别储藏不同的香品。

李日华见过这种倭香盒。据《味水轩日记》记，万历三十八年九月，邻居老太太拿来几件文玩，包括一个荔枝木佛龛、两个"倭漆"香盒、一块一尺高的灵璧石，还有英石砚山等求售，李日华因为刚刚购买了一部宋代"修内司本"王羲之《十七帖》，囊中羞涩，只得谢绝。还有一次，松江商人携带沈周的中堂画四幅前来兜售，李日华认为不真，商人同时出示了雄精（结晶的雄黄）山子一块，二十四两重，雕刻群仙祝寿图案，莹润可爱。李日华最后只购买了"倭髹香撞一事"。他记述这种日本香撞，应该是属于"梨子地"，也就是好像撒了梨子地粉，颜色酷似梨皮，有一点一点的凸起效果，大概是宋代的产品。这种倭髹香撞在高濂的书里也有专门记载，《遵生八笺》里有圆形的小香撞图像，带有提梁，由多层盒子堆叠而成，有三层或四层。

一般富贵人家，香盒同样讲究。《金瓶梅》第四十回写，潘金莲"瞧了瞧旁边桌上，放着个烘砚瓦的铜丝火炉儿，随手取过来，叫：'李大姐，那边香几儿上牙盒里盛的甜香饼儿，你取些来与我。'一面揭开了，拿几个在火炕内"。象牙香盒细腻洁白，不失为佳器。

炉瓶三事，说过香炉、香盒，第三事就是瓶了。香瓶这一"事"也很重要，倒不是说香瓶很重要，而是香瓶里面所插设的东西重要。那么瓶里插的是什么东西？一双筷子、一把勺子。又不是吃饭，要这些东西干什么呢？其实与晚明焚香时必须隔火空熏的流程有关。

试想，如果我们在香盒里面放的是香丸，小小一粒，或是非常细的香粉，或是一片薄薄的、珍贵的沉香，就需要用一把比挖耳勺大一点的勺子（雅称"香匙"）来取用香粉，或者干脆用香筷去夹取香丸，把它放到香炭上的银叶片上。这一双筷子、一把勺子，总归要有地方存放，当时的设计就是干脆把它插到同样以铜制作的香瓶里，文雅的说法叫"箸瓶"。箸，就是筷子的意思。

文震亨《长物志》论香瓶："官、哥、定窑者虽佳，不宜日用。"这个小小的十几厘米高的瓶子，与香箸、香铲等一起摆放，如果重心不稳，很容易被打碎。文震亨推崇的是："吴中近制短颈细孔者，插

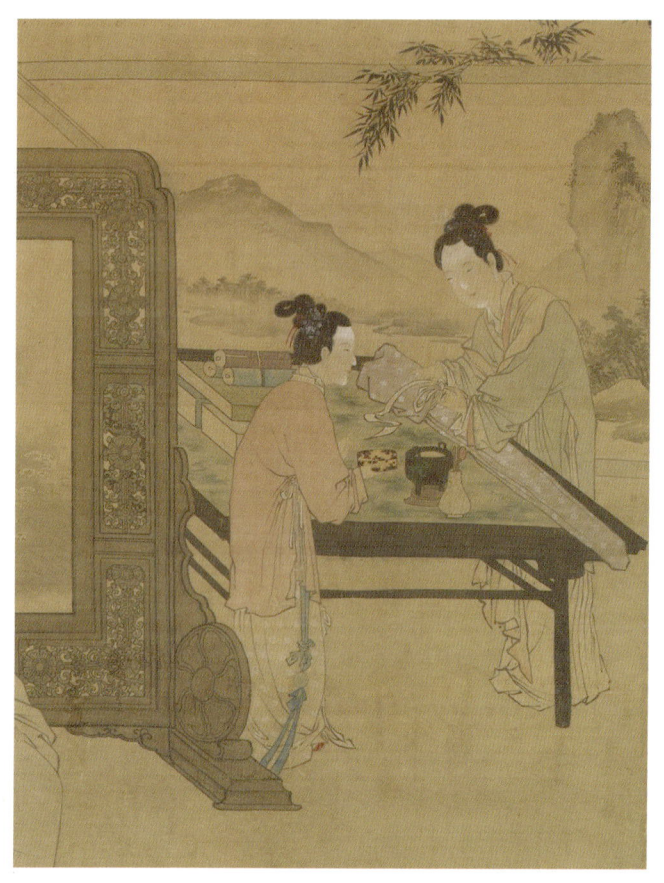

《玩古图》（局部）
明　杜堇
台北故宫博物院藏

画中的两位女子正在摆弄桌案上的古董。一女子手捧玳瑁香盒，桌上则放着带木座的铜制香炉，以及内插香箸、香铲的箸瓶。

箸下重不仆，铜者不入品。"文震亨说，苏州地区最近流行一种脖子很短、孔也很细的香瓶，香箸等物放进去以后重心很稳，瓶子不会歪倒。文震亨认为"铜者不入品"，可见在他那个年代，铜香瓶还不流行，流行的可能是苏州地区所产的一种瓷瓶。

不过情况在杭州地区又有所不同。常年身在杭州的高濂说："匙箸，惟南都白铜制者适用，制佳。"意思就是说香匙、香箸两种小香具，只有南都（南京地区）用白铜做的比较好。他接下来说："瓶用吴中近制，短颈细孔者，插箸下重不仆，似得用耳。"他对苏州地区的这种香瓶还是赞许的。高濂书房里面有一个古铜双耳小壶，当作香瓶使用，自己觉得很不错，"磁者，如官、哥、定窑虽多，而日用不宜"，东西太名贵，唯恐被打碎，文震亨舍不得，高濂也舍不得。

高濂玩香，不仅讲"炉瓶三事"，更讲"焚香七要"。"炉瓶三事"是大宗，但是焚香是郑重之事，非熟手、高手不能举重若轻，要特别讲究火候和次序，二者有一定之规，过程繁缛，每一件东西都有自己的用处。

香炉不能干烧，里面要有炉灰，炉灰就是必需品。

香炭发挥热量，是要埋在炉灰里面的，也是必需品。

炉灰是特别制作的，不是想象中线香焚烧后积累的香灰堆积而成。炉灰本身一定要干燥，如果它吸了水，久而久之就会板结，可能影响炭火的温度。所以当时制作炉灰有一定规范，高濂在《焚香七要》里说，炉灰"以纸钱灰一斗，加石灰二升，水和成团，入大灶中烧红，取出"，再把它细细研磨，放到炉子里面才能够使用，不能把乱七八糟的炭放进炉灰中，这样非常容易让炭一下子灭掉。

至于香炭，更是考究，当时流行"以鸡骨炭碾为末，入葵叶或葵花，少加糯米粥汤和之"，使之凝结，然后就像我们小时候自家做煤球一样，拿大小铁锤将其锤击粉碎，做成香饼，"以坚为贵"，香炭要足够硬才能够"烧之可久"。香炭有可能缓缓燃烧十二个时辰。这个缓缓燃烧的过程，其实跟它的配方是有相当大的关系的。为什么不断火？若是家有宣德炉，养炉也成每日功课，炉中微火一刻不能熄灭，这项工作甚至需有专人负责照看。高濂《遵生八笺》提到一种奇妙的"留宿火法",可以让炉中之火长燃不熄:"好胡桃一枚,烧半红,埋热灰中,三五日不灭。"

民国初年,美国人大卫·季德入赘北京的一个官僚家庭,他深得中国传统文化及生活方式熏陶,在他的著作《毛家湾遗梦》中,详细描述这个封建大家庭的日常起居情况,里面就提及,他的岳父收藏了许多珍贵的宣德炉,而这些宣德炉日夜燃烧着炭火,晶莹夺目。有一次,家里的女佣故意泼水浇灭了这些炉火,昔日美丽斑斓的铜炉好像瞬间苍老了许多,变得黯淡无光,他与妻子因此伤心不已。

明末清初叶梦珠《阅世编》记录当时士绅设宴喝酒、观看演出的

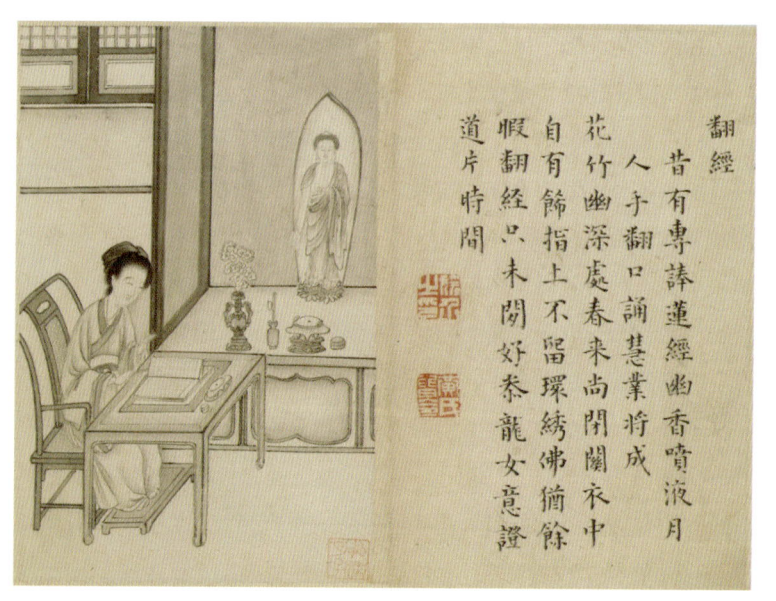

《为月人沈夫人画册·翻经》
明末清初　黄媛介
何创时书法艺术基金会藏

情景:"近来吴中开卓,以水果高装徒设而不用,若在戏酌,反掩观剧,今竟撤去,并不陈设卓上,惟列雕漆小屏如旧,中间水果之处用小几高四五寸,长尺许,广如其高,或竹梨、紫檀之属,或漆竹、木为之,上陈小铜香炉,旁列香盒箸瓶,值筵者时添香火,四座皆然。熏香四达,水陆果品俱陈于添案,既省高果,复便观览,未始不雅也。"上流社会在家中演剧,不仅有水果高盘,还有精美家具,陈设香炉焚香,营造出高雅的气氛。

总之,明朝的"焚香七要"也好,"炉瓶三事"也好,香具的制作既考虑到了自身工艺的美观,也考虑到了历史的传承,但是更多是从实际功用出发,进而延伸到日常生活中看似随意自如的使用习惯。香具之重要,今天的人们可能感受不到。一个香炉,跟我们有什么关系?还不如夏天驱蚊的电蚊香,它倒是能够为我们解决生活中的一点烦恼。那你可以联想,一旦手机不在身边,是如何失魂落魄、惶恐无聊……

我个人觉得闻不闻香,闻什么香,是烧线香还是干脆出门前身上洒点香水,都是纯粹的个人喜好。但是回到明朝,当时农耕社会生活节奏比较缓慢,对于日常起居空间的嗅觉追求,反而体现了中国人务实、朴素的生活观、世界观。《南吴旧话录》这本书,主要记录上海松江地区的史料,其中提到农家出身的状元陆树声爱香。陆树声说:"危坐焚香,手不释卷,诵读融液,流而为诗若文,此亦晚年最乐之真境也。"陆树声对金银财帛从来不屑,为官清廉,朝野上下都对其人品、学问推崇备至。陆树声为人幽默,有一回严嵩办寿,百官争先恐后为其祝寿,陆树声却幽幽然说道:"大家不要挤,怕挤坏了陶渊明。"晚年居乡,陆树声只是好茶、好香,门庭肃静,皤然一叟。古人的生活情感,跟我们今天动不动就要坐飞机飞一万公里的生活感受,跟我们对世界、对地理空间、对物质享受的追求是有差异的。我倒是觉得今天的中国越来越强盛，我们能够更多地从传统文化中汲取我们民族独特的、有个性的养分。

所谓文化，无非就是生活方式。焚香，我们往高雅里说是文化，其实就是一种生活方式。陈继儒从早晨开始焚香，觉得神思清明；晚上要赶稿子，焚香可以驱散睡魔。在陈继儒的山中岁月里，他觉得有十二个朋友是最难得的：怪石，叫"实友"；名琴，称为"和友"，即和和气气的朋友；好书教你知识，称为"益友"；奇画为"观友"；写一笔好字，要看法帖，即"范友"；好的砚台寓意互相磨砺，称为"砺友"；宝镜，称为"明友"，人生漫长，时刻看清自己；净几，即一张干干净净的小几，称为"方友"，指方正之友；古磁，为"虚友"；纸帐，为"素友"；拂尘，为"静友"。

最后一位，旧炉，为"熏友"。他说：

好香用以熏德，好纸用以垂世，好笔用以生花，好墨用以焕彩，好茶用以涤烦，好酒用以消忧。

用好的纸写文章万世不朽，妙笔可以生花，好的墨让书法更加漂亮，喝好茶可以祛除烦恼，喝好酒可以忘记忧愁。但这段议论一开头他就说，一个人德行修养的完善，依靠熏香得以激发。

"熏"，不仅仅是熏香，陈继儒认为焚香用以熏德，能够让一个人在精神层面得到自我认同、自我满足，在道德层面，能不断地求进步、求完美。这样一种"迂腐"的想法，我觉得只要够真诚，都是好的，都是我们现代人迫切需要的。

第十章 赏画

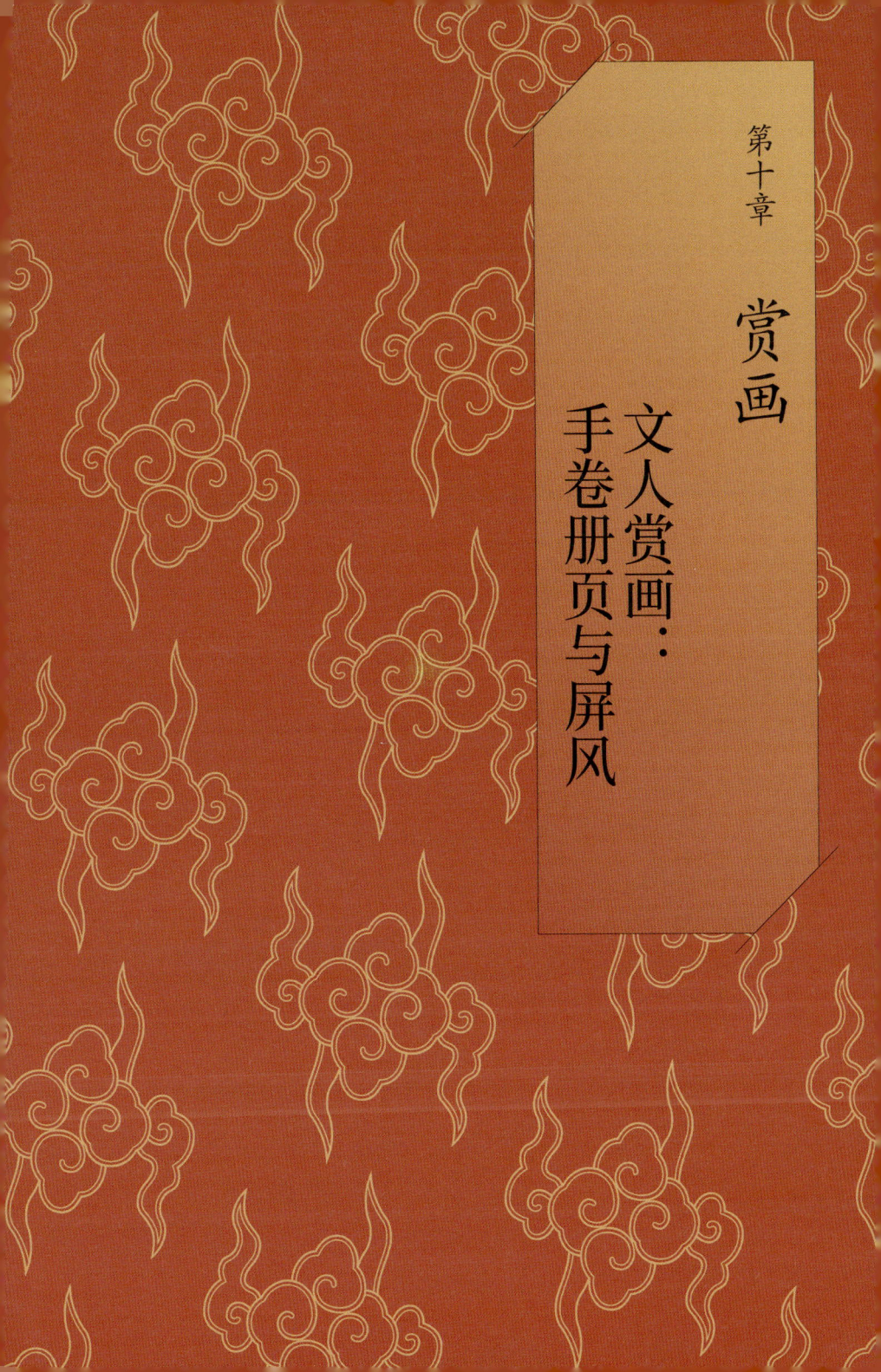

文人赏画：手卷册页与屏风

第十章 赏画

古人讲"闲情四事",分别是烹茶、焚香、挂画、插花。

挂画,是陈设图画于室内的空间。绘画、书法都是艺术品,可以装点我们的日常生活。

在明代,画是如何挂的?又是如何欣赏的呢?这要从我们中国绘画艺术最早的形制演变说起。唐代流行壁画,多是在一些宗教场所,如寺院、道观绘制,像著名画家吴道子就画了很多罗汉像壁画。晚唐贯休和尚的《十六罗汉图》,至明代仍有少量真迹保存在山中寺院,一些文人特意寻访观摩,认为是无上杰作。而得以保存的唐代绘画作品在明代比较多,当时的大收藏家都能拥有一二名品。

唐代还有一种比较成熟的绘画形式——屏风画。无论是帝王宫殿、官署还是私人家庭空间,把绘画作为屏风陈设,在唐代以前都是非常流行的一种形式,当然,其中也会有书法作品,内容是一些格言、警句,具体有劝人向善、劝谕帝王反省兴亡之道、修身、治国等题材。屏风架设在室内,时时可以看到,起到一种座右铭的作用。绘画也是如此,有些描绘古代帝王的道德事迹,还有一些是历代先贤肖像,比如孔子像,同样是用来激励帝王将相等上流社会人物正心诚意,在道德上完善自己。

唐以后山水画逐步发展、成熟。宋代翰林院陈设着画家郭熙《春江晓景图》座屏,苏东坡和黄庭坚当年都曾在翰林院为官,每日进出翰林院官署,都可以欣赏到这位北宋杰出画家倾注心力创作的名作。苏东坡、黄庭坚都特别喜欢这幅山水画,内心深受艺术感染力的冲击,都曾为这张屏风画写下诗篇,赞美郭熙超凡入圣的绘画技巧。但是可以想见,陈设在办公场所的屏风画,时间久了就会破旧、污损。

屏风，顾名思义，时常用以挡风，古画多是用绢等丝织品作为画布材料，风吹日晒之后，这些古绢自然就会破损，颜色也会暗淡。有人就会把屏风上的画芯取下来，换上其他作品，而原作画芯可能就此废弃埋没；也有可能被爱惜它的人珍藏起来，另外换一种装裱形式，屏风画芯往往是大幅作品，可以把一整幅画分为几段，制作成手卷或者是册页。

手卷、册页这两种形式，欣赏方式不是挂在墙上或粘放在屏风上立于厅堂之中，而是从墙壁、家具上走下来，进入了更为细腻的展示环节，与人的距离更近了，因此也能更多地传达出画与人的互动，使艺术与人的关系更为亲密。

宋代的《清明上河图》就是一幅长卷，也是手卷。手卷慢慢地展开，可以随时卷起，利于书画保存。手卷的欣赏方式非常独特，如果有足够大的空间，有一个大条案作为依托，不妨慢慢展开，就像我们今天在博物馆里面看到的陈设方式，展柜可以有一米多长，甚至两米、三米……一气呵成。

明代人欣赏手卷的方式更优雅。风和日丽的天气，从花梨木画箱中随意取出几个卷轴，比如米友仁的一卷《云山墨戏图》，陈设在铁力木大案上，慢慢地展开，一点一点、一寸一寸地卷动，这边拉开，那边收起，这样观看画卷的节奏再好不过了。一人展卷，朋友们围观，大家以这幅画卷为核心，获得了欣赏绘画中空间之美以外的时间流逝感。展卷人更加耐心，甚至在一段画幅上停留许久，耳边响起低声的议论、感叹……随着时间的推移，画卷上的内容也发生着微妙的变化，这里是云，那里是水，远处有山，最后云水交融，山更淡了……这样一种主动掌控与被动接纳相结合的参与过程，与我们在博物馆中看画时一览无余的观看方式显然不同，整卷作品欣赏完毕之后，赏画者还会看到许多前人题跋、印章，这些都需要仔细辨认。手卷的题跋尤其多，往往连篇累牍，因为历代珍贵的书画作品，每每有收藏家、读画人收藏它、观看它，都会有独到的想法，或是手卷的主人对作品做出的鉴定、记述这件艺术品的来历、失而复得的惊喜、之前还有哪些人物收藏过，以及画家当年是如何殚精竭虑、精心创作这幅画的。而今天，此刻，一起围观的三五知己，正对这幅古画再次展开点评，从手卷的真伪、笔触、风格、源流，一直到这一天、这一时刻，大家聚在一起欣赏这幅作品的愉悦心情。

或许有人会提出疑问，或许有这样那样的一些认识差异，但围绕着看画彼此交流，情感、过程、往事都是值得记录的内容。这幅手卷甚至有些奇葩的经历，也成为众人讨论的焦点。一件古代作品，穿越了漫长的时间与收藏者相遇，有幸得以欣赏它的文人雅士自然不会错失良机，当场或借回去以后，认真写一段文字，加在画作之后。

很多珍贵的手卷，作品本身闻名遐迩，令人赏心悦目，而手卷后的题跋部分，也能展现特定的价值。题跋记录着观看者、收藏者的姓名，记录着手卷漫长的收藏史、鉴定史，本身就具有文献与艺术价值，丰富、补充了藏品的内涵。随着时间推移，一件唐代的画作，到宋代时可能有三五个大文人进行过题跋，到了元代、明代乃至于清代、近代，每一任手卷的收藏者，都有可能对它进行多次鉴赏、品评。所以欣赏手卷，作品本身固然重要，而题跋部分也是要特别留意的。手卷，比较适合在一个相对私密的空间进行展示，三五知己一起欣赏，或者只是一个人细细把玩。

古人对手卷这一装帧形式尤其看重，装潢设计最为考究。

从镌刻着手卷名称、作者、年代的画匣中取出一卷手卷，首先看到的是一个窄窄的小画轴，上面珍贵的五彩丝织品斑斓可爱，这个叫包首，作用是保护整个画卷。

打开包首之后，首先看到的就是引首。引首往往开门见山，明确

《杏园雅集图》(局部)
明 谢环
镇江博物馆藏

画作再现了杨士奇、杨荣、杨溥等九人在杨荣府邸杏园聚会的历史画面。

指出这件作品的名称,有时方式很委婉,口气却骄傲极了,寥寥几字对作品进行评价,如"无上神品""天下第一逸品",这几个字会写得比较大。明代之前是没有引首的,引首就像一个大大的标题,这种时尚的做法从明代开始流行。引首用纸也特别讲究,最高等级是用珍贵的宋代藏经纸,就是抄佛经的一种纸,周嘉胄《装潢志》中说:"余装卷以金粟笺用白芨糊折边,永不脱,极雅致。"这种纸出自海盐金粟寺,宋代用来印刷《大藏经》,所以称为"藏经纸"。用这种珍贵古纸制作引首的往往是传世名品,如《快雪时晴帖》《中秋帖》《伯远帖》《平复帖》,引首全都用它。

手卷结构确实复杂,比如在画芯与众多题跋之间,还有"隔水"。隔水是细细的一条锦绫,起到了区分、间隔的作用。而题跋都在"拖

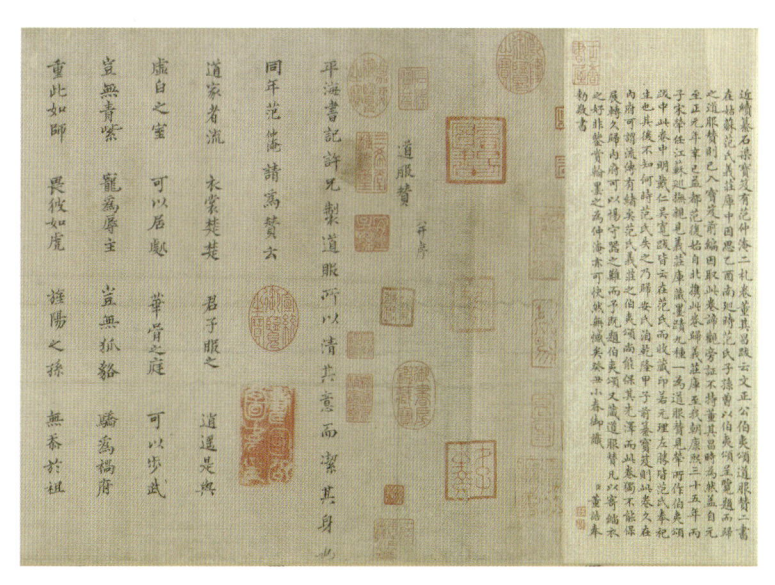

《道服赞》（局部）
北宋　范仲淹
故宫博物院藏

《道服赞》卷后有文同、吴宽、王世贞等历代多家名人题跋，其中文同是北宋擅长画墨竹的著名画家，此卷跋书为其仅见的书法墨迹，尤为珍贵。

《道服赞》卷的最后一跋为万历七年（1579）王世贞所题，称赞范仲淹书法"遒劲中有真韵，直可作'散僧入圣'评"。王世贞特别提及此卷中黄庭坚的题跋颇为可疑，"了不作生平险侧，而过妍媚，极类元人笔"，怀疑原来题跋真迹"已亡佚，为元人所补耳"。

古代书画题跋中，有许多这种基于学养的鉴藏考证、讨论，品读这些题跋、钤印，构成了对一件古代书画收藏品的完整欣赏、认知。古代书画历经沧桑，时间长河流淌而过，阅读这些"不重要"的题跋，如同与众多古人一起观看，把臂交流。

尾"上。整个手卷卷拢起来，最后有一个特别考究的"别子"，以珍贵材料如玉石、象牙做成，别子连在锦带上，绕着手卷轻拢收起，安全、妥帖。

　　手卷装帧本身好看，既可以欣赏，也便于携带出门，收纳相当自如。著名的王希孟《千里江山图》，就是绘制在一匹整绢上的长卷巨

《道服赞》王世贞题跋

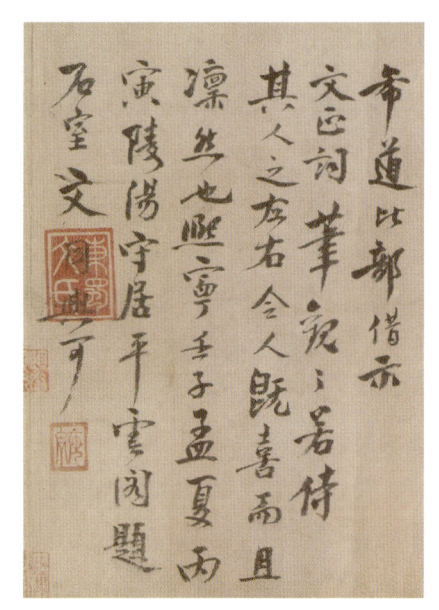

范文正楷書道服贊道勁中有真韻直可作散僧入聖評贊詞云古雅而謂寬為厚主驕為誷府是歷後浮之非漫語也跋者皆名賢大夫而獨文興可黃魯直柳道傳吳原博最著魯直結法端雅了不作生平險側而遍娟媚楨頵元人筆如揭伯防陳文東筆六能亦之恐魯直真蹟已己佚為完人而補亦成化中御史戴仁贊名顯深吳興意而名不浪也故指出之
己卯王世貞識

《道服赞》文同题跋

希道比部借示文正詞筆宛然若侍其人之左右令人旣喜而且凜然也興寧壬子孟夏丙演陵陽守居平雲閣題石室文同可

《道服赞》中遭到王世贞质疑的黄庭坚题跋

范文正公當時文武第一人至今文經武略衣被諸儒譬如蓍龜而吉凶成敗不可變更也故片紙使字士大夫家藏之世以為寶至其小楷筆精而痩勁自得古法未易言也黃庭堅書

作。我们可以一寸一寸将长卷慢慢展开，仔仔细细地欣赏千里江山，这是何等愉悦的精神之旅。

有一幅宋代画家王诜的山水画代表作《烟江叠嶂图》，也是手卷的形式。王诜不仅是苏东坡的好朋友，也是宋神宗的妹夫，官拜驸马都尉，俗称驸马爷。王诜是非常优秀的画家，《烟江叠嶂图》传到后世，元代画家赵孟頫得到了这幅画，欣喜若狂，为这幅画专门写了一首长诗。随着时间推移，后面的这首长诗与画作被人故意割裂而分离。

明代中叶时，苏州拙政园主人王献臣得到了赵孟頫的诗卷部分。他是一名御史，宦海浮沉，隐退后与当时吴门画派的沈周、文徵明、唐寅都是好朋友。正德三年（1508）三月二十日，沈周、文徵明来到王献臣的住所，欣赏了赵孟頫的题《烟江叠嶂图》诗卷，当时就觉得有点遗憾，因为王诜的画作不见了。沈周是大画家，文徵明是吴门画坛后起之秀，两个人都愿意为王献臣创作同样题材的作品，各补一图，再现《烟江叠嶂图》。沈、文这两幅摹古之作，今天都保存了下来，珍藏于辽宁省博物馆。王献臣的这件得意收藏本身就充满传奇，它遥接苏轼、王诜等前人风雅，又见证了王诜与苏东坡的友谊，而赵孟頫的诗歌、书法，则赋予这件作品更多的意味……一纸之上，是唱和、是传承，更是再现！文徵明、沈周深知其价值所在，故师生联手，佳话再续，对文化的敬意，薪火传续。三十八年后，沈周早已离世，嘉靖二十四年（1545）十二月，七十六岁的文徵明再次观看当年为王献臣所补的《烟江叠嶂图》，地点是文徵明在苏州的老宅玉磬山房。文徵明写道："回首戊辰已三十八年矣，抚卷慨然。徵明。"无尽感慨！

……

约一百年后，李日华在《味水轩日记》卷二记万历三十八年六

《烟江叠嶂图》
(传) 北宋　王诜
上海博物馆藏

月四日:"过项宏甫,出观赵子昂书苏子瞻《烟江叠嶂歌》,笔法雄厚,……后有沈石田、文衡山二图。衡山纯用元晖染法,风韵较胜。"海内第一收藏家项元汴有六子,项宏甫是他的第五个儿子。李日华在项元汴生前就与他有交往,项元汴去世后,他与项氏子弟始终保持友谊。从李日华的记录中可以看出,当时这件赵孟𫖯的书法真迹以及沈周、文徵明的补图已经流落到嘉兴地区,曾进入项元汴的"天籁阁",而王诜的原画,始终未能与诗卷合璧。

说起来也很有意思,王诜《烟江叠嶂图》真迹当时其实也在苏州,得到它的人就是著名的文学家王世贞,王世贞对这幅名画格外看重,得到它也是得意非常,将它看作自己的顶级藏品。

手卷之外,还有一种别致的书画装帧方式,欣赏起来也别有情趣,那就是册页。

古代很多绘画精品、名作是作为屏风画出现的,古人把画芯从屏风上取下并进行剪裁,除了改做手卷,还会把它做成册页。册页打开如书页，比较别致。还有一个好处，就是可以做成主题式的收藏，系统展现画家不同风格的作品，有时它就像一幅连环画，具有连续性。册页也可以是不同画家的作品集锦，翻开后一页一页慢慢看，每一页画作都有不同的技法、风格，比如可以将倪瓒、吴镇、黄公望、王蒙的作品收纳集锦，称为"元四家"册页。

册页也有记录的功能。

明代所建的拙政园完好保存至今，文徵明也参与了设计。拙政园建成二十年之际，王献臣请文徵明为园林作画，多次清晨上门专候。嘉靖十二年（1533）五月，六十四岁的文徵明写成《王氏拙政园记》，并绘成《拙政园图》。拙政园有三十一景，主体建筑是梦隐楼、若墅堂，一楼一堂，可用来招待客人宴饮；有六个亭子；有"轩、槛、池、台、坞、涧之属二十有三"；还有芭蕉槛、竹涧、玫瑰柴、蔷薇径、槐雨亭、瑶圃、听松风处、待霜亭、珍李坂、来禽囿等景点。

文徵明给拙政园画的写真图像，采用册页对开形式。所谓对开，一页是诗文，一页是绘画，画与诗文一一对应，也可以看成一份园林的说明书，完整记录了当年拙政园各景点及其方位、特点，是重要的明代园林图像文献，艺术价值之外，其第一手文献价值更了不起。

明代流行对开册页，诗画相得益彰，有时候也起到了使文人与画家相互激发灵感的作用。今天还保留有很多这样的对开册页，一页写的是诗歌、短文，用来表达绘画的主题；或者是倒过来，先有诗文，再进行绘画创作，那么这些册页上的绘画，就是为诗文而特意创作的。

举例来说，晚明时有一种流行的绘画主题——杜甫诗句，当年江南地区苏州、嘉兴等地，都曾有收藏家邀约画家们进行集体创作。册页可以一人一画，自由发挥，也可以在不同时间、地点绘制，最后主持人将这些画作组成一套册页即可，十分方便。

嘉兴收藏家汪砢玉，与董其昌、李日华、项元汴、项德新等名流交游密切，有《珊瑚网》书画录传世。受到万历二十七年（1599）吴门画派画家征集王维《王右丞诗意图》活动启发，崇祯元年（1628），汪砢玉在嘉兴发起以"王维诗意"为主题的《摩诘句图》书画征集活动，每个画家选一句王维的诗，根据诗句里面的意境进行创作，想象王维生活的年代，追念王维的思想感情，以绘画形式来展现诗歌意境，汪砢玉再把它做成一套连续的册页。参与者总计二十六人，不乏嘉兴当地名流，包括李日华、李肇亨、项圣谟等嘉兴画派重要人物。崇祯二年（1629），项元汴的孙子、画家项圣谟应邀绘制"明月松间照，清泉石上流""独坐幽篁里，弹琴复长啸"两幅。参加活动的还有著名女画家黄媛介、孙九畹等。其他参与者有：姚士麟、朱瑛、戴晋、陈塘、徐荣、徐伯龄、姚潜、朱大定、万祚亨、吴弘（宏）猷、吴必荣、赵珂、周志、陆海、范明光、褚素民、王烈、项毅、湛一法师、寂澜法师、仇世祥。

诗歌与绘画交相辉映，唐诗是非常好的册页创作主题。汪砢玉组织这次跨越时空的雅集，"人各二题"，总共"檄征得百余帧"，可谓盛况空前。

偶尔也有别出心裁的复古做法。卷轴出现之前，有一种"画幛""幛子"，即在绢帛上绘画，可以挑空高悬。明代画家沈周在诗集里提过，他曾经应邀为朋友"画幛"，这属于复古。将唐宋时代流行的大屏风请回来摆设，也属于复古。

《人物故事图·竹院品古》
明 仇英
故宫博物院藏

《尚友图》
清　项圣谟、张琦
上海博物馆藏

此图六名人物为张琦所绘，松石及题跋等为项圣谟所作，描绘项圣谟四十岁时与五老游于艺林的情景。中间着红衣者为董其昌；旁边戴蓝帽者为陈继儒；僧人法名智舷；僧人前头戴唐巾者为李日华；前排左下头戴渊明巾者为鲁鲁山，是李日华的入室弟子；最后一排黑色胡须者为项圣谟本人。

　　汪砢玉回忆说："先君凝霞阁有画屏二架，面面俱宋、元人笔，一为斗方，一为团扇，各百叶，如列庐山九叠屏。"他的父亲汪继美，号爱荆，是万历初年的嘉兴富商，痴迷收藏书画，特意造了一座凝霞阁来贮藏书画。汪继美收藏别具一格，收藏有宋代、元代的团扇、斗方各一百张，装裱成两架画屏，包括苏轼、李世南、米友仁、崔白、钱选、王蒙、吴镇、倪瓒、高启、祝允明等名家的作品。这些团扇、斗方因年代久远，有的已经墨色黯淡、丝绢不整。汪继美是有心人，一一甄别、挑选山水、花鸟、人物，按年代先后、不同风格逐步完善收藏体系。这些古代团扇、斗方，零星散落于大小藏家手里，当时并不被人看重，人们也不知道该如何处理。汪继美人弃我取，汇集起来后集中装裱，做成了两座五色斑斓的大画屏，称为"屏山"，气派非凡。

　　凝霞阁中陈设一座气势如此惊人的屏山，体现了汪继美独到的收藏远见，因此这些古代绘画才得以保留，不至于湮灭。汪继美之后，这种做法逐渐流行，收藏家开始有意识地将宋元小画做成集锦，打开后琳琅满目。

《诗意图·松窗试笔》
明　文嘉
台北故宫博物院藏

嘉兴收藏家李日华与汪家是姻亲,他在《味水轩日记》里记载,他曾与自己的门生石梦飞兄弟、儿子李肇亨一起造访汪继美的东雅堂,饱览他收藏的书画,包括元人《仿粃云山图》、宋版书百余册,汪砢玉还取出"乌斯藏佛"(西藏佛像)大小百余尊,"玉水因大鼓畅……薄暮,石氏携酒榼至,痛醉而别。霜月满空,夜漏下五十刻矣"。

高濂在《遵生八笺》里谈到收藏书画的心得,当时"以宋书宋帖为第一,最上珍品"。书法、碑帖在有文字崇拜的古代,地位绝对高过绘画,对书画的珍视,是因为这些易碎之物承载着历史传统、精神价值,也是风雅文人生活中值得骄傲的人格象征。得到古代书画,就是与古人对话的开始:"今人幸得一二,当宝过金玉,斯为善藏。余向曾见《开皇兰亭》一拓,有周文矩画《萧翊赚兰亭图卷》,定武肥瘦二本,并褚河南《玉枕兰亭》四帖,宝玩终日,恍入兰亭社中,饮山阴流觞水,一洗半生俗肠,顿令心目爽朗。"

面对古代的书画,感觉身体、灵魂皆穿越时空,进入奇幻的彼岸,与古人对话,默默无言,心领神会而已。纸窗林下,新茶方瀹,你我皆已是半生俗肠、红尘中人,无妨,一起读画吧。

第十一章

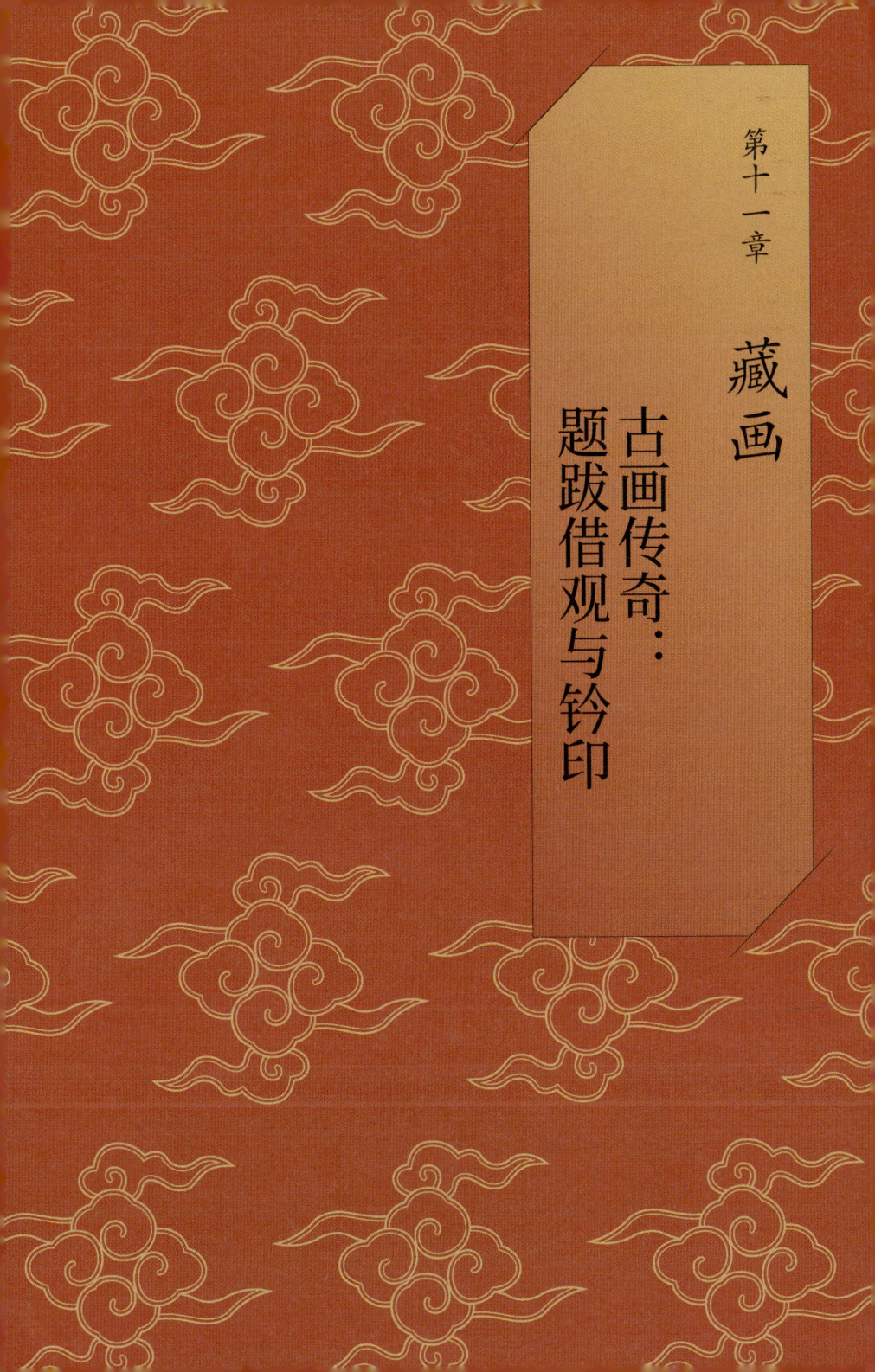

藏画

古画传奇：
题跋借观与钤印

明朝人常挂画于墙壁之上，厅堂斋室的空间都需要书画装点，日常起居空间紧凑，绘画尺幅不会太大。竖画形式称为单条，文震亨《长物志》提出，一室之内，挂一幅单条就好，如果一个房间里挂两条，或四壁皆有，或四张单条挂满一墙，都是不得法、俗气的做法。

《长物志》提及，古人欣赏绘画有各种讲究。有条件的人家三五天就要换一幅挂画，把原来的画从墙上收起来，因为画芯如果长时间曝露在外面，潮湿空气、光照日晒都会伤害古画。这个道理古今皆然，全世界的博物馆、美术馆中古代艺术品的陈设，不管是绘画、古籍还是漆器，对展出的时间、馆内灯光、湿度、温度控制都非常严格，就是为了妥善保存这些古代艺术品，而明朝人在当时就已深有体会。

在一个空间里面陈设不同的绘画，能体现主人的修养和艺术品位。按照文震亨的说法，挂画要讲究岁时月令，就是根据不同的季节、不同的节日分门别类进行艺术欣赏。他说，过年时大家都欢天喜地，每个人都要纳福迎吉，所以福神形象最适宜过年时于正堂悬挂。一年将尽，每个人都要慎终追远，纪念先辈、先贤，所以这个时候也可以张挂一些古代贤人画像，比如像孔子这样的道德高尚之士的画像。元宵节要看灯，张灯结彩很热闹，宋代灯饰制作技艺已经非常成熟，人们创造出许多新奇的灯饰，此外还有在灯会上进行表演的木偶戏，这些主题的绘画内容都适合元宵气氛。正月、二月，正是梅花、杏花、山茶花、玉兰花先后开放、桃李芬芳的时候，可以张挂《游春图》《仕女图》这些花卉主题的画。三月三日是道教真武大帝的生日，可以挂真武大帝的神像。清明前后，牡丹、芍药盛开了，这两种花应时，挂它们的花卉图比较适合。四月八日是释迦牟尼的生日，佛诞日要挂宋元时期古人虔诚绘制的佛像，刺绣佛像也适合供养、悬挂。四月十四日，是道教仙人吕洞宾的生日，可以挂他的画像……

以此类推，端午节可挂龙舟竞渡图；六月天气炎热，可以挂一些宋元古画，描绘深山楼阁、青绿山水，看起来非常清凉，也可以挂云山图或池塘采莲、仕女避暑的图画；七月七日是乞巧节，悬挂的应是穿针乞巧、天孙织女题材的图画；八月桂花开，适宜张挂天桂飞香题材的图画；九月、十月可以张挂赏菊图、芙蓉花图；十一月开始下雪了，适宜挂雪景图，或者描绘蜡梅、水仙等花卉的清供图。总之，挂画要按照岁时轮流悬挂。

文震亨认为，大幅神像不能随意悬挂，只有在合适的时间悬挂，才更显得郑重其事。有一些题材，比如寿星图、鹤鹿同春、松柏常青，他觉得有点俗套，不应该作为室内的日常挂画。文震亨提出许多欣赏绘画的具体要求与禁忌，比如挂古画要避免风吹日晒；不可以在油灯下看画，因为燃烧会产生油烟，这些烟聚集起来，像墨一样脏兮兮的，而烟灰很轻，一不小心就会飞起粘到画上，把古画弄脏。我记得我小时候看到过美孚煤油灯，灯罩是玻璃的，确实是使用一晚之后必须擦拭，否则玻璃罩子就会变黑。

文震亨还提到，如果刚吃过饭、喝过酒，看画前要洗手；赏画，一定要慢慢展卷；古人指甲留得比较长，看画时还要留意指甲，不要划破画芯丝绢……

最后，文震亨提到一个要特别注意的事项：遇到不懂书画的外行，或是似懂非懂、故作姿态的一些人，主人珍藏的古代书画、高雅艺术品不要轻易给他们看。

古代绘画手卷打开后，题跋部分往往会看到简短的几个字迹——"某人某年拜观"，拜，就是非常郑重地表示感谢，敬重地来

《隐居十六观图·喷墨》
明　陈洪绶
台北故宫博物院藏

瞻仰一幅古画。当时看画的场景，可能是与几位好友、知己一起看画，分别题跋于画上，这是画主人对看画者的一种信任，承认他们所拥有的文化权利、文化身份。

题跋中，还有一种称作"借观"，即借回家看。需要特别说明，凡是"借观"，往往表明作品主人跟借观之人有高度的信任感和深厚友情。说到这个话题，我想到了明代有一个著名的鉴画故事。

《旧唐书》说王维"书画特臻其妙，笔踪措思，参于造化，而创意经图，即有所缺，如山水平远，云峰石色，绝迹天机，非绘者之所及也"。"诗画双绝"王维的真迹到明代中叶已神龙见首不见尾，俨然传说。

《销闲清课图·展画》
明 孙克弘
台北故宫博物院藏
—
题跋：宋元名笔，不及尽睹。独于近代名家，时获鉴赏，以清胸臆。

　　万历中期，国子监祭酒、收藏家冯梦祯有幸从南京得到一幅王维画作《江山雪霁图》，当时有推断称这是王维作品中唯一存世的真迹。这幅古画是从南京故宫的小太监手里流出的，他本想偷运出宫，藏在一个空心大门闩中，因缘际会，冯梦祯从朋友处辗转得到这幅古画，消息传出，非常轰动。

　　冯梦祯当时住在杭州，很多朋友专程来欣赏这幅王维真迹。董其昌听说这个消息之后尤其兴奋，他跟冯梦祯其实不熟，但也请求鉴赏此画，要求还比较高，要借回去看。万历二十三年十月，冯梦祯慨然将王维画卷借予董其昌。董其昌为"拜观"此画"清斋三日"（事先吃素三天），极为郑重。目睹这幅《江山雪霁图》真迹，董其昌激动之下写了一个五百多字的长跋，认定这是王维存世的唯一真迹。这篇长跋也成为明代绘画史上的重要文献。董其昌认为，这件作品比他之前看过的所有号称王维真迹的画作都更优秀。通过这件艺术品的"借观",二人有了更深入的交往,建立了友情。九年之后,董其昌想再次观摩王维真迹,写信向冯梦祯借画。五天以后,冯梦祯派人将这幅《江山雪霁图》送过去,冯梦祯《快雪堂集》里,有《与董玄宰太史》一札,冯梦祯借出此画也有要求,他在信里说:"王右丞雪霁卷久在斋阁,想足下已得其神情,益助出蓝之色。乞借重一跋见返何如?"董其昌心愿得偿,反复观摩体会,愉快地再度题跋。董其昌当时享有很高的声誉,他对王维《江山雪霁图》的两次题跋,使这幅古画有了更丰富的内涵。

  古人认为赏画是一件郑重之事,要有条有理。如同今天漫步美术馆,欣赏艺术是一种高强度的精神活动,要求我们聚精会神。要透彻理解一幅艺术品,无论是书画还是碑帖,在技法、形式之外,还要尽可能多地去了解这件艺术品的文化内涵及创作背景。而艺术品本身散发的魅力需要潜心体悟,才能获得完整的精神享受。历朝历代画家的风格、笔墨各有千秋,每一位画家都有自己独到的用笔习惯以及个人所追求的绘画意境。以"元四家"其中三位来说,倪瓒的风格一派潇洒,构图相对简单,而王蒙的山水画精神焕发,山峦密密层层,使用了独到的一些皴法,山石、树木的体积感、重量感都非常强。黄公望著名的《富春山居图》,墨的着色、水的使用,皆非常讲究,黄公望信奉道家,所以他的画作体现的是一种追求自然的散淡风格,但又与倪瓒作品的萧疏有所区别。

  又比如宋代的李成,他是大画家,因其所画的郊野山林,尤其"寒林"表现力非常强,故人称"李寒林"。他在画树木时发明、运用了一套独特的技法,以此表现画家内心世界的微妙状态。他笔下的"寒林"世界,烙上了他个人的精神印记。再比如著名画家唐伯虎,他早年绘制的山水、石头、树木,与他晚年作品截然不同,伴随着技法的进步，画家的风格、笔触也在不断变化，唐伯虎实际上一直在寻找通往自己内心的最好的途径。无论是研究唐伯虎的专业学者，还是普通的艺术爱好者，如果多了解这方面的知识，就可以借助这些细微笔触、技巧、构图的变化，提升自己的审美能力，甚至进行创作年代、风格等细节的辨别。

在一张古画面前，除了单纯欣赏图画，还可以欣赏历代收藏者、观摩者在作品上印的各种图章，一般来说都以朱砂色的印泥钤印。这些非常璀璨、鲜艳的朱红色印章，是当年收藏者、鉴赏者的一些痕迹。北宋末年创建了宫廷画院，宋徽宗本身是一个非常高明的画家，也是一个狂热的艺术爱好者，他鼓励选拔当时国内第一流的人才进入画院。在很多传世的名画当中，宋徽宗的收藏印记章是非常有特色的，其中有几枚形状非常奇怪，不是正方形或是长方形，因为他信奉道教，所以印章是一个葫芦形的押印，显得很别致。明代画家仇英，

宋徽宗"御书"葫芦形印章　　　仇英"十洲"印

唐伯虎"南京解元"印章　　　文徵明"停云"印章

号十洲，他也有一枚葫芦形的图章"十洲"。"押印"往往用来表明创作者的身份，确认作者的"正版"。比如唐伯虎，曾经高中乡试解元，所以他有资格刻一枚图章"南京解元"。文徵明家有停云馆，所以他的众多书画图章里面就有一枚"停云"，凡钤"停云"章的，多为文徵明的用心之作。图章很大程度上能够帮助藏家鉴别绘画真伪，提供相对可靠的佐证，或者记录它的流传、递藏过程。

还有一个细节也很重要，绘画早期是用绢帛作为材料，后来很多画是画在宣纸上，纸张品种其实非常多，像董其昌就喜欢在一种当年比较流行也比较珍贵的高丽镜纸上写字，他觉得毛笔在高丽镜纸上挥毫，非常淋漓痛快。

前文提到宋代有一种"藏经纸"，可以用来做书画装裱的"引首"，在后来，明清书画家也都追求这种很高级的古纸；有人认为能获得"澄心堂"古纸，在上面挥毫，是风雅幸运之事；有的纸张本身经过染色，配料加了一些中药，可以防蛀；有人更是专门定制适合自己书画的纸张。不管古纸也好，素绢也好，纸张的厚度，丝织品的经纬组合方式、稀疏，都是了解一幅古代绘画的重要鉴定指标，对了解作品创作年代、鉴别真伪都有很好的帮助。

明朝人认为鉴赏书画既要分清古今、真伪，也要辨别雅俗，就算是一幅非常好的传世名画，一旦落入了俗人之手，就会出问题，比如"动见劳辱，卷舒失所，操揉燥裂，真书画之厄也"。一幅古画，最多就挂三五天才好，若常常拿出来炫耀，对保存是有影响的。轻轻收起画卷的时候一定要卷整齐，动作是有讲究的，不能"卷舒失所"，如果卷得太紧，会损伤画芯。还有人在欣赏过程中不留意，把画弄脏了，或者卷画太过导致整个绢帛、纸张燥裂。以上这些情况都称为"书画之厄"。

收藏书画在明代中叶以后已成为很时髦的事情，富人用以提升身价。很多有钱人纷纷进入书画收藏界,但是他们缺乏专业知识,文震亨对此很有意见。他说,就算有人收藏到了真迹,可是不懂得鉴别、欣赏;有人懂得欣赏,可是又不懂得如何好好保存;有人懂得如何保存书画,但是新旧作品不做挑选,藏品太多,有点泛滥,好像进入了波斯人开设的杂货铺,有何趣味?藏品数量惊人,摆得乱糟糟的,完全没有一种精品意识。文震亨认为,"所藏必有晋、唐、宋、元名迹,乃称博古",这要求比较高,晋、唐、宋、元的真迹,对于明朝人来说比较稀奇,也比较珍贵。文震亨夸张地描述了以下情形:有的藏家,只是获得了近代画家的作品,虽然认真地比较真伪,可是"心无真赏"。真赏二字特别重要,要真正懂得欣赏艺术之美,才是收藏的初衷。而这些人"以耳为目",拿耳朵当眼睛使,听别人说好他就说好,"手执卷轴,口论贵贱,真恶道也",手里面拿着一张画,嘴巴谈论这幅画的价格是贵是贱,收藏这幅画就等于投资做买卖,真恶

《上元灯彩图》(局部)
明 佚名
台北观想艺术中心藏
—
画作表现了沿街画铺出售山水、人物、禽鱼题材的挂轴、横批的情景。细细观看当时流行的商品画,有寒山、拾得像、朱砂钟馗像、文人弹琴图以及倪瓒式"疏林草亭"山水画。

道也!

　　明代藏家所追捧的古画名家，有唐代王维、李思训、李昭道父子，周昉；五代董源、李成；宋代郭熙、米家父子、宋徽宗等。对于明代人来说，古画搜罗不易，不是一般人可以消费的。所以，明朝当代画家的作品，也慢慢从一个小圈子开始拓展市场，在社会上逐步形成了影响力。就本朝画家而言，有人列了一个名单，其中苏州吴门画派的画家占到绝大多数。艺术历来就有门派之见，吴门画派一度兴盛，但是随着晚明董其昌的崛起，上海松江画派形成了声势。董其昌擅长文人画，他提出绘画"南北宗"的美学理论，一直影响到了清代。与此相对应的是随着文徵明仙逝，吴门画派人才日渐凋零，苏州地区甚至出现了造假画的作坊，以恶俗的"苏州片"迎合市场。这些制作假画的人往往目不识丁，虽有一定的技巧去临摹、仿制，却败坏了收藏市场的风气。晚明时代苏州文人范允临对此现象痛心疾首，他在《输廖馆集》中说："今吴人目不识一字，不见一古人真迹，而辄师心自创，惟涂抹一山一水、一草一木，即悬之市中，以易斗米，画那得佳耶？"他非常感慨吴门画派正日渐衰落："间有取法名公者，惟知有一衡山，少少仿佛，摹拟仅得其形似皮肤，而曾不得其神理，曰：'吾学衡山耳。'"

　　就具体的书画收藏门类而言，其实也有一定之规。文震亨生活在晚明，当时公认山水题材第一，花草次之，然后是人物画、鸟兽画，还有一种专门绘制亭台楼阁的"界画"，就要再差一点。界画里面还有区别，如果在仙山楼阁的环境衬托下，屋宇画得小一点也还好，如果整张画是纯以建筑为主，好像一张建筑图纸一样，这画的等级更低。对于人物画，要求顾盼有神，花鸟画要表现花果露水、禽鸟精神，总之要灵动。绘画各具体门类也分三六九等。比如同样是神佛画像，如果画有山水意境作为衬托，描绘了云雾缭绕、崇山峻岭、环境庄严，那么这些罗汉像、观音像就等级较高，假如一张佛像画只画三尊并列的佛像于宝座之上，虽然佛像周边也有很多菩萨、护卫，小鬼也画得面目狰狞、活灵活现，但这一类画单纯用于宗教，只适合祭祀。明朝收藏家认为这些作品不可能流传后世，艺术收藏价值有限。当然，我认为其中不乏偏见，很多这类题材的宗教画气度庄严、极其工整，在今天来说都是非常珍贵的艺术品。

就价格而言，明代书法收藏，同样一幅王羲之作品，如果写的是正楷，价格最高，一百字草书等于一行行书，三行行书等于一行正楷。

绘画的价格可能随着市场变化、年代不同有所起伏，比如吴门画派创立时，价格比较低，到了晚明，这个画派代表画家沈周、文徵明、唐寅、仇英的画价显著上涨。

对于书画价格，有一个概念可以作为参考。如果一幅书画的售价超过了一千两银子，当时就属于天文数字。而对于明朝收藏家来说，花二百多两银子去购买一张宋代绘画，或者花几十两银子购买一张元代名家的作品，都是很正常的事情。

最后有一点特别需要留意。在明朝人心目中，最高等级的艺术品不是绘画，而是古代的碑帖。对他们来说，碑帖是有着文化传承意义的藏品。

第十二章

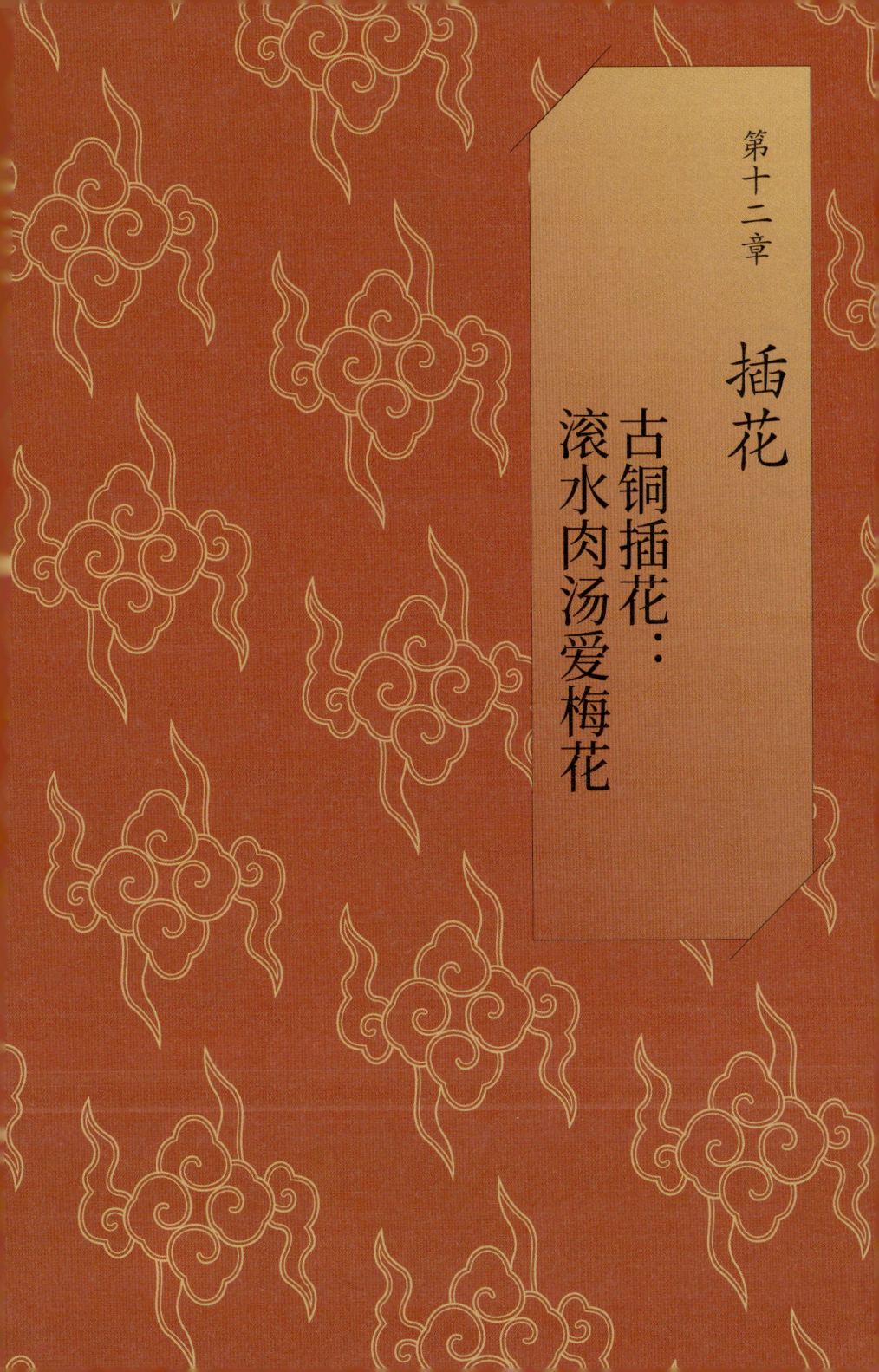

插花

古铜插花：
滚水肉汤爱梅花

第十二章 插花

明代，插花艺术已经蔚为大观。明代中叶出现了三本专门讲述室内插花的书籍，其中最重要的一本，也是第一本插花专著《瓶花三说》，出自生活美学家、戏剧家高濂之手。

高濂的《瓶花三说》分三个重点。首先讲的是"瓶花之宜"，是讨论插花的空间问题。高濂将空间分成两类，一类是厅堂，一类是书斋。古代屋宇非常高大，比我们现在的日常居住空间高出许多。他提出，越是庄重的、接待宾客的厅堂，陈设花瓶越要大，所插花枝也应非常高大。花瓶大小与屋宇的空间须相匹配，花与花瓶的高度须相匹配，这是核心的一点。

相较于厅堂，书斋空间要小许多，那么花瓶以及里面插的花枝就

《钱应晋像》（局部）
明　沈俊
故宫博物院藏
一
从画像中的钱氏自题可知，这是一个普通的江南士子，四十岁功名未就。他坐在竹榻上，旁边朱色香几上陈列着瓶花和香具。

要低矮一些。文震亨的《长物志》亦云："大都瓶宁瘦，无过壮，宁大，无过小，高可一尺五寸，低不过一尺，乃佳。"

其次，高濂做了花瓶材料的分类。在高大的厅堂里，要使用大的花器，最好的一种是青铜器，比如古代的铜壶、尊、罍，这种出土传世名器，器物本身有锈色，或是青绿斑驳，或是朱砂累累，显得端庄古朴，插一枝绿萼梅花，与青铜器相映成趣，显得更加生机勃勃，这种差异也隐隐然体现出一种富贵。瓷花瓶也可以，如果是厅堂所用，瓷瓶同样要求尺寸高大。高濂论述里提到的最大的花瓶可以高达四尺，即一米以上，这么一个巨型花瓶，按照比例原则再插上花枝，花枝可能要一点五米左右。《长物志》说："古铜汉方瓶，龙泉、均州瓶，有极大高二三尺者，以插古梅，最相称。"

摆放这么大一盆花，这样的厅堂空间，该是如何高大宏伟？

书房里的花瓶，插花相对简易。高濂建议用瓷瓶即可，但是对于铜花瓶也不一概拒绝，可以匹配一些小型古铜花器。文震亨《长物志》也说："古铜入土年久，受土气深，以之养花，花色鲜明，不特古色可玩而已。铜器可插花者，曰尊，曰罍，曰觚，曰壶，随花大小用之。磁器用官、哥、定窑古胆瓶、一枝瓶、小蓍草瓶、纸槌瓶。"

如何插花？当然不是直接把花枝和花朵剪下来，插到花瓶里就完事。高濂提出，花枝事先一定要进行修剪、搭配，放在花瓶里面的姿态要显得非常优雅。这就不仅是一个技术活，审美上也有严苛的标准，看似随意几枝，其实穷尽心思。厅堂插花首选大枝，或是左高右低，或是右高左低，高低俯仰，疏密有致，都要各具仪态，好像画家笔下的一幅优美图画。

如果是梅花，可以比较稀疏一点；如果是牡丹花，不妨单插一枝，有叶相衬。不同品种的花也可以互相搭配，但一个花瓶里面最好只有一种到两种，品种太多的话就会失去焦点，显得拥挤、杂乱。

高濂提到很多插花的忌讳。他强调花瓶必须得体，花瓶两耳最好不要有环形装饰，会显得多余、臃肿；花瓶不可以成对摆放，显得无趣而呆板。花瓶放在室内，位置也有要求，一般放在小家具如花几之上，而花几本身也应造型素净，如果用了雕花或者描金、描彩的装饰，本身已金碧辉煌，再放一只花瓶上去，反而喧宾夺主，使人的注意力集中在了花架、花几上，本末倒置。

陈列花器的家具最好靠墙，不要把它孤零零放在厅堂中央，走动时一不小心碰到，花瓶就容易摔倒，有"颠覆之患"。所以古人设计出一种"加固"花瓶，底部有两个小孔，可从孔眼穿绳，把花瓶绑紧在几案脚部，起到固定作用。

古人日常熏香，无论是沉香还是檀香气韵都非常好，但室内如果设有瓶花，切忌焚香。

花香也是人们乐于在室内插花的原因。鲜花的芬芳之气非常优雅，最是沁人心脾。像我们过年的时候，家里会摆一盆水仙，可能就一球水仙、几朵花，走过时不仅可以欣赏水仙花的美好形象，淡淡的花香传来，时不时钻进鼻子里，也令人非常享受。若家里摆着鲜花，香炉里还焚香，这两种香气会相互抵触，反而分不清是哪种味道。另外，古人没有电灯，当年都是用油灯、蜡烛照明，时间长了会有烟熏之气，如果蜡烛质量不够好，里面掺杂一些异味，这些嗅觉上的细微冲突，也会对瓶花的香气造成损害。

养花，水很重要。现在我们插花就用自来水，放到花瓶里面，几天一换。今天的自来水已是经过净化处理，养花没有问题，但是古代一般讲究用"天落水"，也就是用雨水养花，古人觉得井水不适宜插花，若稍微折中一点，河水可以插花。

高濂在书中最后提到了各种不同鲜花的具体养护事项。举例来说，插牡丹花要用滚水，养花之水一定先煮沸，放凉后插花一两枝，瓶口还要密闭塞紧，这样牡丹的花、叶会保持得很好，可以养三四天，芍药也是一样的做法。古人讲究用滚水来养牡丹，大概是因为滚水中的细菌较少。

高濂在冬天插花、养花特别仔细，不论是铜花瓶还是瓷花瓶，都不能直接把水放到花瓶里，要先用一种"锡管"放在花瓶里，再把鲜花放到锡管里，防止花瓶结冰炸裂。古人这些日常生活小窍门，对我们来说可能比较陌生，但其实非常实用。高濂还有一种"插瓶之法"，"硫黄投之不冻"，以硫黄防止花瓶结冰。以上种种奇思妙想的做法，其实都源于不断摸索而来的经验。

高濂这部专讲插花艺术的小书，给我印象最深的是最后一段话。高濂说，肉汁去掉浮油，倒进花瓶里，插梅花，"则萼尽开而更结实"。梅花配猪肉汤，含苞待放的花儿也可以在瓶中绽放，甚至还能结出梅子来。

梅花是至清至雅之物；猪肉，苏东坡喜欢吃，现在很多中国人都喜欢吃。但是这两件东西放在一起搭配，真是匪夷所思的做法！

《长物志》也提供了一种以油养花的秘诀，《花木》卷论兰草养护，文震亨建议："又治叶虱如白点，以水一盆，滴香油少许于内，用绵蘸水拂拭，亦自去矣。"

明朝第二部插花之书是张丑的《瓶花谱》。

张丑是苏州人，著有著名的《清河书画舫》。张氏家族是苏州文化世家，与沈周、文徵明有几代交谊，结为姻亲。张丑的父亲张应文，号彝斋，万历时代监生，屡试不第后，以古器书画自娱，不仅能书善画，更涉猎星象阴阳。王稚登述其生平："屡试屡不售……更罄囊出其余赀，悉以付之米家船，于是图书满床，鼎彝镦缶杂然并陈。余往入其室，政如波斯胡肆，奇琛异宝，莫可名状。先生顾此意甚得。"

《清河书画舫》记录张氏家族收藏、经眼过的许多古代书画，是明代最重要的一本书画著录。我比对过《瓶花谱》内容，其中很多都是高濂《瓶花三说》里说过的，所以《瓶花谱》有可能是伪托之作。

明朝第三部插花著作是《瓶史》。我初次读到这个书名的时候，也很不理解——花瓶的历史？还以为专门讲瓷器或古董。其实《瓶史》是著名文学家袁宏道在北京做官期间写的一本插花小册。袁宏道从苏州吴县辞官之后，一度回到家乡，放浪山水之间，六年后，他再次出山，就在北京国子监这个清水衙门做了一个清闲小官。

俗话说：长安居，大不易。文徵明在北京翰林院供职期间，有很多与亲友的往来书信保留下来，其中一封说当时京城物价开销："我用银十二两买得一马，又用银二两三钱买鞍辔。囊中所赍，约略已尽。今又要典屋。此间屋价甚贵，极小者亦须百两之数。没奈何只得租赁，每月用银二两以下。官卑禄薄，何所从出？"袁宏道的情况同样如此，虽富才名，但在北京只是一个小京官，日常生活非常困窘。从袁宏道的文字记载看，他在北京和今天的一些"北漂"并无二致，根本买不起房子，只能租屋居住，也经常被房东赶来赶去，出于种种原因常常搬家，没有一个相对固定的居所，总有一种漂泊之感，没有闲情雅致，也没有条件在自家庭院里种养花木，更谈不上大造园林。但是袁宏道又是一个非常爱花的人，花癖甚深，怎么办呢？他的办法是，每次看到喜爱的名贵花卉就买来，或是向朋友索要，然后把花插到室内花瓶里面，聊胜于无，装饰出陋室的一点春意。这种状况下，袁宏道当然必须认真研究如何插花、如何使花期延长、瓶花的日常养护，等等。

《瓶史》中的养花之道与《瓶花三说》有明显不同。袁宏道身处北京，南北气候差异非常大，《瓶史》强调北京冬天之寒冷，可以赏玩的鲜花品种不多。天气寒冷也导致养护、插花方法跟南方不一样。

《粤绣博古图》(局部)
明　佚名
台北故宫博物院藏

北京春天有梅花、海棠，夏天有牡丹、芍药、石榴，秋天有木樨、莲花、菊花，冬天有蜡梅。我们注意到袁宏道记录的这一顺序，花开时间相对南方更晚些，"夏为牡丹，为芍药"，而在南方，清明、谷雨时节牡丹、芍药已先后盛开了。

　　作为在北京没有固定住宅的一个小京官，插花对袁宏道来说是生活中的一抹亮色，也是一种"小确幸"。《瓶史》也谈到花瓶的使用，很多地方其实沿袭了高濂的内容，两个人观点基本接近。最大不同之处是身处北京的袁宏道对于选择养花之水讲得比较透彻。他说，"京师西山碧云寺水、裂帛湖水、龙王堂水皆可用"，"一入高梁桥"则变

第十二章 插花

为浊品。高梁桥是北京的一处名胜，河水非常清澈，但是过了高梁桥地段，水就显得浑浊。袁宏道在北京养花的经验是："凡瓶水须经风日者"，养花之水最好是地表活水，"其他如桑园水、满井水、沙窝水、王妈妈井水"，味道虽然甘甜，但养出来的花多半开得不茂盛。另外，凡是喝上去感觉苦涩、含碱较多之水，尤其不能用来养花。袁宏道建议，最好储藏一些梅雨季节的雨水，称为"梅水"。"梅水"储藏也有窍门，烧热一块炭，直接投到水缸里面，起到吸附杂质、过滤净化的作用，如此"梅水"可以经年不坏，不但可以养花，也可以泡茶，是非常好的饮用水。

袁宏道和高濂一样，也提到了花瓶大小、放置位置与室内空间、家具之间的辩证关系。他在北京的居所，实在比高濂在杭州的山庄园林寒酸许多——租借别人的房子，就那么几间，一定有一间书房，这大致应是瓶花领地。袁宏道说，室中设一具天然几，有一张藤床，天然几要宽大些，花瓶放上去就比较安稳。还有一点切身体会，袁宏道和高濂完全一致：陈设瓶花之家具，素净漆桌就好，若是家具上有什么描金、螺钿、彩色雕刻，拿来放瓶花就显得繁缛杂乱。

袁宏道是晚明"公安派"诗人，他的文字非常空灵，擅长小品文，对哲学、宗教皆有深刻的洞察思考。在生活中他也充满浪漫激情，从《瓶史》文字中能够感受到他对生活发自内心的热忱以及他的想象力和幽默感。他说，北京风沙很大，即使窗户闭上，几案上也有灰尘，鲜花自然蒙尘。他实在忍无可忍，说花最好每天一洗，至于何时洗、洗的手法、如何洗不伤花、花期如何延长，也一一仔细写来，文人性情毕现。《瓶史》最有意思的内容在最后一小节，袁宏道将赏花最快意的场景罗列了出来，一共十四条：

"明窗""净室"，环境很好；"古鼎""宋研"，这是书房陈设，边上放瓶花，很好；"松涛""溪声"，在松林里，小溪潺潺；"主人好事

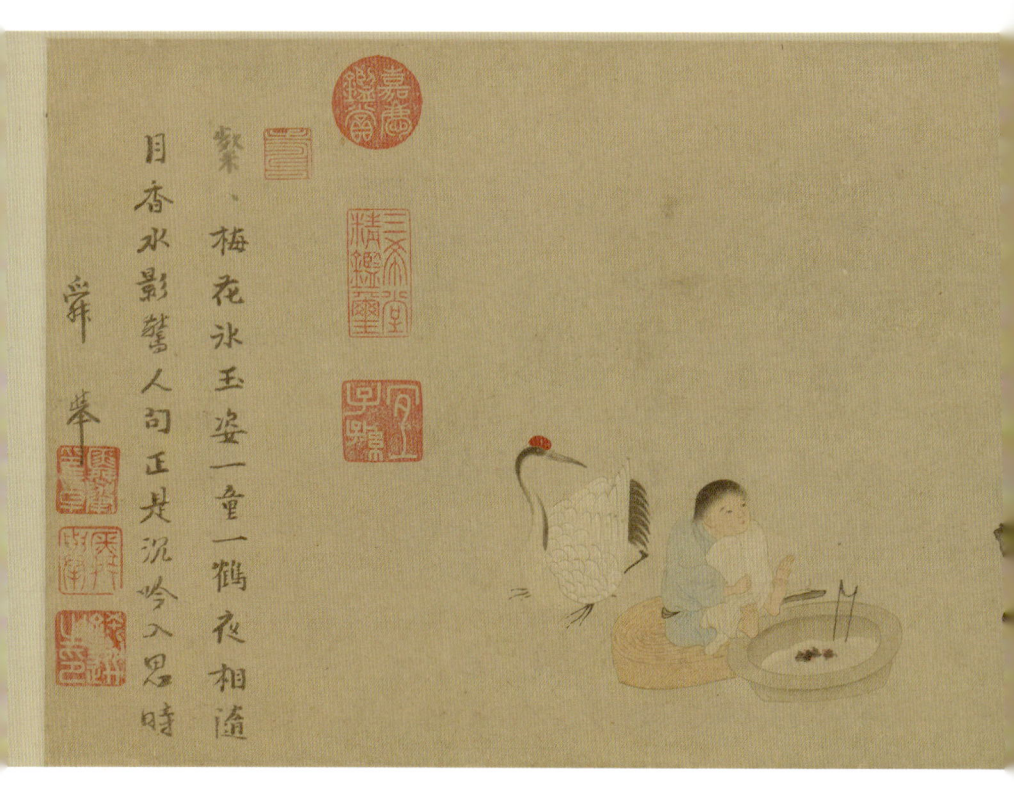

《西湖吟趣图》
宋末元初　钱选
故宫博物院藏

能诗",主人热爱生活,经常呼朋唤友,喜欢摆弄花草,又能写诗;"门僧解烹茶",府上有往来的僧道懂得烹茶之道;"蓟州人送酒",对花饮酒,很好;"座客工画",来客擅长画画,很好;"花卉盛开,快心友临门",鲜花盛开时,好友突然来访,孤闷顿消;还有"手抄艺花书""夜深炉鸣""妻妾校花故实"……这些状况、环境都是赏花快意之境。

同样,对花不敬重的情形,袁宏道总结有二十三条之多:

"主人频拜客",主人忙于交际,根本没有时间来赏花;"俗子阑

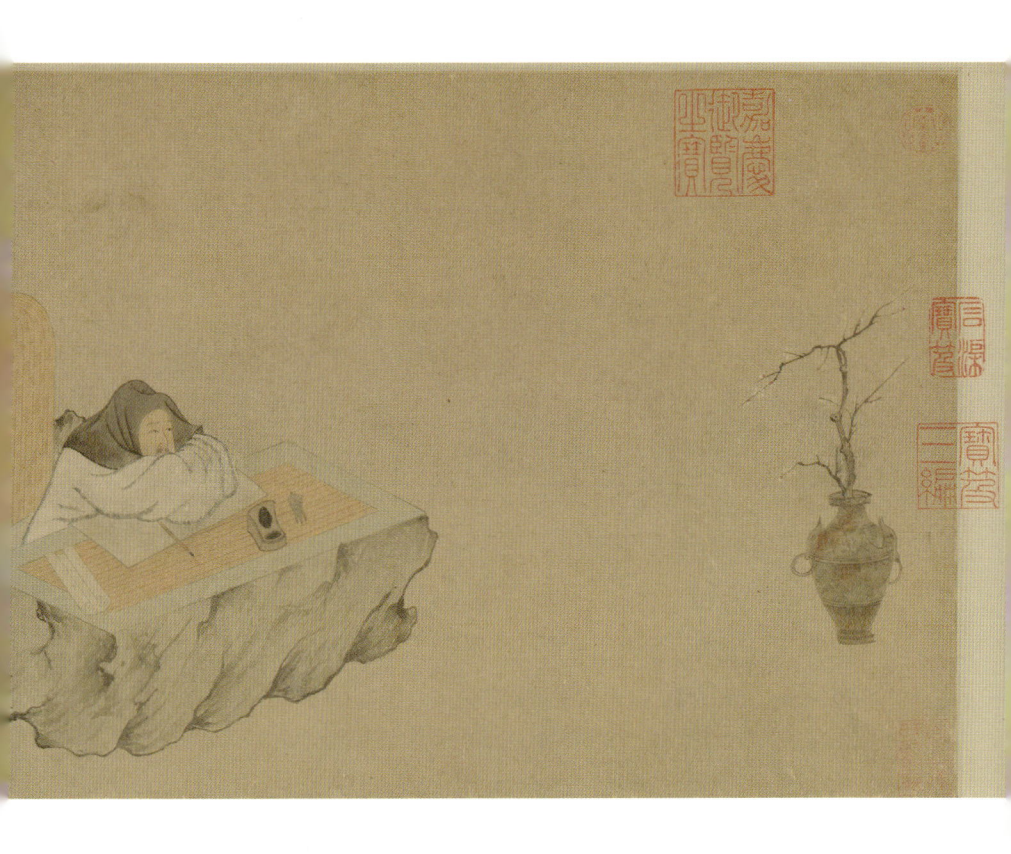

入",花开正好,突然来了一个俗人,俗人不懂欣赏花之妙处,还坐下来不走,影响主人赏花心情;"蟠枝",花枝被人为地弯曲;"庸僧谈禅",平庸的僧人妄谈佛法,因为袁宏道自己精于佛法,所以感到妨碍看花了;"窗下狗斗",窗子外面有狗打架,他觉得狗主人实在是没素质;"莲子胡同歌童",莲子胡同是北京的一个地名,当时京师歌童聚集之地;"弋阳腔",弋阳腔是南戏声腔之一,声调高亢,文人士大夫多不喜欢……还有"吴中赝画",赏花时,发现家里挂了一幅假画;以及"与酒馆为邻",隔壁有人开小酒馆,噪声扰民、酒气熏天。

最后一条更绝。袁宏道说，我赏花的时候，如果书房案头有"黄金白雪""中原紫气"等烂俗、盲目模仿古人的歪诗，真是天打雷劈般不痛快，内心痛苦极了。袁宏道是有名的诗人，案头歪诗可能是有些附庸风雅者专门送来请他"指正"的。一室清芬，花开正好，偏偏有人钻营而来，留下这样一些不堪入目的拙劣文字，七字一行就算诗？袁宏道内心充满不可名状的怒火，却无处发泄，觉得自己窝囊极了。

瓶花之外，《长物志》对各种盆景的记述也颇详细。"盆玩"清雅，"时尚以列几案间者为第一"。盆景是晚明时代最受欢迎的室内外陈设，生机盎然的盆景常年青翠，当时流行名贵的"天目松"，姿态高古如宋画；梅桩盆景也是贵重之物；"又有枸杞及水冬青、野榆、桧柏之属，根若龙蛇，不露束缚锯截痕者，俱高品也"。《长物志》序言作者沈春泽是常熟人，浪迹白门（今南京）多年，他有一首《受之贻我盆中古桧报以短歌》，记录了常熟同乡钱谦益赠送他古柏盆景一事，说明晚明文人互相馈赠盆景花木也是常态：

冬冬叩门惊坐起，一札传来香雾泚。
乃是钱郎贻我书，古桧忽从庭下徙。
虬枝铁干不似人间来，柏叶松身何足拟。
君言尔有凉月台，移傍朱阑故可喜。
又言吾家童子不好事，坐见苍鬚委蝼蚁。
捧缄抚桧三叹息，我知君意不止此。
君何不贻我一树花，花随风雨三更死。
又何不贻我一束书，恨杀人情薄于纸。
古桧亭亭傲岁寒，沈郎不受人怜应似尔。
感君此意宁可辞，著意护持推小史。

日高不厌置苔阶，寒来莫更添梅水。

他年老作博望槎，往问支机我与子。

《上元灯彩图》（局部）
明　佚名
台北观想艺术中心藏

售卖水仙、蜡梅盆景的情形。

我很好奇《长物志》中提到的天目松是什么样子，文震亨认为它是盆景里最好的品种：

最古者以天目松为第一，高不过二尺，短不过尺许，其本如臂，其针若簇，结为马远之"欹斜诘屈"、郭熙之"露顶张拳"、刘松年之"偃亚层叠"、盛子昭之"拖曳轩翥"等状，栽以佳器，槎牙可观。又有古梅，苍藓鳞皴，苔须垂满，含花吐叶，历久不败者，亦古。

如画的古松，却又微缩成一二尺。万历三十七年（1609）十月五日，李日华同妻舅沈翠水一起，"过城埋屠氏圃中，看天目小松，松针颇短，但少偃蹇之势"。李日华感慨花圃匠人擅长"捆缚"造型，强令松树幼苗作"奇态"以悦人眼目，尽管如此，这次李日华还是心有所感，甚至和沈翠水约定改日去天目山寻松。

　　李日华少年悟道，常常梦见仙人，也梦见过松树，项圣谟给他画过梦境里的古松。李日华自称散仙，按说不是急性子，不料看天目松六日之后，《味水轩日记》就有一条记录："移盛颐玉偃松一盆，细蒲如蜂螯上挺者一盂。"

　　人生有很多事情，想了就去做，闲事更要忙做，这是尘世修行得来的大智慧。

第十三章 花事

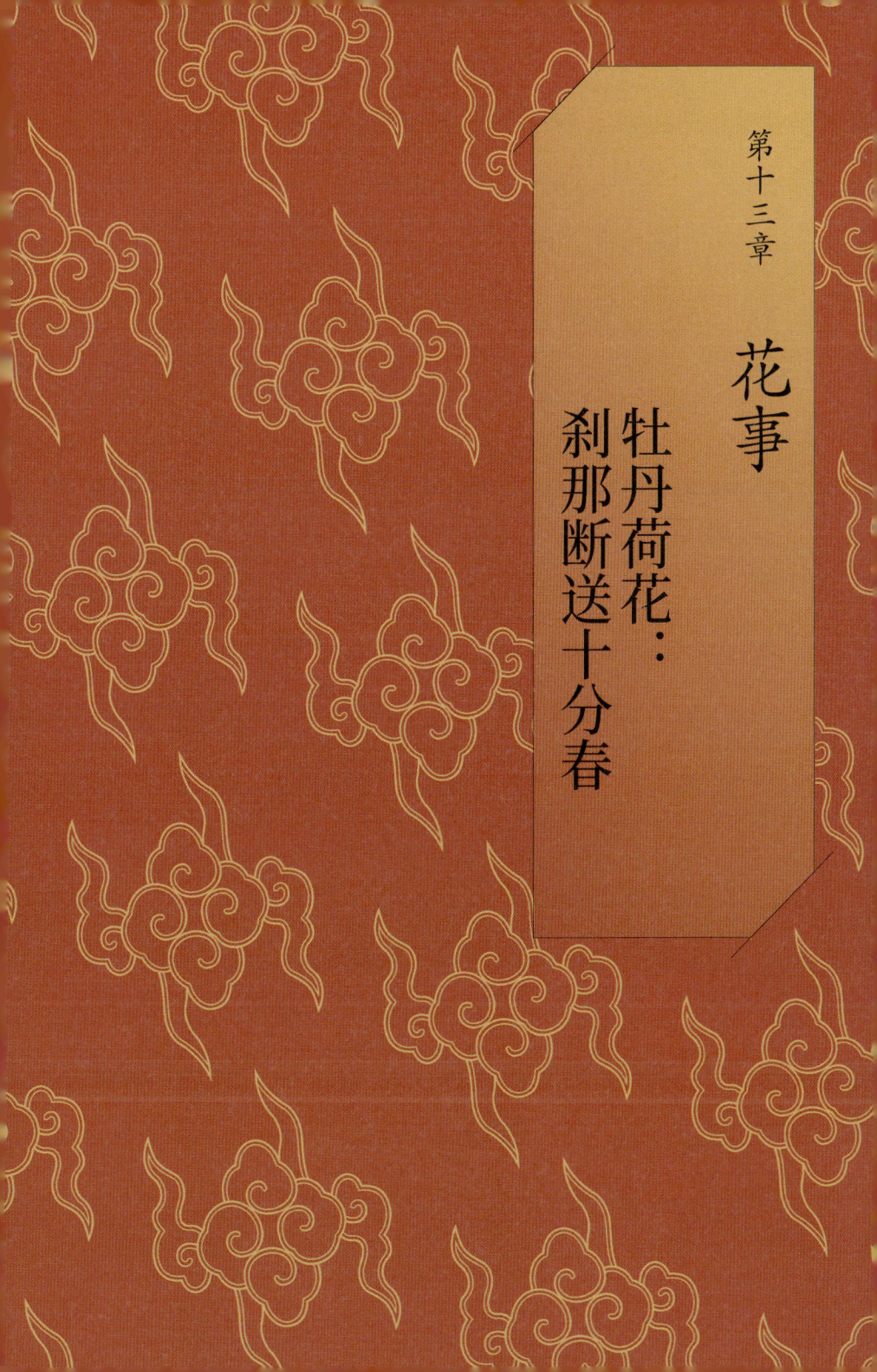

牡丹荷花：刹那断送十分春

第十三章 花事

牡丹雍容富贵，号称花中之王。明代紫禁城崇智殿后种有牡丹数十株，春天各色名贵牡丹争相开放，引得后宫美人前来观赏，钗环珠翠，香气袭人。宫廷画家在此描绘皇家园林的早春三月，宣德小缸里胭脂调好，羊毫笔如竹孔汲露，顺畅濡湿的颜料在古纸上滴落……牡丹花坛由白石砌成，质地细腻，围栏上还雕刻着牡丹，花坛中蜂儿嗡嗡飞来凑趣，彩蝶翩翩。

皇家牡丹，天家富贵。

画家沈周也喜欢牡丹，他写了许多牡丹诗，爱画牡丹图，自家也栽种牡丹。每到谷雨季节，沈周便到处去寻找品种稀罕的、颜色奇异的牡丹，姚黄魏紫，不一而足。沈周传世有一幅名画，纯粹用水墨绘制，是一幅雍容华贵的牡丹图。牡丹以颜色鲜艳、品种繁多著称，沈周偏偏就画了一幅水墨牡丹，但是这幅水墨牡丹看起来栩栩如生，好像还带着露水一样，夺人心魄。

沈周自幼生长在苏州农村，好友吴宽、王鏊等人在京城为官，而他很早就放弃了科举仕途。沈周好学道，年轻时给自己卜过一卦，得一"遁"卦，于是决定终生不仕，转将全部热情用于艺术创造。他的父亲、伯父都是画家，祖辈与元代画家王蒙有交往，以他为首的吴门画派后来成为全国画坛重要的一支力量，沈周的学生包括文徵明、唐寅，影响至今。因为不做官，从本质上来讲，沈周就是一个乡村野老，他在乡下薄有耕田，生活安逸。沈周一生，痴迷诗文绘画的创作，赢得了非常高的声誉。他乐于农桑耕作，闲来无事就进行创作，过着一种悠闲的生活。心情好的时候，他会和几个朋友一起进城，坐船到苏州城里的几个寺庙，与和尚谈经论道。沈周写了很多在寺院欣赏牡丹的诗作。沈周家乡相城有一个妙智庵,当年是一个小庙,但是曾经出过明代国师姚广孝,那里的牡丹也非常有名,沈周多次前往欣赏,还曾画过那里的牡丹,题画诗云:

> 我来借看富贵丛,僧房认是赁宅中。
> 去年看过今又到,花若迟我含春风。
> 毸毸白发虽不称,未许花前无我侬。
> 慈恩在前妙智后,今古乐事将无同。
> 古花已见古人醉,今花还对今人红。
> 一觞一咏雅而乐,何用羯鼓敲逢逢。
> 冠裳颠倒插花舞,强以筋力追儿童。
> 莫教错认白太傅,自是颓然田舍翁。

很多人都觉得沈周只是一位大画家,其实他的诗文写作也非常厉害。这首诗写得幽默风趣,语言通俗易懂,是典型的沈氏风格。他春天经常到苏州城去看花,苏州城东南有一个不大出名的寺院,叫东禅寺,这个寺院与沈家渊源颇深,那里的牡丹据说也很有名。弘治二年(1489)三月十日,沈周正在东禅寺小住,与很多人一起观赏牡丹时接到了孙子诞生的喜讯。五年后,弘治七年(1494)三月十七日,六十八岁的沈周又来到东禅寺观赏牡丹,更特意画了一幅水墨牡丹,画上题写长诗云:

> 我昨南游花半蕊,春浅风寒微露腮。
> 归来重看已如许,宝盘红玉生楼台。
> 花能待我浑未落,我欲赏花花满开。
> 夕阳在树容稍敛,更爱动缬风微来。

烧灯照影对把酒，露香脉脉浮深杯。

意犹未尽，沈周最后写道："东禅此花，不及赏者已越六年。昨过松陵，来寻旧游，时花始蕊。今还，正烂熳盈目，逼夜呼酒秉烛赏之，更留此作。"

松陵是吴江的一个小镇，沈周亲家史明古就在松陵。史明古是一位隐士，也是一位大收藏家，其藏品规模不亚于沈周。

《列朝诗集》记载："其学于书无所不读，而尤熟于史。……家居水竹幽茂，亭馆相通。客至，陈三代、秦、汉器物，及唐、宋以来书画名品，相与鉴赏。好着古衣冠，曳履挥麈，望之者以为列仙之儒也。"史明古为人豪迈，与沈周情性相投，是多年莫逆之交，史明古的儿子史永龄娶了沈周的小女儿为妻。有时候沈周坐船到吴江，史亲家知道牡丹花开时沈周就会来，就事前张罗陈列许多大盆牡丹，再邀一群朋友在花下饮酒作诗。临走的时候，沈周还会取一两盆放到回家小船上，一路欣赏，如

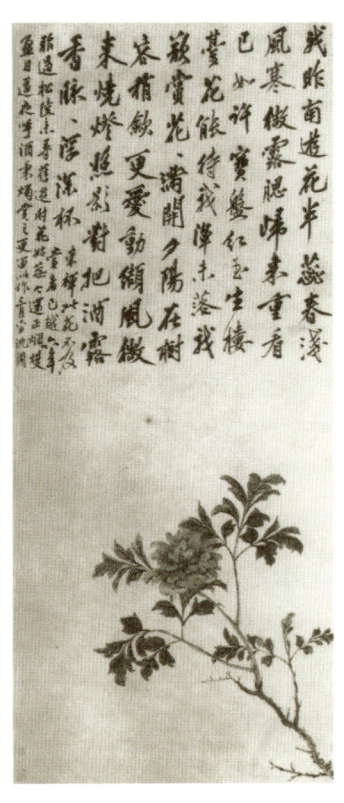

《牡丹图》
明　沈周
故宫博物院藏

醉如痴。

沈周的长子沈云鸿继承家学，擅长书画鉴定，在当时声望颇高。陈继儒在《笔记》中称赞其好学不倦，且为人忠厚："沈云鸿，字维时，石田之子也。性特好古器物书画，遇名品，摩抚谛玩，喜见颜色，往往倾囊购之。菑畬所入，足以资是。缥囊缃帙，烂然充室。而袭藏惟谨，对客手自展列，不欲一示非人。"

沈云鸿从成化七年开始承担起养家的重务，沈周便从烦琐的世俗生活中摆脱出来，乡间隐逸生活更加清闲，"日事笔砚，寄谈笑，一不问其家"。可惜，沈云鸿五十多岁时不幸英年早逝。沈周老年丧子，自己也身体多病，非常感伤。时隔一年，有一天沈周在自家院子里看到牡丹花枯萎凋零，落红满地，触景生情，就借着牡丹花的凋零，写了一组《落花诗》，表达对人生无常的强烈感怀。生命美好如鲜花，但是又转瞬凋零，又能怎么办呢？只有保持乐观心态，才能够抵抗人生的种种苦难。《落花诗》的基调是哀伤的，同时又努力追求内心的平静。他写完这一组诗后，拿给当时"吴中四才子"中的两位——徐祯卿及文徵明看。两位后辈看了以后大为感动，被沈周诗歌里"落红"的意境所折服，二人也数次赋诗唱和。

包括唐寅在内，许多江南文人都写过《落花诗》唱和，你来我往，一咏再咏，写的是花，背后谈的是人生起起落落，大家都想追求历经沧桑之后的从容不迫。牡丹花是富贵、骄人之花，《落花诗》体现了这些江南文人的所思、所想、所感，感人至深。我印象最深的，倒不是沈周、文徵明的诗作，而是唐寅的一首《落花诗》，开头一句就动人心魄："刹那断送十分春。"这里面，有佛理，有生命的感怀——这么好的花，刹那间就凋谢了，好像春天也结束了。

苏州博物馆曾展出过唐寅这幅诗卷的真迹。可能是因为研究过这段咏《落花诗》的历史，当看到唐寅的真迹时，我非常感动，更惊诧

《落花诗意图》
明　沈周
南京博物院藏

于唐寅《落花诗》中传递出来的浓烈情感。唐寅并不以书法而闻名，但是这件书法作品给我的震撼程度，却是超过了很多技巧高超、名声显赫的书法家的作品，它体现了诗句与书法的完美交融，唐寅诗句里面讲的落花、牡丹，真的是给予了我们人生启迪。

看花人，往往懂得从花开花谢中感悟人生。

万历四十三年（1615）正月，李日华"购得盆梅红白二树。树高三尺，各敷五百余花"。他是个感情充沛的人，"因忆少时读书亡友吴伯度园斋，有蟠梅绿萼者两株，高五尺，结干三层，敷万余花。时望之，万玉玲珑，如珠幢宝盖，香气浮动"，遥想当年同学少年，常常一起聚会赏花，"每岁首，即已放白。伯度性豪饮，又喜以酒醉客，月下花影中，往往有三四醉人躺卧，醒乃散去"。

回忆当年的场景，李日华越发感慨，于是付诸行动："余独取屏障遮围,置床其中,甘寝竟夕,曙色动,始起坐,觉遍体肌肤骨节俱渍梅花香气中,不知赵师雄罗浮梦视此何如也。"

一夜花下独自眠,李日华的雅人风致,至今读来令人神往。

而随后李日华日记里的一句唐人牡丹诗,更让读者有醍醐灌顶之感,他写道:"俄伯度殁,双梅为徽人购去,移植不得其所,询之,已供爨火矣。乃知盆玩虽微,皆主人福荫所持。唐人牡丹诗云:'看到子孙能几家。'旨深哉。"老友的梅花被徽州商贾买走,商人不能爱惜,不久后梅树竟成灶中柴火,"看到子孙能几家",李日华赏盆梅二树,却以牡丹诗结束。

牡丹是木本植物,只要主人爱惜,养护有方,可以存世数百年,年年开花。沈周当年常常和朋友一起携酒探访一个古村,古村里有株几百年牡丹,按照沈周生活的时代推算,应该是宋代牡丹了。今天常熟地区还有一株几百年的古牡丹,当地人非常珍视,每年花开时观者如潮。

明代苏州有"东园",今天称为留园。东园有一个牡丹花坛,完全用当地的石头雕刻,非常精美。这件明代牡丹花坛至今仍完好保存在留园,可惜游客一般不太留意。为什么要专门为牡丹做花坛呢?与其他花卉不同,牡丹喜欢相对干燥的泥土,平地堆土垒一个花坛,牡丹会长得比较好。讲究的人家,以大小太湖石垒花坛,或是以整块本地金山石砌花坛,起到养护、美观的作用。

中国人对荷花情有所钟。荷花象征"君子",宋代理学家周敦颐写的《爱莲说》传颂至今,赋予荷花一种崇高的人格力量。晚明时,社会风气已经非常浮躁,从种养荷花这么小的事情上也可看出端倪。

荷花可以作为文人书房案头的清供,当时流行碗莲——小小的荷叶,就放在一个大碗里面。这种莲花要养一年时间,花却只开几天,人们觉得别有情趣,因为只是小小的一朵,就显得很独特。

在自然环境中赏荷更有趣味。江南有许多湖荡，可广种荷花。当年吴王夫差曾携西施去太湖西山岛消夏，一湾湖水中遍种荷花，留下"消夏湾""画眉泉"等古迹，至今犹存。到明代，夏日乘船赏荷，竟然演变为社会上非常狂热的一种集体狂欢。

为什么这么说呢？农历六月廿四，传说是荷花的生日，这天往往全城市民出动，去城外的湖泊赏花。万历二十二年（1594），二十七岁的袁宏道在苏州担任知县，后来他回忆说，自己做了近两年县令，尤其不能够理解苏州老百姓三大怪异的癖好——"苏州三件大奇事，六月荷花二十四，中秋无月虎丘山，重阳有雨治平寺"，苏州人六月二十四要到城外一个叫"荷花荡"的地方赏荷，"画舫云集，渔刀小艇，顾觅一空。远方游客至，有持数万钱，无所得舟……苏人游冶之盛，至是日极矣"。

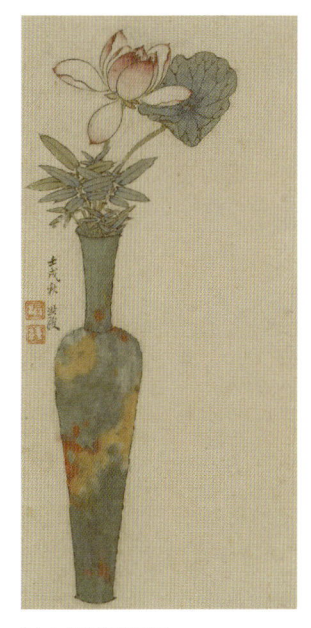

《山水人物花卉图册》
明　陈洪绶
大都会艺术博物馆藏

这天，苏州人集体出游赏荷，人潮如海，而且分成了水上、陆地两部分。很多人从苏州胥门码头租借画舫，条件差一点的就租一艘摇橹小船，把船划到荷花荡深处，小船被大片荷花簇拥，伸手就可以触及荷花。一些大船上的富贵人家，这天专门有戏班子助兴，有丝竹表演，可以喝茶、吃饭。赏花也是社交活动，男男女女、老老少少，大家穿上最好看的衣服，戴着最好看的首饰，个个兴高采烈。古代妇女出门不易,这样一个大型节庆活动,大家闺秀刚好得以出门透透气、散散心。袁宏道观察到,到处仕女如云,香气扑鼻,大家穿得非常考究,明朝的"时尚男女"坐着船,深入荷花荡深处,看花也看人。

晚明文人张岱在《陶庵梦忆》里,也提到当年苏州葑门外荷花荡的全民赏花盛况:

天启壬戌六月二十四日,偶至苏州,见士女倾城而出,毕集于葑门外之荷花宕。……宕中以大船为经,小船为纬,游冶子弟,轻舟鼓吹,往来如梭。舟中丽人皆倩妆淡服,摩肩簇舄,汗透重纱。舟楫之胜以挤,鼓吹之胜以杂,男女之胜以溷,歊暑煇烁,靡沸终日而已。

荷花宕经岁无人迹,是日,士女以鞋靸不至为耻。袁石公曰:"其男女之杂,灿烂之景,不可名状。大约露裀则千花竞笑,举袂则乱云出峡,挥扇则星流月映,闻歌则雷辊涛趋。"

袁石公,就是袁宏道。张岱开玩笑说:"盖恨虎丘中秋夜之模糊躲闪,特至是日而明白昭著之也。"

封建社会的男女青年,可以在公众场合互相欣赏、眉目传情,真是赏花大会的妙处。

清代嘉兴人项映薇编写的《古禾杂识》一书,介绍江南水乡的大小船只,有种本地的"挡板船":"其稍大者曰挡板船,舱内左右玻璃窗,中横一榻,可坐可卧,前设小桌,饮啖亦宜;外舱可装头棚,遇看会观剧用之;喜事必设门枪旌锣架。"船头有棚,舱内可坐卧、饮食,不算简陋了。接下来作者提到嘉兴流行一种来自无锡的船,更宽大舒适,名为"丝网船":

后乃盛行丝网船,来自无锡,其船既大,制愈轩爽;船户伺候周到，能治肴馔。夏日，客每唤渡南湖，借乘凉为名，维舟菱纤竹上，尽半日之长，饮博极欢，间有挟妓者。

无锡密迩苏州，苏州习惯称这种"丝网船"为"网船"，尽管可以挟妓、饮酒，但与虎丘山塘一带的画舫游船相比，实在是算不得豪华。袁宏道所谓"至有持数万钱，无所得舟"，并非空穴来风，还真确有其事。

当时苏州城有一富人，他很爱面子，也非常热衷赏荷，其实他是将赏荷当作了一种交际活动。有一年，他到苏州胥门码头一带租船赏花，结果船铺老板告诉他：非常抱歉，船铺里的大小画舫、游船都订完了。富人非常失落、惆怅，虽愿意花费天价，但实在是连一条小小的快艇都没有。这个人性格很有意思，愤恨之余，心中就暗暗发了一个誓。到第二年，也不等什么六月廿四日了，可能春节刚过，他就派管家跑到胥门一带，凡是船铺的上等画舫，一律重金包下。他将各种游船搜罗一空，然后得意扬扬地看着众人手足无措的混乱场面，长吁一口气，以为自己一雪前耻。

这种富人的扭曲心态，普通人难以理解。

按照文震亨的说法，荷花在池塘欣赏就很好，或者将荷花移种在荷花缸里面，摆放在庭院里，这已足够风雅。荷花品种，当时有并头、重台、品字、四面观音、碧莲、金边等。文震亨最喜欢白色荷花。

当时修造园林之风正盛，很多人崇尚繁复之风，就在庭院的荷花缸上面加做装饰，比如用朱漆栏杆把荷花缸围起来，这种做法在一些明代古画里能见到。

文震亨说，画蛇添足。

《明人画岩壑清晖册·柳亭观荷》（局部）
明 佚名
台北故宫博物院藏

—

《明人画岩壑清晖册》为绢本，共十二幅画，以春夏秋冬的时序为主线，画面内容从春暖花开延续到寒冬雪满山川。四季变换，更新交替，不同季节有不同场景。

第十四章

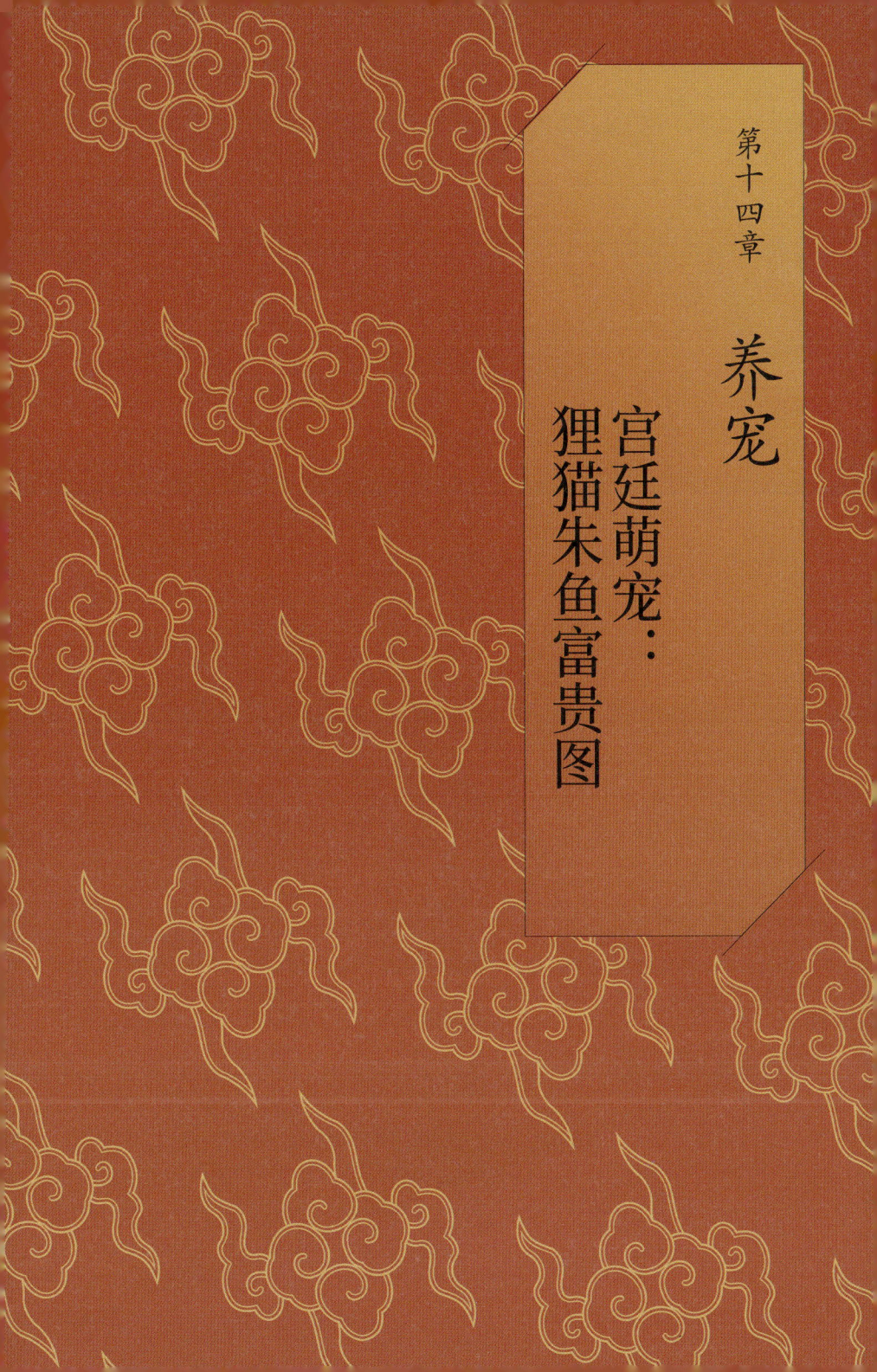

养宠

宫廷萌宠：
狸猫朱鱼富贵图

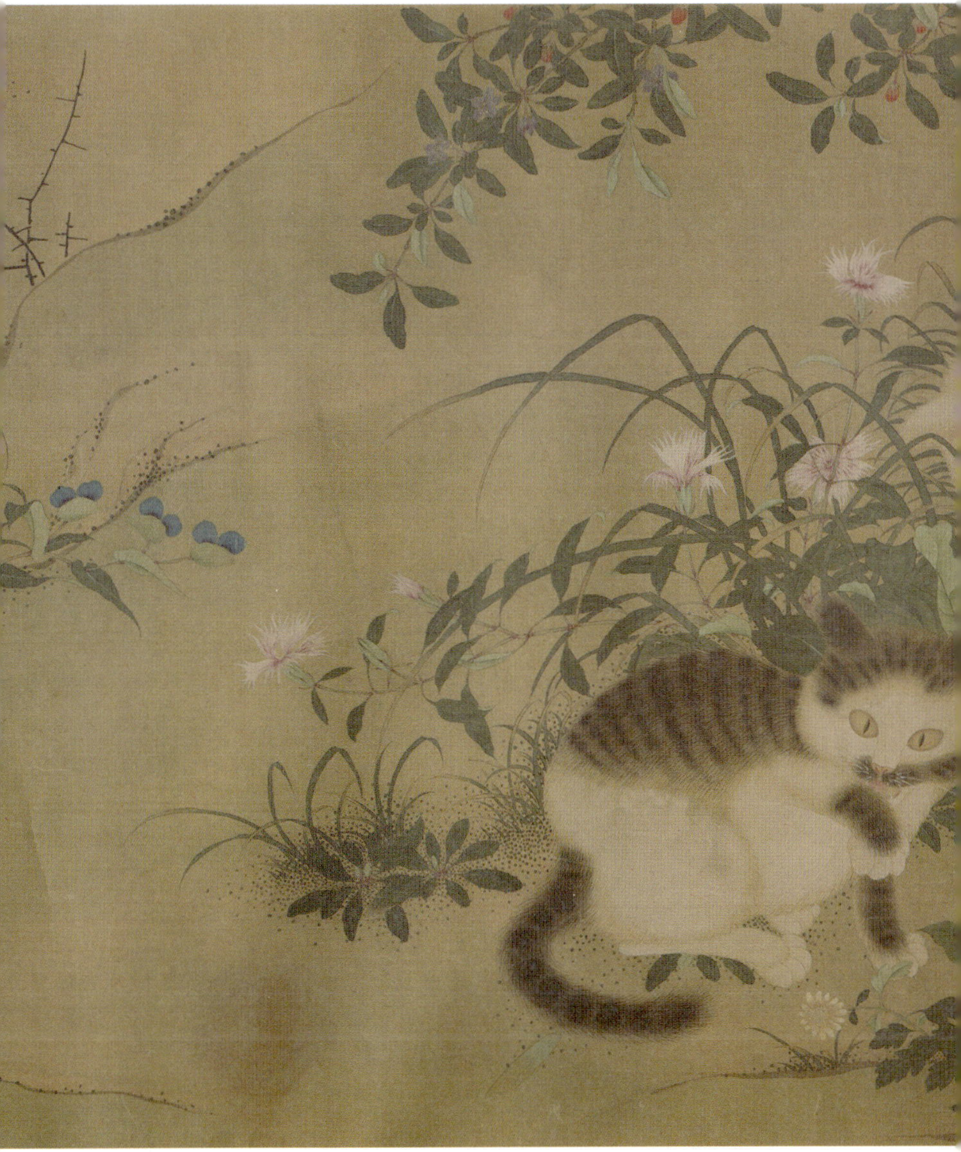

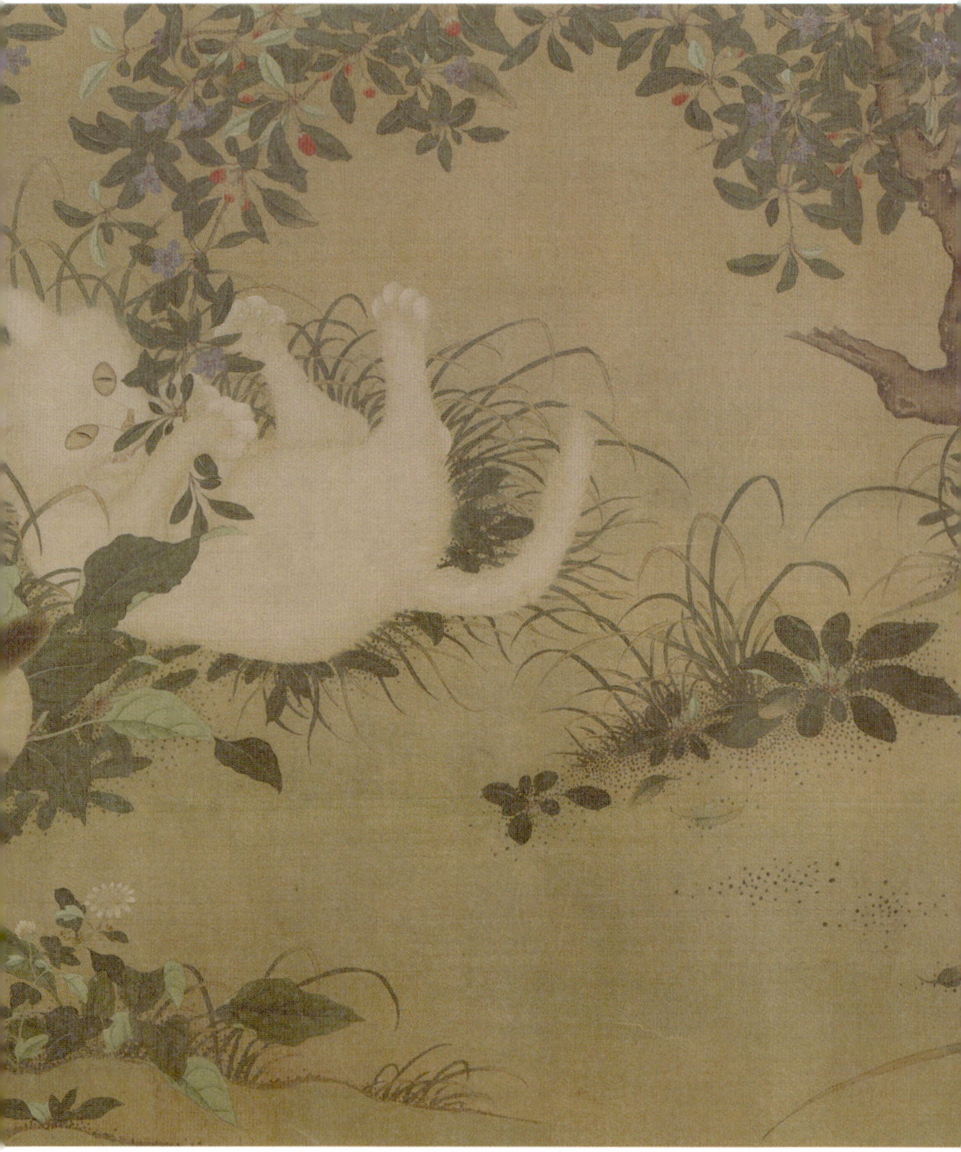

《唐苑嬉春图》(局部)
(传) 明 朱瞻基
大都会艺术博物馆藏

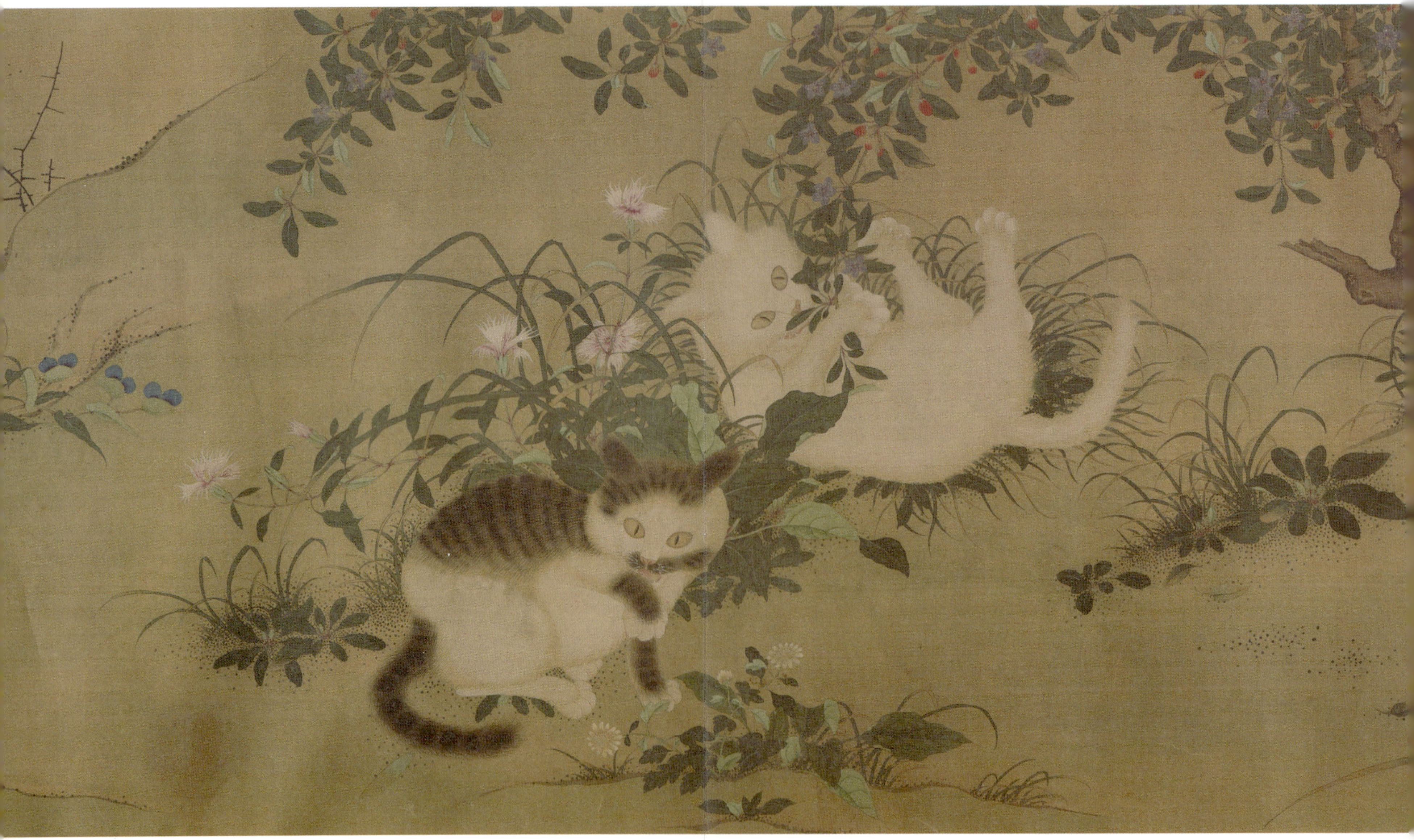

第十四章 养宠

猫狗是最寻常的宠物。人类最早驯化、豢养猫狗是出于实用考虑——猫可以捕鼠,狗用来看家,后来才逐渐发展成一种情感上的寄托。

明代太监刘若愚写过一本记述宫中事物之书,名《酌中志》。这部书的许多内容具有唯一性,是研究明代宫廷各项制度的重要资料。根据刘若愚的记述,皇宫内廷设二十四衙门,分四司、八局、十二监,各有太监,各司其职,其中有一个下设部门就叫"猫儿房"。"猫儿房"专门有三四个太监,负责饲养皇帝宠爱的猫咪,这些猫还有名分,如果是雄猫,就叫作某某小厮,雌猫就叫某某丫头,如果是已经阉割过的,就叫某某老爷。小太监也有名分,比如叫某管事,或直接称猫管事。时逢佳节,如端午、中秋,皇帝会对宫里的太监、内侍进行赏赐,这些猫也会获得皇帝关爱,照例有一份端午粽子、中秋节礼。

宫里的猫,都会"成精"。

明代嘉靖皇帝,为生父尊号,一人独斗群臣,轰轰烈烈举办"大礼议",廷杖大臣,整肃文官,甚至拥立他登上帝位的四朝元老杨廷和,照样被罢官,连杨廷和的儿子、状元杨慎也充军云南,终其一生不得回家。嘉靖皇帝一生对臣下冷酷无情,对宠物猫猫狗狗,却爱护有加。

《日下旧闻》载:

原嘉靖中,禁中有猫,微青色,惟双眉莹洁,名曰"霜眉"。善伺上意,凡有呼召,或有行幸,皆先意前导,伺上寝,株橛不移。上最怜爱之。后死,敕葬万岁山阴,碑曰"虬龙冢"。

"霜眉"死后，哀伤的嘉靖皇帝命以金棺葬之于万岁山下，道士们建议举行斋醮仪式超度猫咪。嘉靖皇帝下令，让各部、翰林官员为自己的爱猫写一篇祭文，用以超度。大臣们都觉得有点尴尬，这个题目怎么写？实在无从下笔。唯有礼部侍郎袁炜毅然奉旨，为这只猫撰写悼词。史称，袁炜才思敏捷，最擅长撰写青词，每次遇到各地报告祥瑞，袁先生下笔如神，极词颂美。这次袁炜更荣幸，得为御猫撰写悼词，他福至心灵，写了一句诗祝福猫咪"化狮为龙"。

　　嘉靖皇帝破涕为笑。袁炜后来官运亨通，官至建极殿大学士，位极人臣。

　　人生本来不公平，猫也是。

　　晚明学者谢肇淛写过一部笔记《五杂组》，提到宫中贡猫之事。天顺年间，有外使从西域进贡了一只珍贵之猫，使者把猫装在一个金

《狸奴图》
宋　佚名
台北故宫博物院藏

笼里面，自己就住在北京驿馆。有一位退休官员偶然到访，看到这位外国使者，问此猫有何特异，千里迢迢送到北京献给皇帝。西域使者非常狡猾，回答说："想知道不难，但你得给我一些银钱，我就表演给你看。"退休官员更好奇了，真给了银钱。这位西域使者"结坛于城中高处"，好像道士作法一样，先建造了一个法坛，把这只猫放到坛上……到第二天一看，竟有数以万计的老鼠死于"猫坛"之下。

这个使者说："此猫一作威，则十里内鼠尽死，盖猫王也。"

《五杂组》的记载有点夸张。但谢肇淛一定也是爱猫人士，非常留意相关情况。据他观察，北京宫廷里的太监、高官大都养猫，一般来说，他们喜欢的猫都"莹白、肥大"，据谢肇淛记述，这些猫足有十几斤，肯定超重了，所以也没法捉老鼠，但跟人特别亲近。

谢肇淛经常去长溪（今福建霞浦）买猫，当时长溪猫非常优秀，价格要比其他地方贵十倍，猫看起来很漂亮，毛发纯黑无瑕，眼睛如金子一样闪亮，但是长溪猫同样不能捕鼠，谢肇淛自己也觉得好笑，就当宠物养了。

《五杂组》顺便提到，当时北京养狗也成风尚，最流行一种"金丝毛而短足者"，腿很短，披金毛，"蹒跚地下"。可笑的是，这种短足金毛狗很没出息，"兄事猫矣，而不吠盗"，跟着那些十几斤的肥猫，甘做它们的小弟，甚至懒得吠叫，完全起不到防盗作用。

宫廷里养猫规矩就比较多。宣德皇帝是明朝最喜欢艺术的一位皇帝，画艺非常精妙。他在宣德四年（1429）曾经御笔亲画过一只猫，这幅画能让我们直观看到明代宫廷宠物猫的形象。这幅画还有一个非常吉利的名字——《壶中富贵图》。

"壶"是铜壶花器，画面主体是一个青铜器，器形非常高古，壶前蹲着一只猫，这只猫非常可爱，形象憨态可掬。好玩的是，这幅画是当时宣德皇帝赏赐给一位老臣的礼物，此人就是当时的华盖殿大学

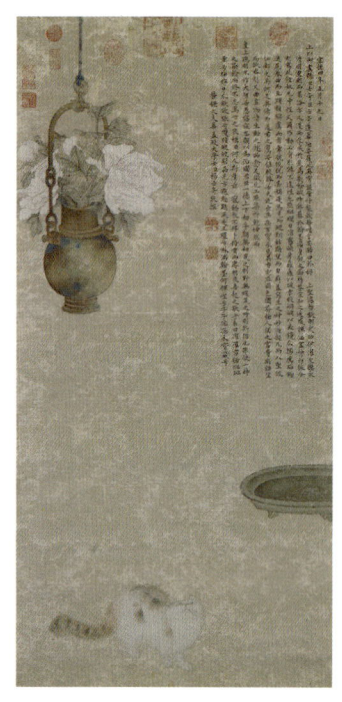

《壶中富贵图》
明　朱瞻基
台北故宫博物院藏

士杨士奇。杨士奇是明代著名政治家，五朝元老，建文帝在位时就入了翰林院，后来效忠永乐皇帝，到宣德皇帝登基时，这位大臣已经效力过四位帝王。宣德一朝，明朝政治步入正轨，出现了"仁宣之治"的繁盛局面，而宣德皇帝特地赐给他这幅画，其实蕴含着很深的政治意义。

猫，一直是绘画中有关祝寿的题材，古人称为"耄耋"（猫蝶）之年，寓意长寿。皇帝赏赐杨士奇这么一幅御笔《壶中富贵图》，意味深长：杨士奇你长寿有了，富贵荣华也有了，作为臣子必须有所表示。杨士奇就在这幅猫画上面，恭恭敬敬用正楷写了一个长长的题跋来歌颂、感谢皇帝对他的关怀、信任。杨士奇翰林出身，这段答谢文字写得很漂亮，先从御笔画猫的形象做了一番阐发。他说，这只猫画得栩栩如生，"极人间之富贵，斯猫望而欲吞"，这只猫看见人间极致的富贵，好像要把它一口吞下，而我们现在朝局和谐，"君臣一德，上下相孚"，这是点题的逢迎之辞。杨士奇继而口气一转，"朝无相鼠之刺，野无硕鼠之呼"，据老臣观察，现在天下已经没有硕鼠了，我们大明官场再没有官员大肆贪污，这是更深一层地颂扬皇帝贤明。最后，他谈了谈艺术追求，赞扬皇上画艺高超。宣德皇帝至此，应该很满意了。不料大臣话锋再转开始自我反省："今天您一时兴起，送给老臣这么一幅好画，还不忘政事，今后咱们要君臣一心，不让硕鼠横行……"真不愧国家元老。

宣德皇帝传世画猫作品不止一幅，这张堪称精品。还有一张传为宣德皇帝所画的《五狸奴图》也很精彩，但是专家认为这可能是晚明苏州画坊里做的"苏州片"。这幅画一共画了五只狸猫，它们形态各异，或是在睡懒觉，或是在花下仰望鲜花，或是就地打滚，神态都栩栩如生。

明代画家沈周常年生活在乡村，农村老鼠比较多，沈周养猫，他经常会写一些与猫有关的诗歌。作为爱猫之人，他曾经画过一幅非常有意思的猫画，与宣德皇帝的画作不同，宣德皇帝用的是工笔、重彩，猫的毛发纤毫毕现，非常细致，而沈周是用水墨写意，只用墨色来渲染猫毛茸茸的质感。关键是构图，画中心是一张猫脸，然后是身子，最后是尾巴，可是猫脸、猫身、猫尾巴构成一个同心圆，整体看起来就像是一块黑色毛茸茸的大圆饼，仔细看，原来是一只大饼脸的猫咪。沈周的这张画别有情趣，让我们看到明代民间所豢养的猫咪，造型比较质朴，也是我们今天常见的猫咪形象。

从明朝开始，金鱼

《写生册·猫》（局部）
明　沈周
台北故宫博物院藏

赏玩之道大为流行。

金鱼当时不叫金鱼，明朝人称之为"朱鱼"，"朱"就是朱砂的颜色，形容鱼的颜色非常鲜艳。今天研究证明，最早的金鱼是一种野生鲫鱼，因为基因突变出现彩色，通过人工育种，慢慢演变出许多品种，颜色形状各异，数不胜数。

万历二十四年（1596），收藏家张丑写成《朱砂鱼谱》，从十个方面论述了培育金鱼的要点，如怎样选育好的鱼种、怎样欣赏、饲养方法，等等。张丑说，朱砂鱼"独盛于吴中"，最早在苏州一带流行，玩家众多；它的颜色像辰州朱砂，红得非常"正"；这种鱼"最宜盆蓄"，适合把它养在一个木盆里。今天很多人在家养鱼，都是将鱼养在鱼缸里面，而且一定是玻璃鱼缸，当时没有这种条件——明朝的玻璃是来自西域的珍贵奢侈品——就把鱼养在木盆里面，木盆则摆放在庭院中。后来出现了烧制的陶瓷鱼缸，体量更大、更深，但明朝人喜欢将鱼养在敞口的浅盆里，观察起来更直接。

按照张丑的说法，吴地有些"好事家"，"每于园池齐阁胜处"，在园林里最好的地方，放上一两盆朱砂鱼以供欣赏。他说，我几年间见过几十万条不同的金鱼，其中最漂亮的还请画家写生。张丑作为养鱼行家，观察特别细致，《朱砂鱼谱》记录了各种不同形态、不同颜色的金鱼，有白色身子、头顶有朱红色三横一竖"王"字花纹的；有头尾皆白、中间一段金色的；有浑身雪白、背上有一条朱砂色线的；也有满身星星点点朱砂色，构成了北斗七星图案的……

张丑赏鱼，先用工具把鱼从鱼盆里面小心捞出，一一盛放在白色磁州窑碗里，再来细细观赏。为什么要放在白碗中？他说，如果朱鱼在碗中，水和碗都因朱鱼而"映红"，颜色红得透、红得正，才是上好的朱鱼。一条朱鱼，若不能让碗中之水变得非常红，用今天的话说就是颜色饱和度不够高，档次就差一点。

每年夏天，张丑都要养上几千条朱鱼，分别放入十口大缸中育种，他每天去挑选，把一些不好的鱼淘汰掉，数千条金鱼，最后能入他法眼的也不过几十条而已，然后把这几十条金鱼放在一起，分为两三缸，这是优中选优的品种，需要特加爱护，以此为基础，再进一步选育出优良、奇特的新品种。苏州一些喜欢养鱼的人，经常会互相去家里参观，心中暗比谁家的鱼儿更好、更稀罕。

　　早晨是适合观赏金鱼的时间。朝阳初升，云霞尚未散去，光在空气中有微妙的变幻之色。金鱼自由自在地游动在清泉、碧藻之间，"若武陵落英，点点扑人眉睫"。晚上有月亮的时候也适宜，一轮明月当空，水上面映着月亮的影子，这时候鱼突然从水中跃起，发出"啪"一声，这个声音十分动听。有微风的时候也不错，水面上有一点点波浪，比较大的金鱼若隐若现。细雨蒙蒙时，鱼儿争相跃出水

《上元灯彩图》（局部）
明　佚名
台北观想艺术中心藏
———
街上设摊售卖金鱼，用大缸、小瓶盛放金鱼。

面,感受天降雨露,这景象吸引观看者驻足,不愿离开。在冬季,山中泉水形成的池塘有一层薄冰,下面的金鱼只是一点模糊的红色,它们好像冬眠了,但其实不然。仔细观察,我们能够发现这些顽强的小鱼在冰层下嬉戏,那抹缓缓游动的朱砂色格外耀眼。

高濂的《遵生八笺》没有提及金鱼;文震亨《长物志》中有许多关于花鸟鱼虫的内容,提到金鱼,基本上都与张丑的记述相似。朱鱼之外,当时还有蓝色的鱼、白色的鱼,以及"肠胃俱见"的透明之鱼,这些都是金鱼变异之种,在一些明代笔记里也有所著录。顾起元在《客座赘语》里提及,"花鱼"以前只有朱鱼这一种,近年来有"朱色如腥血者,有白如银者,有翠而碧者,有斑驳如玳瑁者,有透彻如水晶者,有双尾者,有三尾者,有四尾者,有尾上带金银管者,有解舞跃游泳而戏者,有斗者,故是盆盎间奇物",这已经非常接近于我们熟悉的锦鲤的概念了。

张岱《五异人传》记堂弟张燕客"在武林,见有金鱼数十头,以三十金易之,畜之小盎",真是令人咋舌的高价。

当时的人还热衷"斗鱼"。有一种特别的鱼,据说只要稍加训练,就会缠斗起来,人们在边上欣赏,以此为乐。但明代更流行斗蟋蟀。宣德皇帝不仅爱猫,爱斗蟋蟀也是出了名的。他曾经请他的亲信、苏州知府况钟,也就是戏曲《十五贯》的主角,在苏州给他找些特别勇猛善斗的蟋蟀,这些蟋蟀被送到宫里,数量成千上万。宣德皇帝专门在景德镇御窑烧制青花蟋蟀罐,如今是非常名贵的官窑名品,宣德青花瓷器存世极少,宣德蟋蟀罐更少。

第十五章 珍禽

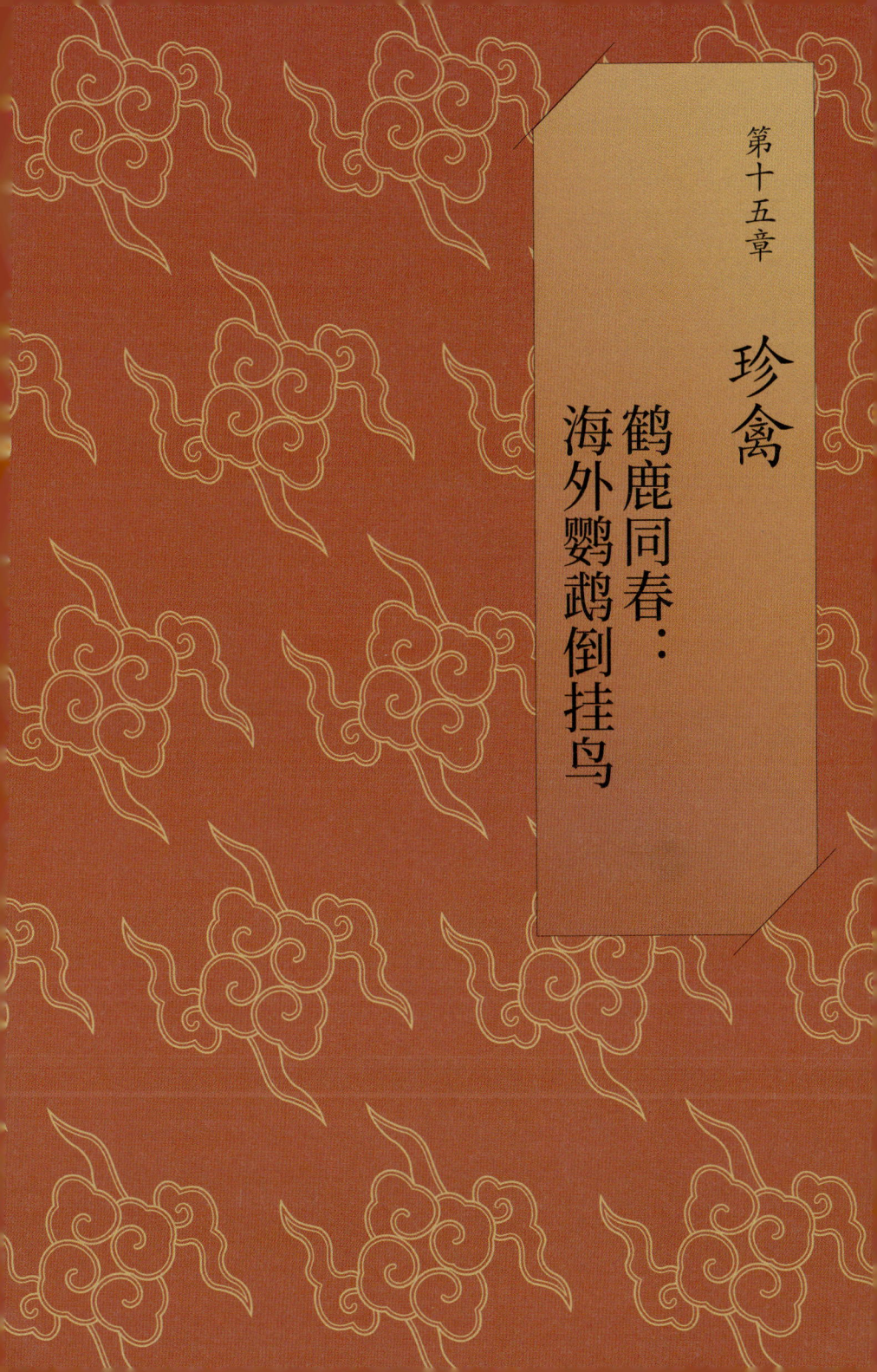

鹤鹿同春：海外鹦鹉倒挂鸟

第十五章 珍禽

万历四十二年春天，嘉兴，李日华和儿子一起赏花。

这天，他们在自己老家一个叫水香居的地方花下小酌，还有两位朋友跟他们在一起。彼时正是山中桃花盛开的时节，大家舒服地坐在桃林里，身在花海中，犹如坐在彩霞做成的幔帐里，奇幻到有些不真实。更不真实的是，还有两只仙鹤翩翩起舞，仙鹤羽毛雪白，衬着绛桃的色彩，宛如在仙境中。在座众人心旷神怡，喝得非常畅快。

如果以为这样的场景只会发生在小说中，或是厌倦现实生活的文人刻意为之的一种怪诞行为，恐怕是今天人们的误会了。要知道，明朝士大夫家里饲养仙鹤作为宠物，是一种源自古代的时尚。

早在宋朝，中国人就开始饲养仙鹤。人们喜爱仙鹤挺拔的身姿，并将它清亮的鸣叫声称为"鹤鸣"。仙鹤高翔于九霄之上，盘旋起舞，身姿一直令人浮想联翩。鹤是一种长寿的动物，寓意非常吉祥。明朝人掌握了很多将仙鹤作为宠物豢养、训练的技术，很多传承也源自宋代。

明朝人，要如何在家里面养一只仙鹤呢？

先要在空旷之地，比如花园，做一个茅庵给鹤居住，"筑柴养双鹤，萧然物外味"。边上专门挖一个池沼，供仙鹤饮水。仙鹤的食物主要是一些小鱼、泥鳅、黄鳝，但是不能煮熟，数量也不能太多，不要让它们吃得太饱。明朝人觉得，如果仙鹤吃得太饱，体形臃肿，就失了身形之美，不是仙鹤而是俗鸟了。陈继儒提到过当年关中奇人孙一元，号太白山人，善鼓琴，曾来苏州与文徵明等人交游，有人说他身世奇特，行踪诡秘。他寓居杭州南屏山时，有一只仙鹤伴随。嘉兴也真是仙鹤福地，不仅有"放鹤洲"，著名的烟雨楼中，至今还藏有岳飞后人岳珂的"洗鹤之盆",这只硕大的石盆有倭角,状如海棠,是为仙鹤量身定制的"澡盆"。嘉兴人许相卿更特意为仙鹤置办田亩,解决鹤粮问题,还发出一张正式的"鹤田券"。

鹤田券是明确谁是鹤田主人以及粮食保管运输、统筹安排、歉收年份如何补贴的凭证,一本正经,风雅无边。

饲养仙鹤的目的之一,是能够随时欣赏仙鹤伴随音乐翩翩起舞的姿态,"夜深清唳集,飒沓高秋气",确实令人神往。如何能够使得仙鹤一听到音乐,比如古琴一响,就随之舞蹈呢?办法是,不让它们吃饱,经常把食物放到很远的地方,饲鹤童子一拍手,或是模拟仙鹤鸣叫的声音作为召唤,示意仙鹤奋力飞起。这个时候,仙鹤第一反应是在地面助跑,然后飞向天空,再翩然落地。舞蹈训练到比较成熟时,一听到童子拍手,仙鹤就开始舞蹈,明朝人称这种训练为"食化",即用食物来驯化它。

挑选一只上好的仙鹤,明朝人是有标准的。所谓"相鹤",就像人们相马、相牛一样都有业内诀窍。具体来说,先观其隆鼻短口、高脚疏节,就是腿要长,一节一节分明,看起来有力;头顶朱红,善于鸣叫;眼睛里面微微带一些红色,看得远……很多具体的细节,包括仙鹤的羽毛、脚趾造型,皆须一一鉴别。

中国历史上有一个典故"华亭鹤唳",出自《世说新语·尤悔》,文人陆机在生命最后一刻感伤往事,想念起家乡华亭,那里靠近大海,常常有仙鹤飞过,发出清亮的鸣叫声……

一千多年过去了,到明代中叶,华亭这个地方的仙鹤仍每年从海边飞来,聚集于下沙地区。这些仙鹤,其实很难说都是中华所产,也有可能是从遥远的西伯利亚地区飞来,它们随着季节变化万里迁徙,真是了不起的壮举。

《快雪堂日记》中,有冯梦祯豢养仙鹤的记录。万历十五年九月

第十五章 珍禽

《西林园景图·椒庭》
明　张复
无锡博物院藏
—
图中童子在训练仙鹤。

二十八日的日记记载："晚归，至门闻拙园雪奴死，甚快。雪奴，鹤也。究其故，则模奴误闻吾夫妇之欲移畜此鹤于武林，途中困厄而毙死。得状，笞模二十。"仙鹤雪奴养在嘉兴，仆人误会而将其运往杭州，中途仙鹤意外死去，令冯梦祯十分恼怒，甚至鞭笞仆人。

很多明朝人笃信道教，所以在内心深处，他们一方面认为鹤只是宠物，另一方面又觉得它是一种仙禽，"孕天地之粹，得金火之精"，对仙鹤应保持相当的敬意。高濂说，仙鹤可以陪伴自己于青松、白石之下，感觉人也变得非常有精神。古人认为仙鹤可以活到一千岁，然后羽毛变为"苍色"，再变为"黄玄"之色，百年之后会脱掉硬羽，又重新生出洁白如雪的柔软羽毛，"雪霜惟引吭，尘滓不沾毛"。明朝人认真地观察如此漂亮的羽毛，敬畏并感慨仙鹤能有这样一种轮回。

明代有"招鹤"之法。"招鹤"其实是道教的一种法术，道士布置一个醮坛，然后身披道袍，燃烧道符，手里拿着一把宝剑念咒，仙鹤就会翩翩而来，好像带来了上天的祥瑞消息。当年宋徽宗笃信道教，著名的《瑞鹤图》中，宣德门上空飞鹤盘旋的祥瑞之景，至今犹存。据说明代道士邵元节深得嘉靖皇帝宠信，也有招鹤绝技，一次招来几十只仙鹤，宫中"忽现五色霞光，祥云旋绕，杂彩交辉，散而复合"，令嘉靖皇帝激动不已。

道士究竟是用什么办法招来仙鹤的，说法不一。明代方以智在《物理小识》里，沿袭了宋人说法，"鹤闻降真香则降"，这是技术性细节，焚烧降真香木，或许真有效。沈周画过很多仙鹤，如《鹤听琴图》中的仙鹤呆头呆脑，非常可爱。我在沈周的《客座新闻》中看到招鹤的另一秘方。按照沈周的说法，是把仙鹤从小跟一种鸟一起养大，每次要招鹤时，就用针刺小鸟，刺出一点血涂抹在符咒上，道士燃烧此符，烟气弥漫开，可能是有一种特殊气味，仙鹤闻着味道就来了。姑妄言之，姑妄听之而已。

《销闲清课图·摹帖》
明 孙克弘
台北故宫博物院藏

———
此图中有一名童子在喂养仙鹤。
题跋：前代遗墨，性拙不能尽得其殽，时切效颦，庶几腕中自有生意。

    中国人认为仙鹤是灵异之物，把它养在家宅之中，可以增添祥瑞之气。像明代的苏州园林，有的匾额上写着"鹤所"或"鹤柴"二字。"所"可以理解，就是住所，指这个区域归鹤居住。"鹤柴"意思更高古一些，也是指有仙鹤在这里盘桓，而"柴"字令人遐想。

    明末清初文学家魏禧写过一篇文章，提及万历首辅申时行在苏州黄鹂坊东有一座宝纶堂，申家后裔建有蘧园，魏禧亲眼看到过两只仙鹤。园林主人、刑部郎中申继揆是申时行的裔孙，清朝就不做官了。但是康熙七年（1668），这个园子里飞来了一只仙鹤，偏偏降落在这个庭院的石台阶上，大家都非常惊喜。到了第二年，申继揆八十岁了，园中来青阁又飞来一只仙鹤，和原来的那只正好是雌雄一对。前来祝寿的客人都说，它们这是飞来给仙翁拜寿。细想不免令人感喟，从时间上来说，这对仙鹤的一生正好历经晚明到清初，可能是从原来的庭院里面飞走了，若干年后它们又翩翩归来。故事真伪不论，至少都寄托着改朝换代的苍凉变迁之感。

    鹤鹿同春，明朝另一种特别神奇的宠物就是鹿了。

文徵明书"鹤所"
作者摄于苏州园林艺圃（明代文震孟"药圃"旧址）

明代文学家王世贞就好养鹿，他将鹿放养在太仓弇山园中。文学家钟惺有一篇文章，讲自己家如何养鹿。钟惺说，家里养了一头鹿，医生说可以用来合药，大概是可用鹿茸做一些中药，但割鹿茸难免鲜血淋漓，钟惺觉得不忍，于是将鹿好好养在家里，每天喂给它很多粮食。这头鹿很乖顺，长得很肥硕。一次，钟惺离家去北京，怕仆人养不好这头鹿，就命令童子把它放了。钟惺担心就近放生会被别人杀掉，决定远赴离家三十里的深山放鹿。一开始，童子去赶鹿："你自由了，咱们进山去。"这头鹿却不肯走，恋恋不舍，半路走走停停，最后终于来到山里。童子就在乡村住宿，等到第二天才回家。没想到，这头鹿尾随着童子也回到了家中。钟惺很感动，而且从理性出发，他发觉自己的放生行为也不妥当，人类驯养的小鹿长大再放回山里，不仅无法真正回归自然，恐怕也不安全。

养鹿最出名的人物，恐怕是陈继儒，他自号"麋公"。张岱在《陶庵梦忆》里，讲到陈继儒养鹿的故事。张岱说，万历二十四年，有老郎中驯养一头大角鹿，体长两米多，毛色淡褐，应该就是俗称"四不像"的麋鹿。老郎中给麋鹿套上笼头，骑着它外出看病卖药、

《申时行适适圃图》
明 黄炳中
台北故宫博物院藏

云游四方，鹿角上还挂了一个葫芦药瓶，俨然招牌。张岱的父亲张耀芳很喜欢这头鹿，觉得它很有"仙气"，便向郎中买下，作为生日礼物送给父亲张汝霖，但是张汝霖人高马大，体重严重超标，骑上去以后鹿经常走不动，走到半道儿就趴下。张汝霖想到了老友陈继儒，就

《上元灯彩图》（局部）
明　佚名
台北观想艺术中心藏

人们抬着一头鹿。

把这头鹿送给了山中隐居、正需要出行工具的陈继儒。陈继儒身材矮小，这头麋鹿可以驮着他连走几里路，他曾经骑着麋鹿来到杭州西湖，在六桥、三竺一带，头戴竹冠，穿着道服，往来于柳荫长堤，招摇过市，像周伯通指挥小龙女的蜜蜂一样眉飞色舞。很多人看着他，觉得来了位老神仙呢，陈继儒自己也非常得意。自号"麋公"背后，其实有这么一段故事。

曾经有人问陈继儒：作为一位山中隐士，您住在山里，遇到的最奇特的事情是什么？陈继儒悠悠然说道：钓因鹤守，果遣猿收。隐居之所，塘中之鱼有仙鹤看守着，因为这是它的食物，仙鹤自然敬业；山上野果，不需要自己去采集，有豢养的猿猴攀爬上下将果子采撷下来。

说起猿猴，这可是一种另类的宠物。明代有一个安徽石埭人金都阃，流寓南京。他在家里就养了一只猿猴，而且是金庸小说《倚天屠龙记》里描写的那种白猿。我们小时候看《天书奇谭》动画片，看守"天书阁"的也是一只白猿。金都阃的这只白猿身高二尺多，跟小孩相仿，毛发如雪，性情温顺。猿与猴是两种动物，猿不像猴子那么调皮，经常跳来跳去。这只白猿经常闭目危坐，"似习禅定者"，简直就像一个白胡须老和尚。据说金都阃花了六十多两银子才买到这只白猿，非常稀罕。

驯养珍禽异兽，上流社会一直趋之若鹜，不分古今。荷兰学者高罗佩是《大唐狄公案》的作者，他写过一部《长臂猿考》，在东南亚担任外交官期间，他养过各种猿猴。

《猿猴摘果图》
宋　佚名
故宫博物院藏

明朝珍罕宠物中，来自海外的珍禽占很大比例。它们具有鲜明的异域特色，或是披着鲜艳的羽毛，或有夸张的长喙，如同会呼吸的宝石一样璀璨夺目。《明实录》载，明朝开国不久，南海诸国贡使循例，都会携带珍禽进贡给明朝皇帝。明朝的海外贸易时开时禁，万历后期倭乱逐渐平息，沿海地区商人们踏万里波涛，做远洋贸易，贩卖各种海外商品进入中原，有时也会带回一些珍禽，高价出售给猎奇者。传说进口比较多的是一种"倒挂鸟"，顾名思义，鸟儿喜欢保持用爪抓住树枝倒挂的姿势。倒挂鸟不仅漂亮，而且有一种奇异功能，据说在室内焚香，倒挂鸟会"收香"，它的羽毛可以将香气收拢，到了晚上再展翅，香气便会弥漫在房间里。

明朝时，云南、广西、海南很多地方仍归土司管辖，深山峻岭中多有少数民族生活聚居，明朝官员很少有机会来到这片亚热带区域。这里盛产中原罕见的珍贵禽鸟，少数官员从此处卸任后万里归来，会向亲朋夸耀看到过的珍禽。古代中原人不太有机会看到孔雀，明朝文人的一部笔记小说写道，"孔雀生南海，盖鸾凤之亚尾"，说孔雀是神鸟，这是在信口开河。作者还说，孔雀尾巴五年才能长成，"展开如车轮，金翠烨然"。对明朝人而言，南方孔雀虽遥远如神话，一般人不可能当作宠物，但的确也有高官畜养，作为身份贵重的体现。

相比倒挂鸟、孔雀，当时的人们对鹦鹉更津津乐道。

鹦鹉在佛教中寓意吉祥，常伴随在观世音菩萨左右。鹦鹉能学舌，颜色漂亮，智商也高，明朝人将它分为五色鹦鹉、白鹦鹉、黄鹦鹉、红鹦鹉等类别。

《味水轩日记》记，万历四十三年正月二十日，举人王稚芳从福建回到嘉兴，带回一只五色鹦鹉，紫翎黄翅、翠襟素腹、红嘴青爪。王稚芳说这是"海南舶上物"，他从海上商船买来。这只鹦鹉开始能念"梵经"，比如"南无阿弥陀佛"，不过只会外语。它极其聪慧，伴

第十五章　珍禽

《梨花鹦鹉图》
(传) 宋　黄居寀
波士顿美术博物馆藏

随主人日久，渐渐学会了中华语言，李日华大为震惊，认为鹦鹉虽然聪明，但是要让它学会说话，需要不厌其烦地调教，日久方熟，而这只鹦鹉听几次就能学会。但很可惜，这只鸟从热带而来，最畏风露，王稚芳将它放入木柜中，不到一月就死掉了。李日华的另一位朋友朱季长也见过这只鹦鹉。朱季长常去福建，见闻广博，他说这只鸟其实叫作"绀质鸟"，这是当地土人的说法，一只"绀质鸟"售价要六七

《上元灯彩图》(局部)
明 佚名
台北观想艺术中心藏
——
商贩售卖鹦鹉等珍禽的情景。

两银子。

还有一种黄鹦鹉，产自云南。成化年间，云南镇守太监钱能暴虐贪婪，到处搜罗奇珍异宝，包括当地的琥珀金银、缅甸的各种宝石。云南永昌料丝灯是一种当地特产，钱能将它选为贡品，大肆贪墨勒索。听说本地产一种黄鹦鹉非常稀罕，若能教会它说几句吉祥之语，献给皇帝、贵妃可博粲然一笑，钱能自觉得计，大张旗鼓胁迫百姓，到深山险地捕捉黄鹦鹉。当时云南巡抚王恕是个清官，他以前在江南担任巡抚，曾惩治太监种种不法行径，有一些骗子假借宫中名义，在江南搜罗各种奇珍异宝，王恕果断处置，赢得了民众爱戴。在云南再次遭遇太监邀宠、勒索民间之事，王恕非常为难。钱能兴冲冲找到王恕，希望与王恕共同上奏贺表进贡黄鹦鹉，认为这是讨喜邀功之事。王恕心中不快，觉得会加重地方负担，扰民害命。作为巡抚，他与镇守太监之间不存在上下级关系，但镇守太监代表皇帝，王恕尽管是个硬骨头，但还得小心翼翼采取比较委婉的做法，于是不得不违心写下一篇《黄鹦鹉赋》，歌颂天降吉祥、皇帝英明云云。

关于鹦鹉学舌，文震亨议论道：教鹦鹉说什么话，大有讲究。教鹦鹉吟诗，句子不能太长，五言就好。设想一只鹦鹉突然背出一句"松下问童子，言师采药去"，一定举座皆欢。但是，"不可令闻市井鄙俚之谈"，市井中一些吵吵闹闹的粗话、脏话，鹦鹉一旦学会，"脏口"永远改不掉，令人尴尬。松江冯时可，万历九年（1581）去贵州担任提学副使，得到一只聪明的鹦鹉，学人说话伶俐异常，会叫冯时可"相公"。冯时可出来做官只带了一位侍妾，丫鬟们为了讨好她，让鹦鹉学叫"夫人"，鹦鹉很快学会了，侍妾很开心，亲自照顾鹦鹉。后来冯时可偶然听见这鹦鹉招呼"夫人"，封建社会伦理纲常那套旧思想瞬时上头，认为称呼不妥，便让丫鬟们百般教导，鹦鹉终于改口不叫"夫人"，改叫"如君"，就是如夫人的意思。侍妾自感身份跌落，连一只鹦鹉也看不起自己，勃然大怒，将鹦鹉移出房间，放在庭院里挨冻，也不给吃食，天降大雪，鹦鹉饥寒交迫，就此毙命。冯时可闻讯感慨说："'直如弦，死道边'，这首汉代民谣说的是乱世中的为官之道，没想到一只小小鹦鹉也是这样啊！"内疚不已的冯时可写了悼文，后来转念一想，自己是赴任一省学政的清贵文官，这样的文章传出去被人笑话，大有不妥，于是自毁其稿。

故事没完，后来他读到一篇叫作《鹦鹉冢志》的文章，不觉技痒，想重写一次前面的文章，正苦思冥想时，另一侍妾看见他的样子，知道原因后再次劝慰，说男子汉大丈夫不该计较这种小事情，他又点头称是。一个好朋友知道后叹息说："鹦鹉之困于二姬也，始不得一食，继不得一文，岂所谓蛾眉妒杀雪衣娘哉！一座绝倒。"雪衣娘是杨玉环的白鹦鹉，岭南进贡而来，能诵读《心经》。

"铜架食缸，俱须精巧"，养鹦鹉本是件讲究的事情，鸟笼、食缸都追求精美，但文震亨觉得鹦鹉尽管稀奇，但只适合闺阁女子闲来无事打发时间。庭院长廊下，挂一个金丝笼子，鹦鹉学舌、逗趣取笑，"非幽人所需也"。

"幽人"为谁？所谓清高之士吧。像陈继儒、文震亨这样的明代文人，理想生活是隐居山林，远离尘嚣。若整日提笼架鸟，然后这只鹦鹉还突然冒出一句"恭喜发财"，那就非常可笑了。

明朝人有时豢养的宠物，奇奇怪怪，不一而足。

万历四十二年五月，李日华在半月之内，居然两次遇见不同寻常的宠物。五月二日，参拜道教名山"白岳"（齐云山）归来，李日华经由富阳到了杭州，歇脚在昭庆寺云山房禅味楼。寺前有很多摊位，李日华闲逛时看见"有南京卖香人笼畜二鼠，一纯白红嘴爪，一斑文如豹"。李日华大感惊奇："岂即古所云鼮鼠耶？"笼子里放着两只匏瓜，掏空瓤后充以棉絮，作为二鼠巢穴。"啖以果实，饮以水。所至，人辄聚观，亦异品也。"十四日，李日华同年、南京工部主事黄汝亨到了嘉兴，李日华密友岳元声来书告知，并邀请他一起于舟中小酌。李日华与黄汝亨同师冯梦祯，相交多年，同窗相见，黄汝亨兴致颇高，三人纵谈许久，李日华突然发现船舱里有一只白兔，养在铜丝笼里，"雪毳被体，双睛如琥珀"。老朋友告诉李日华，自己最近为此新取一号，曰"恒玉主人"。

第十六章 医药

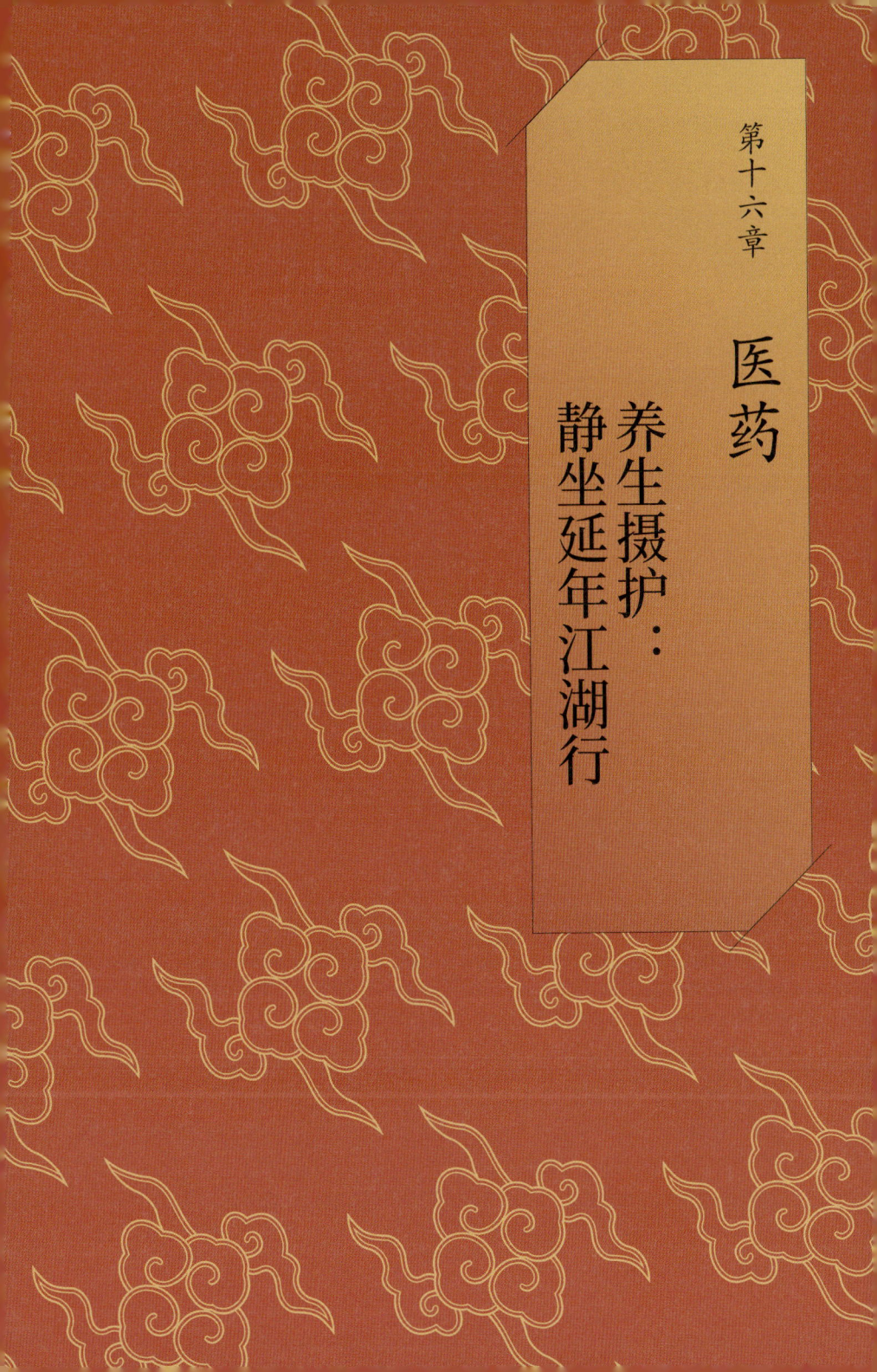

养生摄护：静坐延年江湖行

明代医学非常发达，有很多著名的医生钻研医术，悬壶济世。他们一方面为病人治疗各种疑难杂症，在实践中提高医术，一方面总结不同疾病症状，最后著书立说，将毕生心得、经验传给后人。明代医生的各科分类已相当专业，有专门的内科、儿科、妇科，以及治疗跌打损伤的骨科、针灸科。许多医生是家传数代，各具特色口碑，像文徵明的同窗好友钱同爱，钱家世代以小儿医名扬吴中；文徵明的女婿王曰都也是医生，还通过礼部考试成为太医院的御医。

弘治十六年（1503），弘治皇帝下令重修本草，也就是重修官方药典。此时距上次官修本草药书已逾三百年，如《进本草品汇精要表》所说："本草之编，实自炎黄而起，李唐之上，代有发明；赵宋以来，时加增正。传流已越乎千载。"前朝的药典，对药物记载存在着重复、错误等问题，注释多有局限或过于简略，所以重修国家药典很有必要。弘治皇帝敕令由太医院判刘文泰领衔，几十位御医参与，历时一年多时间，最后编成《本草品汇精要》四十二卷。这部书是中国封建时代最后一部官修药典，所录药目主要取材于前朝《神农本草经》《名医别录》《本草拾遗》，广采各代注释而略加增补。《本草品汇精要》的特点是图文并茂，植物、动物、矿物药材图像全部工笔彩绘，重彩青绿，颜色看起来非常绚烂。全书一共画了一千三百五十八幅图画，分为玉、草、木、人、兽、禽、虫鱼、果、米谷、菜等十个门类，分上、中、下三品，共收入一千八百一十五种药材，涉及药材产地、采收时节、色质、制法、性味、功效、主治、配伍、禁忌、真伪等内容。

这部书的命运非常不幸，完成后不久弘治皇帝突然去世，刘文泰因误诊之罪被囚禁、充军。继位的正德皇帝对这部书不感兴趣，因此彩绘手稿本《本草品汇精要》一直深藏大内，没有刊行，成了海内孤品。

明代医学家李时珍的《本草纲目》就幸运得多，这部中华药物学巨著，不仅代表了明代医药学的最高成就，也是领先全球的一部奇书。但从时间上来说，《本草纲目》比《本草品汇精要》晚了近八十年。

李时珍完成《本草纲目》后，为扩大影响，他于万历八年从蕲州乘船沿江东下，专程去往太仓，敬请当时的文坛领袖王世贞为书稿作序。这个时期的王世贞崇信道教，认为写作是一种"业"、文字是一种"障"，所以正潜心修道，闭门谢客，几乎将自己封闭起来。李时珍没有求得王世贞的序言，失望而归。

十年后，王世贞结束庵堂苦修，发现李时珍的《本草纲目》还在等他，等了不止一两年，是整整十年，他大为感动。万历十八年，他为《本草纲目》写下一篇文采斐然的序言，盛赞李时珍"岁历三十稔，书考八百余家，稿凡三易"的坚韧意志，称赞此书"博而不繁，详而有要，综核究竟，直窥渊海"。王世贞表示，自己认真拜读之后，"如入金谷之园，种色夺目；如登龙君之宫，宝藏悉陈；如对冰壶玉鉴，毛发可指数也"。

"兹岂禁以医书觑哉？寔性理之精微，格物之《通典》，帝王之秘箓，臣民之重宝也。"

"帝王之秘箓，臣民之重宝"，王世贞对《本草纲目》推崇至此。这年十一月，王世贞去世。相比之下，《本草品汇精要》没有得到任何机会被大众知晓，深锁宫中，直到万历时代才以另一种面貌惊艳现世……

明朝医学上有一件事情常常被人诟病——炼丹。炼丹并不是起源于明朝，上溯中国历史，秦始皇、汉武帝都追求长生不老，信方士之言，痴迷丹药。最早的炼丹家葛洪是一个道士，他提出在深山修炼，将各种石头的精华提炼而出，混以汞、铅等成分，通过高温化学反应炼成"仙丹"的方法。炼丹家们声称，服丹药能够强身健体、延年益寿，甚至可以立地成仙。

南北朝时期著名医药学家、炼丹家陶弘景有名句"山中何所有，岭上多白云"，潇洒空灵，悠然有出世之象。他受到梁武帝信任，被

《湖山胜概》明万历时期彩色套印本（局部）
明　陈昌锡刊刻
法国国家图书馆藏

称为"山中宰相"。陶弘景在句容茅山潜心修行，研究医药本草，开创了药物自然属性分类法。

道家最热衷炼丹，主张以人体为"炉鼎"，内外修炼。他们也发明了一系列术语，如外丹、内丹……其中很多内容已经被今天的医学验证为危害极大，比如服用含有丹砂、水银等重金属成分的丸药，会导致身体异常甚至精神失常。炼丹术发展到明朝，还出现了一种邪门歪道，诡称可以点石成金，许多术士以此敛财诈骗。

嘉靖皇帝一生崇尚道教，耗费大量国帑设斋建醮，二十几年不上朝。嘉靖二十一年（1542）发生的"壬寅宫变"，学者认为也有嘉靖皇帝长期炼丹、残害宫女的原因。《万历野获编》载：

至壬子冬，命京师内外选女八岁至十四岁者三百人入宫；乙卯九月，又选十岁以下者一百六十人，盖从陶仲文言，供炼药用也。

陶仲文之流凭借丹方深得嘉靖皇帝信任，而嘉靖因"壬寅宫变"心理遭受巨创，就此搬出紫禁城，长期住在西苑宫殿，更痴迷道术，自封"灵霄上清统雷元阳妙一飞玄真君"，服丹药，穿道袍，以神仙自居。嘉靖皇帝一辈子炼丹、吃丹药，晚年中毒症状明显，性情愈加暴戾，胡乱杀人，可能患上了躁狂症。明代宫廷人士服用丹药的，最早是明成祖朱棣，他晚年神经系统受到损害，性情也非常残暴，动辄杀害宫女成千上万。皇帝服食丹药，造成民间风气上行下效，像明代的通俗小说"三言二拍"里，也有关于炼丹行骗的江湖故事。李时珍对炼丹术抱着鲜明的批判态度："今有方士邪术，鼓弄愚人，以法取童女初行经水服食，谓之'先天红铅'，……愚人信之，吞咽秽滓，以为秘方，往往发出丹疹，殊可叹恶！"李时珍认为，用童子尿混合石膏炼成的"秋石"久服令人成"渴疾"，"渴疾"就是糖尿病，"盖此物既经煅炼，其气近温，服者多是淫欲之人，借此放肆，虚阳妄作，真水愈涸，安得不渴耶"，其实"秋石"就是从人体排泄物中提取激素而成的，与"取红铅"的原理相似。谢肇淛《五杂组》中记述了"取红铅"的具体过程：

医家有取红铅之法。择十三四岁童女美丽端正者，一切病患残疾声雄发粗及实女无经者俱不用，谨护起居，候其天癸将至，以罗帛盛之，或以金银为器，入磁盆内，澄如朱砂色，用乌梅水及井水、河水搅澄七度晒干，合乳粉、辰砂、乳香、秋石等药为末，或用鸡子抱，或用火炼，名"红铅丸"，专治五劳七伤、虚惫羸弱诸症。

"专治五劳七伤、虚惫羸弱诸症"未必有效，所谓"养生之术"已成害命恶行。

明朝人的养生观认为，人不是孤立生活在世间，而是与周遭环境、天地四时密切相连的。一年中，春温、夏热、秋凉、冬寒的气候变化，生物春生、夏长、秋收、冬藏的荣枯衰旺，是阴阳二气相互消长而致。作为明朝很独特的一种社会风尚，养生之术普遍为人们接受，高濂《遵生八笺》这部书有洋洋洒洒八篇长文，核心内容就是养生，去除一些糟粕后，不乏可取之处。其中，今天读者看来觉得文字艰深、容易忽视的部分，是"四时调摄笺"，这部分是讲春夏秋冬四季如何调养、保护身体的。高濂按照中医理论，从春天开始，对不同的经络、内脏提出日常锻炼、养护之法。比如春天要注意护肝，"肝胆相照"，也要注意胆囊发病；夏天的时候要特别留意心脏，天气炎热时心脏容易出问题；秋天养肺；冬天补肾。四季各有三个月，每月都有具体注意事项，包括饮食、忌讳等。现代人很多爱"宅"在家里，古人则要求动静结合，强调室外活动。比如春天去放风筝,要一边奔跑运动,一边观察风筝的飞行轨迹、速度。明朝人相信放风筝有益于视力,眼睛看远就是"养目"。放完风筝后,人在大汗淋漓的同时得到很多乐趣,身体、精神得以放松。高濂自己常常去杭州一些名胜古迹、山野之地游玩,冬天看梅、西湖观鱼、龙井采茶、虎跑烹茶、重阳登高,总之强调适时适地运动。

回到家中,明朝人另有一套养生哲学,就是一个"静"字。静以养生,这是大多数养生家的基本观点,所谓"动则损耗,静则增益",神气躁动造成精气泄漏,是影响人命寿夭的重要因素,"致虚

《蕉石鸣琴图》(局部)
明 文徵明
无锡博物院藏

——

此画以墨笔绘芭蕉嶙石,一高士儒巾宽服,席地抚琴。观者睹其画而能闻清音。上方有作者题跋,占全图三分之二,以蝇头精楷录三国嵇康《琴赋》二千余字,笔力不减。根据作者题跋,知此图为文徵明五十九岁时为同乡琴士杨季静所画。

极,守静笃"一直作为养性安神的最高境界而为养生家所信奉、遵从。万历十六年(1588),李日华二十四岁,在杭州追随冯梦祯学习科举文章,夜以继日钻研八股。他在努力学习的同时亦不忘调节身心,办法就是在每年冬春之交,"坐关百日,钻研文义之外,一味静默以求观此心,百绪纷飞,终无凑泊"。这年春天,李日华在小楼"习静",阳光从窗口射入,日影渐移,忽然觉得心情有所触动,"似有省处,尔时快不可言",这感觉无法用文字形容,"默默自知自受而已"。李日华说,自己"此后看书作文,应物酬务,较前自觉豁豁地,无物与我作碍"。这种现代人难以体会的"习静"效果,对李日华的学业乃至以后人生态度,都起到了正向心理调节的重要作用。

学习静心、数息、调节身心是一种功夫,安安静静坐在一个地方,保持一个姿势,试坐两分钟、五分钟或十分钟,一般人肯定受不了,所以说静比动更难。道家静坐功夫训练调整呼吸,心脏脉搏跳动也随之变化,脑子里的种种念头消散。这套功夫佛门也有,比如僧人打坐,八风不动。

古人的医学理论经过千百年实践,有很多精妙之处,但由于时代局限,也会有一些糟粕,如炼丹术早已经被时代淘汰。传统中医与藏医、蒙医都是中华珍贵的文化遗产,必须辩证看待,不能全盘接受都说好,或粗暴认为一无可取。

除了养生家,明代也有许多名医精通脉理,手到病除,他们的医案至今为人珍视。晚明最独特的一位名医缪希雍,是亦儒亦医亦侠的海内奇士,与李时珍同列传于《明史》,曾被阉党列入《东林点将录》,绰号"神医安道全"。而在冯梦祯、高攀龙、钱谦益等一众好友笔下,缪希雍不仅医术高明,还俨然是一位江湖侠客。

缪希雍是常熟人,父亲曾任汉阳府通判,八岁时父死,亲朋走散。他自幼体弱多病,十七岁时得了久疟,母亲拿出所有钱来请医生都无效，甚至请来巫婆也没治好，病情反而更重。绝望中的缪希雍翻开一本医书，开始自学医术。他翻检古代医书《素问》，看到"夏伤于暑，秋为痎疟"，知道疟疾为暑邪所致，于是自己试着开药，竟然药到病除。缪希雍"年方弱冠，门户衰冷，世累纠缠，以是多见愤激，碍膺之事十常八九。自兹数婴疾病"，对岐黄之道更加感兴趣，同无锡高攀龙的入室弟子司马铭鞠为友，讨论习医，此后曾和当时名医金坛王肯堂切磋医术。

缪希雍为人侠义，一生游历三吴、两湖，远至齐鲁、燕赵。不独寻方问药，更广交士林人士。杨涟始上任常熟知县时，首先拜访他，并虚心向他求教，缪希雍推荐隐湖大富翁毛清帮助政府开发水利、传授种植谷物的经验，还推荐毛清之子毛晋到拂水山庄拜谒钱谦益为师，建设藏书楼（毛氏建有汲古阁、目耕楼），高价收买宋、元刻本，造佳纸用于出版书籍。东林高攀龙《高子遗书》有一篇《缪仲淳六十序》，记下了万历十八年缪希雍治愈其内弟急病之事：

一日，长孺谓予曰："今海内有奇士缪仲淳者，子知之乎？"余曰："未也。"曰："其人孝于亲，信于朋友，尘芥视利，丘山视义，苟义所在，即水火鹜赴之。"余叹曰："世有斯人乎？"越三年，忽遇于内弟王兴甫所，欢相持曰："此为仲淳矣。"

当是时，兴甫得异疾，勺水不下嗌，诸医望而走，一息未绝耳，仲淳为去其胸膈中滞如铁石如拳者二。兴甫立起，肃衣冠，陈酒肴，拜仲淳。余惊曰："闻君高义，不闻君良于医如是。"仲淳笑曰："吾少也病而习之，颇得古人微处。语世人，世人不解也。"

冯梦祯与缪希雍交往甚密。《快雪堂日记》里多次记述他在杭州接待缪希雍之事，如万历十六年正月十四日记："得到缪仲醇舟中书。"万历二十一年，缪希雍托冯梦祯为杨继盛作传。杨继盛官至兵部员外郎，因弹劾严嵩下狱被杀而名扬天下。冯梦祯钦佩缪希雍不仅医术高明，还熟稔儒家经典，精通堪舆，著有风水之书。二人都拜在晚明高僧紫柏真可大师门下学佛，缪希雍号"觉休居士"，积极参与紫柏真可大师筹刻《嘉兴藏》活动，医禅互参。万历二十七年三月初，李日华在杭州看望冯梦祯，于湖上看桃花。在杭州期间，他见到缪希雍拉着李日华大谈佛法，李日华其实更笃信道教，据冯梦祯观察，李日华"几至相苦"，缪希雍豪迈性格也由此可见。

湖州名士丁元荐说，"仲淳豪爽，自负岐黄之诀"，并称他尚义气，有担当，所到之处"缁流羽客，樵叟村竖，相与垂眄睐、披肝胆，以故搜罗秘方甚富"。丁元荐取缪氏医案及医药论说，在万历四十一年（1613）刻成《先醒斋笔记》，增加内容后以《先醒斋医学广笔记》为名出版。这部书是缪希雍多年临床心得、验案效方，以及多种疑难病症治疗规律的总结。缪希雍医德高尚，"有小青衣患伤寒，愈而复，复而愈，愈而再复，不知其几"，其他医生不肯往诊，而缪希雍听说了，"亟驰诊之"。医案又载："陈赤石督学因校士过劳感暑，遂滞下纯血，医皆难之。陈刺史曰：'此非缪仲淳莫能疗也。'"病家差人四处寻找，当时缪希雍在苏州出诊，闻讯后他如侠客般策马飞奔，"一日夜驰至武林"，投药二剂，挽救了病人性命。

崇祯六年（1633），钱谦益在缪希雍逝世六年后为其遗稿《本草单方》作序。钱谦益笔下的这位好友"电目戟髯，如世所图画羽人剑客者，谭古今国事成败、兵家胜负，风发泉涌，大声殷然，欲坏墙屋"。缪希雍精彩人生的多面性，彰显出晚明特殊的时代精神。

苏州医生吴有性继承缪希雍的温病理论，在此基础上洞见了传染病的发病原理。崇祯十七年，江南发生大瘟疫，苏州城里死了很多人，乡村地区疫情也迅速蔓延，一些村落人口死绝，尸首都无人掩

埋。这场"甲申奇疫",时人徐树丕记载详尽:

> 初,京师有"疙瘩瘟",因人身必有血块,故名。甲申春,吴中盛行,又曰"西瓜瘟"。其一吐血一口,如西瓜状,立刻死。一时巫风遍郡,日夜歌舞祀神……所谓瘟神、五方贤圣者日行街市,导从之盛,过于督抚。而吴江一神甚灵,至坐察院。县令日行香跪拜,又放告拿人,一同上司行事。国将亡,听命于神,哀哉!

这场"西瓜瘟"来势汹汹,官府开始祷告求神,吴有性受苏州官府委托治病救人,他深入乡镇临床观察,认为这次的瘟疫与传统医学认为的"伤寒之邪"由表及里的传播有所不同,这场大瘟疫不是"伤寒"所致,而是人与人接触,从呼吸道感染,换言之,就是病毒通过空气传播进入人体。吴有性提出了全新的治疗思路,指出这种瘟疫不可以再用张仲景的伤寒理论、药方治疗。吴有性将这种传染病定性为"戾气"所致,并在短时间内确定了新药方,成功治愈许多病患,最终战胜了"西瓜瘟"。事后,他总结经验,写了一部了不起的医书《温疫论》。这部著作是传染病领域里程碑式的著作,比西方相关理论早约二百年。

康熙时代,《温疫论》被人带到日本,日本医界研读后如获至宝,在吴有性的理论基础上创立了新的医学流派,扩大了汉方医学在日本的影响。

第十七章 养生

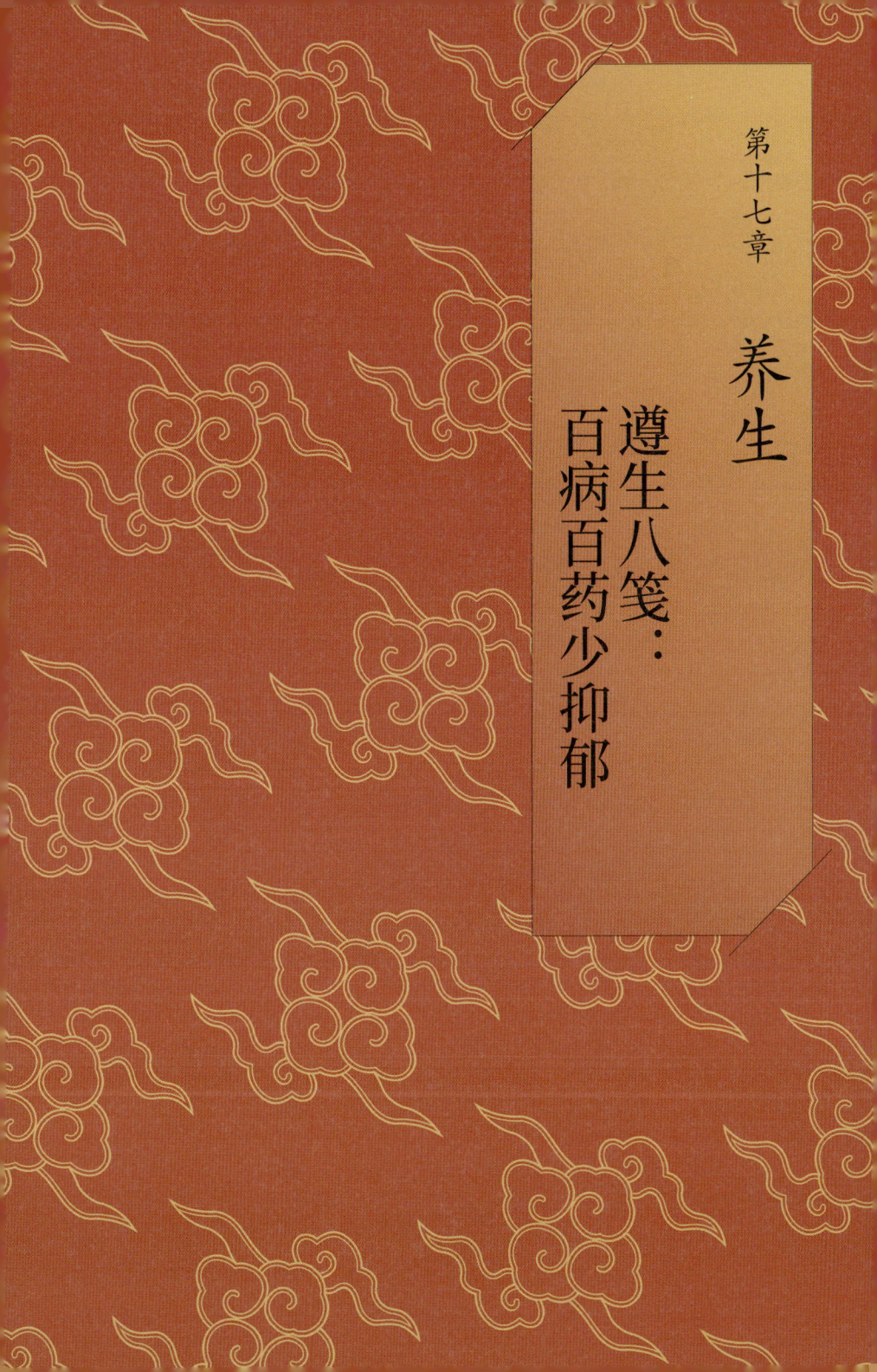

遵生八笺：百病百药少抑郁

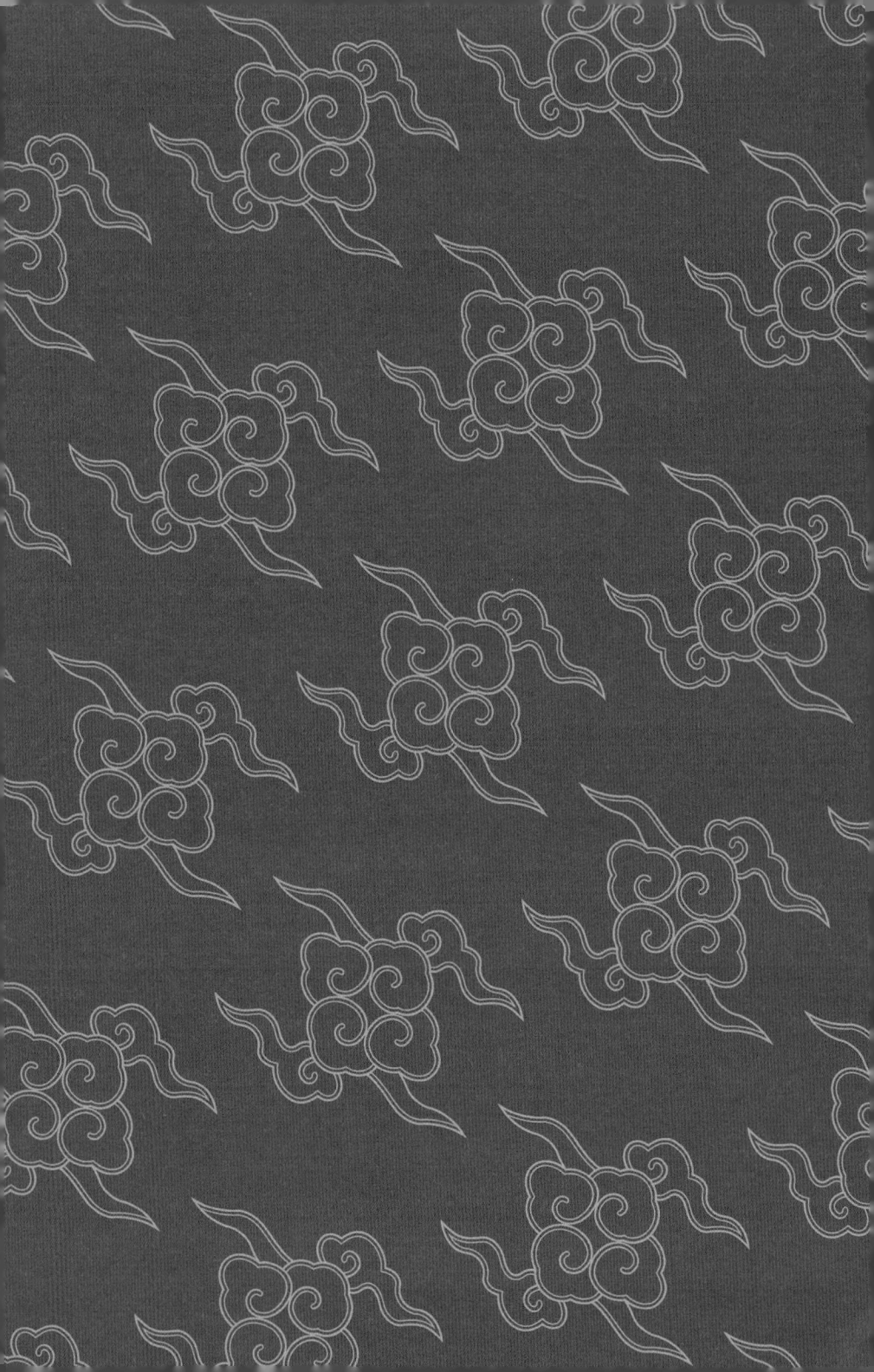

《遵生八笺》刊于万历十九年，内容从身心修养、起居饮食、吐纳导引、灵方妙药到琴棋书画、花鸟鱼虫，无所不及，切于实用。书凡十九卷，分"清修妙论笺""四时调摄笺""起居安乐笺""延年却病笺""燕闲清赏笺""饮馔服食笺""灵秘丹药笺""尘外遐举笺"等八笺，从八个方面系统总结我国古代的养生学。作者高濂是钱塘人，字深甫，号瑞南道人。他自幼体弱，颇好养生："余幼病羸，复苦瞶眼，癖喜谈医。自家居客游，路逢方士，靡不稽首倾囊，以索奇方秘药，……即余自治羸疾顿壮，矇疾顿明，用以治人，应手奏效。"

第一笺之"清修妙论笺"特别重要。为什么重要？一般看病是治疗身体的各种病痛，如急性病、慢性病，而这部书开头讲的是生命有限，六淫外袭，七情内扰，所谓世事烦扰，名利萦心，受到损耗的心灵要如何得到治愈。没有药方、没有药物，作者给出的全部是人生格言，要解决的其实是人的心理问题。

明朝人说摄生，就是养生。"清修妙论笺"提出，身心安泰，首先要教人"修身、正心、立身、行己，无所欠缺"。回过头来，细细地看看这些宗旨：

修身——一个人要有好的修养；

正心——要端正内心；

立身——堂堂正正行走在世界上；

行己——人要做自己，找到自我，肯定自我……

高濂总结道，人的一生追求能够"无所欠缺"，不负苍生，更不负自己，口气实在很大："心无驰猎之劳，身无牵臂之役，避俗逃名，顺时安处,世称曰闲。"

所谓"闲",关键还在于"心闲"。高濂总结古代的医学著作,比如《黄帝内经》等,还借用《论语》《道德经》《金刚经》,儒释道三教合一,只为追求身心健康。心,一定要安稳,人的心理压力一大,世界瞬间变得乱糟糟的;欲念太多,心里的念头一个接一个冒出来,就容易生病。"燕闲清赏笺"遍考钟鼎卣彝、文房器具、书画法帖、窑玉古玩,很多人以为它是专门的鉴赏之书,其实它是劳碌尘世间的一剂心田良药。

《悟阳子养性图》(局部)
明 唐寅
辽宁省博物馆藏

一切问题,从"心"出发。

"清修妙论笺"有一首《真西山先生卫生歌》,堪称经典:

第十七章 养生

万物惟人为最贵，百岁光阴如旅寄。自非留意修养中，未免病苦为心累。
何必餐霞饵大药，妄意延龄等龟鹤。但于饮食嗜欲间，去其甚者即安乐。
食后徐徐行百步，两手摩胁并腹肚。须臾转手摩肾堂，谓之运动水与土。
仰面仍呵三四呵，自然食毒气消磨。醉眠饱卧俱无益，渴饮饥餐犹戒多。
食不欲粗并欲速，宁可少餐相接续。若教一饱顿充肠，损气损脾非是福。
生食黏腻筋韧物，自死禽兽勿可食。馒头闭气不相和，生冷偏招脾胃疾。
鲊酱胎卵兼油腻，陈臭腌藏皆阴类，老年切莫喜食之，是借寇兵无以异。
炙爆之物须冷吃，不然损齿伤血脉。晚食常宜申酉前，向夜须防滞胸膈。
饮酒莫教饮大醉，大醉伤神损心志。酒渴饮水并吃茶，腰脚自兹成重坠。
尝闻避风如避箭，坐卧须教预防患。况因饮后毛孔开，风才一入成瘫痪。
不问四时俱暖酒，大热又须难向口。五味偏多不益人，恐随肺腑成殃咎。
视听行藏不必久，五劳七伤从此有。四肢亦欲常小劳，譬如户枢终不朽。
卧不厌缩觉贵舒，饱则入浴饥则梳。梳多浴少益心目，默寝暗眠神晏如。
四时惟夏难将摄，伏阴在内腹冷滑。补肾汤药不可无，食肉稍冷休啜。
心旺肾衰何所忌？特忌疏通泄精气。卧处尤宜绵密间，宴居静虑和心意。
沐浴盥漱皆暖水，卧冷枕凉皆勿喜。瓜茄生菜不宜食，岂独秋来多疟痢？
伏阳在内三冬月，切忌汗多阳气泄。阴雾之中毋远行，暴雨震雷宜远避。
道家更有颐生旨，第一令人少嗔恚。秋冬日出始求衣，春夏鸡鸣宜早起。
夜后昼前睡觉来，瞑目叩齿二七回。吸新吐故无令缓，咽漱玉泉还养胎。
摩热手心熨两眼，仍更揩擦额与面，中指时将摩鼻频，左右耳眼摩数遍。
更能干浴遍身间，按髀暗须扭两肩，纵有风劳诸冷气，何忧腰背复拘挛。
嘘呵呼吸吹及呬，行气之人分六字。果能依用力其间，断然百病皆可治。
情欲虽云属少年，稍知节养自无怨。固精莫妄伤神气，莫使苴羽火中燃。
有能操履长方正，于名无贪利无竞，纵向邪魔路上行，百行周身自无病。

高濂认为人生苦累，全在一个"心"字。心累就是心病，心病则全身皆病。心，要有所寄托，对人间清心乐志之事"好之，稽之，敏以求之"，使心有所寄，庶不外驰。闲静可以悦心养性、怡心安寿。

"何必餐霞饵大药，妄意延龄等龟鹤"，吃什么补药，没用。明朝人也有许多心理问题，不是现代西方心理学家的心理分析能解决的。高濂看到了人类普遍存在的种种心病，却另辟蹊径，以日常生活方式上的改变作为突破口，做起来并不困难。

比如，先从吃饭做起："但于饮食嗜欲间，去其甚者即安乐"，贪图美食的欲望不要太过分，人就会安乐；"生食黏腻筋韧物，自死禽兽勿可食"，不要吃生冷、黏腻的食物和自己死掉的动物；"鲊酱胎卵兼油腻，陈臭腌藏皆阴类"，奇奇怪怪的"黑暗料理"要少吃一点。

《真西山先生卫生歌》有一些建议非常具体，今天很多养生科普也会提到，例如"食后徐徐行百步，两手摩胁并腹肚"，饭后百步走，按摩一下自己的肚子；"醉眠饱卧俱无益，渴饮饥餐犹戒多"，喝醉了酒、吃得太多马上就睡觉，对身体、精神都不好，渴了再喝水、饿了再吃饭也不好。

睡眠不好是现代人的通病，不是褪黑素就能解决的问题。"卧处尤宜绵密间，宴居静虑和心意。沐浴盥漱皆暖水，卧冷枕凉皆勿喜"，高濂建议卧室空间不要太大，不然心理上有不安全感，睡前洗漱要用暖水，睡时床榻、枕头最好保持温暖。

《真西山先生卫生歌》讲的都是生活中应注意的一些行为细节，由表及里。为治疗心灵之病，高濂从更宏大的视角，把历代玄经秘典、圣贤教诫、省心律己的箴言编辑成通俗易懂的格言诗，例如：

喜怒偏执是一病，亡义取利是一病，好色坏德是一病，专心系爱是一病，憎欲无理是一病，纵贪蔽过是一病，毁人自誉是一病，擅变自可是一病，轻口喜言是一病，快意遂非是一病，以智轻人是一病，乘权纵横是一病，

第十七章 养生

非人自是是一病，侮易孤寡是一病，以力胜人是一病，威势自憎是一病，
语欲胜人是一病，货不念偿是一病，曲人自直是一病，以直伤人是一病，
与恶人交是一病，喜怒自伐是一病，愚人自贤是一病，以功自矜是一病，
诽议名贤是一病，以劳自怨是一病，以虚为实是一病，喜说人过是一病，
以富骄人是一病，以贱讪贵是一病，谗人求媚是一病，以德自显是一病，
以贵轻人是一病，以贫妒富是一病，败人成功是一病，以私乱公是一病，
好自掩饰是一病，危人自安是一病，阴阳嫉妒是一病，激厉旁悖是一病，
多憎少爱是一病，坚执争斗是一病，推负著人是一病，文拒钩锡是一病，
持人长短是一病，假人自信是一病，施人望报是一病，无施责人是一病，
与人追悔是一病，好自怨憎是一病，好杀虫畜是一病，蛊道厌人是一病，
毁訾高才是一病，憎人胜己是一病，毒药鸩饮是一病，心不平等是一病，
以贤喷嗃是一病，追念旧恶是一病，不受谏谕是一病，内疏外亲是一病，
投书败人是一病，笑愚痴人是一病，烦苛轻躁是一病，摛捶无理是一病，
好自作正是一病，多疑少信是一病，笑颠狂人是一病，蹲踞无礼是一病，
丑言恶语是一病，轻慢老少是一病，恶态丑对是一病，了戾自用是一病，
好喜嗜笑是一病，当权任性是一病，诡谲谀谄是一病，嗜得怀诈是一病，
两舌无信是一病，乘酒凶横是一病，骂詈风雨是一病，恶言好杀是一病，
教人堕胎是一病，干预人事是一病，钻穴窥人是一病，不借怀怨是一病，
负债逃走是一病，背向异词是一病，喜抵捍戾是一病，调戏必固是一病，
故迷误人是一病，探巢破卵是一病，惊胎损形是一病，水火败伤是一病，
笑盲聋哑是一病，乱人嫁娶是一病，教人捶摛是一病，教人作恶是一病，
含祸离爱是一病，唱祸道非是一病，见货欲得是一病，强夺人物是一病。

现代人生活压力比较大，社会竞争激烈，尤其青少年学业压力大，青春期种种不如意、烦恼很多，如何解决？这个问题值得重视。西方研究抑郁症最早从心理学角度介入，逐步发展到从神经病理学研

究病症成因，但至今没有突破性进展。反观中国古人的疏导方式，其实很有智慧，将个人的日常行为、意识，点点滴滴梳理得明明白白，饮食起居、行走坐卧，无不是养心、安心法门。人非圣贤，不要好高骛远、利欲熏心，要做到心安理得。高濂希望《遵生八笺》的读者们"静坐持照"，首先反省自身有无以上"百病"，"人能一念，除此百病"。《遵生八笺》开出的药方非常通俗，道理质朴，文字也不高深玄妙，却代表着明代知识分子的自我反省意识。

《金刚经》说："一切有为法，如梦幻泡影，如露亦如电。"

迷恋红尘太多，耽于享受、成功，皆是贪痴。

追求不必要的权力、名声，其实没有意义。

只知道追求物质享受，得不到就妒忌别人，其实已身在地狱。健康的人生态度，是知足常乐、不怨恨、不妄想、有节制、安心度日……思想病要思想治，高濂随后给出了解药：

思无邪僻是一药，行宽心和是一药，动静有礼是一药，起居有度是一药，近德远色是一药，清心寡欲是一药，推分引义是一药，不取非分是一药，虽憎犹爱是一药，心无嫉妒是一药，教化愚顽是一药，谏正邪乱是一药，戒救恶仆是一药，开导迷误是一药，扶接老幼是一药，心无狡诈是一药，拔祸济难是一药，常行方便是一药，怜孤恤寡是一药，矜贫救厄是一药，位高下士是一药，语言谦逊是一药，不负宿债是一药，息慰笃信是一药，敬爱卑微是一药，语言端悫是一药，推直引曲是一药，不争是非是一药，逢侵不鄙是一药，受辱能忍是一药，扬善隐恶是一药，推好取丑是一药，与多取少是一药，称叹贤良是一药，见贤内省是一药，不自夸彰是一药，推功引善是一药，不自伐善是一药，不掩人功是一药，劳苦不恨是一药，怀诚抱信是一药，覆蔽阴恶是一药，崇尚胜己是一药，安贫自乐是一药，不自尊大是一药，好成人功是一药，不好阴谋是一药，得失不形是一药，

积德树恩是一药，生不骂詈是一药，不评论人是一药，甜言美语是一药，
灾病自咎是一药，恶不归人是一药，施不望报是一药，不杀生命是一药，
心平气和是一药，不忌人美是一药，心静意定是一药，不念旧恶是一药，
匡邪弼恶是一药，听教伏善是一药，忿怒能制是一药，不干求人是一药，
无思无虑是一药，尊奉高年是一药，对人恭肃是一药，内修孝悌是一药，
恬静守分是一药，和悦妻孥是一药，以食饮人是一药，助修善事是一药，
乐天知命是一药，远嫌避疑是一药，宽舒大度是一药，敬信经典是一药，
息心抱道是一药，为善不倦是一药，济度贫穷是一药，舍药救疾是一药，
信礼神佛是一药，知机知足是一药，清闲无欲是一药，仁慈谦让是一药，
好生恶杀是一药，不宝厚藏是一药，不犯禁忌是一药，节俭守中是一药，
谦己下人是一药，随事不慢是一药，喜谈人德是一药，不造妄语是一药，
贵能援人是一药，富能救人是一药，不尚争斗是一药，不淫妓青是一药，
不生奸盗是一药，不怀咒厌是一药，不乐词讼是一药，扶老挈幼是一药。

明朝人的这些"心灵鸡汤"，并不虚无缥缈。心理问题，古今中外皆有，在中国历史上，御医们为皇帝治病的药方是绝对机密，外人无从获知，帝王的心理疾病更是讳莫如深。

明代松江名医顾定芳，字世安，号东川。顾家为本地巨族，顾定芳在父亲去世后继承家族三世产业，经营有方，且博学多才，同时精于医术。因屡试不中，他在家中度过了二十载的乡绅生活，其间收藏了大量金石书画。他曾经为嘉靖皇帝诊疗心疾，并留下了难得的记录。世宗召拜御医，上问用药之道，对曰："用药如用人。"又问摄生，以"清心寡欲"对。上赞许他说："定芳非医也，儒之有用者。"进修职郎致仕。

顾定芳的表哥陆深是当时内阁首辅夏言的座师。嘉靖十七年（1538），四十九岁的顾定芳经夏言推荐进入太医院，在圣济殿御药房

任职。他将医学与道教、儒教相结合，认为良药高明不在治病而在治心："上治治心，中治治形，其下则不论于理矣。"

长期身在官场，顾定芳对心理疾病有独到的认识。顾定芳与先后担任内阁首辅的夏言、严嵩、徐阶等都是好友，他还曾向夏言推荐过徐阶，徐阶因此得以升迁至江西按察司副使。一次夏言生日，徐阶不愿前往贺寿，顾定芳巧妙周旋缓和，避免了二人的直接冲突，徐阶才能渐得显位。权贵之间多明争暗斗，他始终谨慎持身，由于熟悉官场内幕，顾定芳对许多患有心理疾病的官员"望而测之"，看到他们大多苦心孤诣、拼命钻营，过分的心理期待和膨胀的欲望逐渐灼烧了他们的心智，形成体内"瘀结"，引发"热中"病症，如热中风、抽搐病、面目肿胀等。顾定芳认为，心疾足以"伐命戕生"。激烈的官场竞争、尔虞我诈的宫廷角逐、沉重的社会压力……种种负担都是心理疾病的成因。现代心理学关于认知、情感、意志偏差造成的种种问题，顾定芳在四百多年前就以中医理论解释得非常明晰。

顾定芳担任御医十四年，深得皇帝信任，与嘉靖皇帝之间以谈话、给建议的方式开展的心理咨询、心理治疗，堪称独树一帜，在世界心理学史上可能也是首创。

第十八章 商铺

明代店铺：玉兰花露孙春阳

第十八章 商铺

明朝全国有一千七百多座大小城市，超过百万人口的有北京、南京、杭州、苏州等。城市繁荣，商业发达，农村地区的产品进入城市直接就变成了商品。苏州有一家跨越了明清两代的老店——孙春阳南货铺，当时闻名天下。

孙春阳就是老板的真名，他是万历时宁波人。他科举不顺，于是开始经商。店铺开设在苏州阊门，就是汉代隐士梁鸿与妻子孟光举案齐眉之地"皋桥"。明朝中央政府有兵部、户部、刑部、礼部、吏部、工部六部，地方县衙则分为六房，孙春阳开设店铺也分六房，分别经营南北货、海鲜、腌腊、酱货、蜜饯、蜡烛六大类商品，都是日常消费品。孙春阳经营灵活，顾客可以到大柜台先交钱，取一张票据，票据类似今天的礼券，凭此票据再到各房取货。有一人负责管总账，经办此事。旧时大商号做买卖，一天一结账，岁时一年一结账，对顾客而言非常方便。

按今天的说法，孙春阳南货铺犹如一间大型食品超市。因为选料讲究，各种食物、货品原产地要求严格，它属于苏州最高等级的商铺。当时苏州城乡人口百万，独此一家，生意十分红火，后来还为皇家采购贡品。清代文人袁枚在《随园食单》里记录了孙家的一种特色食品"玉兰片"——以冬笋烘烤成片，稍微加一些蜂蜜，分咸、甜两种口味，咸者为佳。"玉兰片"所用原料特别，是楠竹笋，烹制之后，无论外形还是色泽都跟玉兰花非常相似，因口味独特，非常畅销。

《履园丛话》记，孙春阳自家设有冰窖，用来储存水果，店铺一年四季可以供应不同的水果。寒冬腊月，孙春阳照样可以卖西瓜，夏天照样可以卖蜜橘。当时苏州富商特别多，他们讲究吃喝，公认孙春

《南都繁会景物图》(局部)
明 佚名
中国国家博物馆藏

明代南京既是留都,也是商业中心,钱庄、商铺、作坊云集,《南都繁会景物图》绘制有招幌一百零九种、人物千余。

阳南货铺最好的产品是"茶腿",即喝茶时当零食的一种火腿。时人评价孙春阳茶腿"不待烹调,以之佐茗,亦香美适口也"。这句话非常关键,茶腿无须烹饪,可以直接切片食用,入口即化,有点像今天的西班牙火腿,可以生吃。如今金华火腿很有名,但当年孙春阳南货铺的茶腿名气更大。清代记录饮食的《调鼎集》说,他们家生产一种熏鱼子。熏鱼子跟火腿不一样,火腿越陈越好,熏鱼子越新越妙。余怀《板桥杂记》也记载了孙春阳食品。孙春阳南货铺到清代照样生意兴隆,福建人梁章钜是林则徐的好朋友,在苏州做过江苏按察使。梁章钜在自己的书里回忆，"京中人讲求饮馔，无不推苏州孙春阳店之小菜为精品"，说明孙春阳的产品从苏州流行到了北京。

台湾作家高阳在小说《胡雪岩》里面，也提到过"孙春阳"字号。孙春阳火腿，当时叫"南腿"，清代官场、富人送礼，非常流行送孙春阳火腿，就像今天送名牌老店月饼一样。在高阳的小说里，孙春阳商铺提货的票券，可以到全国各地孙春阳分号汇兑，票券好像具有了类似金融服务的功能，几乎可以当现银使用。

明代孙春阳的店铺，说起来跟画家唐伯虎还有关系。

孙春阳最早在苏州皋桥开店，具体地点在阊门吴趋坊北，是当年唐伯虎读书的地方，这里种有一棵梓树，大到可以合抱。孙春阳科举不顺，没有考中秀才，到了吴趋坊唐伯虎故居，决定就在这里开店。他选择在这一带开店是有道理的：当年吴趋坊所在的阊门是最繁华的商贸区，商铺林立，批发零售，人来人往，正如曹雪芹《红楼梦》所说"最是红尘中一二等富贵风流之地"。

其实唐伯虎家里也在吴趋坊做买卖。唐伯虎父亲名唐广德，当年在附近开了一家小酒楼。唐伯虎写过一首诗叫作《阊门即事》，描写自己生活的这个繁华商业区："世间乐土是吴中，中有阊门更擅雄。翠袖三千楼上下，黄金百万水西东。五更市买何曾绝？四远方言总不同。若使画师描作画，画师应道画难工。"诗中说吴趋坊非常繁华，有许多娱乐场所，消费都很高，而且营业时间长，直到五更天明还有人在摆摊做生意。不仅仅是苏州人，全国各地操着不同方言的商人云集此地。当年的落魄童生孙春阳，选在阊门开设第一家店铺，一举成功，积累起很多资本，在财富自由方面比唐伯虎成功多了。

按《履园丛话》的说法，孙春阳经营有方，直到清代，"子孙尚食其利，无他姓顶代者"。《履园丛话》出版于道光十八年，也就是1838年，钱泳说当时孙春阳南货铺已经开了二百三四十年。按此推算，这家明朝老店开业时间是在万历二十六年至三十六年间。孙春阳南货铺从明朝一直营业到清朝，实际营业时间长达二百六十多年，直到太平天国运动爆发，咸丰十年（1860）方关门歇业。

今天说百年老店，像北京老字号六必居，传说匾额由严嵩题写，明代正统元年（1436）时就有了。其他像内联升鞋店，开设于咸丰三年（1853），同仁堂开设于康熙八年（1669），杭州胡庆余堂开设于同治十三年（1874），苏州本地其他一些老字号，像松鹤楼饭店，开设于清代中期。这些都是百年老店，但比起孙春阳南货铺开设时间要晚

《皇都积胜图》（局部）
明　佚名
中国国家博物馆藏

《宛署杂记》记载，万历年间，北京民间经营的商业、手工业至少有一百三十二行。各地土产云集京师，尤其是正阳门到大明门之间的"朝前市"，布篷摊贩云集。

《南都繁会景物图》（局部）
明　佚名
中国国家博物馆藏

各式店铺。

很多。再看国外，像意大利罗马有一个古希腊咖啡馆，当年歌德、安徒生、波德莱尔、拜伦这些文豪都曾光顾，开业虽已二百七十年，但与孙春阳南货铺相比还是晚了很多。西班牙马德里有一家海明威常去的波丁餐厅，号称世界上最古老的餐厅，算起来开设于清雍正三年（1725），也比孙春阳南货铺晚。

　　明代苏州老店除了孙春阳南货铺，还有一家专门做鞋子的陆花靴铺，名字虽流传下来，但店铺早已消失不见。当年明代商铺的一些特色商品，也逐渐消失在历史中，比如花露。花露起源于南宋，兴盛于明清，大致是从鲜花中提取汁液，做成饮品、香料。晚明苏州有家专做花露的店铺——仰苏楼。它不是一般买卖人所开设的店铺，而是僧人开的。据《吴郡岁华纪丽》记载，当时，春天有玫瑰花露，夏天有珠兰花露、茉莉花露，秋天有桂花露……当地人把鲜花放入特制的银制容器中熏蒸，提炼出其中精华，然后放一些糖汁，熬成一种膏，再把它配制成饮品，或酿酒时作为添加剂，色香味俱全。当时仰苏楼、静月轩都卖花露，品种有五十多种，不同品种具有不同功效，比如玫瑰花露可以治疗肝病、胃胀气，桂花露可以治牙疼，茉莉花露让肌肤细腻芳香，芙蓉花露护发美颜。最名贵的梅花品种之一绿萼，文人墨客最是欣赏，宋元画家的梅花图多为绿萼，而当年也拿来做花露。据说绿萼梅花做成的花露可以解毒，而白色荷花做成的花露可以止血。

明代人还用水果制作花露。鲜佛手露可以宽中、治噎膈，广橘红露顺气消痰，香橼露可治疗饱胀……林林总总五十多种花露，最后归

《清明上河图》（局部）
明　仇英
辽宁省博物馆藏

结于一个明代商铺品牌——仰苏楼。近代以来，花露制作方法已经失传，这一肇始于明代的地方特色商品渐渐淡出了人们的视野。

　　从明代文献的片鳞半爪不难发现，当时老百姓的吃穿用度都很有特色，工匠认真做产品，买卖人认真经营店铺，大街小巷逐渐出现了一些特色名牌产品，有自己的商标，也有老字号金字招牌。晚明江南资本主义萌芽发展迅速，画家仇英版的《清明上河图》描绘了明代苏州城市面貌，城门内外商铺鳞次栉比，展现出更为广阔的社会生活风貌。

　　为表现市井繁华景象，仇英长卷一共有两千多位人物，从农村到城市，画出了各种社会人物不同状态下的衣食住行，生动展现了明代苏州店铺形形色色的招幌以及街道上买卖兴隆的景象。从画面看，当时苏州不愧为江南大郡，处处人烟稠密、车水马龙。仅就服饰店来说，一一辨别细分，就有卖纱帽、京靴、绫罗绸缎、红绿绢丝等各种店铺，还有配套的各种首饰店。二楼设座诊病，一楼可能就是药铺。而在火腿店隔壁，木匠师傅正在拉锯干活，大堂陈设出售细木家具。我们从画面中直观地看到了明代江南城市的各种商业形态，街头有卖小吃的、卖水果的、算命的、打拳卖艺的，而在高档的酒肆茶楼中，人们衣冠楚楚，推杯换盏。

　　有一部可称为"文字版《清明上河图》"的古籍，记录了六十家苏州著名的店铺，不仅有店铺招牌名称，也有其经营商品特色，它就是出版于道光十四年（1834）的《吴门表隐》，作者顾震涛，苏州本地人。顾家是江东大族，两晋时期"衣冠南渡"，顾家就是江南门阀世家。历史学家顾颉刚先生在一部专著中提到，以前苏州人敲门，里面的人用苏州话问"陆顾？"，就是"（来人姓陆还是姓顾）哪位？"的意思。这是题外话。《吴门表隐》以乾隆年间《吴县志》为基础。乾隆朝距离晚明，其实时间也不长，所以有关苏州店铺的记述很有价值，也是研究江南地区明清经济史的重要资料。

按照顾震涛的记载，第一类是"业有招牌著名者"，包括悦来斋茶食；有益斋藕粉；紫阳馆茶干（当零食的豆腐干）；仰苏楼花露；步蟾斋膏药；丹桂轩白玉膏；天奇斋纽扣（苏州服装业发达，纽扣也有专门的店铺）；青莲室书笺（也叫笺纸，是古人写信用的纸，制作精美，还有洒金工艺）；世春堂油鞋（类似雨鞋）；天宝楼首饰；锦芳斋荷包；青云室领头；茂芳轩面饼；方大房羊脯；三珠堂扇袋（以丝织品制成，刺绣精美，专门盛放扇子）。

第二类是"业有地名著名者"，以大街小巷地名命名，有：

温将军庙前乳腐，野味场野马，鼓楼坊馄饨，南马路桥馒头，周哑子巷饼饺，小邾弄内钉头糕，善耕桥铁豆，百狮子桥瓜子，马医科烧饼，锵驾桥汤团，干将坊消息子，新桥堍线香，甪直水绿豆糕，黄埭月饼，徐家弄口腐干。

以上地名，至今大都保留在苏州古城中，苏州的朋友读来非常亲切。"乳腐"就是南方人做的酱豆腐，是一种吃粥时配的小菜，苏州人至今喜欢传统"玫瑰腐乳"，汤汁可以烧红烧肉。说起马医科烧饼，马医科如今不仅保留巷名，也是闹市中心的地铁站名。这种古代烧饼，今天还很有名气，近代评弹大家金声伯先生，当年喜欢去马医科一家烧饼店买烧饼。"消息子"是古代用金银等金属制作的挖耳勺等小物件，随身携带，一共六件。至今延绵不绝的商品，大概还有苏州特色卤汁豆腐干、绿豆糕、汤团、月饼、生煎馒头等，它们可能随时间流逝更换名称，但风味依旧不改。

顾震涛笔下第三类是"业有人名著名者"：

孙春阳南货，高遵五葵扇，曹素功墨局，钱葆初、沈望云笔，褚三山眼镜，金餐霞烟筒，张汉祥帽子，朱可文香饰，雷允上药材，吴龙山香粉，王素川刻扇，穆大展刻字，谭松坡镌石，黄国本手巾，项天成捏像，程凤翔织补，汪益美布匹，李正茂帽纬，黄宏成绸缎，王东文铜锡，王信益珠宝。

人名打头的第一位，是孙春阳南货；高遵五葵扇，葵扇是古人夏天使用的大蒲扇；曹素功墨局，曹素功的徽墨今天还很有名；钱葆初、沈望云笔，当时湖州的毛笔工匠多来苏州开店；褚三山眼镜，此人的技术已失传，晚明苏州地区有另一位制镜大师孙云球，他是光学仪器制作大家，甚至写有一部专著，能制作近百种不同的光学仪器，包括望远镜、近视镜、万花筒，还有非常小的特殊眼镜，系在折扇上作为扇坠；金餐霞烟筒，估计就是水烟筒；朱可文香饰，可能是做香囊、香佩的；雷允上药材，今天已是中华老字号大型集团企业；王素川刻扇，刻扇指在扇骨上刻上各种不同的人物、山水、花卉作为装饰；穆大展刻字是刻图章；而谭松坡镌石不同，是给人家刻石碑的行当；黄国本手巾做各种手巾、汗巾。还有项天成捏像非常好玩，捏像是明清时代虎丘的一种传统民间绝活。我在国外旅行时，常常看到街头有很多画家，当场给游客画一幅速写。而当年苏州风景区虎丘山下，项氏家族的一门手艺更绝，项天成和顾客面对面，一边与他们聊天，一边将手背在身后制作人像，聊得差不多了，他掌心托出一个人物小像，眉眼栩栩如生，堪称江南绝技。程凤翔织补，这个行业今天已经罕见，就是一件上好衣服不小心弄破了，扔了可惜，就用织补技术将它修复，完全看不出破绽，是很有用的一门手艺。汪益美是徽商，家族布匹生意做得非常大，汪益美布匹后来发展成大商号。这些商号都是用真名实姓开办，创业有成，有口皆碑。广大消费者一旦习

《清明上河图》（局部）
明　仇英
辽宁省博物馆藏

图中有"南货发贩"铺。

惯用掌柜的名字来称呼其店名，就代表他赢得了极高的商业信誉。一家店铺几代延续下来的名字可谓一字千金，背后是一个个艰苦创业的故事，还有一个个家族的兴衰成败历史。其中很多店铺从街头摊贩起家，后来开设字号，富甲一方。就像电视剧《大宅门》里，白家"百草厅"创业艰难，经历各种曲折。

第四类"业有混名著名者"有七家：

野荸荠饼芰，小枣子橄榄，曹箍桶芋艿，陆稿荐蹄子，家堂里花生，小青龙蜜饯，周马鞍首乌粉。

"陆稿荐"这家店，现在仍在苏州，观前街上总号生意兴隆，很多上海老吃客会专门前来光顾，门前顾客大排长龙，招牌的"酱蹄"产品，风味也保留至今。

明代城市富足、商业发达，出现了著名的老字号店铺、商标，背后有广大农村手工业的支撑。农村是重要的商品生产地，商业贩运将货物源源不断地输入城市，就像毛细血管一样。一些村镇，就像茅盾先生小说里提到的乌镇，手工制造业历史悠久，城市商业品牌以此为支撑。从历史上来看，江南许多地方志对不同工艺产品的来源有非常具体的记载。比如苏州虎丘草席，产地是苏州西部大运河边的重要税卡"许墅关"；有一种麻制手巾，出自苏州齐门外陆墓镇（今陆慕镇）；还有一种蒲鞋，用蒲草制作，冬天保温效果非常好，样式也非常文雅，出自江阴农村；另一种凉鞋来自苏州、嘉定；苏州阊门外有一个村庄，专门制作竹筷；用藤做的枕头则出自常熟梅李。农村地区制作的竹器，俨然高档消费品。沈朝初《忆江南》词云："苏州好，竹器半塘精。卍字栏杆麋竹榻，月弯香几石棋枰。斗室置宜轻。"《吴县志》"物产"卷列竹造之属多达十八种："凡几榻、桌椅、厨杌及小儿坐车、摇床、床栏、熏笼、桌面，俱轻便可爱。"清初李渔说，当时姑苏之竹器与维扬之木器"可谓甲于今古，冠乎天下矣"。

今天，全世界的名牌店铺好像都差不多，像北京、上海、香港、巴黎、伦敦、纽约、东京这些大城市，在最贵的地段，名品店遍地开花，但其实店铺装潢、门面大堂看起来大同小异。而明代城市里的老字号店铺，往往真的是全球只此一家，别无分号，就在街头挂一个店幌，或者是藏在幽深小巷里，没有那么张扬，也无须自称旗舰店，外地客人想要购买一家老字号的特色产品，必须亲自来到这座城市，甚至是某个江南小镇采买。这些老字号往往有自己独家的技术窍门，品牌保护得也非常好。

有一本欧洲人编写的《十六世纪中国南部行纪》，是十六世纪三位葡萄牙人、西班牙人来到中国南方城市的一路见闻，提到中国南方大城市当时的商业情况，当时的葡萄牙人被称作佛郎机人，有一个佛郎机人是多明我会的修士,叫克路士,克路士搭乘海船抵达南洋后,先在印度与柬埔寨待了一段时间,又前往中国,于嘉靖三十五年来到了广州,他在广州待了几个礼拜,撰写了《中国志》一书。

克路士提到当时街道两边开设了很多店铺,其中有两条很长的鞋匠街,一条专门卖高级丝绸面料制作的鞋子,另一条卖普通皮鞋。丝绸的鞋子比皮鞋高级,是用彩丝包住鞋面,上面有刺绣,这是今天我们难以想象的。他说,广州城市的街道整齐宽阔、管理有序,沿珠江而设的城门宏伟高大,城楼巍峨。克路士注意到广州街道上有一种非常有特色的建筑——牌坊,下面可以做生意,有人在出售水果、玩具以及其他商品。这些牌坊雕刻精美,有八根柱子,顶上有琉璃瓦,三座门横过街道,可以遮挡风雨,木结构的牌坊还有石头装饰,节日里中国人喜欢给牌坊披上各种丝绸装饰,甚至挂起走马灯、羊角灯来装点牌坊,彩灯璀璨,还有官员为牌坊题名,这些都给欧洲的传教士留下了深刻印象。

学士
世登兩府

《清明上河图》（局部）
明 仇英
辽宁省博物院藏

第十九章

折扇

清风徐来：怀袖雅物书画扇

第十九章 折扇

明代人没有电扇和空调,夏天出门随身携带一把折扇,在家就轻挥蒲扇。扇子是重要的日用品,有人将文人的折扇称为"怀袖雅物",文人可以将折扇藏在袖子里,拜客落座,取出扇子徐徐扇动,清风自来,所以扇子是一件很文雅的器物,尤其是名家画扇,足以彰显主人的风雅。一把好的折扇必须是书画扇,扇子主人借以体现自己的审美、身份乃至个性。在明代,书画扇是文人之间经常互相馈赠的一种礼物。

说起扇子,宋代以前中国人大多用团扇,而折扇的起源众说纷纭。大致在北宋,上流社会出现了今天我们所熟悉的折扇,有史书记载,折扇是从日本传过来的,《宋史·日本传》记载日本僧人进贡"金银蒔绘扇筥一合,纳桧扇二十枚,蝙蝠扇二枚"。苏东坡见过来自高丽的白松折扇,"展之广尺三四,合之止两指许"。可以肯定的是,南宋时期大户人家普遍使用折扇。明代永乐年间,折扇更加流行,朝鲜将折扇作为贡品送到明廷,《在园杂志》记,明成祖喜爱折扇"舒卷之便,命工如式为之,自内传出,遂遍天下"。

明朝四川、苏州两地生产的宫扇数量最多。谢肇淛《五杂组》记:"上自宫禁,下至士庶,惟吴、蜀二种扇最盛行。"

《明实录》中,有很多皇帝赏赐大臣折扇的记录。比如端午节时,皇帝会将名贵的宫扇赐给亲近之人。嘉靖、万历两朝,皇帝多次赏赐宫扇给严嵩、顾鼎臣等人。顾鼎臣,昆山人,弘治十八年(1505)的状元,嘉靖初年兼任经筵官。作为亲信大臣,他受到很多次宫扇之赏。照例,得到赏赐的大臣必须写一篇感谢的奏书。在顾鼎臣的文集里,可以找到这样隆重的答谢文章,如《谢赐川扇表》写于嘉靖十七

《皇都积胜图》（局部）
明　佚名
中国国家博物馆藏

———

正阳门下有人摆了扇摊，售卖的扇子品类众多。

年四月初一，皇帝赐给日讲官宫扇二十一柄，每人五柄，而给顾鼎臣多赏一柄，表示特别礼遇。顾鼎臣状元出身，文章写得漂亮极了：

> 浪夸纨素，裁成宝月之圆；巧制溪藤，染就紫云之色。施金贝以为饰，绘彩色以为文。

顾鼎臣的这篇谢表，可证明宫扇其实是纨扇，也就是汉代流行的团扇。明代宫扇用老藤作为柄，扇面形状如满月，上面染色，有金彩装饰，更适合宫廷嫔妃使用。得到宫扇赏赐，大臣们喜欢用诗歌记录这样的"天恩浩荡"。但也很可笑，这类宫中赏赐的日用之物，照例不能轻易使用，必须供奉起来妥善保管，扇子只是一种载体，象征明代皇帝与大臣的亲密关系而已。所以顾鼎臣最后表白道："臣敢不叩首拜嘉，珍藏什袭？夸示闾里，俾咸被皇风，留诒子孙，永传之为世宝。"

题外话，这年的四月，顾鼎臣受赐宫扇，不久以文渊阁大学士入阁，第二年就加封为少保、太子太傅。五月，他取代夏言，担任内阁首辅……小小一柄扇子，意味深长。

当年四川产的宫扇，又称"蜀扇"，历史悠久。稍晚苏州所产的，则称为"吴扇"。苏州所产的这种吴扇，扇面用纸特别讲究，适合书画。谢肇淛《五杂组》记："吴中泥金……差与蜀箑垺矣。大内岁时每发千余，令中书官书诗以赐宫人者，皆吴扇也。"

如果一把扇面本身涂有颜色，如黑色洒金底，就可以直接用。一把白纸扇，上面没有任何装饰就显得比较质朴。明代中叶，人们对折扇的追求逐渐开始升温。吴门画派此时崛起，沈周、唐寅、仇英等画家喜欢在扇子上作画，当时社会也流行请画家、书法家题写扇面，使每一把折扇看起来都与众不同。文震亨《长物志》说，"姑苏最重书画扇"，还特别提到"素白金面，购求名笔图写，佳者价绝高"，文震亨其实是有所指涉的，文氏家族擅长丹青书法，常以画扇、书扇润金获利。

有时，文徵明收到画扇请托太多而无法应付，有固定代笔者为之画扇，如门生朱朗。文徵明有给朱朗的信件存世，如《文徵明集》中有《致子朗》数札，其中有一封写道："今雨无事，请过我了一清债。试录送令郎看。"清债，就是给人作书画，另外一札更明白说道：

扇骨八把，每把装面银三分，共该二钱四分。又空面十个，烦装骨，该银四分，共奉银三钱。烦就与干当干当。徵明奉白子朗足下。

这里收录有当时市场上通行的扇骨、扇面价格，内容十分珍贵。

上海博物馆收藏的《文徵明致明甫札》，内容是文徵明应邀交付画扇五把，强调这五把扇子都是亲笔所绘，但最近自己心情不好，妻

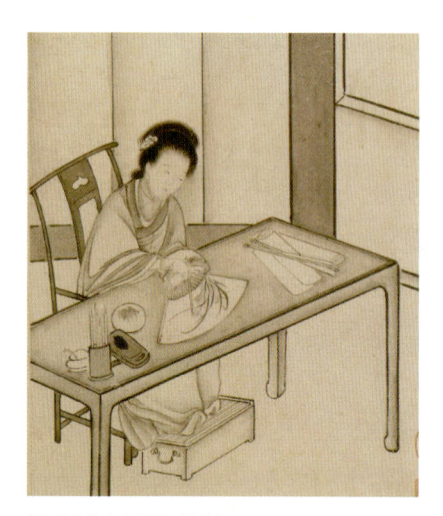

《为月人沈夫人画册·腕兰》
明末清初　黄媛介
何创时书法艺术基金会藏

子久病卧床，所以对作品不是特别满意，请求谅解云云。这一信札也隐约透露出文徵明请代笔画扇的做法，且并不忌讳为人所知。上海博物馆收藏的另一封陆治致文徵明的信札，是说他接受文徵明委托，也可能属于代笔画扇："所委画扇，当即点染，以尽其能事，二三日可得也。"

　　文徵明的儿子文嘉，继承家学书画，与嘉兴书画收藏家项元汴交往密切，一封他写给项元汴的书信说："承手书远寄，兼以果饼及润笔五星，俱已登领。四扇如命写去。"信札提到画扇的润金价格，文嘉写给另一位"武溪老兄"的信中，明确规定自己的画扇价格为一两五钱。

　　沈瓒《近事丛残》记苏州举人、戏剧家张凤翼往事，有当时他为人写扇的价格："张孝廉伯起……乃榜其门曰：'本宅纸笔缺乏，凡有以扇求楷书满面者银一钱；行书八句者三分；特撰寿诗寿文，每轴各若干。'人争求之。自庚辰至今，三十年不改。""庚辰"当为万历八年，而到万历三十八年，张凤翼仍"鬻书以自给"。

　　书画扇请人创作已所费不菲，《长物志》记时人不惜花重金画扇的风尚，一度延及扇骨，有人追求更珍贵的扇骨材料："其骨以白竹、棕竹、乌木、紫白檀、湘妃、眉绿等为之，间有用牙及玳瑁者。"

扇面用纸迭代，也很关键。谢肇淛《五杂组》说："吴中泥金，最宜书画，不胫而走四方。"苏州泥金扇面制作历史悠久，看起来富贵体面，用来画画、写书法显得更气派，故而非常流行。泥金扇面、洒金扇面以及雨金扇面工艺各异，是不断更新换代的潮流产品，将松江、苏州地区传统笺纸业的泥金、洒金、块金、泥银、洒银技术运用到扇面上，愈发异彩纷呈。

最后说说扇骨。

折扇扇骨、扇柄一般用竹子制作，要求竹子纹理细腻。竹片经过"水磨"功夫打磨加工，手感溜光水滑，据说竹扇打磨不用砂皮，而用一种草，草上长着细细的绒毛。用这种草打磨竹扇，经过好几道工序，使竹扇骨光泽细腻，最后上蜡，看起来晶莹润泽。

明代苏州的制扇工坊，最早在城北陆墓，后来逐渐发展到阊门、桃花坞地区，并出现了一些著名匠师。宣德、弘治年间，苏州有位制扇高手李昭，所制折扇以"尖头"著名，即扇柄尾端造型细尖。《金陵琐事》说李昭是南京人，可能自南京迁徙到苏州从事制扇行业。同时期另一位高手马勋擅长做"圆头"折扇，人称"马圆头"。张大复在《梅花草堂笔谈》中称赞马勋制扇"圆根疏骨，阖辟信手"，打开、合拢都轻松方便。

正德年间，有苏州制扇名家刘永晖，他做竹扇骨"浑坚精致"。将近一百年后的万历三十八年，李日华《味水轩日记》记载，盛德潜将他收藏的一柄"正德中吴人刘永晖所制阔板竹骨扇"送给自己，并说"扇工虽琐细，然求如此浑坚精致者，其法绝矣。""扇有陈眉公书一绝云：'万壑松涛碧影流，石床冰簟冷如秋。卷帘飞瀑悬千丈，恰对吾家竹里楼。'"

《味水轩日记》成书的年代大致已是万历朝后期，当时最出名的制扇名家有三位，分别是柳玉台、蒋苏台、沈少楼。崇祯年代《吴县志》中载，柳玉台折扇以"方头"著名，柳氏喜欢喝酒，做扇子时削竹动作快如疾风迅雨，一把扇子加工完，用秤去称一称分量，每一柄都轻重适中，重量没有丝毫差别，正所谓熟能生巧。柳玉台制扇长于"用胶"，做成的扇骨"用之则开，舍之则藏，不劳腕力"，他对自己的手艺非常有信心。另外一位蒋苏台，江湖人称"蒋三"。沈德符《万历野获编》记蒋苏台制扇："尤称绝技，一柄至直三四金。冶儿争购，如大骨董。"一把小小的扇子居然价值三四两银子，而上流社会的人物赶时髦，纷纷抢购，价格高昂如古董宝贝。几十年前的嘉靖时代，有一则关于扇骨的记录，将二者对照可看出差异巨大。

嘉靖时代御医王曰都，娶文徵明长女为妻。王曰都在京城时，需要扇十柄以充人事，所谓"人事"，就是人情往来馈赠礼物。文徵明答应为女婿画扇，但十柄扇子，"该银一两二钱，适区区无银在手，一时不曾办得"。

这则资料很珍贵，一则说明名家画扇受到欢迎的情况，二则透露当年一柄高档折扇扇骨大致价值一钱二分，与沈德符所记蒋苏台扇骨价格相比，有云泥之别。

高档名家折扇已从日用品彻底变为彰显身份的奢侈品。扇面与扇骨，彼时亦追求质量、档次相符。晚明四公子之一的陈贞慧在《秋园杂佩》中有一则记载，有力证明了二者的关联程度："文衡山非方扇不书。"文徵明给人画扇，只有名家所制的"方扇"他才答应。张大复《梅花草堂笔谈》也记载了一件相似的事，凡有人求万历首辅王锡爵书扇，他先要问是不是名家张芝山所制之扇，如果不是，就不肯动笔。

沈德符观察高档折扇消费市场，发现一个奇特现象："今吴中折扇，凡紫檀、象牙、乌木者，俱目为俗制。"以紫檀、象牙、乌木这样的高级材料制作折扇，反而被人轻视。

明　张宏画柳汀莲渚、文震亨书五言律诗成扇
台北故宫博物院藏

那什么是好材料呢？"惟以棕竹、毛竹为之者，称怀袖雅物。"山里生长的毛竹，通过加工做得非常文雅，这样"朴素"的竹扇才当得起"怀袖雅物"这个称号。沈德符还说，"其面重金亦不足贵，惟骨为时所尚"，万历后期，人们对名家扇面的追求未必不如从前，但对扇骨的考究更深入人心。当时，知名工匠、手艺人创出了自己的品牌，为社会承认，这种现象并非孤例，如陆子冈制作的玉器、时大彬制作的紫砂壶等，王世贞曾感慨道：

大抵吴人滥觞，而徽人导之，俱可怪也。今吾吴中陆子冈之治玉，鲍天成之治犀，朱碧山之治银，赵良璧之治锡，马勋治扇，周治治商嵌，及歙吕爱山治金，王小溪治玛瑙，蒋抱云治铜，皆比常价再倍，而其人至有与缙绅坐者。近闻此好流入宫掖，其势尚未已也。

明　文徵明七言律诗成扇
台北故宫博物院藏

明代生产的折扇有许多出土实物，如苏州博物馆藏王锡爵使用过的一把洒金大扇，黑色笺纸上饰有大小菱形块金，满天星斗般的金箔色彩艳丽、大小不一，图案并不规则，看起来颇有现代装饰感。王锡爵墓出土的扇子，有男子使用的圆头水磨竹骨书画扇，还有两把女士专用的圆头雨金乌漆竹骨洒金扇。上海宝山地区朱守诚夫妇墓，一次出土了二十余柄明代万历时期的折扇，其中居然还有文徵明书画泥金扇、万历首辅申时行书法泥金折扇。对照文献，二十余把明代的扇子里，既有当时流行的紫檀、鸡翅木扇骨，也有被文人追捧的棕竹、毛竹扇骨，更有珍贵罕见的明代髹漆扇骨，镶嵌、雕刻工艺非常精湛。

在仇英版《清明上河图》里，有专门出售扇子的商铺，甚至出现了扇囊、扇袋的招幌。扇囊、扇袋是配套小物，讲究的还加以缂丝、刺绣定制主人名讳、堂号，如此个性化的消费，也体现了晚明工商业的繁荣程度。

《清明上河图》（局部）
明　仇英
辽宁省博物馆藏

第二十章 手炉

张鸣岐炉：不惜裛蹄金一饼

古人夏天挥扇祛暑，冬天用手炉取暖。手炉、脚炉、火盆都是生活中的必备之物，家家户户都要用。

古代没有空调、地暖这样的设备，想象一下这样的场景：八十多岁的文徵明，抄写完每日功课《千字文》小楷，从书案前起身缓缓走到长廊下，停云馆现在很安静，小孙儿文元善静静地在一边玩耍。迎着冬日暖阳，穿着宽袍棉衣的老人半躺在逍遥椅上，手里捧着一只手炉，炭火正好，小几上的茶杯里散出袅袅香气，眯一会儿吧，一切非常惬意……

手炉的发明时间非常久远，已经不能考证，据说是模仿古代青铜器而制作。明代手炉是日常用品，炉子里面放有炭火，缓缓散发出热量。有一种小手炉又叫袖炉，明朝人穿的衣服袖子非常宽大，将小巧玲珑的手炉捧在手里，或揣在袖子里也看不出来。手炉样式大致分为两种，一种带提梁，这种器形较大，还有一种没有提梁，完全光素，这种器形非常小。制作手炉一般用铜，因为铜的延展性非常好，利于加工制作，热传导效率也很高。

《长物志》"器具"卷论手炉、脚炉、被炉诸物："以古铜青绿大盆及簠簋之属为之，宣铜兽头三脚鼓炉亦可用，惟不可用黄白铜及紫檀、花梨等架。脚炉，旧铸有俯仰莲坐细钱纹者，有形如匣者，最雅。被炉，有香球等式，俱俗，竟废不用。"

古代闺阁女子用的手炉一般来说更小一点，我们看一些古装电视剧，里面很多美女，冬天披着裘皮斗篷，手里捧着一个手炉，我观察过这些电视剧里面的道具，手炉制作都很到位。还有古代的读书人，他们在冬天要磨墨写字，天气非常寒冷，手指关节会僵硬，若有一个

明　张鸣岐铜手炉
明尼阿波利斯美术馆藏

手炉就非常舒适。明代小说《金瓶梅》常常提到手炉里烧着香饼，女生用袖口拢着手炉熏香、取暖，身上暖洋洋的，衣服上的气味也很好闻，比如第六十八回，郑爱月"一手拿着铜丝火笼儿，内烧着沉速香饼儿，将袖口笼着熏热身上"，"铜丝火笼儿"就是明代流行的袖炉。旧时讲究的人家会在手炉里面加一些用剩的檀香、沉香等香料，取暖时散发出非常优雅的气息。

明代最出名的一种手炉是嘉兴张鸣岐所制，号称"张炉"。晚明时代的人评定出当时的四大工艺品：张鸣岐的手炉、陆子冈的玉牌、时大彬的紫砂壶、濮仲谦的竹刻，这些工艺品当时闻名遐迩、妇孺皆知。今天很多人知道陆子冈玉牌，因为喜欢玉器，了解了陆子冈是雕刻玉器的名家；有人爱喝茶，了解了中国茶文化的历史，知道时大彬是紫砂壶制作高手；但说到张鸣岐手炉，一般人不太了解。事实上，一百多年前的手炉，还是婚嫁时女方必备的嫁妆，所谓"十里红妆"，浩浩荡荡的送亲行列中，人们抬着很多箱笼，这些嫁妆里照例有手炉，还有成套的脚炉。当时家境较好的人家，会购买比较高级的手炉，手炉用白铜制作，非常考究。

张鸣岐做的手炉，为什么能名列晚明四大工艺品，而且排名第一呢？

首先，炉盖纹样模仿竹编工艺，通透，利于烟气散发。这种盖饰在明代以前的铜器上从未出现，属于首创。炉盖看起来玲珑剔透，但仅用了一张铜皮，张鸣岐用榔头等工具，完全通过手工敲打，叮叮当当就把它敲制而成，不用焊接，天衣无缝，看不到任何接口痕迹，做到这点非常考验匠师的手艺。

其次，手炉上面的罩盖镂刻精细，看上去繁花似锦，图案密密层层，但是不要小看这个小小炉罩的强度，虽然它看起来整体镂空、雕琢得非常透，但就算一个成年人站上去也不会塌扁，非常了不起。

再次，炉盖密合程度高，久用不坏。手炉加炭、添香，炉盖一日开合多次，经年累月往往会变形，对工艺要求很高，而张鸣岐手炉久用开合依然自如，炉盖不会松动，一直紧密扣住炉身。

最后，"张炉"妙在炉壁厚度的设计，即使炭火烧得很旺，捧在手里也不会觉得很烫，保温时间较长。

创制出这款手炉的张鸣岐是嘉兴秀洲新塍镇人，他的成功绝非偶然。作为手艺人能迅速成就"张炉"品牌，是因为得到了一个人的赏识，他就是嘉兴著名收藏家项元汴，《嘉兴县志》记载："张鸣岐制铜为炉，无不精绝。初居谢洞口。项元汴见而异之，招居于郡，名大著。"

项元汴对艺术有着狂热的喜爱，因为长期从事艺术品收藏鉴赏，他有着敏锐的观察力和良好的审美能力。项元汴看中了张鸣岐做的手炉，于是将他延揽到家中的天籁阁，专门制作手炉。当时有一大批工艺高手被项元汴延揽，例如严望云，《骨董琐记》转引《蕉窗小牍》：

> 严望云，浙中巧匠，善攻木，有般尔之能，项墨林最赏重之。望云为天籁阁制诸器，如香几小盒等，至今流传，作什袭古玩。又某书记望云为墨林所作竹根杯，如荷叶式，附以霜

明　张鸣岐款铜手炉
明尼阿波利斯美术馆藏

第二十章　手炉

螯莲房，巧而雅。墨林题一绝云："截得青琅玕，制成碧筒杯。霜螯正肥美，家酿醉新醅。"款署"万历庚辰秋日，墨林山人"。别有小印曰"万云"。"严"或作"阎"。

严望云是晚明著名的制器巧匠，擅长小木件的制造和雕刻。项元汴可能长期聘用他为自己的古董制作底座和各类文房器具。像严望云这样的特聘匠师，天籁阁里不止一位，项元汴往往亲自参与工艺品的设计，用自己的艺术修养和审美眼光帮助艺人提升文化品位，使其成为文房雅玩专家。清代张燕昌《阳羡陶说》记载了项元汴参与设计紫砂壶一事，也提到了张鸣岐的手炉：

昔在松陵王汋山（楠）话雨楼，出示宜兴蒋伯荂手制壶，相传项墨林所定式，呼为天籁阁壶。墨林以贵介公子不乐仕进，肆其力于法书、名画及一切文房雅玩，所见流传器具无不精美，如张鸣岐之交梅手炉、严望云之香几及小盒等，制皆有"墨林"字，则一名物之赖天籁以传，莫非子京精意所萃也。

高濂在《遵生八笺》里提到一个蒋回回，他是一位技艺高超的匠人，当时也曾在项元汴家里工作。吴门画派的仇英最早是太仓的漆匠，以房梁彩绘为生，文徵明发现仇英的才能后加以提携，仇英后来进入项元汴的天籁阁临摹古画，或按主人要求定制绘画。在天籁阁中，他有机会目睹项家所藏的大量古画，终成一代名家。项元汴聘请的画师不止仇英一人，嘉兴本地画家、精于作伪的王复元、朱肖海师徒都曾效力于天籁阁。

张鸣岐本是普通工匠，因制作的手炉符合项元汴的审美，通过努力逐步将一件普通器物提升到更高的美学境界，得到文人雅士的喜

《岁华纪胜图·赏雪》（局部）
明　吴彬
台北故宫博物院藏

爱，一时名声大振。"张炉"底部都有"张鸣岐制"小篆落款，雕刻非常精美，这个落款其实就是商标。

张鸣岐去世后，他制作的"张炉"成为绝响，一炉难求，市场上出现很多仿制品。"张炉"到清初已经罕见。清代诗人朱彝尊是嘉兴本地人，他在一首诗里面咏叹张鸣岐炉的奇妙之处："梅花小阁两重阶，屈戍屏风六扇排。不及张铜炉在地，三冬长煖牡丹鞋。"在文人的一个小小书房里，虽有六扇屏风遮挡风寒，但还是不如摆放一个张鸣岐铜炉在地上，女士们走过，鞋底觉得温暖如春。据此猜测，这种"张炉"当非手炉，而是托名张氏的铜火盆或脚炉。清初海盐人、吏部侍郎彭孙遹也写过一首诗，赞美张鸣岐手炉的奇妙之处："薄寒初荐锦氍毹，朔气空中逼坐隅。不惜袅蹄金一饼，鸳鸯湖畔铸张炉。"

"不惜袅蹄金一饼"，用一饼马蹄形的黄金来购买鸳鸯湖畔张鸣岐的小小手炉，张炉的受欢迎程度可见一斑。

张鸣岐之外，嘉兴当时涌现很多制炉高手，嘉兴制铜作坊工匠比比皆是，比如王凤江，他与张鸣岐同时而名气稍逊。他做过一只手炉，仅二寸余，如手掌宽，底刻"凤江"篆字，古意盎然，炉身镂刻华美。此炉比较特别的是造型，上大下小，底部四足，样式如宣德炉，因为设计有底足抬高，手炉看着很有气派。王凤江曾为"秦淮八艳"之一的马湘兰制作过一个铜袖炉，流传下来一张拓片，有晚清、民国名家题跋。还有一位制炉高手赵一大，成名时间稍晚，所做手炉与王凤江手炉齐名。

明代晚期，一种舶来品袖炉也很流行。高濂《遵生八笺》说："焚香携炉，当制有盖透香，如倭人所制'漏空罩盖漆鼓熏炉'，似便清斋焚香，炙手熏衣，作烹茶对客常谈之具。今有新铸紫铜有罩盖方圆炉，式甚佳，以之为袖炉，雅称清赏。"高濂所说的日本袖炉也可以熏香。文震亨似乎也喜欢这类日本袖炉，但要求更高："熏衣炙手，袖炉最不可少。以倭制漏空罩盖漆鼓为上，新制轻重方圆二式，俱俗制也。"文震亨提到的"倭制漏空罩盖漆鼓"袖炉，起源于室町时代。今天拍卖场上，偶尔能看见一种"莳绘阿古陀菊纹香炉"，炉子是南瓜造型、矮矮的，在日本香道、茶道场合用于放置香炭，香炉上部是铜丝网罩，称作"火屋"，下部是木瓜棱形炉身，称作"火取母"，内置铜钵。这种日本袖炉，甚至在"张炉"产地嘉兴也有出现，李日华《味水轩日记》里就出现过两次。万历三十八年七月，李日华的朋友、画家、鉴赏家盛龙升去世，遗物中有一个"倭漆香炉"，炉身黑漆描金，"香炉"应该也是手炉。

故宫博物院存有清代嫔妃们使用的手炉，有金银錾刻，有景泰蓝制品，看起来非常豪华。有的手炉采用珐琅彩工艺，是典型的皇家气派。清宫所制珐琅彩器物颇有来历，康熙时代，宫廷曾经邀请法国工匠进入北京宫廷制作器物，这种手炉是东西方文化交流的产物。

第二十一章 泛舟

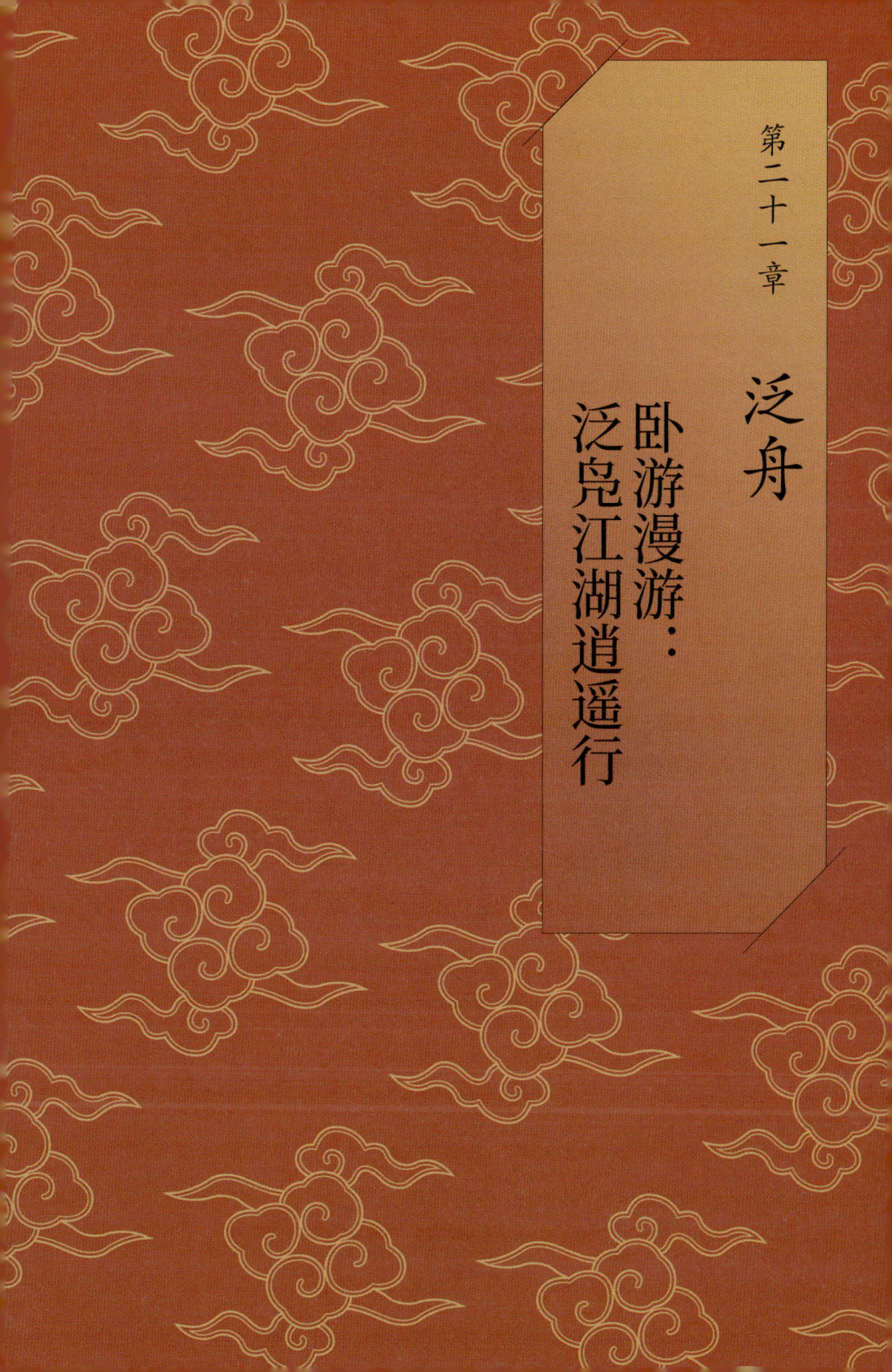

卧游漫游：
泛舟江湖逍遥行

第二十一章 泛舟

明朝的很多文人一生难得有几次远游经历，穿行数省就是"壮游天下"了。像画家沈周画过很多山水，但他一生远游不过两次，第一次是明成化七年去了杭州，游玩了二十多天；第二次是成化二十年（1484）初夏，他再次前往杭州，随后顺道游览富春江，到达闽浙边界的天台山。沈周以他的家乡苏州为中心，所至最西、最北不过是当时的留都南京，除了一次天台之行，沈周一生不曾跨出"三吴"地界，所有行旅往来都在江南地区，游玩最多之处，有苏州虎丘、上方山、石湖、洞庭西山等名胜，若去到苏州邻近的无锡宜兴，如弘治十二年三月，七十多岁的沈周坐船探访张公洞，已经算一次了不起的旅行了。

沈周洞达世情，属于乐于交友、喜欢出游的乐天派。他八十多岁时还应邀参加无锡老友华尚古的聚会，而平生旅展留痕不出江南一地，究其原因，沈周终生不仕，不能借任官而得"宦游"机会，游山玩水，饱览天下壮丽。沈周画过一套《卧游图册》，书斋中对着一张张山水图画，心驰神往而已。《宋书》载南朝画家宗炳："好山水，爱远游，西陟荆、巫，南登衡、岳，因结宇衡山，欲怀尚平之志。有疾还江陵，叹曰：'老疾俱至，名山恐难遍睹，唯当澄怀观道，卧以游之。'""澄怀观道，卧以游之"是对"卧游"最贴切的诠释，而沈周是卧游之道的一位实践者。

沈周的学生文徵明去过的地方比较多。文徵明一生参加了很多次乡试，每三年去一次南京。参加科举考试，从各县去往省城甚至北京，是当时许多人得以长途旅行的机会。文徵明二十多年中参加了九次乡试，每次都落榜，五十四岁时被推荐担任翰林院待诏的职务，才

《西山雨观图》
明　沈周
故宫博物院藏

有机会远赴北京，沿大运河一路北上，算是穿越了半个中国。李日华在《六研斋笔记》中，录有《吴城至京歌》长诗，记录从苏州到北京，沿着大运河一路向北，重要城市、码头的风俗、见闻，也是当时无数士子三年一别、每每进京赶考的真实心态写照，至今读来令人感慨：

枫桥解缆钟声早，浒墅行行日初晓。望亭过去是新安，锡山回首南门道。
毗陵一水穿城过，孟渎闸下帆樯多。船头祭神各浇酒，问神明日风如何。
开江直至瓜洲坝，风涛滚滚从东下。金焦削出青芙蓉，楼台掩映真如画。
扬子桥边春浪平，行人便觉离愁生。扬州树接广陵驿，邵伯水浸高邮城。
界首门前闻布谷，宝应湖边雨初足。淮阴城下阴凄凄，王孙芳草愁人绿。
长淮之水青如苔。黄河水从天上来。移风晓浅清江闭，福兴晚涨新庄开。
桃源行尽闻鸡犬，崔镇人家应不远。鼓城烟起宿迁昏，直河水落沙坊浅。
石城峨峨古邳州，推篷不觉临双沟。房村水急行不得，三洪倒泻从东流。

北上猪多易食肉，子房留庙遗城曲。沽头上下少人家，沛县荆榛接平陆。
歌风台上偏凄凉，夕阳荒草眠牛羊。砚沟黑绕玉皇庙，枣林红映师家庄。
仲家新店有石佛，济宁流水分南北。草桥跨水耐牢坡，画船枞鼓安山驿。
张秋七级连东昌，酒味便识梁家乡。临清风俗苦不好，娼楼临水招行商。
武城人去弦歌绝，甲马营空浸明月。坊前吹笛断人肠，今夜还归故城歇。
德州听罢山东歌，前程便是连儿窝。东光丝熟吏催税，砖河雨急渔披蓑。
东岸长芦声瑟瑟，兴济流河泥没膝。双塘静海地偏低，渎流杨柳青青色。
直沽通接来鱼虾，尹儿湾口多桃花。蒲沟近接老米店，杨村远带蒙村沙。
昏鸦飞度河西务，落日全收鲁家坞。隔烟灯火照黄昏，攀罾路口无船渡。
萧家林内鸡哑哑，张家湾里船如麻。僮仆昼饥少筋力，道旁便问驴骡车。
帝城日出人如蚁，飞沙扑面东风起。万方玉帛走如雷，九重金阙青云里。
去年我亦从南来，献策欲展胸中才。天风暂屈万里翮，壮志未必终蒿莱。
山水迢遥路重叠，丈夫何事轻离别。试歌一曲请君听，功名莫遣头如雪。

宣德皇帝时，朝廷修建了很多用于官府送信的驿站，并开辟官道，但是这些设施只有官员能够使用。明代中叶后，全国水陆交通有所改善。到晚明时代，全国道路交通得到很大的改善，万历朝甚至有官员提出，为改变云南地区交通极为闭塞的局面、稳定国防大局，应重新开辟一条从云南出发的官道，使货物、人员与中原交流更为便利，但因为耗资甚巨，方案一再拖延，最后不了了之。

商人追逐利润，全国各地方都要去到，各大商帮需要熟悉水陆道路，他们都需要一张最新的全国地图，方便出行。如明代中叶无锡人安国，富可敌国，人称"安百万"，在松江府就有两万亩田地。安国以布衣经商起家，好旅游，曾与画家谢时臣一起遍游南北，足迹遍及燕赵、齐鲁、苏浙等地，游历天台、雁荡、普陀诸山，北至天寿山、居庸关、西至庐山、武当。晚明徽州势力强大，徽商足迹遍布全国。徽州休宁的大盐商黄汴，家族里曾经出过一位皇后，黄氏家族很早就从事盐业，经商获利巨大，商铺遍布南北，从成化朝开始，黄汴一直客居苏州，他深感于商人经商、行路需要一个实用的出门旅行指南，于是自己花了二十七年时间，编撰成《天下水陆路程》一书，又名《一统路程图记》。这部书详细记载了国内各条重要的商路，沿途有哪些府、县，两个驿站之间的距离是多少，还有不同出行方式的价格等实用信息，如携带行李旅行，码头上雇脚夫每次十五个铜钱；镇江以南，船费每二十里两个铜钱；从镇江到太湖沿岸苏州府的吴江县，日行要换六次船等实用信息。这部书被称为明代商旅交通指南，类似的书还有天启年间南京刊刻的《士商类要》，内容是各种水陆路程，北起辽东，南达福建、广东，包括上海、山东、陕西、宁夏等地区。《士商类要》共记有一百多条重要的商路，当时全国商品流通干线均在其中，商人经商要靠这种指南书，旅行者也会购买使用。

明代有两京一十三省。北京、南京是京师、留都，十三个省级行政区以十三个承宣布政使司管理当地政务。普通人若想遍游两京，再一一走遍全国十三个省，饱览各地山川风貌，欣赏沿途名胜古迹，体验风土人情，根本就没有机会。

有人却很幸运，因为几十年间在各地做地方官，几乎走遍中国南北东西各省，这个人就是号称比明朝旅行家徐霞客更早环游天下的旅行家王士性。王士性，字恒叔，号太初，是浙江临海人。他不但是明朝可与徐霞客比肩的一位重要旅行家，还是富有远见卓识的人文地理学家。

王士性出生于明朝嘉靖年间。徐霞客作为地理学家，旅行中留意山川地理风貌，深入探索岩穴、寻找植物、矿石，记录河流源头、走向。王士性则不然，登临五岳名山是他从小的愿望，但他作为官员，更关心各地风土人情。每到一地，他会观察当地人的性格、区域内的经济产业情况，包括各地手工特产、服饰特点，包罗万象，从某种程度上看，他更像是一位经济学家。王士性曾经在著作里提出一个重大的课题，认为江南经济有一个逐步发展的过程，早期并不发达，一直到五代十国时期吴越国建立，这个地区的经济才开始真正繁荣，进入全盛期，而在此之前中国政治、经济、文化重心是在北方。他提出一个非常重要的预言——中国未来经济重心会继续向南发展，从江南地区逐步转移到广东、贵州。今天回看王士性的这个预言，准确把握了中国经济、人口发展的地理大趋势。事实上，随着我们国家改革开放不断深入，广东、福建、贵州、云南地区获得前所未有的发展，许多古代交通闭塞导致经济落后的南部城市，现在经济发达程度甚至超越北方城市，由此不得不佩服王士性的眼光。

王士性历经宦海沉浮，京城之外，先后担任过河南知县、广西参议、河南提学、山东参政、云南副宪、南京鸿胪寺正卿。他每次赴任，走的路都是规规矩矩的官道，但是每到一地，他对一岩、一洞、一草、一木观察入微,悉心考证,对地方风物广询博访,详加记载,而且有自己独到的见解。

按今天学界的说法,王士性提出了所谓的"地理环境决定论"。

王士性《广志绎》认为,一个地方的风土环境,往往决定当地民风士气。比如住在深山里的人与住在海边的人,性格就完全不一样。王士性认为,北京因为是天子所住的首都,城外有燕山屏靠,所以有"大气脉",北京人想要发财非常快,但是也容易破产。他说,北京人比较喜欢游乐,不爱买房置业,吃的东西相对辛辣,男子不擅长跟官府打交道,去衙门诉讼、抛头露面的反而是女子居多。又比如,王士性发现,山西人非常节俭,当时的晋商非常有名,山西有很多富豪,但是这些"万金之家"的富豪一顿饭只吃一个菜,节俭到如此程度。再比如,他认为河南人性格淳朴、直爽,乐于接济遇到困难的亲朋好友;苏州地区经济发达,所以人们都追求时尚,穿衣服、戴首饰非常考究,社会风气不好,非常虚荣;江西的特点是人口多、土地少,所以人们都很有忧患意识;徽州人因为做生意,经常会打官司,但在经营活动中,往往互相帮助,抱团取暖。他记嘉兴一地:"其俗皆乡居,大抵嘉禾俗近姑苏,湖俗近松江,缙绅家非奕叶科第,富贵难于长守,其俗盖难言之。"

重读王士性的文章,今天的人们应该还是深有感触,会心一笑。他的著作很多内容都涉及对人文地理的观察,但他并非"地域歧视"的先驱,作为一个具有独立思考能力的知识分子,他以地方官员身份深入了解各地的风土人情,令人敬佩。崇祯十一年(1638),徐霞客第一次进入云南,来到佛教名山鸡足山探访,赫然发现四十七年前王士性已在一块石壁上题诗。王士性无疑是古代中国地理学最早的探索者,也是懂得欣赏山水自然之美的旅行家。中国有五岳名山,王士性著有《五岳游草》,他登临五岳,而且在万历十七年去看过桂林山水，万历十九年担任云南兵备副使时，去了点苍山、鸡足山、滇池，寻访足迹远早于徐霞客。徐霞客对王士性由衷钦佩，敬称王士性为"王十岳"。

明代人出门远行，乘船是很好的方式。尤其沿长江各大支流顺流而下或溯江而行，可达之处非常多。水上旅行有独特优势，借助风帆而行，更能实现文人雅士的一种理想，即所谓散发扁舟、泛舟五湖。米芾喜欢在自己的船上广蓄书画，一边旅行，一边在船舱里安逸地欣赏书画，自诩"满船书画同明月"。他的"书画船"为后世津津乐道，成为清雅的象征。元代画家倪瓒散尽家财后，也曾驾舟而行，随意停泊于太湖沿岸，上岸访友、作画写诗，上船垂钓、夜宿。

明代嘉靖、万历年间，很多文人也尝试过这样的长途旅行方式。

《销闲清课图·山游》
明　孙克弘
台北故宫博物院藏

晚明公安派诗人、散文家袁中道生性浪漫，特别钟爱江浙一带的山水，从万历二十一年起，曾四次游历吴越。他认为名山胜水，可以涤浣俗肠，同时"吴越间多精舍，可以安坐读书"，旅行中可以广交各地师友，"借其雾露之润"。袁中道尤其喜爱乘船而行，随意漂荡在风景宜人的河流上，深谙"泛游"之乐——借船观景，安然坐在船舱里喝茶，无须艰苦跋涉，就能看遍美景。他说："天下之乐，莫如舟中……惟若练若带之溪，有澄湛之趣，而无风涛之险，乃舟居之最惬适者也。"

实现这个理想，拥有一艘小船就够了。

万历三十七年三月十七日，袁中道开始第四次吴越之旅，特别之处是事前定制了一条船。船是楼船，有数层空间可供日常起居，非常宽敞。袁中道给船取名"泛凫"，取自屈原的《楚辞》，希望自己的人生潇洒如水鸟，自由随意在水面上飞翔。袁中道特请好友、商人夏道甫书"泛凫"二字，刻成匾额挂在自家船上，船壁挂着新买的沈周画，上面有吴宽、文徵明题诗，再挂上黄庭坚草书的古诗挂轴，船舱布置得宛如书斋。

袁中道坐着这艘私人定制的楼船，开始了一次非常有意思的"自驾游"。从家乡湖北公安县启程，顺长江而下，船上准备了足可吃上一年的粮食，朋友金一甫结伴随行。走走停停，这条"泛凫"船在江上行一会儿、歇一会儿，完全根据袁中道的安排，非常惬意。长江之水随时可以打上来泡茶，江边上有山，山里有庙，心有所感就进庙拜佛，与僧人交流。

袁中道有很多朋友住在长江两岸不同县郡，他停船进城拜访，交流学问，欣赏朋友们珍藏的古籍、书画，其中有许多文徵明的作品。

袁中道此行写有日记，就是那部传世的《游居柿录》，记载详尽。

舟到武昌，袁中道当晚住在黄鹤楼，他十三年前来过黄鹤楼，没

第二十一章 泛舟

想到当年看过的黄鹤楼，即所谓"旧楼"已毁，这次看见的是一座全新的黄鹤楼，袁中道觉得没有以前的壮丽。来到赤壁，附近有一眼"龙泉"，泉水甘洌，他便取来烹茶……

两个月后到南京，"泛凫"从南京上清河过，由江东门刚一入城，袁中道就看见了壮丽的南京大报恩寺宝塔，这座宝塔是永乐皇帝所建，外壁用琉璃瓦砌成，号称东方最伟大的人工建筑、世界奇迹，他内心非常激动。船过文德桥，秦淮河两岸楼阁华美，男女衣着时尚……

袁中道是公安派文学"三袁"中年纪最小的一位，与两位兄长相比，他的科举之路虽然较为坎坷，但在当时文坛已颇有影响。这一年，南京六合县令是米芾后人、赏石家米万钟，听说袁中道到南京了，就兴冲冲前来拜访，两个人一起听秦淮歌女演唱北曲。

此行一路经汉阳、行长江、渡运河，最后抵达丹阳。在丹阳蒋墅"篁川园"，袁中道见到了园林主人贺学仁，他是汤显祖、冯梦祯的好友。袁中道笔下的篁川园远离尘嚣，水面极广，俨然人间仙境：

园内弥望皆水，周遭可三里。中因岛屿为楼阁，过小鉴湖，水色澹澹。数折入柏巷，始抵霞标阁，阁外皆植桃，故以"霞标"名。后轩临水，水外长堤，多植梧桐、芙蓉，开窗则游鱼漾泳，好鸟和鸣。阁下颇清凉。复循故路至鉴湖畔，泛小楼船，过月榭，远望朱栏若鱼网，曲折水上。登鉴阁，翯风袭衣。置酒楼船，夜泛。

天气澄清，榷小舟从霞标阁右轩登舟，沿堤碧梧翠柳，紫薇花处处烂然。半里许，过第五桥，涉桃花渡。又里许，至篁川庄，门迎流水，中有秘室画阁，可居眷属。

丹阳是此行最后一站，"得陶石篑先生讣音"，袁中道心情不好，兼以科举会试在即，于是乘舟北上返楚。

文人出游，多畏惧远途艰险，徐霞客名弘祖，"霞客"二字是陈继儒给他所取之号。徐霞客孤身入云南是最危险的一次远行，身边还带着陈继儒给当地官员的介绍信函，而陈继儒自己一向追求安逸的生活，惮于长途奔波。

他曾说：

余出不能负向平五岳之笈，入不能辟香山五亩之园。惟买舟襆被，于郡城内外名胜处避客息躬。倪尚书经锄堂所谓每月一游，则日日可度，每岁一游，则可阅三十年也。马嵴雪上人观音阁、龙树庵桥柳堤、超果紫藤、嘉树林、孙汉阳东皋雪堂、竹素园、濯锦园、熙园、文园、楚园、宝胜庵、宝莲庵、郭外禅居、庵山、雪山、小昆山、天马山、佘山、小赤壁、白龙潭、唐氏拙圃、陆君策畸墅、泖塔、范象先梅花楼、神山云香书屋、金泽寺、洙泾钓滩、机山下平原村、莱峰书屋、瑶潭、白石山房。

总之他出游，离家不过百里，看的都是朋友的园林，真逍遥人也。

第二十二章 游船

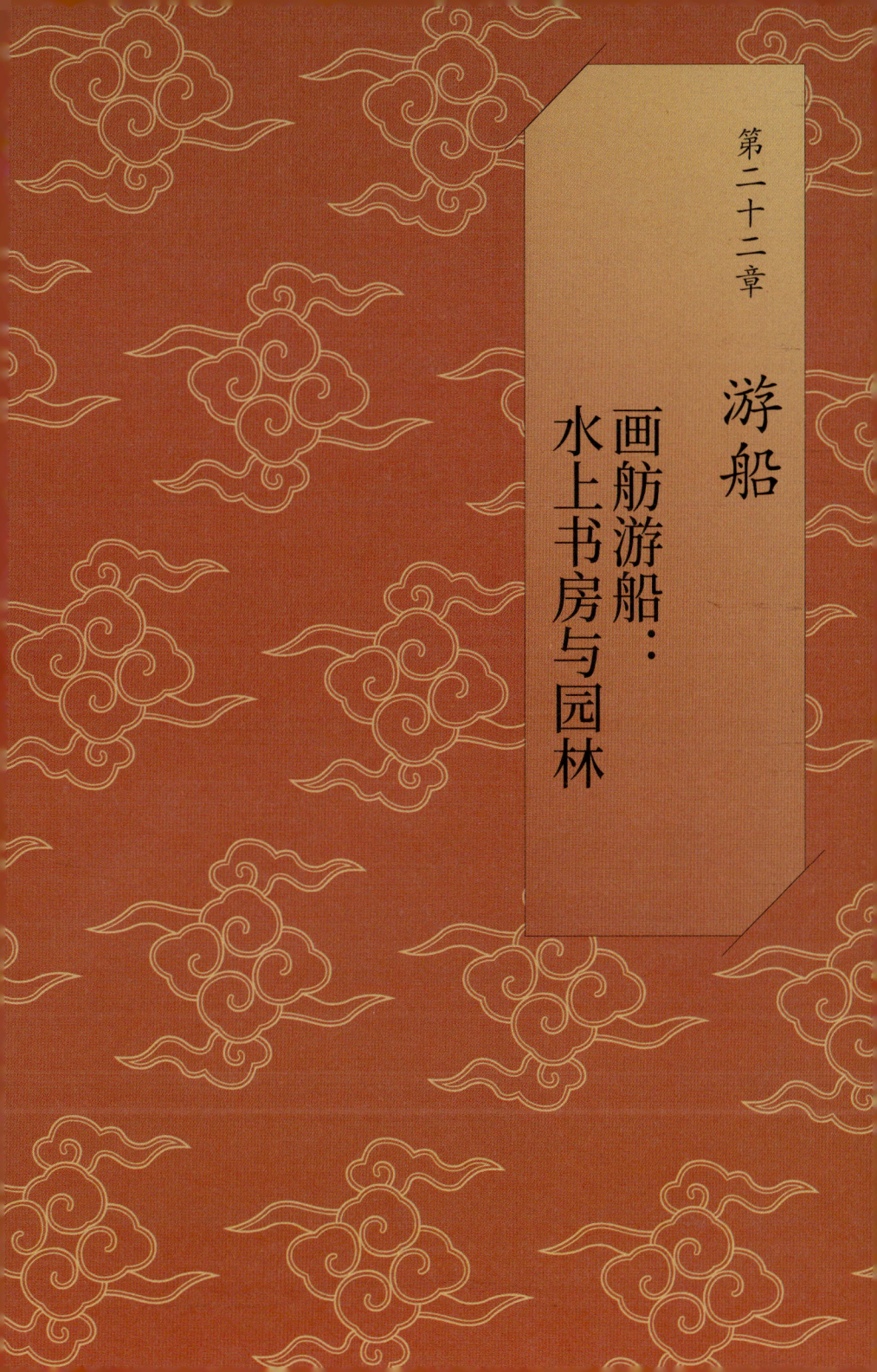

画舫游船：水上书房与园林

第二十二章 游船

沈周有位好友叫朱存理，家住苏州葑门，是一位痴迷藏书的诗人，曾于中秋夜偶然获得灵感，写下"万事不如杯在手，一年几见月当头"的诗句，轰动一时，被众人传诵。

朱存理自号"野航"，喜欢以船而居，是因为崇拜元代倪瓒当年的事迹。史书记载，倪瓒晚年"弃散无所积，屏虑释累，黄冠野服，浮游湖山间"。他的很多题画诗都记录了坐船寄居水上的隐士生活，如一次乘坐小舟到甪直访友："舟过松陵甫里边，幽篁古木尚苍然。何人得似王徵士，静看轻鸥渚际眠。"还有一次在吴江遭遇风浪，船舱进水，倪瓒事后夜泊城外人家，"水月皓然"，与好友畅谈吟诗："松陵第四桥前水，风急犹须贮一瓢。敲火煮茶歌白苎，怒涛翻雪小停桡。"

比起倪瓒豪迈的散财之举，朱存理真是一介寒士，曾经想买驴代步，但无力筹措买资，吴中才子徐祯卿发起募捐，众人出钱帮他买驴。朱存理的"野航"，不过是一艘竹棚小舟。

朱存理"闻人有奇书，辄从以求，以必得为志"，平时有了点钱就只顾买书藏书，晚年家贫，所积之书渐渐散去，他每每抚书叹息，却无可奈何。在这种情况下，买一艘小船也很吃力，好友们再次募捐，帮他置办一艘小船。"野航"朱存理实现了理想，在春秋佳日乘着载满书籍、书画的小船，效法倪瓒，悠游于山水之间。

祝允明的《赠朱孝廉性甫》有句曰："书抄满箧皆亲手，诗草随身半在舟。"朱存理在船上终日读书、赏画、吟诗、作文，或登岸探亲访友，也是"野航"生活的真实写照。朱存理的著作多以"野航"命名，如《野航诗稿》《野航漫录》。

朱存理"野航"去沈周的有竹居，每次都少不了向沈周索讨书画，沈周非常乐意接待这位老友，感觉很荣幸。朱存理一生布衣，整日以收藏古籍、书画为乐，他"从流飘荡，任意东西"的舟船之旅，就是理想的生活状态，沈周对此深为赞佩，《榖旦喜性甫至》诗云："城瀼高官尽有衙，迂舟却到野人家。"

沈周《石田先生集》中，记述二人交往趣事，读来令人莞尔。

朱存理一次与沈周一起坐船去太湖西山，船舱狭小，他却早准备好画纸，八张巨幅画纸"通粘为卷，延四丈有畸"，是足有十几米的超长画卷。沈周皱眉谢绝，"余惮其长，以谢不能"。朱存理也不说话，淡定地亲手磨墨，拉开宣纸，"鼓励"沈周当场为他作画，甚至"谄媚"地对沈周说："此纸于绘事家颇称水墨，知子胸中丘壑，天下巴蜀也，能不使余卧游此卷中耶！"纸张精良难得，沈先生不出远门但胸有丘壑，我的一点卑微愿望仅仅是"卧游此卷中"而已！面对如此前所未见的巨幅长卷，沈周"虽有惮色，而终无拒心也"。

人在船中无处遁迹，"卧游"二字，沈周感同身受，只有呵呵投降，挥毫落纸。沈周不负好友，有空就埋头创作，此画"且画且辍，历一年所而成"。这是成化二十二年（1486）三月的事情，沈周时年六十岁，朱存理四十三岁。两人如此亲密无间，究其原因，是有一位共同的老师——吴门画派先驱、画家杜琼。

朱存理生活在明朝中叶，一介布衣，生活清贫。"野航"生活如果太寒酸，未免遭人白眼讥讽。《遵生八笺》里描述的情形，才是富贵闲人、读书种子该有的气象：

河内置一小舟，系于柳根阴处。时乎闲暇，执竿把钓，放乎中流，可谓乐志于水。或于雪霁月明，桃红柳媚之时，放舟当溜，吹箫笛以动天籁，使孤鹤乘风唳空。或扣舷而歌，饱餐风月，回舟返棹，归卧松窗，逍遥一世之情，何其乐也！

晚明文人的生活状态相对更为惬意，松江画家莫是龙在《游九峰记》中记录了万历七年正月初五、初六两天，他与几位朋友游历家乡附近名胜九峰三泖的情形，这是一次文人间愉快的舟游活动：

<blockquote>
己卯开岁五日，余与盛伯灵、张瑞之、徐文卿、陈则明乘扁舟游九峰间，是日以午牌时，先至钟贾山之嘉树林，访梅于碧云轩之西阜……而东风利甚，舟舵若驶，仅仅不尽一局弈，已至白龙潭矣。
</blockquote>

万历三十七年，袁中道定制"泛凫"船远游。大致同时，李日华也置办了一条游船，名为"雪舫"。

"雪舫"船供李日华平时出游使用。船身不大，船上自备书房、会客、休息之所，舵、橹、帆兼具，前舱、中舱打通成一大间，设有

《纪行图·浒墅》（局部）
明　钱穀
台北故宫博物院藏

——
万历二年，王世贞定制此图册，三十二开，记录其赴京舟行旅途所见。此开描绘京杭运河之重要税卡浒墅关繁华景象，过关大小船只汇聚于此。

花窗。舱顶覆竹篾，舱内有卧榻、书架、桌椅、酒坛、茶炉。后舱架方棚遮蔽风雨，船夫二人摇橹、撑篙。"雪舫"相当于一座浮于水面上的书斋，比起朱存理的"野航"，二者不可同日而语。这种自备游船当时在士大夫中很流行，或称"斋舫"。

《味水轩日记》提到雪舫停泊处在嘉兴凤桥镇东北二里的石佛寺。李日华多次乘雪舫去南湖夜游，与儿子李肇亨、妻兄沈翠水停舟湖畔，去朋友家看西府海棠，或去城外白苎村探梅："至白苎村居，舟行蓼滩菱渚中，野旷天清，桂花香逆鼻，竟不辨谁家池馆也。"这还是距离较近的出游，坐雪舫远游，李日华踪迹远至苏、杭、湖、常诸州或更远，去得最频繁的是苏州、杭州。李日华走水路，日行夜宿都在雪舫上，舱中还可作书画、吟诗、吃酒、品茶、会客。

如万历三十八年三月二日，他登雪舫去姑苏，夜泊吴江北郭。日记中第二天就"泊姑苏驿，尝新茶。暮雨，风撼舵牙彻夜"。此行短暂，"六日，五鼓由姑苏解维，昏时抵家"。船行迅疾，清晨从苏州出发，黄昏时已经回到嘉兴了。同年九月，李日华有安徽齐云山之行，也是坐船，九日出发，坐在船舱中阅读所带书籍，或饮酒，或上岸购物。到达齐云山后，十六日上山拜神祷告，转去休宁、屯溪，经七里泷至桐庐，夜泊石门。二十四日回到嘉兴。十五日的短途行程，除了上山，基本以水路为主，雪舫之实际功用得以充分利用。

又如万历四十年四月十九日姑苏之行，午夜出船，"夜漏下三点，与儿子登雪舫，宿秋泾桥"。次日到苏州，"夜宿盘门"。二十一日，船至阊门，阊门当年是书画商人云集之地，李日华"购得王右军《实际寺碑》一本、米元章擘窠书《天马赋》一本"。这天中午"至虎丘，购得赣蕙二本、珍珠兰一本、茉莉高七尺者二本。夜宿虎丘后麓"。在苏州采购诸般雅物完毕，心满意足，不料第二天回嘉兴时，与商船发生碰撞，船橹被撞碎，更换之后继续水程，次日抵家。

《山水册·西湖画舫》
明　程嘉燧

对文人而言，船就是一座流动的书房。江南水网密布，出行多走水路，陈继儒常住佘山，出行乘船，对此深有体会：

住山须一小舟，朱栏碧幄，明榥短帆。舟中杂置图史鼎彝，酒浆殽脯。近则峰泖而止，远则北至京口，南至钱塘而止。风利道便，移访故人，有见留者，不妨一夜话、十日饮。遇佳山水处，或高僧野人之庐，竹树蒙茸，草花映带，幅巾杖屦，相对夷然。至于风光淡爽，水月空清，铁笛一声，素鸥欲舞，斯亦避喧谢客之一策也。

陈继儒所乘之船，是所谓"轻舟"。《遵生八笺》记：

用以泛湖樟溪，形如划船，长可二丈有余，头阔四尺，内容宾主六人，僮仆四人。中仓四柱结顶，幔以篷簟，更用布幕走檐罩之。两傍朱栏，栏内以布绢作帐，用蔽东西日色，无日则悬钩高卷。中置桌凳。后仓以蓝布作一长幔，两边走檐，前缚中仓柱头，后缚船尾钉两圈处，以蔽僮仆风日，更着茶炉，烟起忽若图画中一孤航也。舟惟底平，用二画桨更佳。

袁宏道《新买得画舫将以为庵因作舟居诗》说："拟将船舫作庵居，载月凭风信所如。"戏剧家潘之恒有一篇《南陔六舟记》，历数自己半月之内乘坐过的六种舟船，各有嘉名，分别是甓舫、梅舟、蔡舟、支艇、鹤轩、月槎。潘之恒点评各舟曰：

甓舫如桓伊在瓜，步吹箎声，有幽远之韵。
梅舟、蔡舟如伧父披绣，野女簪花，腥浊未除，不免少减风趣。
支艇如草间张幔，水次然犀，足鼓豪爽之气，谁为招携，澹然忘反。
鹤轩如翩翩仙子，忽下蓬莱，惜缥缈间，未参鸾鹤之啸。
月槎若有若无，时进时退，含三天春云之响，散六洞漏月之纹。乘桴以来，莫之能尚矣。

万历四十年二月，李日华陪儿子去杭州参加科举考试，在昭庆寺僧房会晤吴正儒及他的朋友杨秀，为其收藏的文徵明小楷《盘谷序》题跋，还观摩了文彭草书的两首诗以及彭年小楷《游天池石壁记》。吴正儒，字醇之，号贞（珍）所，嘉兴人，万历丙子举人，授河南兰阳县令，不久罢归。《味水轩日记》中记录了李日华对此人的观感："不营俗务，制一楼舫，极华洁，畜歌儿倩美者数人，日拍浮其中。每岁于桃花时，移住西湖六桥，游观自适。迨尝新茶始去，别游姑苏、阳羡诸胜地。今年六十有九矣，而饮啖甚健，殆天以闲福奉之也。"言下之意，对此人颇为欣赏。当时文人热衷于为自己的游船取名，吴正儒船名"萍居"，"以画舫游江湖间。遇宾客雅集，令家僮度新声或演剧，以佐欢笑，超然自得，所谓蜉蝣天地之间，不婴世之网罗者也"。万历四十二年三月，李日华驾雪舫船去苏州，夜泊尹山，次日到阊门，照例购买碑帖书画，购得米芾《得真楼帖》、苏轼《洋州西园诗》等。晚上细雨蒙蒙，李日华前往"吴贞所萍居斋舫，尝虎丘新茶"。第二天，他招待吴正儒等几位友人在雪舫船上小饮，"张豫园梅花酒，韵甚佳。至醉"。

太湖流域河流众多，水面平静，没有大江上的疾风骤雨、风波险恶，"周回六百余里，平波如镜，曲流如带，无不可涉入"，萍居船航程所及，不止杭州西湖，更远到湖州、镇江、无锡、苏州等地。李日华有一篇《萍居记》，述其惬意自得之情：

吾蚤春探梅于杭之西溪、苏之光福；中春荐樱桃尝燕笋于常之荆溪、润之北固；春夏之交，摘茗煮泉于锡之慧麓、茗之碧浪；秋则松陵之霜枫；冬则皋亭之雪巘。一境之胜，一候之奇，赴之如脱弦之矢。迨其既倦，掩篷捩舵，端坐而返乎敝庐。故我常有转移适物之权，而无鲍系株守不及于物之叹。登我舟者，非天放高流，则泽居旷士。

万历四十年四月，吴正儒拜访李日华，赏看他收藏的书画，李日华展示了二十多轴。他留意到客人的扇子上有陈继儒写的一首词："遥忆去年谷雨，柳蘸鹅黄春水。水上奏琵琶，一痕沙。曲罢留侬归去，家在竹溪西住，古木挂藤花，吃新茶。"小词散淡，意境优美，恰与吴正儒常年在舟上生活、浪迹江湖的追求隐合。

宋代书画家米芾"喜蓄书画，尝发运江淮，揭牌行舸曰'米家书画船'"。黄庭坚因此写过一首诗，称赞米芾对书画的痴情，是文人的极致风雅：

万里风帆水著天，麝煤鼠尾过年年。
沧江静夜虹贯月，定是米家书画船。

晚明文人游船，也喜以"米家船""书画舫"冠名。米家船上看书画、鉴古玩是常有的事情。张岱去苏州天平山庄拜访范允临,夜宴结束,"步月而出,至玄墓,宿葆生叔书画舫中"。这位"葆生叔"就是张尔葆,又名联芳。此人是位画家、收藏家,好古玩,精鉴赏,家藏尊罍卣彝、名画法帖众多。他的这条"书画舫"与米芾的游船用途相仿。天启二年,李日华、汪砢玉在安徽收藏家新置的一条"飞霞舫"上,看"新得汉玉图章约三百方""文与可晚霭横看卷",汪砢玉和李肇亨还在舱中一起"印诸玉作谱",娄东人朱锦春在现场弹奏阮咸,二人无暇聆听,只顾抓紧时间制作印谱,这种场合,船既是宴客厅,也是书斋。

松江地区水网密布,文人也喜欢舟船出行,《南吴旧话录》记:

> 陆家山置画舫,外列八卦形,凡坐榻、卧床、棋枰、书架、酒灶、茶铛莫不毕具。时荡桨峰泖间,遇得意处辄吹箫鼓琴,令侍儿梳发,搔背,日以为乐。

陆中行,字伯与,号家山,上海人。他是与陈继儒一样的人物,弃儒冠而自放江湖之上,当时徐阶为内阁首辅,两次请他出山做自己的幕僚,他谢绝说:"为相公幕中客,何如与鱼鸟称密友,烟波号知己耶!"

松江名士孙雪居喜欢家乡的白龙潭,常常坐船出游,二三好友相聚。同行人之一董其昌当时还是一名秀才,大家穿着便服,到地方发现已经有"蓝笋呼舟"停泊等候,大家一看,原来是嘉兴的冯梦祯先生先到了⋯⋯

冯梦祯晚年住在西湖边,也有自备船舫。他喜欢坐船出游,随船的歌姬轻歌一曲,尤其是在月圆之夜,驾舟而行,享受人生乐趣,《快雪堂日记》有许多相关记载。西湖多画舫,文人不仅可以游船看景,也多在画舫、湖舟上演剧。

万历二十八年（1600）中秋，冯梦祯傍晚"出宿湖舟"，带了朋友姚叔祥、金太初、黄问琴和四位歌童，还有家里的四名歌姬前往西湖。当夜，四位歌姬第一次演出"试声"，这个中秋之夜，西湖居然没有月亮，但几位游者"兴致颇豪"。此后兴趣日浓，到万历三十年（1602），冯梦祯家班船上演出更多，冯梦祯与朋友聚会，多以这种形式招待，这年闰二月十九日，冯梦祯陪屠隆、许然明游湖听曲："下湖，以歌姬行，邀胡仲修、许然明陪屠长卿。"

万历三十一年（1603）二月十二日，冯梦祯和黄问琴、沈伯宏、俞唐卿等朋友在西湖"探桃花消息……新堤桃花放者十三，旧堤数树而已"，新堤花开更为繁茂。随后，冯梦祯邀请好友高濂等人集于小舟，共赏桃花。十四日，高濂做东回请，大伙儿再次聚会听戏，《快雪堂日记》记载，这天开始，冯梦祯开始有夜宿船中的习惯：

余因入内促装下湖，先遣歌姬行，余后之。入舟，问琴、唐卿、伯宏随至，高深甫作主，同吴太宁二儿、胡姬历大堤、陆祠、新堤，与主翁别……余宿桂舟，自今夕始。

冯梦祯在游船中安排歌姬演出，日记里比比皆是，如同年二月十七日："是日，诸姬歌数套，颇有兴致。"又如七月十七日："先令诸姬隔船奏曲，始送酒作戏，是日演《红叶传奇》。"

早在万历十九年的夏天，诗人曹学佺就在西湖发起过一次雅集，宾客泛舟饮酒，然后去朋友的别墅里继续宴饮、唱戏。这天，青浦前知县、戏曲家屠隆居然粉墨登场，出演了《昙花记》。这天的雅集，冯梦祯也带了自己的家班，四位歌姬一起参与。整场雅集连台表演一个剧目，间接穿插冯梦祯家班清唱一曲的小节目，宾主尽欢。这还是十几年前的往事，当时冯梦祯尚无力置办游船。而到了晚年，今非昔比，冯梦祯生活优裕，不再羡慕朋友们的游船，可谓梦想成真。

奢靡之风总是愈演愈烈。天启、崇祯时代，张岱在《陶庵梦忆》里记录了更豪华的西湖游船，首创者包应登，字涵所，曾任福建提学副使，是张岱祖父的朋友：

> 西湖三船之楼，实包副使涵所创为之。大小三号：头号置歌筵，储歌童；次载书画；再次偫美人。涵老声伎非侍妾比，仿石季伦、宋子京家法，都令见客。靓妆走马，婴姗勃窣，穿柳过之，以为笑乐。明槛绮疏，曼讴其下，撅籥弹筝，声如莺试。客至，则歌童演剧，队舞鼓吹，无不绝伦。

"书画舫"墨图案
明　程君房
见《程氏墨谱》

这是何等排场？

大大小小三艘楼船，分别安置，第一船有歌舞宴席、歌童环伺，书画船是第二艘，最后才是包家的侍妾美姬，她们可以大方出来与宾客相见。声色鼓吹、书画鉴藏、美人相伴，三艘楼船摇荡在西湖的粼粼碧波里，最引人注目的是第一船，远远就听到丝竹的演奏，仿佛瑶池仙境。张岱评价包应登"穷奢极欲，老于西湖者二十年。金谷、郿坞，着一毫寒俭不得，索性繁华到底，亦杭州人所谓'左右是左右'也"。

"左右是左右"，换成苏州、上海方言就是"横竖横"，意思是"反正如此"。繁华到底，尽头不是金山银海、珍馐美味，不是古董收藏、晋唐名画，而是西湖船上的檀板悠扬、轻歌一曲。

徽商汪汝谦将西湖画舫推向了极致。汪汝谦，字然明，号松溪道人，祖籍安徽歙县，因慕西湖之胜，"制画舫于西湖，曰不系园，曰随喜庵；其小者曰团瓢，曰观叶，曰雨丝风片。……四方名流至止，必选伎征歌，连宵达旦，即席分韵，墨汁淋漓，或缓急相投，立为排解，故有湖山主人之目"。

两大四小六艘湖船，其中"不系园"名声最大，舟名出自陈继儒手笔。汪汝谦为它写过一篇《画舫约》，又名《不系园记》：

"书画舫"墨
明 程君房
台北故宫博物院藏
——
万历三十一年制。

> 癸亥夏仲，为云道人筑净室，偶得木兰一本，斫而为舟。四越月乃成。计长六丈二尺，广五之一。入门数武，堪贮百壶；次进方丈，足布两席；曲藏斗室，可供卧吟；侧掩壁厨，俾收醉墨。出转为廊，廊升为台；台上张幔，花晨月夕，如乘彩霞而登碧落，若遇惊飙蹴浪。歇树平桥，则卸栏卷幔，犹然一蜻蜓艇耳。中置家童二三擅红牙者，俾佐黄头，以司茶酒。客来斯舟，可以御风，可以永夕，远追先辈之风流，近寓太平之清赏。

"不系园"俨然一座水上园林，器具一应俱全。汪汝谦常邀钱谦益、方一藻、张遂辰、方一荀、黄汝亨、陈继儒等名士宴游西湖，享良辰美景，极尽宾主之欢。"不系园"名声在外，常有人前来借用。汪汝谦为此设立"不系园约款"，有十二宜九忌，规定凡用船舫者，须具一定资格。

十二宜是：名流、高僧、知己、美人、妙香、洞箫、琴、清歌、名茶、名酒、骰核不逾五簋、却骖从。九忌是：杀生、杂宾、作势轩冕、苛礼、童仆林立、俳优作剧、鼓吹喧填、强借、久借。

另一艘大游船"随喜庵"，舟名出自董其昌手笔。其他多种画舫，也时有名流、名媛借用。陈寅恪《柳如是别传》有柳如是向汪汝谦借船春游的尺牍，陈寅恪认为："河东君所欲借者，当是'团瓢'、'观叶'或'雨丝风片'等之小型游舫也。"汪汝谦以六条画舫，打开了上流社会的社交之门，他晚年回忆：

> 大抵游观者，朝则六桥看花，午余理楫湖心亭，投壶蹴踘，对弈弹琴，象板银筝，笙歌盈耳。已而，夕阳在山，酒阑人散，沿十锦塘而归，泊断桥下，一丝一竹，响遏行云，不减虎嘷佳话。或为长夜之游，选妓征歌，集于堤畔，一树桃花一角灯，风来生动，如烛龙欲飞；照耀波光，又若明珠蚌剖。旦暮之间，其景不一。历其境者，身心为之转移矣。

张岱曾登临"不系园"，与一众好友串戏、演出，繁华至极的西湖游船，他是亲历者。

崇祯五年（1632）十二月，大雪之夜，张岱乘一叶小舟，独往湖心亭看雪：

> 大雪三日，湖中人鸟声俱绝。……到亭上，有两人铺毡对坐，一童子烧酒炉正沸。见余大喜曰："湖中焉得更有此人！"拉余同饮。余强饮三大白而别。问其姓氏，是金陵人，客此。及下船，舟子喃喃曰："莫说相公痴，更有痴似相公者。"

繁华到底，也是一个"痴"字。

第二十三章 异域

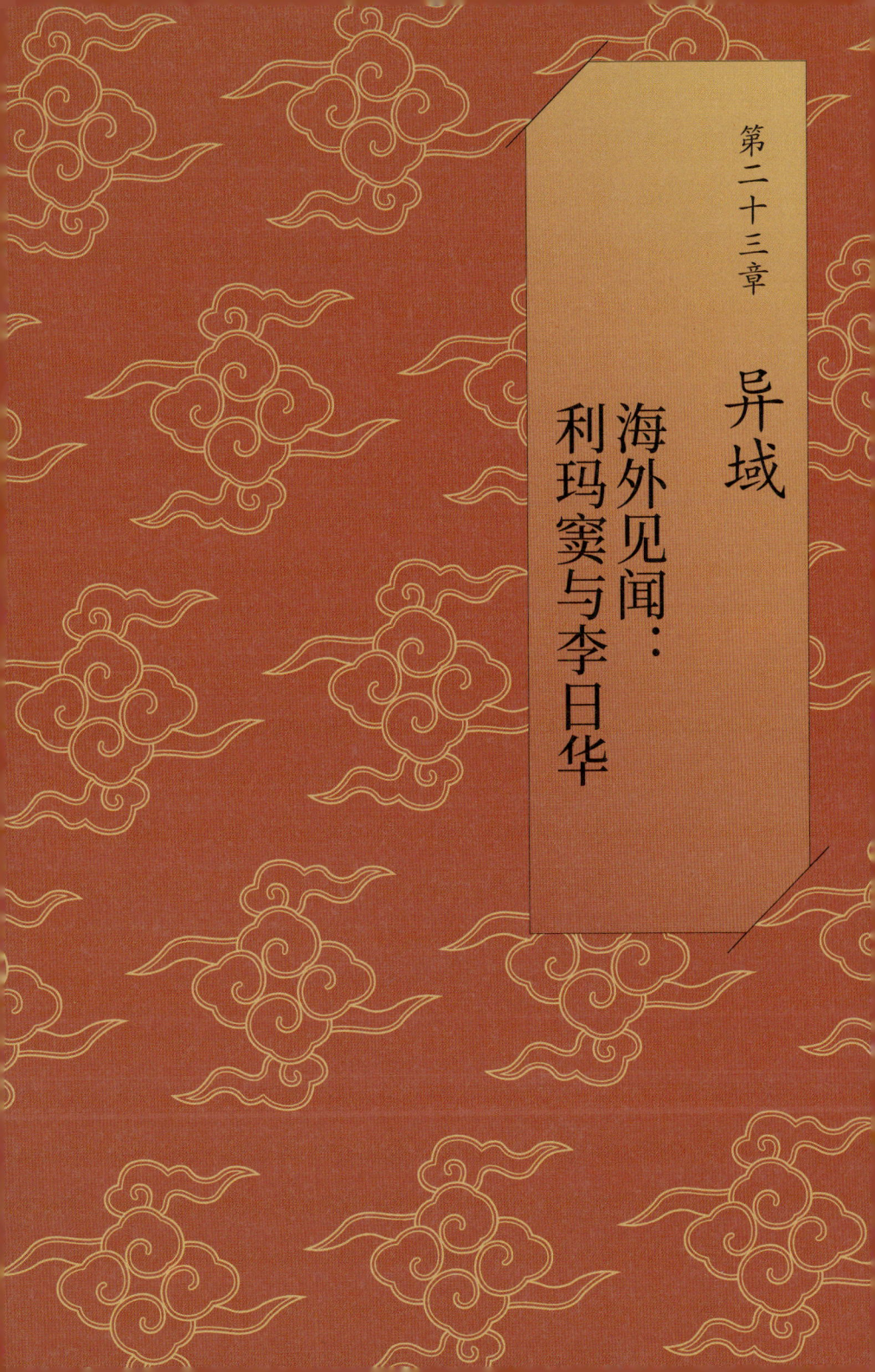

海外见闻：利玛窦与李日华

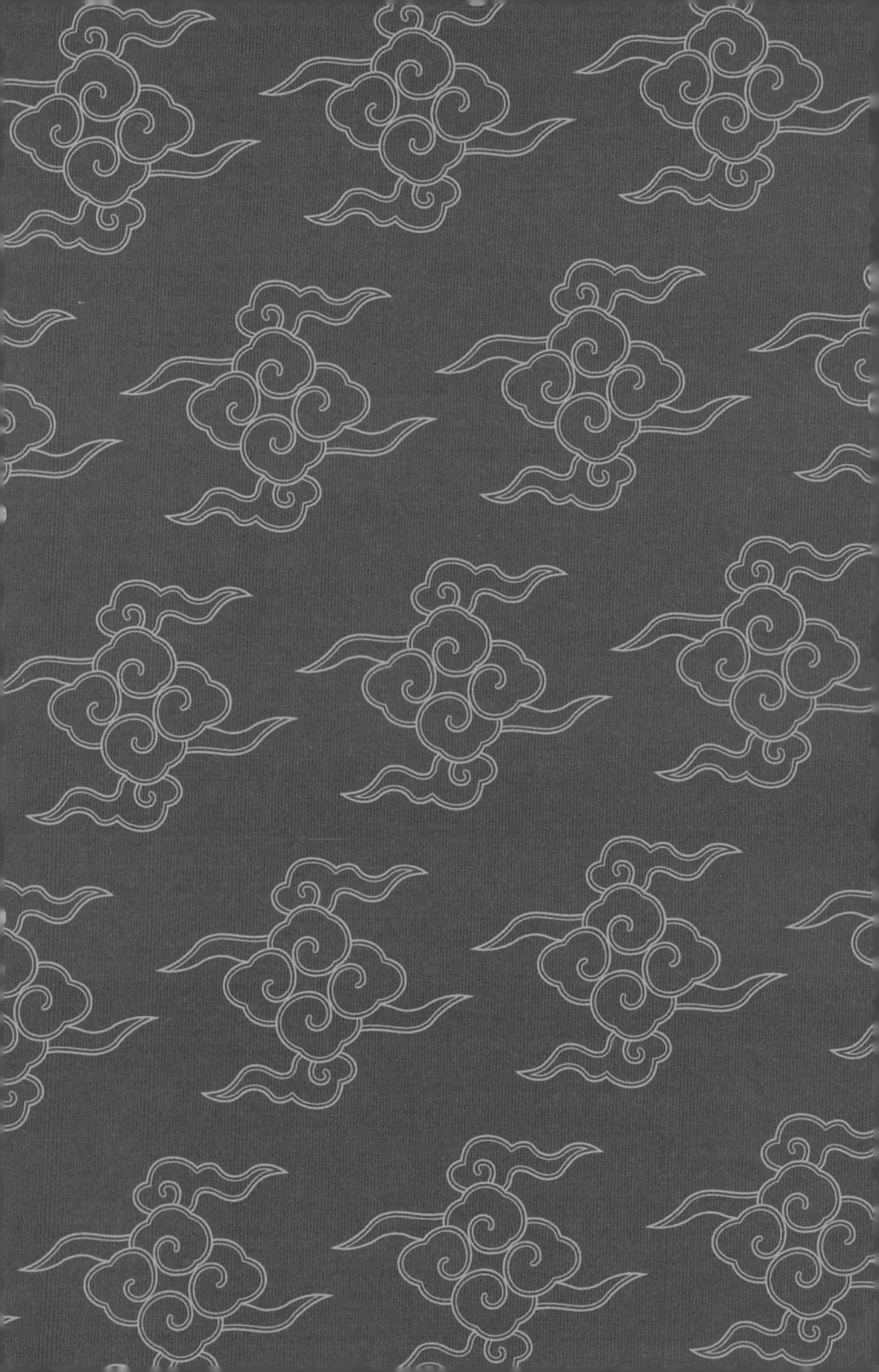

第二十三章 异域

万历四十一年，李日华赴丹阳茅山华阳洞礼拜三茅真君。归来后不久，门生黄章甫前来拜访。黄章甫是明朝罕见的海外旅行者，去过南洋诸国，见多识广，李日华和他闲谈半日，他说起很多海外趣闻，李日华听得津津有味。

他说"去吕宋者"大多在福建漳州海澄县登船，一艘大楼船能容纳五六百名旅客，客人分几层居住，船身很大，船上甚至有砖铺道路，好像城内街道一样。远洋海船，每开五百里为"一更"，出发地到"清水洋"正好一更。清水洋，顾名思义，这里海水清澈，船上乘客能看到鱼群尾随船舷，好像在等人喂食，而且都是大鱼，估计体形最小的鱼也有四五百斤。海船上设立了一个神庙，用来祭拜"了师菩萨"，据说这位"了师菩萨"很灵验，如果在海上遇险，虔诚祈祷往往就能得其显灵救命。"了师菩萨"可能就是沿海许多渔民崇拜的妈祖。

每次船入清水洋，海里鱼群变多的时候，船上的人会在"了师菩萨"像前祈祷，卜问能不能捕食。如果占卜结果吉利，水手们就会杀掉一头猪，将猪当作鱼饵，垂钓捕鱼。鱼捕上来之后，斩下鱼头作为供奉，船上每一个人都可以大快朵颐，吃到一顿新鲜的海鱼大餐。

黄章甫说，吕宋男女都有宗教信仰，男女青年一入洞房就会怀孕，没有意外流产的，而且当地人都很长寿。吕宋人很注重家庭，但是也不愿意多生孩子，一户人家往往一儿一女，生了两个小孩后就不再同房，他们认为生过两个孩子，这个地方上的人数就够了。

吕宋人每天跌坐相对，静默无为，大家一点儿也不忙碌，好像都是得道之人，安详度日。当地有寺庙，里面的僧人不剃发，区分僧人与俗家人要看衣领。民间对寺院极其尊重，如果有罪犯逃到寺院里面，官府也不敢进入抓捕。当地人都有佩刀，双方格斗而死，如果伤口是在身体正面，官府一概不会追问，认为是死者自己无能，打不过对手。如果死者背后有刀伤，官府就要追究罪责，认为人家都开始逃跑了，你还追杀不放，这种行径不能容忍。

当地人使用的货币也是银币，四五铢重。换算一下，每一枚钱币有六七克重。黄章甫说，当地有一种茉莉花，花朵大如牡丹，还有一种蜥蜴，重七八斤，老鼠更是不得了，一只老鼠据说有二十斤重，剥下一张鼠皮，可以用来覆盖整张胡床。明代人所说的"胡床"是一种折叠小凳子，像马扎。

黄章甫的吕宋之行，其来有自。历史学家许倬云认为，晚明国际贸易的大致情况是，西班牙、葡萄牙、荷兰几个国家以高桅大船运输货物，设立基地于马六甲、吕宋、巴达维亚，可达中国或日本，中国海商则由中国近海出发，转驳商船，再从印度洋转运到大西洋，运到欧洲，或者从墨西哥阿卡普尔科转陆路，再从墨西哥湾登船，横渡大西洋运到欧洲。两条航线沿途的东南亚、印度、非洲、美洲殖民地也消纳了部分中国商品。日本长崎、印度果阿都是中转站和重要贸易口岸。

明朝的海外贸易时断时续，在李日华生活的年代，海禁已经放开，海外的一些日用商品随着朝贡贸易正常化流入中国。举例来说，日本

《明人十二肖像·李日华像》
明　佚名
南京博物院藏

商船首先来到宁波，按照官府规定以"朝贡"名义进行商品贸易，同时在中国采购大量商品运回日本。这种互惠互利的贸易，对两国来说都有利。

海外流入中国的各种制品，得到许多文人的追捧。高濂藏有许多日本小型家具、器物，用来收纳书画、文玩，如这件巧夺天工的小书橱，工艺令高濂叹为观止：

> 有书厨之制，妙绝人间。上一平板，两傍稍起，用以阁卷。下此空格盛书，傍板镂作绦环，洞门两面镠金铜滚阳线。中格左作四面板围小厨，用门启闭，镠金铜铰，极其工巧。右傍置倭龛神像。下格右方，又作小厨，同上规制，较短其半。左方余空，再下四面虎牙如意勾脚。其圆转处，悉以镠金铜镶阳线铃制，两面圆混如一，曾无安接头绪。

万历四十五年（1617），福建漳州学者张燮写过一部《东西洋考》。明代中叶以后福建开放海禁，漳州的海外贸易迅速增加。月港是当时最大的一个外贸港口，张燮受当地官员的邀请，编撰《东西洋考》一书，作为漳州官商与各国贸易通商的指南。《东西洋考》记录了当时与明朝有朝贡关系的海外国家概况，包括西洋列国十五个，基本上都在今天越南、泰国、印度尼西亚、柬埔寨、马来西亚等地；东洋列国有六个，大致有吕宋、苏禄、文莱等国家、地区。以沉香这一当时重要的输入商品为例，书中对各国沉香产区、品种、特点均做了详细描述。作为当时对外贸易的官方记录，《东西洋考》至今仍有很高的文献价值。

黄省曾著有《西洋朝贡典录》，这本书是正德十五年（1520）的私人著述，主要涉及郑和下西洋时期的史料，但晚至清代中叶才得以

十八世纪日本　山水莳绘橱
台北故宫博物院藏

刊行,在当时影响有限。

　　李日华生活的嘉兴靠近宁波,所以他有机会接触来自日本的商品。万历四十二年,李日华去妻兄沈翠水家欣赏他新种的一棵黄山松。二人吃螃蟹、喝酒时,沈翠水拿出了一把锋利异常的日本匕首,请李日华观赏。同年十月,沈翠水又带来了几件苏州古玩商人的东西,其中有琥珀制品,还有一双日本的铜筷,刻有花草纹,精雅至极,令李日华非常赞叹。《味水轩日记》记,万历四十七年(1619)七月五日,沈德符的侄子沈伯远前来拜访,送了苹果八枚,苹果从海外运至淮安,沈伯远特意将当时难得的水果送给李日华品尝。

李日华对海外趣闻一直非常感兴趣。万历二十五年,三十三岁的李日华在江西九江府担任推官,这是一个司法类的职务。在九江,李日华颇感为官繁难,上司却颇看重他,让他兼管瑞昌县。这年秋天,李日华在省城南昌遇见了意大利传教士利玛窦,两个人见面之后交谈了许久,内容涉及西方风土、政治、宗教、天文以及利玛窦的来华经历和将来打算。

对这位传教士的来历,《紫桃轩杂缀》记述颇详:嘉靖末年,利玛窦结伴十人航海漫游前来中国。一行人途经千余邦国,航程六万多里,耗时六年抵达越南,然后转入广东地界。到岭南后,因不适应当地湿热的气候环境,同伴相继生病离世,唯有利玛窦得以幸免,并就地居住二十余年,通晓中国语言和文字。有趣的是,李日华根据中国道家养生术得出结论——利玛窦怀有"异术",故而不怕疾病。

利玛窦向李日华展示所携带的"异物":"一玻璃画屏,一鹅卵沙漏,状如鹅卵,实沙其中,而颠倒渗泄之,以候更数。"利玛窦随身还带了一本书,装帧非常精美。"彩罽、金宝杂饰之,其纸如美妇之肌",纸张触感丝滑,利玛窦告诉李日华,这是他祖国所产的一种树皮做成的薄纸。李日华了解到"大西国在中国西六万里而遥,其地名欧海""地多犀象虎豹,人以捕猎为生,亦有稻麦菜茹之属""文字自为一体,不知有儒道释教,国中圣人皆秉教于天主"。该国政体奇特,"国列三主,一理教化,一掌会计,一专听断",教宗大权独揽而非世袭,须由众人推立,由德高望重者担任,掌权时往往非常年迈,精力不济,疲于政务,掌权时间不长,人们也不羡慕。

地理之外,他们还讨论了天文,利玛窦告诉这位明朝两榜进士出身的官员：

> 谓天有三十二层，地四面悬空，皆可住人；日大于地，地大于月，地之最高处有阙，日月行度适当阙处，则光为映蔽而食。五星高低不等，火最上，水最下，金木土参差居中，故行度周天有迟速。其言皆著图立说，亦颇有可采处。

利玛窦入乡随俗，换上中国人的儒服，潜心研究中华文化经典，与朝野名流交往，赢得了很多高官、文人的信任与好感。李日华与他会面前，已经知道利玛窦在南昌很受欢迎："见人膜拜如礼，人亦爱之，信其为善人也。"同时李日华观察到，"玛窦紫髯碧眼，面色如桃花"，看起来就像二三十岁的年轻人，认为他是"远夷之得道者"。其实，当年利玛窦已经四十六岁了。

利玛窦还向李日华展示了自己所画的寰宇图，李日华目睹后浮想联翩："欧海诸处，实系海中诸洲屿，乃四洲之部属，绕昆仑麓而错处者。"李日华从小接受儒家经典教育并且科举成功，与许多同时代文人一样，以前都学习过中国传统地理学的经典著作，看到利玛窦的寰宇图后，虽心有所感，但还是愿意按照《山海经》这类古代地理书的旧有知识框架，理解外来的全新的地理观念。在他看来，世界围绕着昆仑山，欧洲只是海洋中的岛屿之国，在天下四大洲里是"部属"而已，远离世界中心，换言之，就是属于荒蛮异域。但他对于利玛窦所作地图还是非常佩服："天地之辟久矣，风气日开，不唯中国人远涉遐异，而荒服之士亦往往梯航而来，闻见互质，诚得合前数种，又参以职方所领、志乘所载，与夫山经地疏、航海之编、辀轩之录，而运以千秋卓荦之笔，自成一书，亦大快也。"远古的《山海经》之外，明初郑和下西洋，随行官员们写有好几部地理见闻录，如《星槎胜览》。这些永乐、宣德时代的航海日记、见闻录，反映了晚明知识分子的世界观、地理观。

李日华的内心有所触动，他总结说，汉张骞有凿空西域之旅，唐高僧玄奘西游，金道士丘处机远赴漠北，中西文化交流没有中断过，而利玛窦"其言皆著图立说，亦颇有可采处"。早在万历十二年，利玛窦就在肇庆绘制过一幅《山海舆地全图》，以白丝绸裱糊寄到澳门和罗马。此图在南昌、苏州、南京、北京、贵州等地翻刻过十余次。万历三十六年（1608），万历皇帝见到了利玛窦重修更名为《坤舆万国全图》的世界地图，非常喜欢，下旨钦天监用丝织出，安放在六对大屏风内，给他的儿子们每人一份。第二年，明代最重要的百科全书《三才图会》出版，也收录了利玛窦所绘的世界地图。

利玛窦在南昌期间，写给教会的许多信件留存至今，对照李日华的记述来看很有意思。据利玛窦书信记录，他于1595年5月11日抵达南昌，以此推算，李日华见到他时，利玛窦实际已在南昌居住两年。在写给耶稣会神父的信中，他称赞南昌是一座高贵的城市，其规模就像佛罗伦萨一样。另一封写给澳门神父孟三德的信中，利玛窦介绍说，南昌的船只不如广州多，但陆路交通比广州繁忙，读书人的数量及高贵、美丽和完美的程度，则大大超过了广州，牌坊远远多于广州。利玛窦与南昌名医王继楼关系密切，因此得以和封邑南昌的大明建安王结识，人脉迅速打开："我的名声传遍了全城，而且与日俱增。他们不仅认为我是一位大学者，而且认为我可以拥有进士的学位，也就是中国三级学位中最高的那级，因为我已通读了中国的《六经》。他们还说我掌握了中国无人知晓的大学问。"信中描述他如何主动拜访建安王，向他展示威尼斯产的三棱镜和一幅印制的圣母像，还送给建安王一幅铜版油画。

南昌另一位藩王，乐安王朱多㷆听说"泰西"有着和儒家一样温雅的礼仪，非常希望听一听"西儒"的"交友之道"。于是，利玛窦用汉语编辑了一本西方古典作家和神父论述友谊的格言录——《交友论》，受到士大夫阶层的瞩目。乐安王朱多㷊还赠送他绸缎、缎鞋、册页等礼物。江西巡抚陆万垓、理学家章潢等达官显贵争相拜访这个著名的外国人，利玛窦寓所门庭若市。

在写给罗马耶稣会克拉维奥神父的信中，利玛窦介绍南昌举办乡试的情况——全省各县的三万人来到这里，四千人有资格参加考试，九十五个举人名额，八月初九开始三场，八月二十九日张榜公布名单。为赢得像李日华这样的官员、当地读书人的好感，利玛窦发挥自己的特长，当众表演了神奇的记忆术。一次，他应邀与几个秀才见面："我告诉他们，他们可以在一张纸上按照他们选择的任何方式写下大量汉字，它们之间不需要有任何秩序和关联……我将这些汉字读一遍后，就能凭自己的记忆按照他们所写的方式和顺序将这些汉字背出来……为了使他们更加惊奇，我又凭记忆，把这些字从后朝前倒背了一遍。对此，他们全都目瞪口呆，简直不敢相信。他们马上就求我同意将形成这种记忆力的神圣法则教授给他们。于是，我的名声便迅速在这些文人学士当中流传开来……说实在的，这种记忆定位体系看起来就像专门为汉字而发明的，因为它确实行之有效，每一个字母都是一个表达意义的形象。"

利玛窦说："借助记忆术，我孜孜不倦地阅读他们的书籍，记下那些能为我们所用的内容，因此我赢得了一个'过目不忘'的名声，这可以说是过誉之词。我越是极力否认，他们就越不愿相信。"

与李日华等士大夫交往时，利玛窦已接受别人的建议，脱掉原先穿着的传教士袍，蓄须发，改穿儒服，头戴四方平定巾。在南昌期间的一封书信中，他详细描述了自己的衣服："我做了一身绸缎的衣服，以备正式拜访所用，此外还有几身供平时穿用。那身正式场合的礼服

《利玛窦像》
明　游文辉

是中国文人和大人物们穿用的，深红色的绸缎长袍，袖子非常宽大，袖口敞开，在下摆上有一道半掌宽的宝石蓝色绸边，十分鲜明，这样的边在袖口和领口也有，一直延至腰带。腰带与衣服是同样的材质，腰带上还垂下两条带子，一直到地。"

他的策略大获成功。李日华有《赠大西国高士利玛窦》诗，对利玛窦表达钦佩之意："云海荡朝日，乘流信彩霞。西来六万里，东泛一孤槎。浮世常如寄，幽栖即是家。那堪作归梦？春色任天涯。"

李日华眼中的这位意大利传教士，在中华文化意义上是一位修行得道者、达摩之流的人物："以天地为阶闼，死生为梦幻者，较之达磨流沙之来，抑又奇矣。"

冯梦祯也听说过利玛窦，但颇不以为意。《快雪堂日记》载，万历三十年五月初四，友人金卓然自北京归来，谈起利玛窦来到北京，自己与他结识，冯梦祯信佛，说："学问梗概，自是小乘外道，惜士大夫多有中之者。"言下不胜唏嘘。

很多年后的万历四十二年，《万历野获编》的作者沈德符前来拜访李日华，告诉他一个不幸的消息：利玛窦在北京去世了。去世前一个月，有一个弟子庞顺阳照顾他，之后为他办理了后事。沈德符知道利玛窦去世，是因为他在北京的寓所就在利玛窦的寓所隔壁。事实上，沈德符告诉李日华消息时，利玛窦已去世四年，距离二人相见，整整过去了十七年。

第二十四章 造园

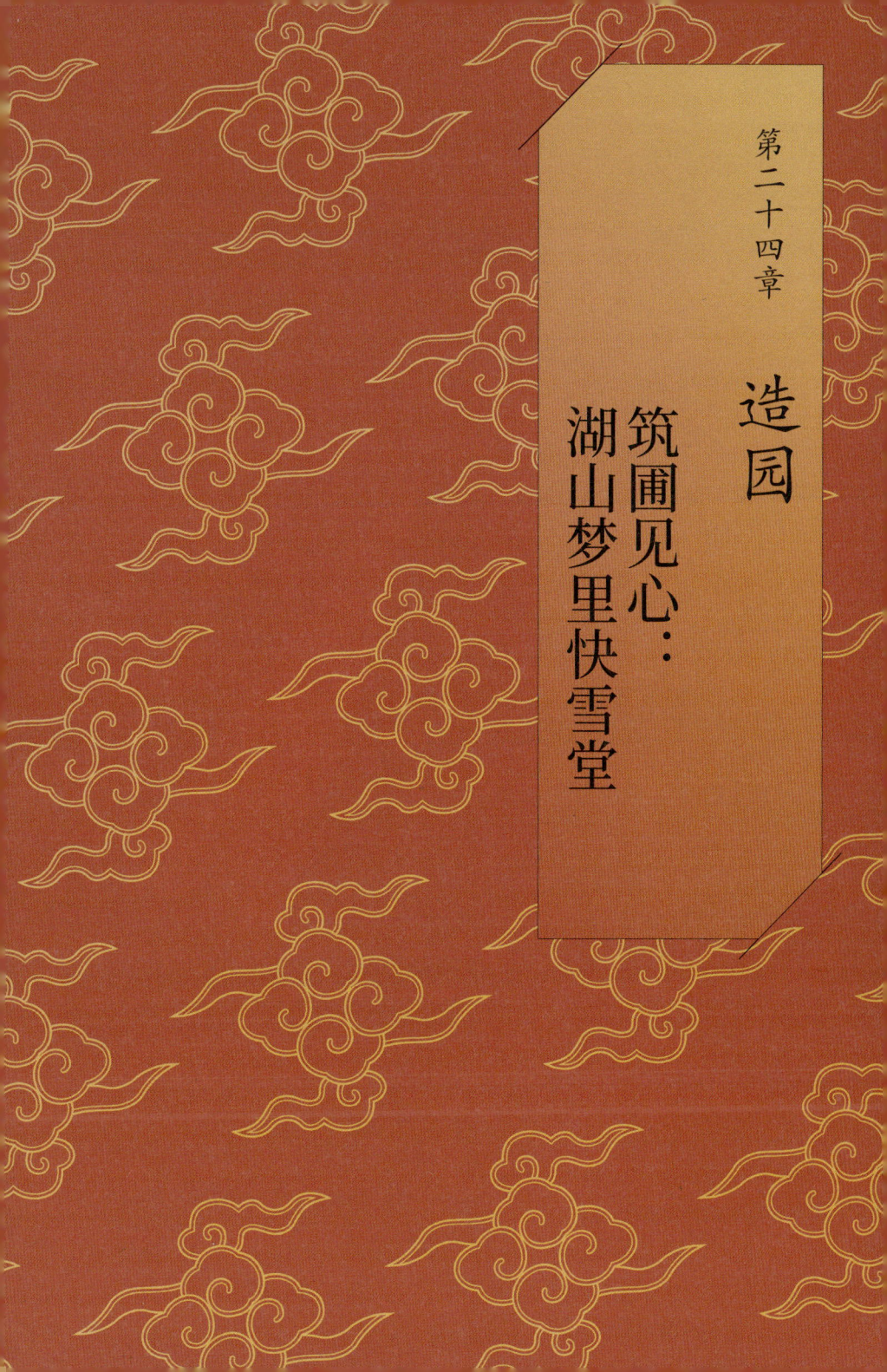

筑圃见心：
湖山梦里快雪堂

第二十四章 造园

万历二十五年十月，收藏家冯梦祯嘱托安徽古玩商人汪巨源，向汪道会借看一本王羲之真迹《十七帖》。汪道会，字仲嘉，徽州休宁人，是徽州汪道昆、汪道贯兄弟的族弟。汪氏兄弟当时很有名气，尤其是汪道昆，不仅是当时著名诗人，在文坛地位很高，还曾任湖广巡抚、兵部侍郎。冯梦祯同时请汪巨源帮忙向汪道昆的儿子汪象先买一块地，地点在杭州西湖孤山半山腰，风景绝佳，如果能在这个地方修建别墅，造一个小园子，可以望见整个西湖。

汪巨源很快回复消息，汪象先同意卖地，但地价有点贵，讨价九十两银子。

很多人对于古代银子价值的认知不够准确，特别是明朝银子的价值。在一些古装剧里，人们动不动吃顿饭就是十两银子，甩出一个元宝银锭。其实，明代的九十两银子已经是非常高的价格。以地价而论，冯梦祯《快雪堂集》中，谈论袁微之曾买"伏牛路口"之山地，绵延二十五里，有房屋五十多间，还可以收取租金若干供养僧人，总价不过百两。

以书画价格而论，当时买元代倪瓒、黄公望山水画，一幅约值四十两。文徵明的画一度仅售三四钱。

冯氏祖上虽然曾经商获利，但到了冯梦祯一辈，已无多少家产。冯梦祯一生仕途坎坷，万历五年会试高中榜首，成为万众瞩目的会元。殿试中，他考得二甲第三名，选为庶吉士，进入翰林院。他在翰林院得罪了当时位高权重的张居正，万历七年告归回乡。三年后，他回到朝中任翰林院编修。冯梦祯生性耿直，不会谄颜媚上，万历十五年（1587）京察，他因"浮躁"再遭降职处分。在这种情况下，花九十两银子买一块地，对一个俸禄有限的中级官员而言，压力确实不小。

万历十七年，冯梦祯赋闲杭州，在写给朋友傅光宅的一封信里，他透露自己的财务情况颇不乐观。他在嘉兴有田三百余亩，"岁租"可得三百石粮食，三年前举家移居杭州后，这些田租几乎是全部经济来源。冯梦祯想在湖山胜地建造园林，"贱性不安城郭，终当觅一丘一壑，以托余生耳"，然而去年江南发生严重的水灾，稻田如汪洋一片，米价高到一石银一两，饥民遍野，很多人悬梁自尽，"一家四五，一夕数十，恐不能宴然玩弄白云也"。而他也深受其害，担心到秋天就难以支撑，甚至会无米下锅。他在这封信中感谢朋友的赠金情谊——"足下十金之惠，可当雪中送炭"，还引用杜甫"厚禄故人书断绝，恒饥稚子色凄凉"之句。这封信提到的友人傅光宅是山东聊城人，曾任吴县知县，担任御史时因举荐戚继光遭贬。

万历十八年，冯梦祯到苏州天平山庄游玩，天平山庄主人范允临热情接待。接着他又去了范允临岳父家的徐氏西园（今为苏州留园）。两家园林名声在外，各有千秋。

冯梦祯在嘉兴老家有拙园。历经宦海沉浮、世态人情之险恶，到杭州后，冯梦祯以会元的身份吸引很多学子上门求教，授课之余，决意逍遥度日。《真实斋常课记》中，冯梦祯给自己定下"五十前必勾当者三事，游天台、雁荡诸名山，置湖庄，定山中隐居"的目标。

冯梦祯彼时已有湖庄一所，《登自卧楼诗》云："重楼高入云，曲室左右连。栽梧交夏阴，滋兰馥春妍。莲披西户翠，柳散东池烟。"小园郁金堂前，栽梅一株，已然实现了西湖梦。隐居孤山之地也已经买下了，就等开工。没想到，万历二十六年（1598）七月，在南京国子监担任祭酒的冯梦祯遭到御史弹劾，被罗织了一个罪名——"不敬官长"，五十岁的冯梦祯被迫辞职。当时他已经付了西湖买地之钱，一下子收入大减，境况非常窘迫。冯梦祯第一次被罢官，还是在万历十五年。他在万历二十年（1592）复起，担任南京国子监司业，次年升任右春坊谕德，万历二十三年，升任南京国子监祭酒。这次再遭弹劾免官回籍，确实难堪。

万历二十七年的大年夜，《快雪堂日记》载，这天上门讨债的人很多，冯梦祯已到"身无一钱"的地步。尽管如此，他对孤山别墅还是心心念念。冯梦祯在很长一段时间里相当拮据，一直到万历三十年岁末，他的经济状况才得以缓解。万历三十一年六月，孤山买地之后整整五年，冯梦祯开始动工修建自己的孤山别墅。一旦开工，不免费用百出。《计孤山工费自嘲》说：

《青林高会图》（摹本局部）
明　黄存吾
明尼阿波利斯美术馆藏

王稚登，字百谷，苏州人，晚明诗人、书法家。

> 湖上喜归欤，能无湖上居。选幽窗傍竹，避湿为藏书。
> 渌抱山堂寂，青窥木榻虚。经营烦匠石，力短欲何如。

第二年八月，孤山别墅落成了，它有一个非常好听的名字——快雪堂。因此冯梦祯的文集名叫《快雪堂集》，他传世的日记叫作《快雪堂日记》。快雪堂落成的万历三十二年，董其昌再次向他借观王维的《江干雪霁图》。六月，快雪堂完成，冯梦祯心情非常好，写成

《结庐孤山记》。万历三十三年（1605）正月，好友王稚登题"快雪堂"三字匾额，悬挂于新居。

冯梦祯建于孤山的别墅，也可以看作一个微型的山中园林。最重要的两处居所分别取名为青岩居、晚研堂，还有一个可以烧香拜佛的家庙，名慧业庵。

陈继儒在《园史序》中说，园林有四难：佳山水难，老树难，位置难，安名难。

为何取名快雪堂？很多人以为冯梦祯收藏了王羲之的《快雪时晴帖》，因而彰显世人，其实不然。《快雪时晴帖》这件中国书法史上最重要的作品，曾是乾隆皇帝"三希帖"之一，冯梦祯并没有收藏过，倒是曾被题写"快雪堂"三字匾额的王百谷收入囊中。孤山别墅上梁之日，恰逢西湖一带开始下雪，积雪半日，就已经湖山晶莹一片，从

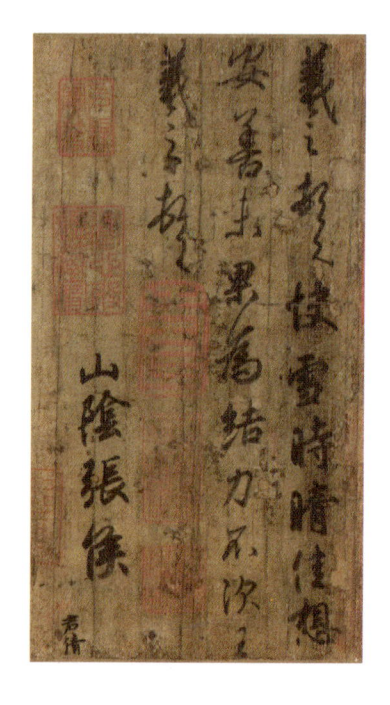

《快雪时晴帖》（局部）
东晋　王羲之
台北故宫博物院藏

山上望去非常漂亮。不久天空放晴，冯梦祯心情大好，取王羲之《快雪时晴帖》意境，将别墅命名为"快雪堂"，更请来真正拥有《快雪时晴帖》真迹的王百谷书写"快雪堂"三字，其中况味，唯有冯梦祯才懂得。

快雪堂的位置非常好，可以全览西湖的湖光山色。冯梦祯有《孤山新筑初成》诗，喜悦之余，还打算来年春天再添水榭：

结宇孤山半，危楼百尺连。嘉名标快雪，胜集指新年。
启户群峰入，推窗一镜悬。春深添水榭，更觉弄波便。

占山地建别墅的好处是"山楼不盈丈，居高纳景多"，冯梦祯将这里作为自家藏书之地、习曲场所，"奇书老堪读，侍女弱能歌"，往事如烟，把不开心的事情都忘记吧，"太平容自卧，何事忆鸣珂"。所谓"鸣珂"就是高官出行所骑骏马所佩戴的玉佩。他一生最高官阶是执掌南雍，做过南京国子监祭酒，从四品官，名位虽然清贵，但毕竟屡次遭贬，不能"起驾八座"如巡抚大员。而深谙佛理，帮助冯梦祯看淡宦情，从容避世。

冯梦祯在《结庐孤山记》里自赞，快雪堂是飞天仙人的住所："以山半起堂，则如引镜自照其面，湖山全收矣。"窗户外面一座座的山峰映入眼帘，"南窗北牖，延风受月"，推开窗户，好像有一面镜子将整个西湖的景色全部收纳其中。青岩居前面的晚研堂边上种了一棵梧桐树，大可合抱，梧桐树的树荫非常大，夏天在树下很凉快，梧桐籽落下来，数量极其多，"实落几满斛"，他特意把梧桐籽收集起来，这棵梧桐是小园中堪称"树王"的景观大树。不仅如此，园子里还有不到一亩的池塘，栽种了荷花："池不能亩，去五月始栽荷，月余敷花结实，芬馥撩人矣。"池塘西侧空地，种植三株梅花。别墅环绕皆

《孤山放鹤图》（局部）
明　项圣谟
台北故宫博物院藏

是竹林，开始时山上的土地贫瘠，只适合桑树成长，后来冯梦祯运来了西湖淤泥用作肥料，第二年竹林就翠色茂密可喜了。他还在山上发掘了一眼泉水，命名为"仆夫"，孤山一带原来有金屑井、六一泉，分别是白居易、欧阳修所开凿，冯梦祯作《孤山仆夫泉记》："孤山一带凡有名泉三：一为白香山金屑井，一为六一泉……"冯梦祯亲自动手，带领两位童仆在泉眼处清理瓦砾，"水寒冽，以烹粲煮鲜，远在湖水上，而不堪入茗，与金屑、六一同一气味，但二泉俱在平地，而此在丘岭巅崖之间，差为胜耳。参寥子有泉出讲堂之下而名曰'仆夫'者，此真是矣"。

山中快事，大概如此。

孤山园成，"湖山窈窕，遂为几案间一物"，坐在别墅书房里面，抬头就是湖光山色，西湖的美景变成了他书案上的摆设："阴晴寒暑，朝夕变幻，螭舫往来，青骢油壁，乍盈乍虚，皆入余游戏三昧中矣。"

冯梦祯是一个非常虔诚的佛教信徒，面对西湖美景，心中时常若有所悟。自喜"门庭如水，青山白云，日供玩对"，不管是阴天、晴天、夏天、冬天，还是早晨、晚上，湖光山色每每变化，西湖上的游船往来，有人坐着轿子，有人坐着车，一会儿眼前还是车马云集的热闹场景，一会儿就只剩下水天一色的无人之境。眼前之景一直在变化，乍隐乍虚，像佛法所说的"梦幻泡影"，不光山色，大千世界都不真实，又很真实，这就是所谓"游戏三昧"的禅意。

有时，冯梦祯会走到孤山之巅，"抚青松，坐危石，表里湖山，一览无余"，他看远处风景"如青虬偃卧镜中，群山西来，分而为二，层叠环绕，又如百千姬妾整容侍立；东南之缺，则江外诸峰与雉堞掩映相补，足称湖山最胜处。古之乐此者多矣"。

宋代林逋在孤山隐居过，"梅妻鹤子"的典故就诞生于此。西湖风景，此为第一，冯梦祯觉得人生快意莫过于此。他在《雪日途中怀孤山，率成短述》诗中，自叙在孤山的快乐生活。这是一次难得的远行出游，大雪之中，冯梦祯望湖上一片雪白，心里仍时刻挂念着山中雪景：

> 买得孤山宽百肘，密种梅花疏插柳。
> 未起楼台为无力，喜占湖波勤命酒。
> 此时对雪暗相思，送客逢春惜路歧。
> 琼树妆成阴漠漠，玉山堆就粉离离。
> 离离漠漠纷相似，且泊孤舟对烟水。
> 烟水茫茫荡不收，孤舟寂寂使人愁。
> 此日可怜远非别，此时遥忆上高楼。
> 高楼百尺面城西，诸峰突兀与窗齐。
> 桂户兰房春窈窕，雪月阴晴事事宜。

在给老友傅光宅的信里，冯梦祯颇为得意地写道：

> 弟还西湖，忽忽七易寒暑，其贫彻骨而勉为筑室孤山，拮据二年，仅而获就，家婢数人颇习新声，佳客至，令屏后奏技，足为湖山生色，安得仁兄从天而下，共此清欢一叹。

跟信中所写一样，快雪堂成为冯梦祯之后经常招待朋友，雅集喝酒、吟诗聚会的安乐窝，也是他晚年生活的精神寄托：

> 但愿朝朝与暮暮，不愿人间有别离。人间安得无别离，不如湖中孤山不动移。吾愿孤山之梅常馥馥，孤山之柳常依依。孤山孤山吾与尔，安得楼阁参差如屋里。

文人雅客建造一座安放自我的精神花园，需要物质支持，《结庐孤山记》："二役嗣兴……初，余以空手课工费，作自嘲诗，有'经营烦匠石，力短欲何如'之句。水到渠成，岂意有今日耶？"这段文字正是冯梦祯真实的心路历程，建园时因为缺少资金而忧虑，担心无法开支工费、物料费，一旦大功告成，这种历尽艰难、彷徨之后得以"松一口气"的彻底放松，心态五味杂陈，外人很难感同身受。

这样的感慨，上海豫园主人潘允端一定能产生共鸣。拥有园林殊为不易，往往外面风光，内心其实另有一番滋味，潘允端当年热衷造园，当豫园完成之后，他专门写了一个家训，告诫儿孙以他为鉴，不要将过多财富放在园林营造上，高大的太湖石、名贵的奇花异木等奢侈之物只是纯粹消费而已。"第经营数稔，家业为虚"，最后只得靠变卖田地、古董来维持。潘允端希望子孙好好读书，恪守本分。

人生有时候确实充满偶然性。相对而言，冯梦祯虽然也付出了许多精力，付出了一笔对他而言不算太小的财富，但执着数年建成的山中别墅快雪堂，本质上还是一处郊外山居，借来西湖美景，既靠近城市又得以享受大自然的清风明月、青山绿水，风雅而实惠，应该说好处占尽。可是冯梦祯也有遗憾，他自己在快雪堂享受的时间非常短

《明文伯仁诗意图》
明 文伯仁
台北故宫博物院藏

暂。万历三十三年腊月，冯梦祯在嘉兴秀水故里去世，葬于杭州西溪。算起来，从快雪堂落成到他去世，也不满两年。

冯梦祯在世时，快雪堂声名远扬，是很多人的艳羡之所。在他去世后，还有很多人慕名而来，每到孤山游玩，都欲往快雪堂中一睹风采。

冯梦祯筑造快雪堂之前，在杭州西溪也有一个别墅，叫作"西溪草堂"。他的《真实斋常课记》，记录了自己在西溪草堂的日常活动，也叫"书室十三事"，包括：随意散帙（读书）、焚香、瀹茗（泡茶）品泉、鸣琴、挥麈（聊天）、习静（参禅打坐）、临摹书法、观图画、弄笔墨、看池中鱼戏或听鸟声、观卉木、识奇字、玩文石。这样闲适的生活状态，必须有对应的美好空间。园林集生活艺术、审美趣味、营造技法于一身，既有日常生活的功能性，也具备丰富的精神象征。如《长物志》所言，前宅后园，半亩地也可营造一片天地效仿山林。

历史学家许倬云认为，中国的外销商品，如丝绸、瓷器远销欧洲、中东，海上丝绸之路畅通，日用的工艺品运往东南亚及美洲市场，创造了南方长期的经济繁荣，中国收到的货款不仅有珍宝香料，最多的是墨西哥白银。货币供应量增加，欧洲、中国都发生了通胀现象，当时墨西哥白银遍天下，在欧洲引发了"价格革命"。明朝江南地区获得大量白银，贸易顺差使得民间财富更为充裕，城镇工商业发达，是当时全国财富最集中的地区。在这个背景下，晚明时代上流社会热衷造园、收藏古董字画，奢靡风气甚至影响到社会各阶层。

晚明收藏家顾从义不仅在园林赏玩书画，还能亲自动手为园林布置花木盆景。这些劳作，也算是力所能及的风雅辛劳："用小石斛艺怪松、古梅、琼花、奇树种种列庭户前。"

世俗世界，造个园子过日子：举贤自代，角巾竹杖，归钓溪湄，读书写作，奉亲教子，山水相亲。

文人清梦，大致如此。

第二十五章

山中园

栖岩幽居：山中隐士雅与俗

晚明时代，考中功名意味着身价百倍，多会置业买田。而一旦从官场辞归，往往造园安度晚年。举例来说，明代松江地区科举发达，仅南翔镇一地统计就有十个进士、十六个举人。当时松江府园林的密集程度堪称全国之最，徐阶、董其昌等巨室官宦，无不兴建园林，风气所及，"园池亭榭，宾朋声伎之盛，甲于天下"。

陈继儒却说："山居胜于城市，盖有八德：不责苛礼，不见生客，不混酒肉，不竞田产，不问炎凉，不闹曲直，不征文逋，不谈仕籍。如反此者，是饭佉牛店、贩马驿也。"

《园冶》开宗明义，首篇就将别墅、园林用地分为六大类，分别是山林、城市、村庄、郊野、傍宅、江湖。

村庄建园，如画家沈周，住在偏僻乡村，放眼都是农田。他在村中有个小小的园林叫有竹居，枕河而建，还有自家的码头。

郊野建园，如正德四年开始建造的苏州拙政园，在城市边缘的空旷之地。正德九年（1514）的春天，文徵明《饮王敬止园池》有诗云："篱落青红径路斜，叩门欣得野人家。"

江湖地建园，面对着河水湖面，或是滨江而建，如嘉兴的南湖、杭州西湖郭庄。上海陆家嘴如今是金融区，明朝官员陆深在黄浦江边建有"后乐堂"，也是借水景建园。

傍宅之园就更普遍，园林多前宅后园布局，扬州个园、片石山房是其中代表。

城市造园最奢侈，园林主人可谓非富即贵。园林也是一张名片，可以凸显主人的文化身份。晚明的缙绅富人都优先考虑在城市筑园："凡家累千金，垣屋稍治，必欲营治一园。若士大夫之家，其力稍赢，尤以此相胜。"

然而城中地价高昂，一般人无力置办。文徵明在苏州城内的住宅有"停云馆"之名，是一庭院而已。后来重葺停云馆时，文徵明经济拮据，重建"西斋"时得到钱同爱、陈淳两位好友帮忙。文徵明有诗云："堆床更有图书在，岁晚相看不当贫。""贫家无物淹留得，两壁图书一炷香。"自己有一间小书斋，庭院有梧桐两棵，虽不甚宽敞，但已经足够寄啸："先生亦每笑谓人曰：'吾斋馆楼阁，无力营构，皆从图书上起造耳。'"唐伯虎有桃花坞别业："生计城东三亩菜，吟怀墙角一株梅。"桃花坞别业，其实只是宅园一角。明代高级官员王鏊，退隐苏州后终日读书著述，闲暇时与苏州名士登山临水，游赏寺、观园林。正德七年（1512），他的儿子王延喆在苏州城西为他营建了一处豪宅，王鏊不喜，觉得太过宏丽，他宁可住在太湖东山祖宅，一处小园而已。

明代南京是留都，政治地位高，又是江南地区最重要的商业城市，人口繁密，有大量贵族、官员的私人园林，尤其是徐氏东园、西园，声名远扬。朱元璋定鼎中原后曾赏赐给徐达一座宅邸，同时赏赐了很多园林。王世贞游览南京，写过一篇《游金陵诸园记》，记录当时南京一共有三十六座园林，"若最大而雄爽者，有六锦衣之东园"。东园当时归徐达六世孙、锦衣卫佥事徐天赐所有，其实是徐天赐向侄子魏国公借用而来，即今天的白鹭洲公园。徐天赐将东园打造成金陵城最壮观的园林，经常与文人雅士流连其中，喝酒、写诗。正德皇帝下江南时，曾经驻跸此园，以划船、钓鱼为乐。故宫博物院藏有文徵明的《东园图》。作为徐天赐同时代人，文徵明笔下的园林图像十分珍贵。徐家世代袭爵，在南京拥有众多园林，东园之外，还有西园、北园、南园，都是典型的贵族园林。

《东园图》
明　文徵明
故宫博物院藏

唐朝诗人王维在长安城外建造"辋川别业",此处有二十多处景点,散布在二十多里长的山谷里。在"晚年惟好静,万事不关心"的生活状态中,王维的心思更为敏感、空灵,他把生活彻底过成了诗:

空山不见人,但闻人语响。
返景入深林,复照青苔上。

独坐幽篁里,弹琴复长啸。
深林人不知,明月来相照。

王维的这些诗,在城市里可写不出。

唐元和十一年(816),白居易贬官至庐山脚下,做了著名的"江州司马"。秋天,白居易仰望香炉峰,"恋恋不能去",于是决定在这里建造别墅,名"庐山草堂",将整座庐山当作自己的大园林。

第二年春天,庐山草堂完工。"三间两柱,二室四牖",悬挂朴素的竹帘遮阳,放几件家具,"堂中设木榻四,素屏二,漆琴一张,儒、道、佛书各三两卷",看起来非常简朴。房间不大,但外有平台,林中有参天古树，边上有溪水潺潺，池塘养鱼，"池生白莲、白鱼"。庐山草堂筑造于大自然中，周围还有泉水，白居易"以剖竹架空，引崖上泉，脉分线悬，自檐注砌，累累如贯珠，霏微如雨露，滴沥飘洒，随风远去"。

山中怪石累累，白居易就地取材，以白石铺路、砌阶。周围的山林环境尤其令人羡慕："夹涧有古松、老杉，大仅十人围，高不知几百尺。修柯戛云，低枝拂潭，如幢竖，如盖张，如龙蛇走。松下多灌丛，萝茑叶蔓，骈织承翳，日月光不到地。盛夏风气如八、九月时。"

选择庐山建造别墅，这里"春有锦绣谷花，夏有石门涧云"，秋天虎溪月色美好，冬天可遥望香炉峰的积雪。白居易发愿说，一旦弟妹婚嫁完成、自己任职期满，愿意常住山中："必左手引妻子，右手抱琴书，终老于斯，以成就我平生之志。清泉白石，实闻此言！"

古人说"读书随处净土，闭门即是深山"，但真正实践之人，少之又少。

王世贞曾对陈继儒言说道："市居之迹于喧也，山居之迹于寂也，唯园居在季孟间耳。"

住在山中，没有世俗享受，实在寂寞，不是常人可以忍受的。住在城里的闹市，天天呼吸混浊之气，忍受噪声和堵车。只有住在园林中，介于二者伯仲之间，所谓"城市山林"，取折中之选，最为安逸。

王世贞虽是说出了心里话，不过像陈继儒这样的隐士，不像王世贞经历过宦海沉浮，他考虑更多的不是社交便利，选择山居开始或出于经济原因，但更多的一定是向往身体和心灵的绝对自由。园林，选择山林之地之所以代表风雅，因为有出尘离俗的决绝。

陈继儒青年时代就放弃了科举之路，先是在家乡小昆山隐居，当时的情形，陈继儒回忆说："余忆曩居小昆山下，时梅雨初霁，座客飞觞，适闻庭蛙，请以节饮，因题联云：'花枝送客蛙催鼓，竹籁喧

《辋川图》（石刻明代拓本局部）
唐　王维
（传）宋　郭忠恕临
芝加哥东方图书馆藏

林鸟报更。'可谓山史实录。"

五十岁后，陈继儒在上海佘山拥有了一座山中园林，南麓有顽仙庐、含誉堂、蒚庵，山中央有高斋、清微亭，还有点易亭、水边亭、磊砢轩等"在山之西隅"。晚明士人喜谈禅，山中建有一礼佛之地"喜庵"，"道经山之上下必取道焉"。

顽仙庐的座右铭：

急不急之辩，不如养默；处不切之事，不如养静；助不直之举，不如养正；恣不禁之费，不如养福；好不情之察，不如养度；走不实之名，不如养晦；近不祥之人，不如养愚。

最后一条"养愚"，是苏东坡教导儿子的感悟：读书不如不读书，聪明不如不聪明。曾经有商人兜售"雪堂"玉印章，朋友都说，这个只有陈继儒可以用，我们没资格。苏东坡千古风流，倒不在做了多少伟业，才高八斗之外，后世崇拜他的原因，是他豁达、心态好、内心强大。陈继儒的心态也很好，园居环境好，于是风水都能变好。佘山花木繁茂："山有松、有杉、有梧、有柏、有樟、有梓、有椿、有柳、有桃、有李、有石楠、有修竹。其下有梅、有杏、有紫薇、有丛桂、有枫叶，大率皆有之。更多西府、玉兰、石榴、大柿、异种芙蓉、高柄大红藕花。"

据松江地方士人笔记，陈继儒还喜欢养些宠物在山中，万历三十五年（1607），杭州昭庆寺集市出现一只"异兽"，据说来自括苍山，有两角，身上是鹿纹，马尾牛蹄，性情温顺，一天可走六十里。出售这只动物的人还以虎皮蒙盖其身，陈继儒买下"异兽"放归山中，大家都不知道这动物是何来历。

陈继儒过起了水边林下、世外桃源式的隐居生活，在此安心读书、著述，过着悠闲的生活。他的笔记里记录的隐士生活，恬淡寡欲，令人神往："三月茶笋初肥，梅风未困；九月莼鲈正美，秋酒新香，胜客晴窗，出古人法书、名画，焚香评赏，无过此时。"

山里住着，随便哪一天都是好日子。《五茸志逸》记载，万历四十八年的春天开始，山里一直下雨，连绵不断的雨水令周围山坳云雾四起。陈继儒说，天天看云，老来也是福气，青山翠绿，白云出岫，好一幅图画啊。米芾父子因为擅长画云山出名，其实还是臆造，我住在山里，静心看山，真想请董其昌给题写"话雨"二字。

陈继儒写的《山居吟》，是其心目中理想的隐居生活，也是写实：

红莲米，紫莼羹，饭后摩腹村东行。村中有古寺，松竹多纵横。与僧博弈罢，溪阁忽秋声。网三鱼，射三莺，薪既陈，酒复清，采菱剥藕供先生。不衫复不履，无姓亦无名。如此真率味，休传到市城。

建一处园林，既要考虑各种实用功能，对于读书人来说，也是寄托精神的家园。陈继儒擅长书法、绘画，是松江画派的重要一员。陈继儒一生写作文章、编撰书籍无数，这是他获得社会认可的主要方式，也是他宽裕自如财务的来源。陈继儒的山中园林收藏了许多古董、书画、古籍，彰显其获得上流社会认可的超然地位、博大精深的学识、优雅超群的鉴赏品位。重要藏品包括颜真卿、苏东坡、米芾、黄庭坚、朱熹、倪瓒、王蒙、钱选等人的作品："石刻有东坡《风雨竹碑》、米元章《甘露一品石碑》、黄山谷《此君轩碑》、朱晦翁《耕云钓月碑》。墨迹有颜鲁公《巨川诰》、倪云林《鸿雁泊舟图》、又良常《草堂图》、黄鹤山樵《阜斋图》、钱舜举《茄菜图》、梁风子《陈希夷图》、梅道人《竹筱图》、赵松雪《高逸图》，吾明文（徵明）、沈（周）以及（董）玄宰，不暇记。"唐宋古人的书法、绘画真迹之外，古董器物也有专门记述，适合隐士山居风格："山装有汉钩金鸠首、槲叶笠、箬笠、杨铁崖冠、木上座、松化石、陆放翁松皮砚、米虎儿研山书。"

陈继儒还有"山中之友"，时来拜望问候，僧俗皆有："山友有田父、汉丈人、且且先生、阿谁公。方外有达老汉、云栖老人、秋潭和尚、麻衣僧、莲儒、慧解、微道人，时来作伴。"这些都赋予山园更多的光环。"客过草堂，叩余岩栖之事。余倦于酬答，但拈古人诗句应之。问：是何感慨而甘栖遁？曰：得闲多事外，知足少年中。问：是何功课而能遣日？曰：种花春扫雪，看篆夜焚香。"洒脱如此，真是神仙岁月。陈继儒更将自己山中隐居生活的点滴感想写成优美的散

《销闲清课图·灯一龛》
明　孙克弘
台北故宫博物院藏
—
题跋：小斋幽寂，夜雨篝灯。坐对终夕，为戴发僧。

《销闲清课图·洗研》
明　孙克弘
台北故宫博物院藏
—
题跋：临池涤垢，端歙时润。雾卷松膏，千军常胜。

文，《小窗幽记》描绘了他所追求的理想生活："净几明窗，一轴画，一囊琴，一只鹤，一瓯茶，一炉香，一部法帖；小园幽径，几丛花，几群鸟，几区亭，几拳石，几池水，几片闲云。"

《小窗幽记》等作品畅销一时，读者愈发羡慕这位山中隐士的生活。黄宗羲说，陈继儒"上自缙绅大夫，下至工贾倡优，经其品题，便声价重于一时"。需要说明的是，陈继儒在佘山居住，其实这处山居园林原是一座荒山，为一位松江官员所有，据说陈继儒用五千卷书换得。原本山上荒芜、鸟兽绝迹，经过不断营建，移栽多种花木，山上有兔子现踪，画眉鸟也来了，山林焕发生机。连山下开设的店肆，也以陈继儒山居在此为荣，徐树丕《识小录》说：

> 陈眉公隐佘山，与董宗伯齐名。远而夷酋土司，丐其词章。近而酒楼茶馆，悬其画像。

寒山别业也是晚明苏州著名的山中园林，当年名声在外，显宦名流道经江南，无不特意前来拜访。

寒山别业主人赵宧光，字凡夫，太仓人，是赵宋皇室后裔。赵宧光精于篆书，娶才女陆卿子为妻，夫唱妇随。万历二十二年春，在苏州西部的寒山，赵宧光携眷山居，从此足迹不入城市。初入山时，工人役夫近百人，他们夫妇同心协力，历经多年，逐步营造出一处庞大的山中园林群，有千尺雪、云中庐、弹冠室、警虹渡、绿云楼、飞鱼峡、驰烟驿、澄怀堂、清晖楼、蹋青冥、瑶席、蝴蝶寝、凌波栈等众多景点，还有化城庵、法螺庵、二佛庵，请名僧为住持，焚香诵经。

万历年间，文人胡胤嘉慕名而来，写有《寒山记》一文。胡胤嘉自观音山左行十余里，一路缘石折木，始见"峡穷而酒帘招摇，其旁板扉双合，排扉而入，凡夫小宛堂也"。小宛堂是赵宧光的书房，他有时也在此歇息，庭前古梅两株，室中陈设清雅异常："梵书插架，棐几竹榻光洁可鉴。堂以内，树石如铁色，茑萝是依。"台池轩榭，布局极为精致，令胡胤嘉叹为观止："沼环山足，前亘以堤，杂树夹之，菱藻莼荇芙蕖间生，敷芳叠翠，沉浮池际。山足丽沼，唇吐齿啮，嵌岖互夺不一，其势迤逦北引，短虹碕焉。水激石咽，三堰而抵极于沼。"

寒山别业刻意保留原始山林面貌，将"目中诸峰"引化为园中之山，与冯梦祯的快雪堂异曲同工，而规模更大。山中之园，就是整座寒山，寒山俨然成为文化重镇，晚明政坛的众多阁老高官如申时行、叶向高、朱国祯、文震孟、冯梦祯、曹学佺、黄汝亨、邓云霄、冯时可、邹迪光，名流布衣如文彭、陈继儒、文震亨、娄坚、朱鹭、王百谷、葛一龙等，时来寒山拜访，雅集诗会，乃至留宿寒山，连床夜话。

万历三十九年（1611）中秋节后四天，陈无异、钦叔子、姚希孟、王伯徵、周杲之、顾孟鸣、文震亨、顾中行等人来到寒山别业，齐聚会诗。陈无异，名以闻，湖广麻城人，万历三十五年进士，曾任吴县知县。文震亨这年二十七岁，是一个秀才。大家以"好山多是带忙看"一句，每人抽取一字，分别赋诗。陈知县领头，得一"看"字，赵宧光得一"多"字，赋诗有"家有青坛榻，君能白雪歌"句。陈以闻有诗记述，这日大家兴致勃勃一起翻山越岭，走涅槃岭山路而来，沿途有藤萝苔藓、花果飞鸟，景色与城市不同。

登阶一入柴门，就看见十几棵高大的梧桐，凉风轻拂，树荫下，主人冠服出迎，大家见赵宧光如此郑重其事，也纷纷整理衣饰。堂前有清凉池，有一空亭，夏日荷香尤其受用，四周种植药草。棐几竹榻之外，山居还有石床，用几块天然大石作"匡床"，夏日炎炎，袒衣而卧，令人羡慕。众人进到青霞榭，相坐寒暄。

时近黄昏，主人招待以素斋，野菜山厨熟，松醪复满觥。赵宧光欢迎大家随意留宿山中，"前峰正当户，秀色映云房，飞觥揽青霞，片片坠我旁"，夜宿寒山是当年足以夸耀的一件风雅事。万历四十二年，内阁大臣叶向高乞归回乡，路过苏州，一定要去寒山一晤赵宧光，石鼎烹茶，趺石看松，更夜宿山房，"幽人栖隐处，山水自清真"，次日与赵宧光同登天平山。戏曲家潘之恒曾夜宿山房，听千尺雪飞流之声，落地可闻，悬榻而卧，不复人间景象。

无锡邹迪光虽在惠山有自己的山中园林，却也时时过访，他羡慕这里"双猿司几杖，一鹿应门墙"的奇异。猿猴训练得法，如侍儿一般陪伴主人左右，山园养鹤最合适，还有麋鹿为伴，驯养之鹿池沼饮水，食青苔，奇妙的是还能闻声应门如童子，这不是仙人洞府吗？主人妻子是名门闺秀，夫妻双双栖隐于此，"鹿门称并隐，文采微相方"，神仙不止一个，神仙眷侣在寒山。

陈继儒有《赠赵凡夫》诗："洗出樵人径，经营处士家。"这"经营"二字，陈继儒大约冷暖自知吧。

也有看不惯这种"隐士"招摇、结交权贵做派的，当时吴地民谣有"天下歇家王百谷，山中驿吏赵凡夫"之讥，山中幽居犹如驿站，官员车马不断，徐树丕《识小录》记：

凡夫卜筑寒山，搜剔泉石，又得卿子为妻、灵均为子，贵游麋至，几同朝市。两君可称处士之特矣！然题之曰"歇家"、曰"驿吏"，岂非《春秋》之笔乎？

王百谷就是一位"山人"，不管这些闲言碎语，春天进山看老朋友，看千尺雪，"引泉来别岭，漱石出平沙"。王百谷还说，"剧孟车千乘，王孙邑万家"，寒山主人融侠士、王孙气质于一身，他也是佩服的。

万历首辅申时行经常来寒山。他竹杖芒鞋来访，山斋蕨笋正肥，看看千尺雪，谈谈家务事，尝尝山中之野味，"雕胡乃作饵，锦带欲调羹"，茭白饼清甜，莼菜羹滑爽，有山家清供，还有家酿果酒。

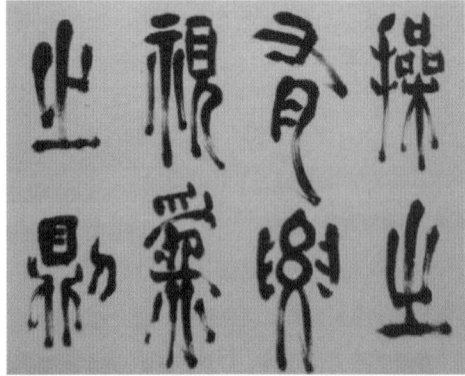

篆书册
明 赵宧光
辽宁省博物馆藏
—
程颐《四箴》之"视箴"：心兮本虚，应物无迹。操之有要，视为之则。

《江南省行宫坐落并各名胜图·寒山别墅》
清 佚名
中国国家图书馆藏

《青林高会图》（摹本局部）
—
陈继儒

《青林高会图》（摹本局部）
—
赵宧光

赵宧光常常遣人将这些山中特产送到城里相府，申时行甚至感动地说："殷忘推食意，愿缔薛萝盟。"一次来寒山看杏花，申阁老留诗称赞：

> 著书三十载，住此一空山。
> 清沼莲高下，深松鹤往还。
> 宛然成净土，不复问人间。
> 但有思亲念，难辞尘土颜。

高士就是高士，所谓山中驿站，又如何？

徐树丕在《识小录》里也记载赵宧光夫妇山居时的一些琐屑小事，例如他们作为外来之人如何广结善缘，融入本地山民之中，读来也很有趣：

此山在天池天平诸山中，民居稀少，住者多遭寇窃，游客夜行皆有戒心。君初卜筑，人以为必不可居，君既移家，召请十里内居民，饮食往来，教以礼让，赈其贫乏，自此寇盗绝迹，外户不闭。

晚明祁彪佳出任最后一任江南巡抚，久仰寒山之名，在清军即将南下、守城危急之际，竟然还独自造访寒山。不料，他目睹了这座山中园林当时已经衰败的景象：寒山别墅荒凉破落，只有赵氏后人、女画家赵昭与一个服侍她的老婆婆住在这里，境况窘迫，以画扇为生。

山中之景，化作千堆雪，如梦如幻。

第二十六章 城中园

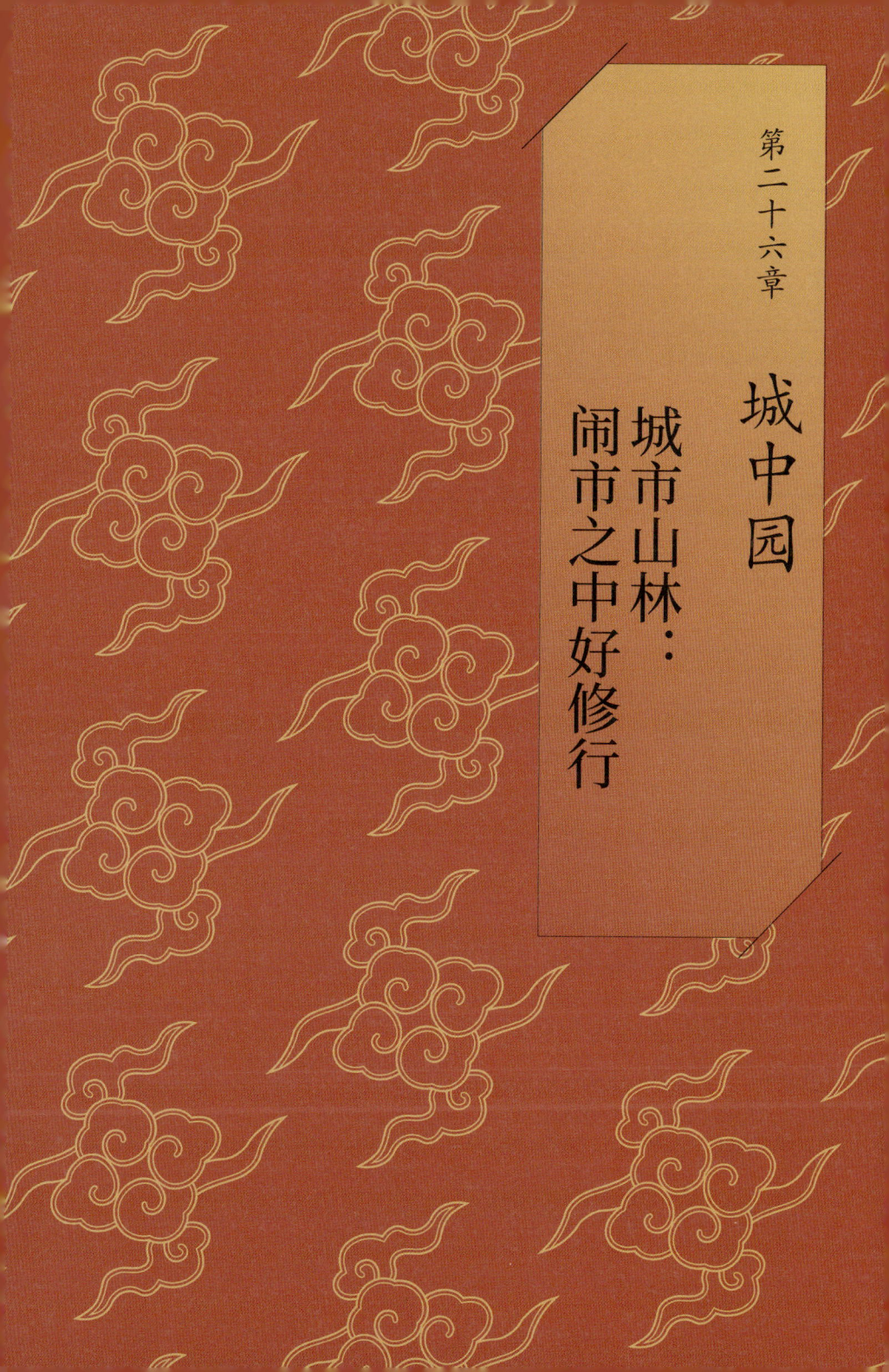

城市山林：闹市之中好修行

第二十六章　城中园

有人统计过，晚明苏州有大小园林八十多处。王世贞《太仓诸园小记》提到，太仓当时有十一处园林，王世贞、王世懋兄弟就有三处。住在园林里的这些人，大多有钱、有闲、有文化，那么他们在园林里的日常生活，是如何展开的？

苏州名士张凤翼，字伯起，号灵墟，他有一位弟弟，就是喜穿红衣的"服妖"张献翼。张家在苏州城最早经商致富，张凤翼祖父张准"以心计起家"，父亲张冲"贾而侠"。前代积累资本，到张氏兄弟这一代开始热衷科举，追求社会地位。几个世代的经营累积，家底殷实，让张氏兄弟在苏州文人圈脱颖而出。张凤翼与弟弟张燕翼、张献翼时称"三张"。嘉靖四十三年（1564），三十八岁的张凤翼与弟弟张燕翼同时考取举人，但此后张凤翼运气不佳，在自己编成的《文选纂注》序言中，张凤翼称："丁丑之役，则摈于礼闱者四矣。此而不止，人寿几何？于是则慕潘岳闲居奉母之乐，修虞卿穷愁著书之业，闭门却扫，凝神纂辑。"四上春官报罢，他决定放弃仕进，读书养母，几乎杜门不出。张凤翼建造园林"求志园"，位置在苏州城东北。

这座园林以怡旷轩、风木堂、尚友斋为中心，前有庭，后有园，渐次展开。修篁古木、冬梅花篱、白鹅紫鸳，文鱼池养有金鱼，园林建成后，

《青林高会图》（摹本局部）
明　黄存吾
明尼阿波利斯美术馆藏

张凤翼

文徵明题写匾额"文鱼馆"。王世贞与张凤翼关系亲密，张凤翼经常自己一个人坐条船就跑到一两百里外的太仓，去王世贞的园林拜访，甚至事前不打招呼。王世贞称赞张凤翼是学问渊博、风度翩翩的美少年。

王世贞为张凤翼写过一篇《求志园记》，文章叙述，园子以荼蘼、玫瑰做了一个屏风门，这是当时非常流行的造园手法，以玫瑰、蔷薇、荼蘼、黄红白各色木香这类攀缘生长的鲜花编织成大门，既能分割空间，又能带来视觉和嗅觉的双重愉悦。走在鲜花簇拥的长道上，两边竹篱也攀满了鲜花，入园小路名为"采芳径"，王世贞记载，采芳径透迤延绵数十米。建造亭台楼阁的木材来自四川、湖北，很可能是名贵的楠木。石材则选用本地太湖石、浙江武康石、广东英石、安徽灵璧石。一些花卉是从广东运来的，所养宠物鸟是从陕西购得的。张氏家族收藏数量巨大，"家所蓄三代敦鼎尊彝、古图画、书籍、器玩，即代称膏华者莫敢抗"，号称当时苏州之冠。尚友斋专门用来存放古董书画。

苏州画家钱穀应张凤翼邀请，绘制《求志园图》，今存于故宫博物院。画芯是将近两米长的手卷，内容依次为文徵明、王穀祥题名，钱穀绘图，后有王世贞所书《求志园记》。钱穀的这张画非常精美，

《求志园图》(局部)
明　钱穀
故宫博物院藏

透着文雅之气。

按照《处实堂集》中张凤翼自己的话来说，苏州园林出类拔萃的有很多，我这处小小园林，普普通通。住在园林的好处是，每日早晨、黄昏，不论是春天还是冬天，这个地方总能给我一种回归自然的愉悦感。他自己觉得园林造价不高，营造这么一个空间就够了。在文人的眼里，一座园林重要的并不是拥有大量奢华的物质，而是内在的一种精神。

《苏州府志》说，张凤翼住在玄妙观前的小曹家巷，另有小漆园，清代尚存。他为人清高，"以不事生产日落"，晚年家贫，鬻书以自给。沈瓒《近事丛残》称："张孝廉伯起凤翼，文学品格，独迈时流，而耻以诗文词翰接交贵人。"张凤翼还是一位很有成就的戏曲家，代表作有《红拂记》。晚明徐复祚《曲论》中说："伯起善度曲，自晨至夕，口呜呜不已。吴中旧曲师太仓魏良辅，伯起出而一变之。至今宗焉。尝与仲郎演《琵琶记》，父为中郎，子赵氏。观者填门，夷然不屑意也。"

王世贞为张凤翼写《求志园记》是在隆庆二年（1568），三年之后的隆庆五年，王世贞得到锡山华复初转赠的一批珍罕佛经，他虔敬发心，建造了一座藏经楼，妥善供奉这些珍贵的经卷。藏经阁前后种植花木，隙地若岛，再购得旁边隆福寺的部分土地，建"小祇园"，又名"小祇林"。隆庆六年，王世贞出游太湖，饱览山水，激发了扩建园林的想法，在小祇园基础上逐步营建占地七十亩的弇山园，而小祇园成为弇山园的一部分。王世贞给朋友的信中曾细细陈述："始常构一阁，奉佛藏，旁有水竹桥岛之属，名之曰小祇园。后增奉道藏，而傍庙颇益辟出，后家人辈复有所增饰，今定名曰弇州园。"

这里所说的弇州园，就是弇山园。

万历二年二月，王世贞北上任官，曾为求志园绘图的钱榖随行作《纪行图》册，今藏台北故宫博物院，有王世贞题跋："去年春二月，入领太仆,友人钱叔宝以绘事妙天下,为余图。自吾家小祇园而起,至广陵。"

钱榖所绘《纪行图》册中,包括一幅《小祇园》,此时的弇山园已初具规模:弇山园入口处,进门也是鲜花屏门,窄窄的,像日本茶室入口,设计成必须低头而入的样子,从心理上暗示你接受了茶室主人邀请,至此进入了一个不同的世界。窄门四周用竹篱做成围墙,也起到阻隔视觉的作用。这是一个逼仄狭窄的通道,好像非常压抑,但接下来豁然开朗——

穿过鲜花交织的小路,行走时就能听见一种非常好听的声音,那是仙鹤的鸣叫。王世贞《弇山园记》提到,园中养了六只仙鹤,鹤鸣之声多令游人惊喜,好像来到了一个超凡脱俗的地方。有意思的是,弇山园的仙鹤后来就没有这么多了,据说仙鹤吃得太多,主人无力负担,最后园中只留下了两只。

弇山园,因藏经阁而起,藏经阁分左右两部分:一处为法宝阁,存放道家的典籍;一处为玄珠阁,存放佛教的典籍。楼阁一层的墙壁上,绘制有佛教题材壁画。在藏经阁的左边,建有一个三开间的供游

《纪行图·小祇园》
明 钱榖
台北故宫博物院藏

人歇息的场所，藏经阁右边，王世贞畜养了三头梅花鹿。

园中主体建筑是弇山堂，堂前植有五棵高大的玉兰树，春天玉兰花开，远望如一片白云。走近树下，仰望朵朵半开未开的玉兰花，洁白无瑕，好像白玉做成的一只只酒杯，真是优美别致。

小祇园建于嘉靖四十五年（1566），"中弇"建于隆庆五年至隆庆六年，弇山堂始建于万历元年（1573）。待弇山园全部完成，已经是万历十四年（1586）的事情了，前后历经二十年时间，财力花费巨大。弇山园完工后，分为六个区域：东南部小祇林、西南弇山堂区、西弇、中弇、东弇及北区宅院。

王世贞自己做过统计：

园之中为山者三，为岭者一，为佛阁者二，为楼者五，为堂者三，为书室者四，为轩者一，为亭者十，为修廊者一，为桥之石者二、木者六，为石梁者五，为洞者、为滩若濑者各四，为流杯者二。诸岩磴涧壑，不可以指计。竹木卉草香药之类，不可以勾股计。此吾园之有也。

"流杯"就是"流觞"，仿效兰亭雅集曲水流觞设计，酒杯漂荡水中，众人饮酒作乐。

王世贞还从另一个角度统计过这座园林的布局：土、石假山，占十分之四；湖面、池塘水面，占十分之三；大小室庐建筑，占十分之二；竹林、树木，占十分之一。

弇山园建成，轰动一时，当时被誉为"东南第一名园"。王世贞总结弇山园有"风、花、雪、月、雨、暑"之六宜：

宜花，花高下点缀如错绣，游者过焉，芬色瓥眼鼻而不忍去。

宜月，可泛可陟，月所被，石若益而古，水若益而秀，恍然若憩广寒清虚府。

宜雪，登高而望，万堞千甍，与园之峰树，高下凹凸皆瑶玉，目境为醒。

宜雨，蒙蒙霏霏，浓澹深浅，各极其致，縠波自文，鲦鱼飞跃。

宜风，碧篁白杨，琮琤成韵，使人忘倦。

宜暑，灌木崇轩，不见畏日，轻凉四袭，逗弗肯去。

在此享受园林生活，王世贞自述园居之乐："晨起，承初阳，听醒鸟；晚宿，弄夕照，听倦鸟。或蹑短屐，或呼小舠。相知过从，不迓不送。清酒时进，钓溪腴以佐之；黄粱欲熟，摘野鲜以导之。平头小奴，枕簟后随。我醉欲眠，客可且去。此吾园之乐也。"

范仲淹倡导"先天下之忧而忧，后天下之乐而乐"。古代知识分子都要"后乐"，不能"独乐"，尤其像王世贞，出身世家、年轻时有强烈的政治抱负，后来父亲为严嵩所害，家庭遭受巨变，多年来饱尝人间冷暖，洞察世事。此刻，人生算是柳暗花明：坐拥名园，接待宾朋，闭门著述，惬意自如。但王世贞希望自己所享受的园居生活不只"独乐"，而是与朋友们分享。他决定打开园林大门，左邻右舍，太仓、苏州乃至各地人士，都可以入园参观。园林对外开放之际，王世贞心情非常好，写有《山园示游人》诗：

携酒看花不碍频，唯求酒后护残春。
不辞树树凭攀折，孤却明朝花下人。

诗写得很潇洒，隐隐然也在呼吁、提醒游客，大家要爱惜花木，不要随意攀折鲜花、践踏小草，与今天公园提示内容相似。

王世贞是文章大家，全力以赴写成的《弇山园记》洋洋洒洒近万言，读来好像跟随着园林主人漫步游览，景点之外的幽微细节都不会错过。比如，此园为何取名弇山？王世贞解释道：

园所以名"弇山"，又曰"弇州"者何？始余诵《南华》，而至所谓"大荒之西，弇州之北"，意慕之而了不知其处。及考《山海西经》有云："弇州之山，五彩之鸟仰天，名曰'鸣鸟'，爰有百乐歌舞之风。有轩辕之国，南栖为吉，不寿者乃八百岁。"不觉爽然而神飞，仙仙僊僊，旋起旋止。曰："吾何敢望是！"始以名吾园。

建造偌大园林，原来是向往烟霞之地，仙山境界，远离尘嚣。

王世贞后来请人编辑出版了一本如何游览弇山园的导游小册子——《山园杂著》，包括五张精美版画，标识游览路线图。序言云：

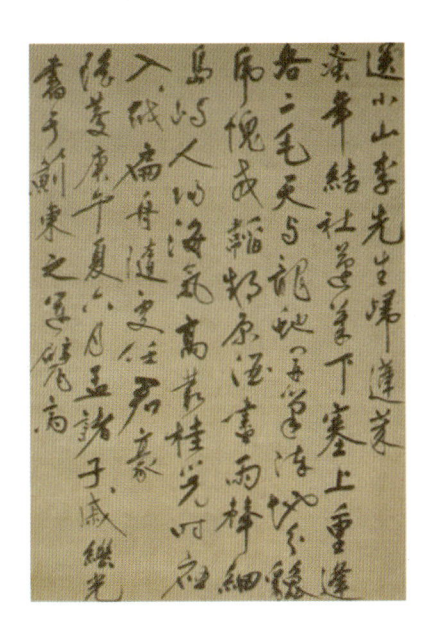

《送李小山归蓬莱》
明 戚继光
山西博物院藏

——

这是唯一存世的戚继光书法作品。
释文：
蚤年结社蓬莱下，塞上重逢各二毛。
天与龙蛇开笔阵，地分貔虎愧戎韬。
郊原酒尽雨声细，岛屿人归海气高。
丛桂芳时应入梦，扁舟随处任君豪。
隆庆庚午夏六月孟诸子戚继光书于蓟东之运甓斋。

"今者业谢客,客亦不时过,即过,无与为主,无可质者,故理此一编,分卷为上下,以代余答而已。"王世贞说,非常欢迎大家,最近自己闭关修行经常不在园中,没有主人讲解,有失礼数,希望这本小书能代替主人,给各位做导览,为大家答疑解惑。

开放园林也有小麻烦,特别是春日游园,青春女子、家眷妇人进入私人园林。封建社会的礼教提醒王世贞,作为主人应该有相当的自觉与尊重。有时候王世贞在自家花园,远远看见一些陌生的年轻女子走过,作为一个读书人、绅士,王世贞必须让道闪避,等她们过去后

《山园杂著》明万历间刊本(书影)
明 王世贞
台北故宫博物院藏

才重新去到其他地方。但园林吸引了太多的游人，女性游客络绎不绝，让王世贞终于觉得不胜其扰，他在文章里叹息道："自余园之以巨丽闻，诸与园邻者，游以日数，他友生以旬数。而今计余迹，岁不能五六过。则余且去而为客，乃犹窃'弇山'之号。"

王世贞甚至开始羡慕弟弟王世懋的另一座园林——澹圃。王世懋的澹圃面积只有弇山园的六分之一，园中种菜、养花，不同季节有桃子、李子、来禽、樱桃、枇杷、柑橘收获，"又以其隙分畦栽艺，紫茄、白芥、甘瓜、樱粟之属"，各种蔬菜供应。王世贞认为弟弟的澹圃"生计大佳"，四季有收成，有吃有玩，自己重金打造的弇山园还不如他的呢："余尝戏谓阿敬：'汝生计大佳，不若汝兄憨，弇园皆骨山，不堪食耳。'"

英国艺术史学者柯律格认为，十六世纪中叶以前，苏州园林主要为生产性质的园林，此后园林才转变成为奢侈消费的物件，澹圃的菜地和果园佐证了这一点。

苦恼归苦恼，玩笑归玩笑，王世贞最后选择在弇山园北部安排一处隐秘的空间"文漪堂"。在里面他可以保持独处状态，闭门写作。文漪堂正面有三座大假山，墙上有精美的山水壁画，身处真实的山水园林，可谓画外有画，虚幻与真实结合，如同梦幻世界。

文漪堂旁边有一座更神秘的尔雅楼。楼前的方池边有米芾所书"墨池"二字勒石。"下畜金鱼数百头，饵之则群起"，环境清幽，人迹罕至。尔雅楼中珍藏古画、书籍，还有各种茶具、古董，别名"九友楼"。王世贞解释道："所以称九友者，余宿好读书及古帖名迹之类，已而傍及画。又傍及古器、垆鼎、酒枪。凡所蓄书，皆宋梓，以班史冠之；所蓄名迹，以褚河南《哀册》、虞永兴《汝南志》、钟太傅《季直表》冠之；所蓄名画，以周昉《听阮》、王晋卿《烟江叠嶂》冠之；所蓄酒枪，以柴氏窑杯冠之；所蓄古刻，以《定武兰亭》《太清楼》冠之,凡五友。"

加上佛、道经典,园中山水,最后,王世贞将自己写成的《弇州四部稿》看作"一友",九友楼名不虚传。夏日无事,王世贞避暑园中,有闲情吟诗,偶得佳句,滋味冲淡:

尔雅楼头日正长,酒枪茶碗博山香。
歌中九友容相逐,那有闲情和柏梁。

弇山园有专门的藏书楼"小酉馆",藏书三万余卷。小酉馆中,有一个老仆很神奇。据说王世贞在藏书楼中翻阅典籍、著述写作,往往要翻找很多图书来看,有三万卷之多的藏书楼可谓书架如林、汗牛充栋。老仆只待王世贞开口,甚至是某书某卷某页某行,他马上就能找到,犹如事先已有约定一般顺手取来,俨然少林寺藏经阁上的"扫地僧"。

王世贞是当时文坛领袖,一批文人墨客聚集在他周围,号称"后七子",成员先后包括李攀龙、谢榛、宗臣、梁有誉、徐中行、吴国伦、余曰德、张佳胤,其中很多人都曾到访弇山园。一批未能入仕、兼具文人身份的书画家,他们在王世贞的园林里作书、绘画、品题、鉴赏,为此处更添雅趣。

当时有名的人物,不论政坛高官还是布衣山人,都远道而来,出入弇山园,包括名将戚继光,隐士陈继儒,文学家汪道昆、屠隆,诗人胡应麟,篆刻家文彭,书画家俞允文、周之冕、钱榖、陆治、周天球、文嘉,藏书家赵用贤,戏剧家潘之恒,医药学家李时珍……林林总总,客人应该是说何止几十,甚至上百,弇山园成了海内瞩目的文坛焦点。在《山园杂著》"小序"里,王世贞说:"忆余在弇时,客过必命酒,酒半必策杖,相与穷弇之胜。"王世贞去世后,屠隆写文缅

《真赏斋图》（局部）
明　文徵明
上海博物馆藏

怀，他眼中的王世贞，竟日在弇山园"与客泛舟击榜，取清莲，采芙蓉，逍遥容与。酒酣，登缥缈楼，矫首送目，曼声长啸，飘若天际真人。雄篇丽藻，与山川映发"。

逍遥山水间，真如神仙中人。

即便是平民百姓来访，王世贞也非常欢迎。有一次，弇山园来了一位很特别的客人——王三翁。老人高寿一百零六岁，陪王三翁前来的一位僧人叫"明上人"，祖籍河北，当时一百零四岁。但是，这两位百岁老人也仅是陪客，真正的主角——老翁刘大瓢从四川眉州来，自称一百二十一岁。三位百岁老人，一僧一俗一远来，王世贞喜不自禁，热情接待，欢迎老寿星前来做客。

晚年的王世贞更加豁达，在写《弇山园记》时他就提到，如果我的子孙不能守护此园，无所谓，散就散掉。这样一些好的石头、树木，不妨好好处理，物尽其用，让别人去享用吧。《弇山园记》原文是这样的：

夫山河大地，皆幻也。吾姑以幻语志吾幻而已！

吾兹与子孙约，能守则守之，不能守则速以售豪有力者，庶几善护持，不至损天物性，鞠为茂草耳！

陈继儒作为王世贞的晚辈，很受王世贞看重，王世贞一度邀请他为儿子传授文章，陈继儒婉言谢绝。他敬仰王世贞的渊博学识、文采风流，两人关系非常好。在《园史序》中，陈继儒曾感慨道，四难（见前文）之外，园林有三易：

曰豪易夺，久易荒，主人不文易俗。

所谓"三易"，实际是难上加难，几乎无解。

有一次，陈继儒造访弇山园，宴会时王世贞举杯念了一句谢灵运的诗"中为天地物，今成鄙夫有"，胸中似有很多感慨。

陈继儒会心了然，却故意问王世贞："辋川何在？"王维的辋川园，早就消失了！陈继儒悠悠然道："盖园不难，难于园主人；主人不难，难于此园中有四部稿耳！"

《弇州山人四部稿》是王世贞倾注了一生全部心血的诗文全集。园林容易荒芜、废弃，而文字比时间更坚硬，陈继儒由衷的劝慰之词，令王世贞立刻心情大好。

园林在某种意义上是地位、资本和文化的结合。

文化无形，园林却赖此长存天地间。

第二十七章 山师

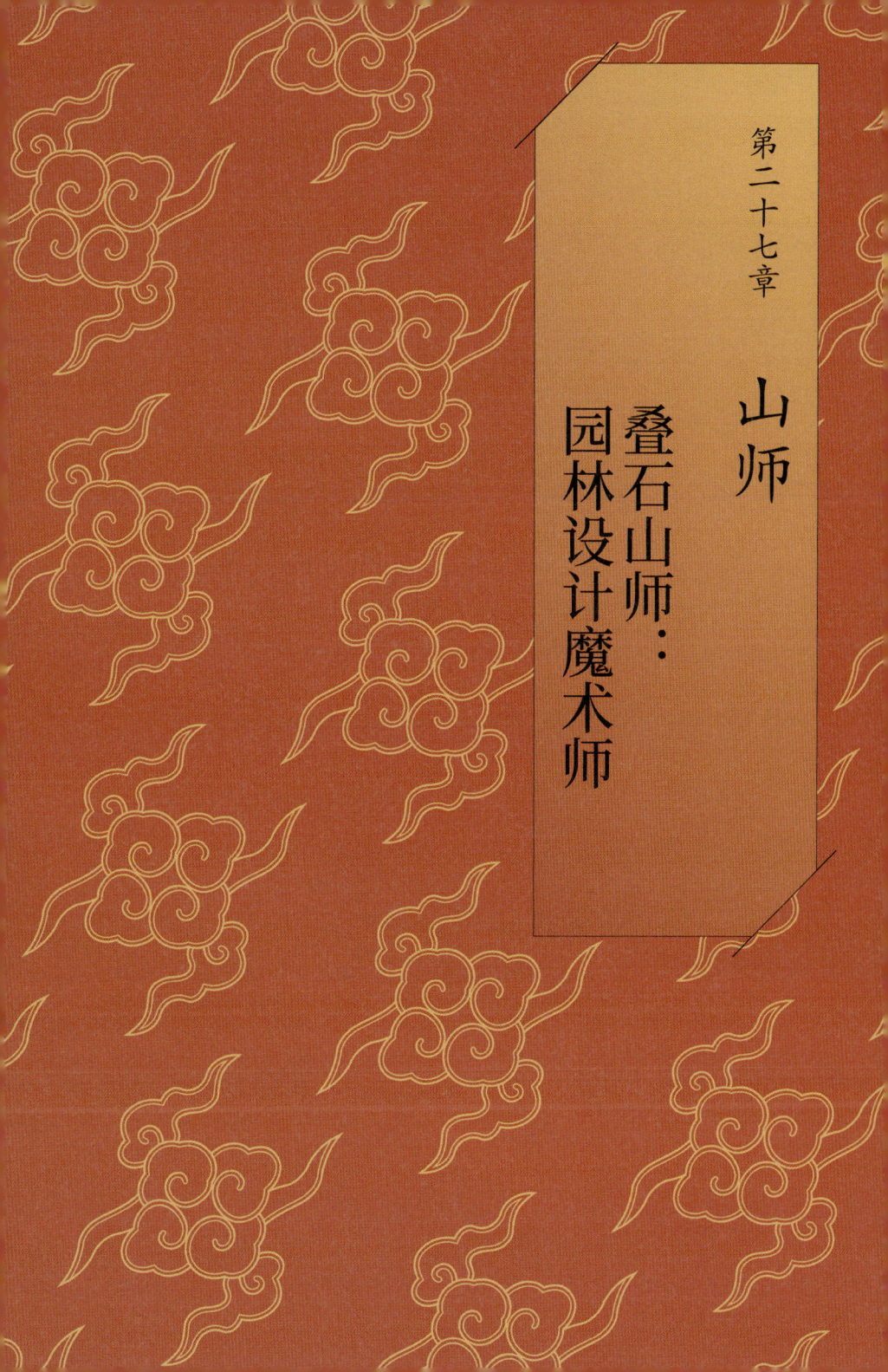

叠石山师:园林设计魔术师

第二十七章 山师

明朝有一种特殊的职业——"山师"。

所谓"山师",就是专门给园林堆叠假山的一种工匠。晚明建造园林的风气非常流行,如果有一堆石头,要通过人工把它堆叠成一座模仿自然界真山的假山,呈现非常自然的状态,从而营造山林空间,堆叠石头的匠师就要掌握一定的技巧,更关键的是审美,要符合当时人们欣赏的标准。

明朝以叠山出名的几位匠人,从小都接受过绘画训练,因为种种原因,他们改行去做了"山师"。万历中期,苏州人周丹泉就是一位画家,同时精于叠山。袁宏道在万历二十四年写有《园亭记略》,周丹泉为东园造一假山,像石屏风,高三丈宽三十丈,玲珑峭削,如"一幅山水横披画,无断续痕迹,真妙手也"。与袁宏道同时在苏州担任知县的江盈科,有《后乐堂记》,写的也是这座东园。江盈科说,从"后乐堂"往东,"地高出前堂三尺许,里之巧人周丹泉为累怪石,作普陀、天台诸峰峦状"。

明代最杰出的叠山家张南阳,号小溪子,又号卧石生,上海人,出身于平民家庭,父亲擅长绘画。张南阳小时候跟着父亲学习绘画,几乎到了废寝忘食的地步。他成年之后没有做画家,而是运用所学绘画原理,以叠石造山为生。有条件兴建园林的多为富豪人家、官僚士大夫,造假山这种职业有相当的市场需求。

张南阳在上海造了两座非常有名的园林,其中的豫园是他的代表作。豫园于嘉靖三十八年(1559)开始动工,豫园主人潘允端做过四川布政。万历五年,潘允端从四川任上回来,继续建造豫园,前后耗时十八年,"每岁耕获,尽为营治之资"。豫园面积七十多亩,张南阳所叠假山的主峰高达十二米。今天去豫园游览,仍可以看到明代遗迹,一是江南三大名石之一的太湖石"玉玲珑",一是黄石大假山,俨然一幅山水画。

另一处"日涉园"建于万历二十四年,占地二十亩,竟有园景三十六处。园林主人陈所蕴也是进士出身的官员。张南阳施展生平所学,陈所蕴非常满意,《竹素堂藏稿》里有一篇他写给张南阳的传记《张山人传》,赞扬他叠山技艺高超:"维时吴中潘方伯以豫园胜,太仓王司寇以弇园胜,百里相闻,为东南名园冠,则皆出山人之手。两公皆礼山人为重客,折节下之。山人岳岳两公间,义不取苟容,无所附丽也。"明代的日涉园已经消失,好在明代藏石家林有麟所绘《日涉园图》保留至今。《日涉园图》为日涉园的全景俯瞰图,以水池为中心,中间大片留白,水池四周小桥、流水、回廊、楼轩、梅柳、山石、人物、仙鹤历历在目,主人陈所蕴题诗:"会心在林泉,双展足吾事。朝斯夕于斯,不知老将至。"

豫园之外,张南阳曾经为王世贞的弇山园叠造假山,潘、王两位东家皆礼遇待之,不以寻常匠人看待。我看到过一个很有意思的记述,弇山园初具规模后,王世贞从外地回来,负责施工的管家向他报告:"园子快完工了,您看如何?"王世贞夸奖说不错。然后管家说:"报告老爷,我们家的银子基本上都用完了!"当时完成的是弇山园"中弇"部分,假山用石最多。为突出"中弇"主峰,王世贞搜罗到了一些太湖石,异乎寻常的高大,以至于运石到施工现场,必须先将太仓城墙拆去一段才能入城。太湖石在晚明已经是非常稀缺的资源,明代黄省曾说:"至今吴中富豪,竞以湖石筑峙奇峰阴洞,凿峭嵌空,为妙绝。"太湖石产自太湖中小岛,权贵们占有这些资源,派人登山凿石,不是普通百姓可以获得的。"中弇"造山需要许多太湖石,因此耗费巨大,王世贞心里有数,听管家抱怨,笑笑而已。王世贞《弇

第二十七章 山师

山园记》说，中弇是极尽人工技巧，东弇则有一种天真的野趣，对张南阳评价很高。在弇山园造假山时，首辅张居正的管家邀请张南阳前往造园叠山，张南阳最后婉言谢绝，原因也颇耐人寻味。

张南阳造假山，先要"相地"，要观察一个园林里面的山水、格局、地形。张南阳来到工地上，看一眼空地的大小，准备好的石料多少，心中已经盘算妥当，"视地之广袤与所衷石多寡，胸中业具有成山，乃始解衣盘薄，执铁如意，指挥群工"，非常有气派。

刚开始施工，假山看起来也就平常而已，随着施工进度的推进，"岩洞、溪谷、峰峦、梯磴、陂坂立具规模"。张南阳有绘画基础，从事假山堆叠，与一般匠人明显不同，没有丝毫匠气。陈所蕴在文章里描写张南阳的假山作品：

沓拖逶迤，巉业嵯峨，顿挫起伏，委宛婆娑。大都转千钧于千仞，犹之片羽尺步。神闲志定，不啻丈人承蜩。高下大小，随地赋形，初若不经意，而奇奇怪怪，变幻百出，见者骇目恫心，谓不从人间来。乃山人当会心处，亦往往大叫绝倒，自诧为神助矣。

张南阳为当时名流建造假山，存世的作品却很少。豫园黄石大假山是他的手笔，这是新中国成立后园林专家陈从周先生考证而来的，而日涉园已经消失。王安忆长篇小说《天香》提及日涉园原址存有一座书隐楼，并将书隐楼作为小说的背景。

谢肇淛认为，造假山完全用石头的做法铺张浪费。他说："假山之戏，当在江北无山之所，装点一二，以当卧游。若在南方，出门皆真山真水，随意所择，筑苑裘而老焉。"不必这么麻烦，搞来很多石头，花了很多钱叠山、造山，模拟自然的山林，但是人工始终达不到自然界这种美景的效果。更何况就算是善于画画的人，都难以表现真

《寄畅园五十景图·石丈》
明 宋懋晋
无锡博物院藏

实的山水，我们用石头、树木刻意重现自然的山林，总归是有一点吃力不讨好的意思吧。

当时流行一种叫"雪洞"的景观，其实就是我们今天到园林里面往往会看见的一种山洞，这个山洞里面是空的，游人可以钻进去。山洞里面可能还有一个往上走的石阶，从山洞的入口进去穿行，里面一下子暗了，然后自己再攀爬，登上山顶，这是一种乐趣。

而且这个山洞在当时可以作为园林主人起居、游乐的地方。比如，在山洞里面往往会放两个石凳子、一张石桌台，好像两个人可以在里面对弈。还有夸张的，就干脆将这个山洞布置得像一个房间，可以铺上地毯，还可以放置很多日常的器具。在夏天，这样的"雪洞"完全可以起到避暑的作用。

这种复杂的假山群，将每一块石头连接是技术活。清朝的时候，

《寄畅园五十景图·鱼矶》
明 宋懋晋
无锡博物院藏

常州有一位叠山大师叫戈裕良，他称自己掌握了明朝人的叠山方法，用石头将两个大的太湖石像榫卯一样拼接起来，可以做到了无痕迹。这种施工技术，当时周丹泉在东园所营造的石屏风里面，已经能够做到。

晚明的山师专门负责造假山，他们的造山风格慢慢发生了变化，背景是当时的太湖石资源逐渐变少，同时人的审美也在变化。

建园林、造假山，有点像今天设计师的工作，比如普通人家的房子装修，或者一个城市要建造自己的标志性建筑，其审美风格随着时代文化的演变，会发生变化。

到晚明的时候，上海地区出现了一位非常了不起的山师，他叫张涟，万历十五年生人。他的贡献是扭转了之前张南阳这一流派代表的以大量的太湖石叠山、造山洞的做法。他采用了以石带土的方法，就是用大量的土方造山，然后在山上点缀一些山石，呈现的效果更加亲近自然，符合属于自然的舒展的山林气息。

巧得很，张涟跟张南阳一样，也是从小就学过画，而且喜欢画人物画。当然，山水画他应该也是非常擅长的。他当时是公认技艺天下第一的高手，他的客户都是大名鼎鼎的人物，比如晚明钱谦益。钱谦益在常熟城外的虞山西麓，有一个小时候读书的山庄，叫拂水山庄，这里也是当年柳如是第一次穿男装拜访他的地方。钱谦益想请张涟为拂水山庄重新做一个设计，以至于专门写诗给他，大意是：如果您过来，我不仅要好好地招待您，而且请您也定居在此，我们以后可以做邻居。

前文提及多次的陈继儒是上海松江人，算得上是张涟的老乡。张涟成名之后云游天下，造了很多园子，晚年住在了浙江嘉兴。听到这个消息，陈继儒非常不开心，专门写了一首诗，公开呼吁：张涟是我们松江的杰出人才，我们不能让这样的人才外流了，得想办法给他一些好的待遇，要更加尊重他，请张老师回到我们的故乡来。

董其昌是最早推崇张涟的叠山技艺的。在他之前，造假山流行一种嵌空、险峻的做法。张涟一反常态，按照元代山水画的审美，截取一座山峦的一角，来布置整座园林，看起来空旷舒展。即使是只有半亩的小园子，经过他的巧妙构思，也能够营造出一种深山峡谷的气势。在技术上这是一种突破，因为以前园林的主人不喜欢自己的假山上面能看见泥土，不喜欢一座土山。张涟的假山是杂土叠石、土石相间，对同时代的假山建造影响非常大，而且一直影响到后世。

到了清康熙时代，有一位翰林叫张英，他说："一自南垣工累石，假山雪洞更谁看？"自从张涟开创了这一路技术，假山雪洞就不流行了。

张涟得到了晚明大量高官文人的推崇。明末清初的文学家黄宗羲、著名诗人吴梅村（吴伟业）都为他写过传记。吴梅村的这篇传记写得特别详细，他说张涟"为人肥而短黑"，而且性格非常滑稽，喜欢谈论一些街巷里面的闲事，引人发笑。有时他讲述的见闻陈旧，往往会被别人嘲笑，他也不在乎。张涟热衷社交，为人非常热情，在江南各个州、县交游广泛，五十多年来交到了很多朋友。

万历四十七年，张涟三十三岁的时候其实就已经成名了。大画家王时敏是太仓人，他在太仓有一座乐郊园，吴梅村认为乐郊园可称江南名园之最，做园子的就是张涟。张涟五十岁过生日的时候，同乡、工部郎中李逢甲让自己的儿子专门写诗给他贺寿，诗是这么说的："海上张卿善丘壑，作使顽石如云烟。"

李逢甲自己有一个园林叫横云山庄，山庄里的假山也是张涟的作品。按照吴梅村的说法，张涟造假山，气派非同一般。张涟经常是"高坐一室，与客谈笑"，就是坐在工地比较高的地方，看起来是在与其他人闲聊，然后"呼役夫曰：'某树下某石可置某处。'目不转视，手不再指，若金在冶，不假斧凿"，完全是一副胸有成竹的样子，哪块石头放在哪里，用手一指，大家就明白了。"甚至施竿结顶，悬而下缒，尺寸勿爽"，这是非常高超的一种技术了，就是施工的时候石头非常重，要用木头做一个架子，然后用铰链把石头抬到高处，再慢慢放下去。最后把石头放到位，丝毫不差，"观者以此服其能矣"。

有人很羡慕他，觉得这个技术太好了，开始模仿，但往往就是学不到位。为什么这么说？他曾经在一个朋友的书斋前面造一座假山，假山的造型如果用绘画来形容的话，是"荆、关老笔"，就是大画家荆浩、关仝的一种画法。"对峙平碱，已过五寻"，就是说面对着书斋前面的台阶，假山已过了五寻。五寻有十三米，相当于今天的三四层楼这么高。但是假山看起来"不作一折"，很呆板，平平的。忽然，他在山巅放了几块石头，这就不得了了，"石盘互得势，则全体飞动，苍然不群",意思就是假山堆得差不多了,看起来还是平平无奇,但是只要再放几块石头上去画龙点睛,一下子整个山就灵动起来了。这个技术是普通人难以掌握的。

张涟晚年找到吴梅村,非常感慨地说他靠着这个本事遍游大江南北,给很多人造了园子,但是几十年过去了,看到不少非常好的园林荒废了。因为那时正好是明清改朝换代,很多奇花异石都被别人拿走了。他说:"我就害怕我这一辈子的作品最后都毁掉,所以要请您给我写一篇传记。"确实是这样,他的假山作品到今天一处都没有留下来,好在他的一个侄子继承了家族的假山堆叠技艺。有一处作品就是今天无锡寄畅园的假山群,保存相对完好。

张涟有一个儿子叫张然,非常厉害。张然在康熙十四年(1675)得到一个机会,跟随山东青州府的一位大学士冯溥来到北京。冯溥为什么要请张然来到北京呢?

冯溥当年在北京造了一座三十亩的园林,叫亦园,最大的建筑叫万柳堂,所以也叫作万柳堂园林。

园林在初具规模之后,冯溥听到了张家造假山的名声,请张然来重新规划。张然在万柳堂完成了他假山的堆叠,获得了非常高的声誉。随后他在北京还为另外一位高官建造了一个府宅的花园,即大学士王熙的怡园。最后他甚至进入北京的宫廷,承担了西苑的瀛台、畅春园、玉泉山等皇家园林的规划设计,几乎成了一位皇家园林设计师。张家造山的技艺在清朝也得到了延续。当时叠山造园,工价随匠师声名而定,《识小录》中记苏州山师周廷策"茹素画观音,工垒石。太平时,江南大家延之作假山,每日束脩一金,遂生息至万",园林主人要付给他每日一两的工钱,价格不菲。

第二十八章

园中水

人造瀑布：云在青天水在园

第二十八章 园中水

电视剧《大明王朝 1566》中，嘉靖皇帝第一次出场，念了一首定场诗："练得身形似鹤形，千株松下两函经。我来问道无余说，云在青天水在瓶。"这首唐诗是僧人所作，意境非常优美，也充满了禅机智慧。"云在青天水在瓶"，中国人对水一直非常崇拜，老子认为，水是天下至柔至弱之物，但是能够积蓄力量，无坚不摧，乃至可以横行天下。嘉靖皇帝此时身处之地，应该就在西苑仁寿宫。

将时间推回到嘉靖二年（1523），文徵明五十三岁，被同乡推荐，通过吏部考试后担任翰林院待诏。嘉靖四年（1525）的春天，翰林院侍讲陈沂邀请同僚马汝骥、王同祖、文徵明一起进入西苑游览。陈沂在"内学堂"教书，认识守苑太监王满。文徵明有幸进入皇家园林，归来作《西苑诗十首》，描述了以太液池为中心的御园景色，诗题分别为《万岁山》《太液池》《琼华岛》《承光殿》《龙舟浦》《芭蕉园》《乐成殿》《南台》《兔园》《平台》。文徵明有幸漫步西苑眺望皇家园林的水波粼粼，心情激荡难言。元代，占据大都城中心的太液池与琼华岛就是皇家园林胜地，元顺帝喜好龙舟，在太液池中肆意游乐。文徵明写道：

子城西乾明门外，有太液池，周凡数里，水从玉泉流入，延竟大内，旧名西海子。上跨石梁，自承光殿达西安里门，约广二寻，修数百步。两涯穹鳖出水中，下斗门鲸兽楯栏，皆白石镌镂如玉。中流驾木贯铁纤丹槛掣之，可通舟。东西峙华表，东曰玉蝀，西曰金鳌。其北别驾一梁，自承光达琼岛，制差小。南北亦峙华表，南曰积翠，北曰堆雪。

泱漭沧池混太清，芙蓉十里锦云平。曾闻乐府歌黄鹄，还见秋风动石鲸。玉蛛连蜷垂碧落，银山缥缈自寰瀛。从知凤辇经游地，凫雁徊翔总不惊。

琼华岛就在今天的北海公园，有元代广寒殿遗迹，相传还有元太后梳妆台。海上三山，玉宇楼台，给人印象极其深刻。文徵明晚年多次书写西苑诗书卷馈赠友朋，有跋语写道：

胜践难逢，佳期不再，而余行且归老江南，追思旧游，可复得耶？因尽录诸诗藏之。他日邂逅林翁溪叟，展卷理咏，殆犹置身于广寒太液之间也。

归来后的画家，常常追忆当年第一次来到皇家园林时的震撼：置身于广寒、太液之间，偌大的湖面上，遥想龙舟竞渡，金碧辉煌，是他终生难以忘怀的经历。邓之诚先生《骨董琐记》记，晚清有人从北海捕得锦鲤，鱼佩金牌，细看尚是嘉靖当年西苑放生之物。

园林，因水而灵动。如何巧妙"理水"，继而达到"一勺则江湖万里"的美学效果，其实是建造园林的一个关键问题。文震亨在《长物志》里说："石令人古，水令人远。园林水石，最不可无。"他将园林之水分为池、瀑、井、泉四种。最大的一种为"广池"，可能会有一二百亩的广阔水面，俨然一个小湖泊，湖中栽种荷花，岸边种植一些芦苇，挖掘池塘的泥土堆成湖心小岛，小岛上还有台、榭之类的小型建筑。而池塘周边驳岸用好看的石头砌成，朱栏围绕，垂柳风吹荡漾，水中有鸳鸯凫水、野鸭嬉戏。岸边还建有临水小阁，春日垂钓，夏日观荷，中秋赏月，冬天看雪。有大片水面的园林，会让人觉得精神愉悦、放松。

园林厅堂前面，开挖一个小水池，池中养些五彩斑斓的锦鲤、金鱼，建筑倒映在水中，游人观鱼投食，以小见大，也是常见的设计。

园林里最不起眼的水系分布，往往是一口古井。白石井栏刻着篆字，井圈沧桑古拙，这种井不是观赏用的，古人浇花洗竹、洗涤砚台、擦拭家具，用井水最好。这种井眼背后多有竹林掩映，辘轳引水而上，上有井盖，或造一小石亭来保持水井清洁。井水来自地下，有时就是一眼好的泉水，如狮子林也是一座寺院，元代有僧人在空地凿井，后来发现井水清甜甘洌，从此汲此井水烹茶待客，称"玉泉"。倪瓒所绘《狮子林图》，不仅画有此井，还特意标注了"玉泉"二字。

《寄畅园五十景图·涵碧亭》
明　宋懋晋
无锡博物院藏

以上都是静态之水,园林里的动态之水是瀑布。

瀑布悬崖高挂,飞流直下,是大自然中独特的景观,中国的山水画也喜欢表现瀑布。明代开始,园林里居然出现瀑布设计,让后人不得不佩服古人的心思巧妙。明代园林多在城市,不可能有高山悬崖,园中瀑布如何形成呢?

苏州志乐园,又名"徐参议园",万历六年建成。主人徐廷裸,字士敏,号沙浦,嘉靖三十八年进士,曾任浙江布政使参议。志乐园可能是明代最早建造人工瀑布的园林。万历二十四年,袁宏道在苏州任知县,在徐家园林游玩后,赋诗一首:

古径盘空出,危梁溅水行。
药栏斜布置,山子幻生成。
欹侧天容破,玲珑石貌清。
游鳞与倦鸟,种种见幽情。

袁宏道所撰《园亭纪略》称赞:

近日城中,唯葑门内徐参议园最盛。画壁攒青,飞流界练,水行石中,人穿洞底,巧逾生成,幻若鬼工,千溪万壑,游者几迷出入,殆与王元美小祇园争胜。

"飞流界练,水行石中",点出志乐园的特色是以水取胜。此外,其实不用袁宏道比较,小祇园主人王世贞比他更早来过此园。那还是在万历十六年的春天。

王世贞的《游吴城徐少参园记》记录了那天游园的印象。志乐园面积有一百多亩,徐廷裸先安排客人坐船,从水路进入园林。一行人派头十足,王世贞坐在游船上,前后还有两条小船分别载着美酒、食物,另有一艘船负责表演丝竹,游湖之际安排音乐伴奏。王世贞一行登岸后改坐轿,随即看到园林中不可思议的景象——瀑布。

这里才是主人正式招待宾客饮宴的地方。

《寄畅园五十景图·飞泉》
明　宋懋晋
无锡博物院藏

王世贞回忆说,眼前假山有十几米高,非常陡峭,瀑布从岩石上滑落下来,人们仰头看瀑布显得它更高,有三十多米。瀑布的设计非常典型,一如古画上的景象,珠玉飞泻而下,悬崖中有巨石阻挡瀑布下落之势,瀑布的雪浪如燕尾般分成股,最后倾注而下,流进山崖前的池塘。主人招待大家在此宴饮。在瀑布前举杯喝酒,体验的确与众不同,王世贞感受到空气中有水汽扑面而来,一边欣赏瀑布一边喝酒,不知不觉就喝了比平常更多的酒。他后来有诗记录当时感受:"流觞恰自兰亭出,瀑布如分雁荡来。醉能醒我醒仍醉,一坐须倾一百杯。"瀑布在前,让人感觉非常清凉,好像酒量也增加了。

王世贞弇山园此时已经建成，园中没有一处瀑布，倒是有两处"流杯池"，不知道是不是有心而为。论科甲地位，王世贞无疑是前辈；论园林规模声势，也是弇山园更显赫。王世贞却很好奇地请教主人这个瀑布是如何设计的。徐廷裸介绍说，是事先将十几个大水柜放到山顶，待有客人前来参观，山顶就开闸放水，十几个水柜不断更换补充，瀑布之水源源不断，见笑见笑啦。王世贞听了很感慨地对徐廷裸说："雁荡山龙湫瀑布我没有去过；庐山，李白看过的那个'日照香炉生紫烟'的大瀑布，我也没有看过；无锡惠山深处，有两座私人园林，园中都有瀑布，但那是选择真山真水之地，顺势布置而成，我都欣赏过，但我觉得惠山两座园林内的真瀑布，好像还不如您家的瀑布巧妙。"王世贞还有赠诗云："君是当年徐湛之，一时风尚在园池。轻篮出没疑秦岭，小艇回沿似武夷。渐入深崖青窈窕，忽排连岫玉参差。不知处处梅花发，羌管犹烦特地吹。"

　　王世贞内心真正的想法，外人不得而知。他所说的无锡惠山瀑布，是邹迪光的"愚公谷"，万历时建于惠山东麓。邹迪光巧妙设计，引来源源不断的惠泉之水，他在自撰的《愚公谷记》里，对珍贵的"二泉水"做瀑布的设计颇为自得：

　　吾园锡山、龙山纡回曲抱，绵密复夹，而二泉之水从空酝酿，不知所自出。吾引而归之，为嶂障之，堰掩之，使之可停可走，可续可断，可巨可细，而惟吾之所用。故亭榭有山，楼阁有山，便房曲室有山，几席之下有山，而水为之灌漱，涧以泉，池以泉，沟浍以泉，即盆盎亦以泉，而山为之砥柱。以一九龙山为千百亿化身之山，以一二泉水为千百亿化身之水，而皆听约束于吾园，斯所为胜耳。

　　常年几百里外结社团购，雇船装运惠山泉水的李日华，会不会羡慕极了？

不知道是不是受到弇山园开放风气的影响，志乐园也对外开放，但要收取门票钱。志乐园前身是状元吴宽的祖业"东庄"，当年也是一座大庄园，地"广六十亩"，园中河道四通八达。内有稻田、桑园、菜圃、竹林，还有各种亭园建筑，沈周绘有《东庄图》二十二帧，留存至今。徐家这座志乐园兴建时刻意追求奢豪，以大量太湖石堆砌假山，大肆经营，尽管有人觉得太过，反失自然风味，但名声在外，即便如袁宏道这样的文人，在苏州写给家人的信中也说，"吴侬可与语者，徐参议园亭"，可见志乐园名气之大。志乐园最兴旺的时候，园林两边开了很多酒楼饭店，俨然商业景区。但是徐家奴仆苛刻，游人进来稍有过失，如顺手摘花、说话大声，家仆就会气势汹汹前来问罪，渐渐地，当地人也就不再喜欢去徐家花园游玩了。

徐廷裸精心构筑的园林，并没有持续多久，沈瓒《近事丛残》记，徐氏与乡邻结怨甚深，园亭因故"尽为里人及怨家拆毁过半"。

题外话，万历四年（1576），徐廷裸任浙江按察司佥事时，负责

《东庄图·全真馆》
明 沈周
南京博物院藏

修造了西湖的湖心亭。王世贞与徐廷裸家族，另有一层因缘——

万历七年，太仓王锡爵之女王焘贞当众坐化于未婚夫墓前，现场十万人围观，轰动一时，名医李时珍也曾目睹此事。王焘贞的未婚夫就是徐廷裸的儿子徐景韶。二人尚未完婚，徐景韶就暴病去世。王焘贞居家守节不久，开始声称自己修仙得道，是"昙鸾菩萨"转世，修建道观，号"昙阳子"。当年，五十四岁的王世贞拜这位女子为师，自称弟子，虔诚备至。王焘贞当众坐化后，王世贞为她造神龛供奉，修昙阳观，自己则谢绝社交，住观修行。消息传到北京，王锡爵、王世贞的政敌上奏弹劾，万历皇帝和首辅张居正知道了此事，万历皇帝认为这是妖言惑众，王锡爵、王世贞是孔子门生，却妄信邪教，对"二王"应予惩罚。万历的母亲、慈圣太后出面劝说才作罢。这是当年轰动一时的奇闻。八年后王世贞造访"徐参议园"，不知心中是否别有感怀。

园林水景布置看似容易，其实需要煞费苦心。园林需要活水，不论是瀑布、池塘、泉眼还是水井，都要与江河湖泊相连，不断自我净化。如果说在明朝这种要求还容易做到，但今天城市变迁，园林之水和园外水道、水系隔绝，要保持水质清洁，需要现代科技才能让园林水体自我净化。流水不腐，谈何容易。这种烦恼，其实古往今来没有两样。

文震亨《长物志》里提到当时园林的人工瀑布大致分为两类。徐家花园在山顶放水柜，"亦有蓄水于山顶，客至去闸，水从空直注者，终不如雨中承溜为雅，盖总属人为"。有点劳师动众，看起来也显得笨拙。明代人工瀑布其实有更加巧妙的设计：

山居引泉，从高而下，为瀑布稍易，园林中欲作此，须截竹长短不一，尽承檐溜，暗接藏石罅中，以斧劈石叠高，下凿小池承水，置石林立其下，雨中能令飞泉溅薄，潺湲有声，亦一奇也。

先在屋檐安排储水设计，下雪、下雨时屋檐之水顺着用竹筒做成的导水系统引入假山，藏在假山建造时所留的缝隙处，以斧劈石叠高，只要有落差，水流入水池，就可形成瀑布。

《园冶》讲得更明确："先观有高楼檐水，可涧至墙顶作天沟，行壁山顶，留小坑，突出石口，泛漫而下，才如瀑布。"将屋檐之水引到山顶，先做一个水池"小坑"，留出水口，这样一下雨就有瀑布。不足之处是晴天就没有瀑布。

记得我小时候，曾到虎丘万景山庄游玩。这是一个盆景园，一进大门就看到由黄石堆砌的大假山，但不能攀登。印象最深的是黄石假山有一瀑布，儿时的我觉得非常有趣，百看不厌。十几年前，我在日本成田机场附近的山里，看到过一个非常不错的瀑布。当时已近黄昏，有一些穿着白色僧衣的出家人走在山道里，还有一些放学回家的孩子。我远远听到水声，走过去看到瀑布前面有一个观瀑平台，围有栏杆，一位僧人正闭目聆听瀑布声。

山谷空寂，水声如雷。

其实中国人一直有"听瀑"的审美。瀑布不光用眼睛来欣赏，水声也很奇妙，能够让人在轰鸣声中忘记世上的喧嚣，身心、意识完全进入水声，确实是一种非常好的享受。

万历二十八年，隐士赵宧光在城外筑寒山别业。卜地造园时，发现一条废弃已久的山涧，于是凿山引水，将泉水从山上引下，形成"千尺雪"瀑布景观。在自撰《寒山志传》一书里，千尺雪瀑布极为壮观："石亹夹涧处，磅礴怒吼，色如千尺雪，响作万壑雷，奔腾不可名状，曰骇飙疐。"

"千尺雪"非雪，飞瀑如雪奔流而下，山中一股寒泉，化为雪浪涤心，望如白练，昼夜不停。赵宦光于是在"千尺雪"瀑布不远处，建一静室，坐在山房中静听瀑声，仿佛世外之人。

园林是一门综合的艺术。制作几榻，虽长短广狭不一定那么整齐，但是放到室内一定古雅可爱；赏石山峰耸立，面面可观，镌刻佳名，风骨俊朗是主人写照；名木鲜花，四季有序，走在浓荫蔽日的小径，回归山野，让身心得以忘怀。园林空间虽为人工，宛自天开，既有观赏性，也有实用性。在明代，园林往往不只是一个炫耀性社交、休闲消费的地方，更是一个人理想的家园。这个时候，如果不是单纯地考虑园林象征的物质财富，我们必须承认，几百年前的明代文人园林，精神内涵非常丰富。

这些园林的主人本身具有较高的文化修养，或者说，至少他们在思想上有各自的创造、追求，无论是待人接物，还是看待世界的方式，都富有自我意识，有一种人生沉淀后的智慧。好的园林主人，拥有一处有生命、有温度的园林，就算经历战乱，园林最后毁灭消失了，但它依然能够留在纸上。

即使是仅仅留存在纸上的一座园林，也代表了传统文化中的一种坚持。从这个角度来看，笔墨比石头、时间都更坚固。

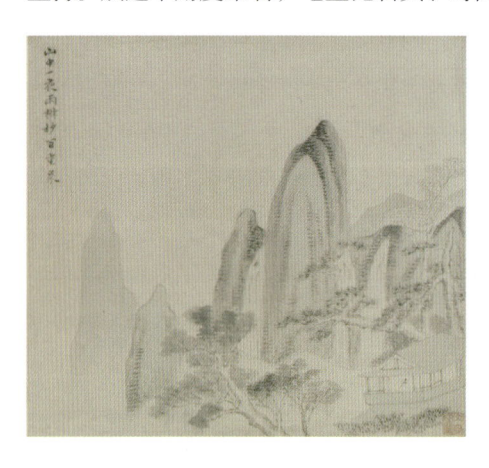

《明文伯仁诗意图》
明　文伯仁
台北故宫博物院藏

王维诗：山中一夜雨，树杪百重泉。

第二十九章 太湖石

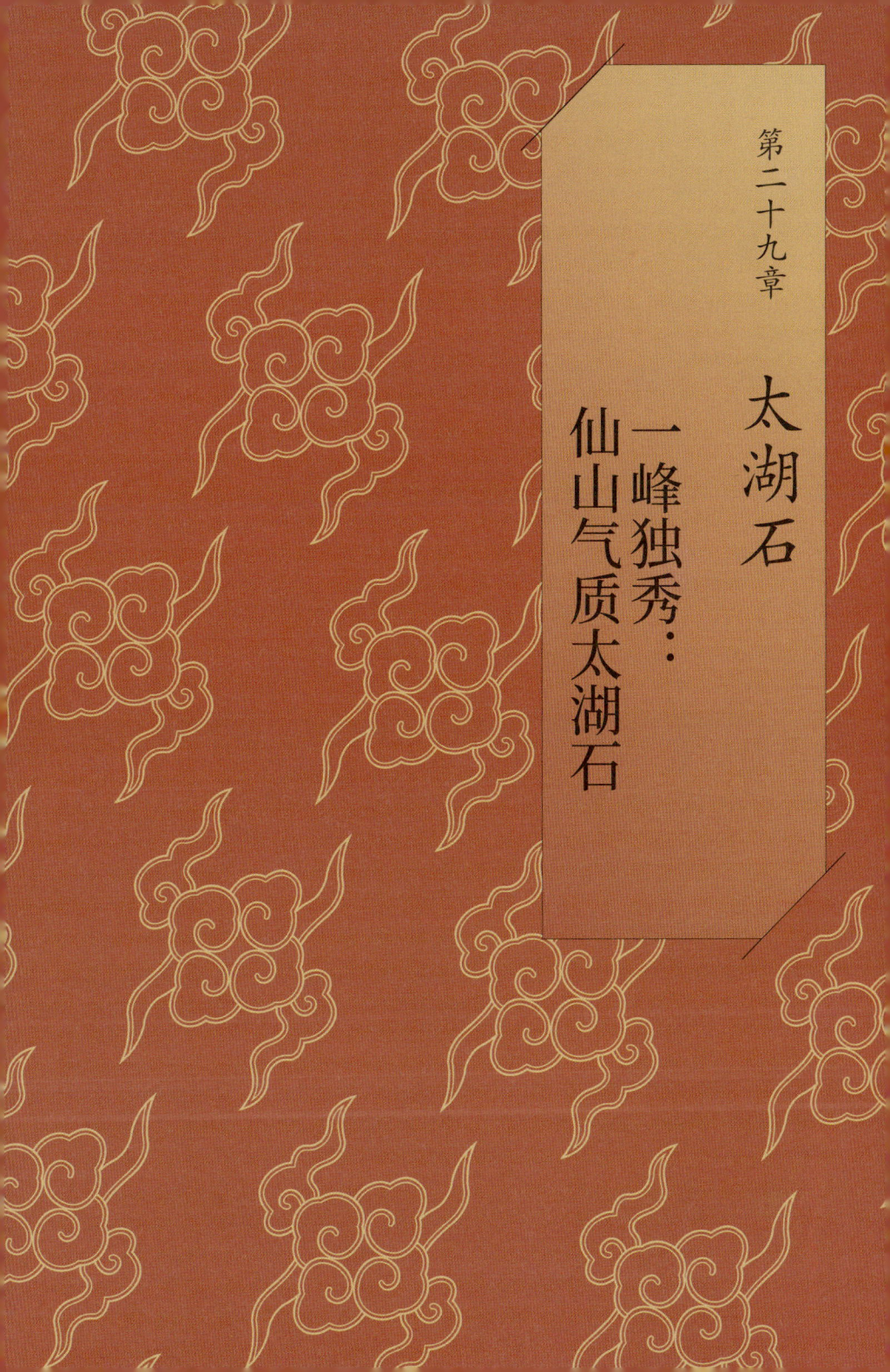

一峰独秀：仙山气质太湖石

第二十九章 太湖石

中国的赏石文化源远流长，汉唐以来，文人对天然的奇石非常钟情。欣赏和把玩奇石是中国文化特有的传统，源自中国古代哲学对自然天地的思考，尤其受到道家思想的影响。明代有一种《五岳图》，出自《道藏》，将中国最著名的五座山"收纳"为抽象图案，源自道家思想对山岳的崇拜。另一方面，将赏石陈列于文人雅士的庭院、书房可体现主人的审美意趣，所谓"清供"。

奇石到底如何欣赏？我们不妨拉开距离观察。

明代中叶，江南士大夫中流行的精英文化，最重要的一个表现是以吴门画派为代表的文人群体大放异彩。同一时期，正是西方的意大利文艺复兴鼎盛时期。米开朗琪罗令人赞叹的大理石雕塑，多用雪花石，质地非常细腻。他的人物雕塑，可以惊人地展现出轻柔丝织品披落肌肤上的立体效果。还有很多古希腊、古罗马时代经典的雕塑名作，如《垂死的高卢人》，表现人体的肌肉、力量、表情，非常具象。在这种作品中，艺术家的创作完全写实，通过训练有素的人为技巧表现出艺术家的审美，创造出传世艺术杰作。而赏石，不妨看作传统中

《文窗清供图》（局部）
明 孙克弘
故宫博物院藏

国文人的雕塑收藏，千奇百怪的古代赏石，是来自大自然的、天然的雕塑作品，与西方艺术观念截然不同。米开朗琪罗有一段论述，大致意思是：我看着一块大理石，在我脑海当中这件艺术品已经存在，我要做的工作只剥去它层层的外壳，最后显露出我想要它呈现的样貌。中国人的赏石，则是通过自己的双眼，在天地之间去寻找纯粹的"自然之象"，更为生动美好。所以古人赏石有一个忌讳——对所赏之石不能过度人为加工，要尽量保持天然形态，更严苛地说，如果稍加一点改动，这块赏石的艺术价值就会大打折扣，好像收藏家有一种精神上的洁癖。

欣赏古代奇石，要回归中国人的思想、感情。每一块奇石造型各异，皆是对自然山水的追求、对万物奇观的向往。从中国传统文化出发，文人刻意想象、营造出一种"逍遥之境"。

嘉靖二十八年（1549），书法家丰坊应邀为华夏作《真赏斋赋》，丰坊注意到庭园布置，奇石累累，琳琅满目：

梧阴垂砌，荷香满庭。太湖灵璧，英山武康。锦川之石，霞涌浪积，鸟栖兽踯，蛟旋鱼跃。菌秀英圻，若醉若舞。

太湖、灵璧、英山、武康、锦川等石，都是明代庭园铺陈、装饰常用之石，或独峰耸立，成为视觉焦点；或堆砌成山，沟壑盘绕中见匠心运用；或用于铺设地面，装饰花坛盆景。赏石与园林艺术高度融合。

明代的赏石分为两类，高耸的独峰是园林里的造景之物，品质最好的是天然太湖峰石及安徽灵璧石。竖立的太湖峰石一般体形比较大，适合单独欣赏，宜放置在空旷之地，如厅堂、书房前，或是园林墙角、水边池塘，或是在一个小小的院落里。这些单独的峰石，主人

《寄畅园五十景图·云岫》
明 宋懋晋
无锡博物院藏

多为它取名并镌刻石上，如"冠云峰""玉玲珑"等，石上还可落款。这种峰石往往属于宋代花石纲遗物，贵重难得，不只是单纯的"假山"概念，也是一种赏石。此外，明代园林假山对峰石的需求虽然巨大，但叠山师傅还是会珍惜大石、独峰。建造园林假山，独峰非重要位置不用，如明代历史上各地出现很多"五峰园"，五座山峰足以夸耀，每一个"峰"就是一块罕见的太湖峰石。大石难寻，所以假山主体多以山石拼接、堆叠，再用少数大石点缀以突出效果，组成大大小小的自然山形。

明代文人陆深造过一个假山，就充满道家的神仙气质，俨如仙山。

陆深甚至自号俨山！

陆深，松江人，二十九岁中进士，累官至四川左布政使，擅长书法，著述宏富。正德七年，陆深三十九岁，担任翰林编修，因不满朝政，告病回乡，建"愿丰堂"宅邸。愿丰堂后有空地，他造了一座假山名"会仙山"。正德十年（1515）秋天，画家张錝从广东前来拜访陆深，绘制《愿丰堂会仙山图》，画上题跋有一篇《会仙山记》：

其中峰屹立，倍寻而高，中心二大窍，若两口相沓，曰吕公。一峰曰麻衣道人，其纹皴，斫麻衣似之。又一峰曰蓑衣真人，其纹襂襹蓑衣，似之，东一峰曰三峰居士，形骨昌佟，不受拘束，似邋遢也。合而名之，曰会仙。

主峰吕公石，高逾"二寻"，八尺为一寻，换算下来峰高五米多，气势不凡。

陆深诗文集中，有《咏石七首》，摘录如下：

其一《吕公》：吕公本侠士，诡称回道人。黄金亦可变，谁云非法身。

其二《蓑衣真人》：真人已忘我，犹著雨蓑衣。一朝尘劫尽，风雪不知归。

其三《麻衣道者》：当年钱若水，寒夜拨炉灰。若是公侯骨，定应期不来。

其四《邋遢仙》：古来神仙侣，均为柱石材。得志有廊庙，有时居草莱。

其五《剑石》：葛陂化为龙，八公亦炼石。借身远报仇，凝血今成碧。

其六《紫云》：积翠竞万壑，孤顽自离群。因风欲吹堕，夕阳明夏云。

其七《紫芝峰》：采芝堪疗饥，煮石亦可餐。怅望商山老，浩歌蜀道难。

七块峰石，难得都有陆深一一赋诗，再对照《会仙山记》所记内容："襄衣为武康，其三皆湖石，余锦川、武康，诸小峰不在是数。"如此，尽管明代的这座会仙山早就湮灭无存，但今天我们仍可以确认，当年会仙山有四大峰石，酷似四位仙人形象，其中"吕公"为主峰，是太湖石，麻衣道者、邋遢仙二峰也是太湖石，唯独襄衣真人峰石是另一品种武康石，还有剑石、紫云、紫芝峰三峰，估计石峰相对较小，张鈇的《会仙山记》没有记录，但陆深自己非常喜爱。结合张鈇"余锦川、武康，诸小峰不在是数"的记录，参照明代赏石资料推测，大致可以肯定，剑石峰属于锦川石，紫云、紫芝峰属于武康石的可能性较大。

明代的锦川石、斧劈石，在今天的园林叫作"石笋"，产于宜兴，有松皮纹理。《园冶》论锦川石："有五色者，有纯绿者，纹如画松皮，高丈余，阔盈尺者贵，丈内者多。近宜兴有石如锦川，其纹眼嵌石子，色亦不佳。旧者纹眼嵌空，色质清润，可以花间树下，插立可观。如理假山，犹类劈峰。"相比太湖石，以锦川石做假山造价低廉，但《长物志》认为，"石品最下"者有三种，其中锦川石排名第一，最为俗气："每见人家石假山，辄置数峰于上，不知何味？斧劈以大而顽者为雅，若直立一片，亦最可厌。"文震亨所说的"斧劈石"，是锦川石别名。《园冶》作者计成以设计锦川石、斧劈石的石笋出名。他曾经做过一个园林小品，以雪白墙面为背景，白墙前立小峰若干，自成图画。这种新奇的做法非常讨人喜欢。文、计二人的叠石理念截然不同。文震亨为世家子弟,是纯粹的文人,在苏州城内有香草垞、西郊碧浪园等三处园林;计成以造园为业,以此谋生,他要根据市场要求创新、迎合。他们好像一个是甲方,一个是乙方,文震亨跟计成的审美确实不一样,无可厚非。至于陆深的"剑石峰",虽是锦川石,但估计能入文震亨法眼,或不可一概而论。

仙人聚会,怪石林立,陆深的山峰奇景设计,可贵在园主陆深、画家张鈇均留有文字记录。《陆深愿丰堂会仙山图》珍藏在台北故宫博物院,几百年后,以此画中景象对照诗文仔细参详,可以了解更多的信息。也是出于好奇,我在这张明代图画上,找到二人联句、吟咏会仙山的内容,再次找来陆深的诗文集,内有《愿丰堂后隙地叠石作小山与张碧溪联句》诗,有"旋分泉石作溪山,圆峤方壶在此间"句。圆峤、方壶都是海外仙山,主人爱石,向往神仙逍遥。第二年,即正德十一年(1516)五月,同科进士严嵩前来拜访陆深,张鈇恰巧在座,陆深带病送严嵩坐船至松江城下。同年,陆深复出,担任会试

《陆深愿丰堂会仙山图》(局部)
明　张鈇
台北故宫博物院藏

考官，录取进士中包括后来的内阁首辅夏言。

白居易赞美太湖石有诗："烟翠三秋色，波涛万古痕。削成青玉片，截断碧云根。风气通岩穴，苔文护洞门。三峰具体小，应是华山孙。"

宋代开始，玲珑剔透的太湖石大量开采。范成大《太湖石志》记："石出西洞庭，多因波涛激啮而为嵌空……石生水中者良。岁久，波涛冲激成嵌空，石面鳞鳞作靥，名曰弹窝，亦水痕也。扣之铿然，声如磬。"《太湖石志》记录当时开采太湖石的情况，主要有鼋山、小洞庭等矿区。

北宋末年出现"花石纲"，即专门运送奇花异石以满足皇帝喜好的特殊运输船队。威远节度使朱勔为宋徽宗寻找各地奇宝异物，包括从苏州太湖开采太湖石，运到汴梁皇家园林。程俱《采石赋》记，北宋建中靖国元年，从苏州采太湖石四千六百枚，"而吴郡实采于包山"。包山即太湖西山，仅一次采石就数量惊人。太湖石高数丈，运输时船只通过桥梁，拆桥毁路、侵扰民居，加上官吏趁机勒索，导致民不聊生，方腊起义爆发。现存国内最高的太湖石冠云峰，有六点五米高，保存在苏州留园内，也是北宋遗物。

靖康之乱后，很多来不及运送到皇宫的太湖石遭到遗弃。瑞云峰是其中最著名者，身世也最传奇。

明代官员陈霁家住苏州横泾，治第宏壮，房屋之数竟然达到惊人的五千四百八十间，堂前有峰石五座，其中最巨大的就是瑞云峰，"层灵叠秀，挺拔云际，

明　方于鲁制仇池石墨
台北故宫博物院藏

诚巨观也"。陈霁获得瑞云峰也是一段曲折的故事。此石"采自西洞庭,渡河舟坏,沉一石并沉一盘",石峰必须下设底座才能竖立,而这次石与座皆沉入水中,陈霁召集工人打捞,"以泥筑四面成堤,用水车车水",抽干湖水仅仅找回石峰,底座全无踪迹。当时风水师告诉陈霁,这块石头不吉利,形状如火焰,"不利宅主,遂斫去六七尺,犹高三丈余"。瑞云峰于是被人为凿掉七尺,高度仍有三丈。

此后,瑞云峰被湖州尚书董份得到。他命人运石上船,从苏州横泾横渡太湖,为方便运输,使用葱叶覆盖地面,工人预先买来大葱,"地滑省人力,凡用葱万余斤,南浔数日内葱为绝种"。奇怪的是,这次的运石船来到当年陈霁沉船处,又发生意外,"石无故自沉",于是如前番操作,从湖心四面筑堤,架设大木悬绳,动用千百民工,打捞出来的竟然是上次沉湖的"石盘",也就是峰座。瑞云峰仍不知所终,于是"更募善泅者,摸索水底,得之一里之外,龙津合浦,始为完璧"。这次瑞云峰出水的日子,距离"司成公"陈霁最初从西山岛运出后沉石太湖的时间,恰好"甲子一周",整整六十年。

瑞云峰太湖石后来再次横渡太湖,作为嫁妆之一,成为苏州徐家东园(今留园)之物。从湖州再回苏州,这次运输没出意外,但"载以归吴之下塘,所坏桥梁不知凡几"。清代乾隆南巡,官员将瑞云峰移入接驾行宫苏州织造署,称其为江南三大名石之首。瑞云峰还有诸多传奇,赋予她神秘色彩。瑞云峰,至今犹存。

今天很多地方都有巨大的太湖峰石,不仅苏州,甚至山东济南、北京都能看到。太湖石当年随花石纲从运河北上,有些太湖石沿途散失,留在了当地。《园冶》记"花石纲":"河南所属,边近山东,随处便有,是运之所遗者。其石巧妙者多,缘陆路颇艰,有好事者少取块石置园中,生色多矣。"

《长物志》说,太湖石以水中捞出的水石为贵。太湖石经波浪冲洗，形成自然的孔洞，看起来玲珑别透："岁久被波涛冲击，皆成空石，面面玲珑。"另一种太湖石就差一点，产自太湖周边的小岛，称为旱石，"枯而不润"。

太湖石看起来非常玲珑别透，但有人为了增加美感，会以斧凿加工。更神奇的是，有人会将一些小太湖石沉到湖底，让湖水慢慢冲刷它们，天长日久，用渔网再捞上来，太湖石会变得更漂亮。这种做法叫作"种石"。与灵璧石相比，太湖石有缺点，敲击时声音不清脆而发闷。

文震亨写作《长物志》的晚明时期，太湖石早已资源枯竭，一石难求。《园冶》"旧石"一节感叹道："世之好事，慕闻虚名，钻求旧石。某名园某峰石，某名人题咏，某代传至于今，斯真太湖石也，今废，欲待价而沽，不惜多金，售为古玩还可。又有惟闻旧石，重价买者。夫太湖石者，自古至今，好事采多，似鲜矣。"

晚明是一个大兴园林的年代，太湖石珍贵难寻，苏州地区开始用黄石做假山。苏州西部尧峰山出产一种黄石，当时称为尧峰石。《长

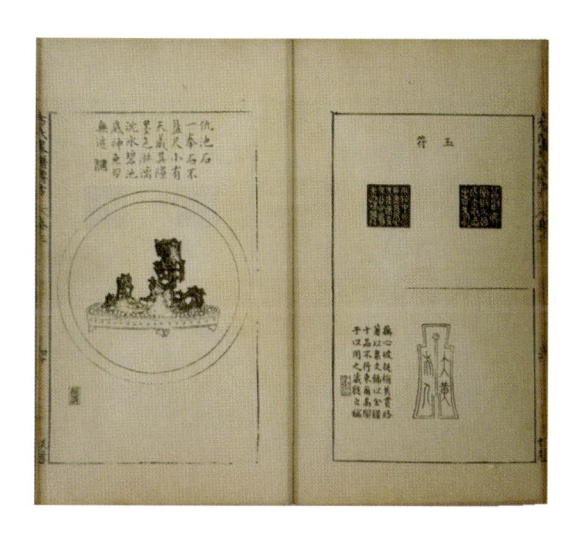

明　《方氏墨谱》（书影）
台北故宫博物院藏

物志》载:"尧峰石,近时始出,苔藓丛生,古朴可爱。以未经采凿,山中甚多。但不玲珑耳。然正以不玲珑,故佳。"文震亨对尧峰石的评价很幽默——看起来有点愣头愣脑的,没有太湖石那么玲珑剔透,所以好!就像做人一样,要率性耿直一点,不要总是八面玲珑。尧峰石棱角分明,拙朴自然,具有阳刚之美,是太湖石稀缺后的替代品,不料随后也被大量开采,导致山体遭到破坏。山上僧人海岱作《尧峰石歌》,劝导乡民停止采石。苏州名流文震孟、赵宧光也在山中建亭护石,禁止开山采石。

宋代《云林石谱》记载苏州产一种昆山石,也叫昆石。《园冶》关于昆石的观点很简单,做成盆景就好:"或置器中,宜点盆景,不成大用也。"

文震亨对昆石没有好评,说它很俗气:"以色白者为贵。有鸡骨片、胡桃块二种,然亦尚俗,非雅物也。间有高七八尺者,置之高大石盆中,亦可。此山皆火石,火气暖,故栽菖蒲等物于上,最茂。惟不可置几案及盆盎中。"

昆石其实在晚明一度很流行,因此才有人将七八尺高的昆石种入石盆。记得仇英的画作里,有摆设在庭院中的昆石,设有大石盆,结晶体的质地莹白如雪,其实姿态不俗。文震亨在《长物志》里挠挠头皮,似乎很勉强地说:还行吧。最后又强调昆山石不能放在几案上,什么意思?进不了书房,难登大雅之堂。《长物志》认为,灵璧石天下第一,广东英石次之,这两种石头在当时都非常贵重,购买不易,高一尺以上就是难得的珍品,能够放在书房常伴左右。而昆石只适合放在庭院里。

文震亨的确是一个非常骄傲的人,特别自我,所以可爱。

第三十章

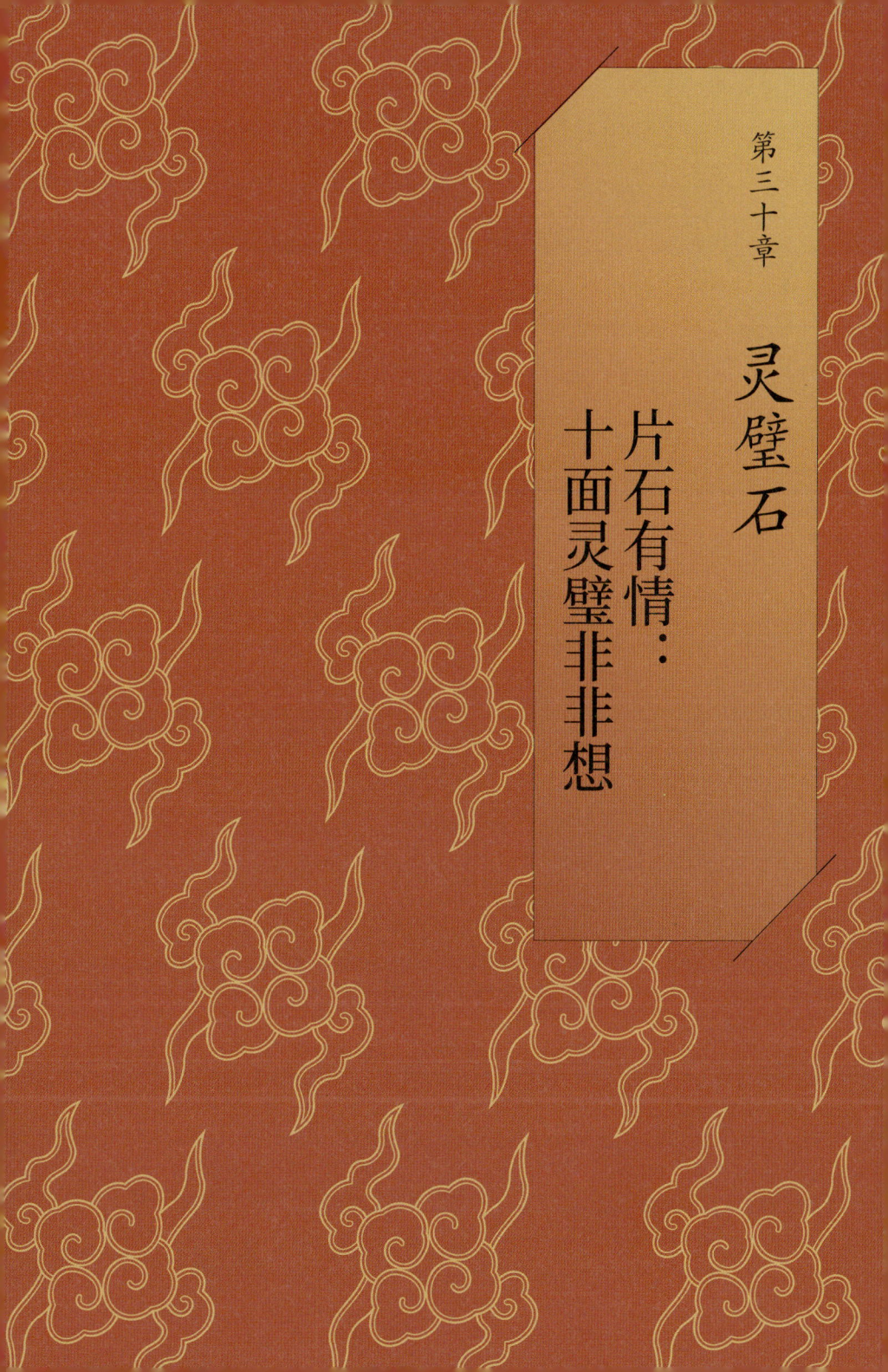

灵璧石

片石有情：
十面灵璧非非想

第三十章 灵璧石

李日华从万历三十二年（1604）辞官开始闲居生涯，到天启五年（1625）再度出仕，从四十岁到六十一岁，在嘉兴乡居二十多年，种松、运泉、洗石、焚香，每日观古物、看书画，无一日不忙，无一日不闲。有一天，他的学生黄章甫请老师写幅书法。弟子索书，写什么呢？李日华提笔沉吟，忽然心有所感，"戏为评古次第"，琢磨出了文人清玩种种在他心目中的排名，凡二十三种：

晋唐墨迹第一；五代唐前宋图画第二；隋唐宋古帖第三；苏黄蔡米手迹第四；元人画第五；鲜于虞赵手迹第六；南宋马夏绘事第七；国朝沈文诸妙绘第八；祝京兆行草书第九；他名公杂札第十；汉秦以前彝鼎丹翠焕发者第十一；古玉珣璩之属第十二；唐砚第十三；古琴剑卓然名世者第十四；五代宋精版书第十五；怪石嶙峋奇秀者第十六；老松苍瘦、蒲草细如针杪，并得佳盆者第十七；梅竹诸卉清韵者第十八；舶香蕴藉者第十九；夷宝异丽者第二十；精茶法酝第廿一；山海异味第廿二；莹白妙磁、秘色陶器不论古今第廿三；外是则白饭绿齑，布袍藤杖，亦为雅物。

最后他写道："士人享用，当知次第。"看不惯"俗贾以宣成窑脆薄之品，骤登上价"做派的李日华，指掐心算，百般运筹，论赏石之妙排名第十六，只比读书人艳羡不已的宋版古书稍次一等。

明代流行赏石，高濂对于当时书房陈设赏石有详细的描述。高濂说："书斋宜明净，不可太敞。……上用小石盆一，或灵壁应石、将乐石、昆山石，大不过五六寸，而天然奇怪，透漏瘦削，无斧凿痕者

《云林石谱图》(局部)
明 孙克弘
上海博物馆藏

为佳。"用一个小小的石盆承载赏石,充满美感,赏石的尺寸不能太大,形状自然、看不出人工斧凿痕迹的属于上品。王世贞为弟弟王世懋作有《澹圃记》,文中写澹圃有"暖室者二,雪洞者一,浴屋者一,皆小而精。中多贮三代彝鼎、孤桐浮玉、大令名墨、中散酒枪之类,敬美恒以暇日焚香,萧散其间,卧起师意殊适也"。澹圃里也多有奇石,除了灵璧"浮玉",小轩有叠山,"皆灵璧英石,奇峭百状";有武康石,高四尺多,"绝类中山雪浪,差黑耳",可见当时造园风尚,各种奇石都有陈设。

明代灵璧石地位最高。据《长物志》记载,从安徽灵璧县深山挖出的灵璧石,纹理细白如玉,没有峰峦山洞,是当时灵璧石最常见的形态。但是上品灵璧石有天然造型,像卧牛、螭龙,最好的灵璧石颜色如漆,击打声音清脆如玉,这是灵璧石有别于其他赏石的优点。灵璧石含有金属成分,敲击会有高低不同的音阶,战国时人们以灵璧石制作石磬进贡皇室,俨然礼器。

万历三十七年,李日华《味水轩日记》提到,他在一个姓叶的古玩商人的店铺,看到一块长两尺五寸、高五寸的灵璧石磬,石磬背上镶有铜环,可以悬挂。这块石磬,形状像一条鲤鱼,李日华试着去敲击了一下,声音在宫商之间,含弘清远。古玩商人说,灵璧石磬本是成国公家的收藏,成国公兄弟嗜好收藏,严嵩被抄家时书画进入皇宫,隆庆年间财政危机加深,朝廷将大内珍藏的书画以极低的价格折

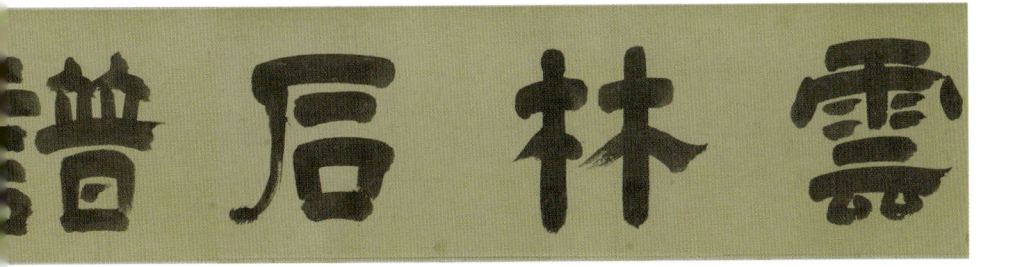

算成武官俸禄。成国公借机大量购买唐宋真迹，真是他家散出之物，"洵非凡物也"。

北宋米芾曾得到南唐宫中流出的灵璧石砚山（古称"研山"），有《研山铭》云："五色水，浮昆仑。潭在顶，出黑云。挂龙怪，烁电痕。下震霆，泽厚坤。极变化，阖道门。"铭文三字一句，充满想象力。

嘉靖年间，这块砚山成为上海顾氏的案头之物。

顾从义，字汝和，他的父亲就是嘉靖时的御医顾定芳。顾氏收藏古玩书画甲天下。顾恺之《女史箴图》、李公麟《潇湘卧游图》《蜀川胜概图》《九歌图》、米芾《蜀素帖》，其他如巨然、吴道子等人的作品，以及唐拓《定武兰亭》、宋拓《十七帖》、宋拓《九成宫醴泉铭》等，都曾是顾家的收藏。

顾从义曾对别人说，黄庭坚自称三日不读《汉书》便觉言语无味、面目可憎，我对石头同样如此。爱石如顾从义，不仅以"研山"为号，书斋也命名为"研山斋"。真实领略过研山斋风雅的人，是文徵明长子、篆刻家文彭。嘉靖四十一年，文彭到北京担任顺天府学训导，文彭记得："在长安时，过顾舍人汝由研山斋，见其窗明几净，折松枝、梅花作供，凿玉河冰烹茗啜之。又新得鼎鼎奇古，目所未见。"顾从义的研山斋布置得如此闲适，令文彭艳羡不已。

《南吴旧话录》记录了顾从义收藏的砚山最后的踪迹：先是被朱

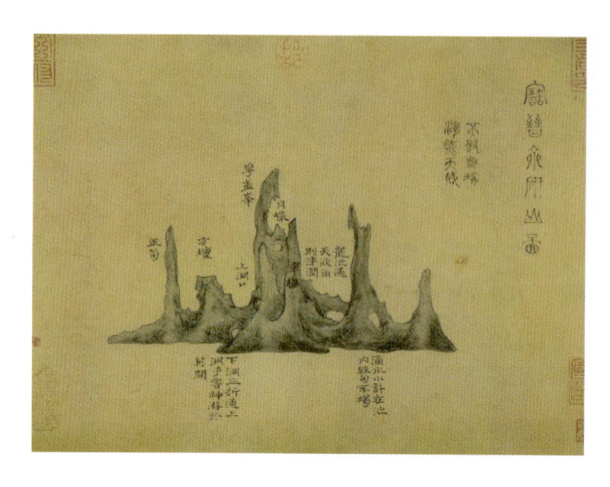

《研山铭》（局部）
北宋 米芾
故宫博物院藏

国祚购得，明朝灭亡后，被人用船运到北方，最后不知所终。

晚明，灵璧石做成的砚山大受欢迎，很多人都想拥有这样的宝物，市场上时有出现，真伪皆有。高濂就见识过许多来历不明的"古董砚山"。《遵生八笺》记载："有伪为者，将旧砖雕镂如宝晋斋式，用锥凿成天生纹片，用芡实浸水煮如墨色，持以愚人，每得重价。然以刀刮石底，砖质即露。有等好事者，以新应石、肇庆石、黑石加以斧凿，修琢岩窦，摩弄莹滑，名曰'砚山'，观亦可爱。"

高濂爱好奇石，《遵生八笺》所记就不止一例：

余见宋人灵璧研山，峰头片段如黄子久皴法，中有水池，钱大，深半寸许，其下山脚生水一带，色白而起磲砢，若波浪然，初非人力伪为，此真可宝。又见一将乐石研山，长八寸许，高二寸，四面米糊包裹，而峦头起伏作状，此更难得。他如应石，近有佳者，天生四面，不加斧凿，透漏花皱俱好，但少层叠，峦头水池深邃，望之一拳石也。

万历四十一年，与文震亨写作《长物志》的年代相差不远，华亭人林有麟写了一本《素园石谱》，里面收集了当时各种名石一百零二种，特别难得的是还有二百四十九幅插图，每块石头都有图像写真。林有麟出身于世家，曾经担任过四川龙安（今绵阳、广元）知府。《素园石谱》被称作明代最权威的藏石著作。《素园石谱》中有两个砚山记录，其中玉恩堂砚山"高可径寸，广不盈握"，另一青莲舫砚山可以"出入怀袖"，都是精巧而可把玩之物。

这个时代，砚山流行，几乎人手一件，居家必备。张岱《五异人传》中有记载堂弟张燕客的荒唐行为：

昭庆寺以三十金买一灵璧砚山，峰峦奇峭，白垩间之，名曰"青山白云"，石黝润如着油，真数百年物也。燕客左右审视，谓山脚块磊，尚欠透瘦，以大钉搜剔之，砉然两解。燕客恚怒，操铁锤连紫檀座捶碎若粉，弃于西湖，嘱侍童勿向人说。

李日华也曾从安徽古董商方巢逸手中购得灵璧砚山，而且还是高濂旧藏。

万历四十年三月十七日，方巢逸从杭州来，"余将以白苎梅花圃旁屋借居之。巢逸以灵璧研山一质金去。研山长阔一尺，上耸东西二峰，东峰高三寸五分，背面龃龉。又自连五小峰。下跗二朵，如鸟偃翅。翅下穿漏成洞。西峰高二尺五分，两尖双竖，如庐山双剑峰。中凹处嶙峋陡削，有自然涧壑。色苍玄而润，间有白纹相错，叩之，丁丁清响，武林高氏物也，梨木座镌瑞南印记"。

文中记录，有质押的灵璧砚山的价格是一两白银。对李日华而言，这个价格是否合适不得而知。

砚山如此流行，大收藏家项元汴据说藏有宋徽宗的灵璧石，金字

填刻,贵气非凡,价值不菲,真假难辨。《灵璧石考》记载:

> 檇李项氏有灵璧石一座,长二尺许,色青润,声亦泠然,背有黄沙文,一带峰峦皆隽,下金填刻字云"宣和元年三月朔日御制"。御书,其下押"一"字。

项元汴的收藏多在天籁阁中,他的密友、收藏家汪爱荆的凝霞阁中也陈列着不少奇石。汪爱荆早年与项元汴交游,善于鉴古,筑有"凝霞阁",专贮书画奇物。汪爱荆的儿子汪砢玉回忆:

> 吾翁于城南莲花滨,建阁曰凝霞……庭中小山,翁手垒将乐、灵璧、玉峰、英德、宣城诸石于水边。藤荫外为木兰小舫,层台高下,宛然五岳在望。翁尝作记有云:吾斋之东,磊磊然、落落然、苍然、黯然、兀然、泠然、窈窕然,为云、为霞、为宛虹、为陨星,似霜、似冰、似炉、似屏几,得群石争奇献巧,错落于梅兰松竹间,如文人之各吐所异耶。观止矣!

可见汪爱荆对于奇石特别嗜好,甚至凝霞阁的名称也自奇石而来。汪爱荆所收集的奇石,不算亭园"寻丈"立峰,只算可以陈设、把玩之奇巧美石,竟也有数百枚之多,几乎囊括了晚明时代流行赏石的全部品类。汪砢玉对奇石收藏一直很有兴趣,崇祯三年八月十九日,汪砢玉在杭州会友人,请当时著名的人物画家曾鲸为自己绘制一幅肖像,接着去看萧山吴句胪的收藏:

> 有大灵璧,四面峰峦,中凹深池,状若西湖景。二砚山,短者如仇池峰,有雪筋俨流泉。长者上黑下白,宛然江练。又英石数座,俱

倩名手绘成卷。一白石子,中有吕仙师像,巾履扇拂,隐约如画。

由此可见,灵璧石确是晚明文人藏石的主流品种。有意思的是,汪砢玉这次又见砚山,而且成双。

汪砢玉曾经写过一部《甲乙石品》,可惜这部晚明赏石之书早已佚亡,仅存一篇李日华序言:

余友汪乐卿氏,绝去他好而专事石,居恒轴帘拭几,扫除阶际。出尊人爱荆所贻太湖、英山、灵璧、林虑、玉华、荔浦、鼋矶诸品,大者寻丈,细至拇指,或势崒嶭,或色晶莹,或声清越,或状环垝。数百枚陈列之以自怡自快。不拒人观,亦不邀人玩也。余父子与姻连媸好,亦未尝得数观之也。一日,授一编相示,则石之甲乙品具亦……

但人生无常,收藏之物,早晚总归散去。

崇祯七年(1634),江浙地区最大的古玩商人王越石来到汪砢玉家里,看到一块精彩的灵璧石"白鹅听经",形似一只白鹅在听一个老和尚说法。王越石非常中意,当场提出拿一张文徵明的《仿小米钟山景》大轴换灵璧石,汪砢玉不愿割爱。但是王越石坚持己见,说米家船不可少此物,遂持去。题外话,王越石口中所谓"米家船",其实是他往来江浙一带所用的一艘商船。晚明文人效法米芾,坐船载有书画,一路欣赏,书画古玩商人因为生计四处漂泊,坐船贩卖书画,取"书画船"之名表示风雅。

李日华也对各种奇石兴趣浓厚,《味水轩日记》有关记载很多。如万历三十八年二月,吴丹麓送给他一块英石,高两尺多,阔一尺六寸,这个石头看起来"势如断云",非常嶙峋,李日华将此石放在宅前竹林里。同年六月十三日，李日华"购得盈尺小昆石一，峦岫窍穴俱具"，买来的昆石洞穴、峰峦都有，放在书桌上如同一幅小小的图画，那天他一共购买了两块昆石，还有一块小石仅五寸高，给了儿子李肇亨。八月二十日，李日华给一个朋友写书房匾额"雪峭"二字，因为朋友的书斋前有三尺高的白色昆石，看起来非常晶莹，好像积雪的山坡，所以取名"雪峭"。

同年九月，"邻媪持荔支木小佛龛一，精甚……又盈尺灵璧石一，英石研山一……来质钱"。

万历四十年三月十九日。李日华跟沈翠水一起步行到试院前"阅市"，看见"有大灵璧石一，形如伏虎，色黝黑光润，背面元章镌记，又横镌'列翠'二大字"。他在日记里自嘲说："措大出游成队，率目饱而已。"

万历四十四年（1616）九月二十二日，李日华"购得灵璧小石山一座，凡具五峰，而嵌空穿溜数十处，皆有洞穴溪隧之形。余置之研间，恍如与米老相接，出其袖中球珞也，喜甚"。

李日华日记里，藏石、

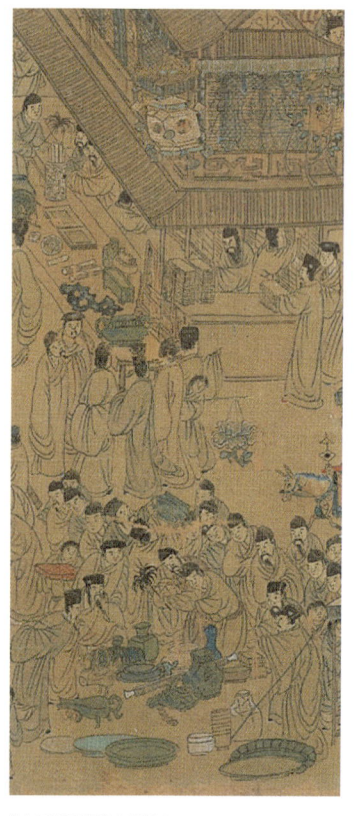

《上元灯彩图》（局部）
明 佚名
台北观想艺术中心藏

《上元灯彩图》（局部）
明 佚名
台北观想艺术中心藏

古董摊售卖青铜器、古玉、瓷器、漆盒的同时，也卖各种玲珑奇石，可见当时赏石之流行。

购石均颇为频繁，其中特别提到一块石头和一个人。

天启四年，邹元标、高攀龙推荐李日华担任礼部主事，李日华一直拖延，朝廷年底再次擢升他为尚宝司司丞。天启五年二月，李日华启程，四月到北京。当时朝局巨变，杨涟、左光斗、魏大中、袁化中、周朝瑞、顾大章六君子下诏狱，魏忠贤一党气焰正盛。八月，朝廷下诏禁毁东林书院，十二月，罗列东林党人姓名的《点将录》刊布天下。李日华时年六十一岁，在北京期间深感拘束、厌倦，衙门无事，终日挥毫作画。其间，他认识了一个叫许同生的朋友，两人一见如故。当年，许同生"孤介高朗，廷评俸薄，破扇羸马，踉跄长安中。有时微服步行，与故人相过。一日于马上见余，问旁人曰：此何人？"。

旁人告诉他：这位是嘉兴李日华。许同生脱口说："原来是他，我早就听过李先生大名，奈何一见之下，'抑何风神洒落若是'！"李日华风姿英朗潇洒，许同生仰慕已久，携酒到李日华寓所拜访，相见恨晚。

在北京为官五个月，李日华一直深感不安，阉党拉拢、迫害官员，他不愿被牵连进去，后恰逢第十代黔国公沐昌祚去世，李日华主动提出负责安葬事宜，趁机出京回了家乡。许同生此时也出任淮安知府，其人"肮脏巍峨，壮气勃勃，意常不可一世，见贪鄙嗜利者，尤唾骂不容口也"，做地方官很不适应，很快与路过当地的太监发生矛盾，干脆辞官。许同生是浙江人，归途路过嘉兴时，他称自己没有什么东西相赠，只有这一块珍爱的大灵璧石，家中无处安放，便将它赠送给李日华。

李日华得到大灵璧石后，将其放在一棵松树下面，如对故友，每次饮酒，还拿勺子将酒浇在这块石头上面，好像与许同生对饮。崇祯十五年（1642），许同生已经去世两年，此时的李日华开始注意身体，修道养生，不再豪饮美酒。他觉得自己已经戒酒，无法再与许同生送的这块石头对饮了，干脆将石头送给了门生石梦飞。石梦飞酒量非常好，也喜欢石头，李日华将这块灵璧石郑重交给他，同时将那棵松树一并移栽转赠，好像陪嫁一样。

有意思的是，李日华赠石，还专门写了一篇《石券》。

买房有房契，买地有地契，《石券》是怎么回事？他在这篇小文章里写道：这块灵璧石精美珍贵，我送给石先生，从此这块石头就是您的，它代表了我们之间的友情，我的子孙绝对不可以再讨要回去，立此券为证。

唐代宰相李德裕在平泉山庄收藏了很多奇石，他立下遗嘱警告后代，如有出卖藏石或者送人者，即非我家子孙，口气非常严厉。此事被誉为爱石美谈而广为流传，李日华见贤思齐，专门写了这篇《石券》作为"法律证据"，交给他的学生石梦飞。《石券》还被收入他的文集，其实是纪念自己与许同生这一段难忘的友情。

晚明王守谦的《灵璧石考》说，万历后期，灵璧石忽然大受追捧："海内王元美之衹园、董元宰之戏鸿堂、朱兰嵎之柳浪居、米友石之勺园、王百穀之南有堂、曾莲生之香醉居、刘际明之悟石斋、刘人龙之梦觉轩、彭政之啬室，清玩充斥，而皆以灵璧石作供。"其中"米友石之勺园"是指米芾后人米万钟在北京有园林"勺园"。

米万钟是明代最出名的藏石家，爱石如痴如狂。他曾经看中北京房山里的一块（北）太湖石，巨大无比，就雇了上百名民夫，花费巨资，人力将大石头运出深山，最后人疲马乏，无法继续支付高昂运费，只好忍痛放弃。这块石头因此被戏称为"败家石"。多年后，乾隆皇帝将它运到了今天的颐和园乐寿堂前，就是著名的"青芝岫"。

米万钟在南京担任六合知县时，意外得到了一块神奇的灵璧石（一说英石），叫作"非非石"。"非非"典出《楞严经》，所谓"非想非非想"，蕴含修禅境界，大有玄机。米万钟得到"非非石"后，推崇其为藏石三十多年来第一奇遇。万历三十八年，米万钟自题："石至，出三十年所藏，莫不辟易退舍。其峥嵘巀嶭，直将凌轹三山，吐吞十岳。令人乍阅之神慑，谛视之魂销，久习之，毛欲伐而髓欲洗。"

米万钟得石后内心狂喜不已，自己形容道："若惊若喜，若怵若瞯，若梦若迷，又疑若醉而忽醒，寐而忽觉，不自知身世之何在也者。"

他再三问自己："何奇之至此极乎？"

米万钟邀请他的好朋友、画家吴彬给这块灵璧石绘制了一幅长卷。吴彬是海内闻名的大画家，一见此石也大为震惊："吴文仲氏以虎头技知名海内，闻而来观，大诧，谓生平异觏，卧游其下者旬月。昕夕探讨，神识俱融其中，而后取古纸貌之。"

朝夕相对十几天，揣摩石头种种神韵，吴彬还是难以下笔，"即好奇如文仲，亦敛容错愕，付之无可奈何"，他干脆将这块绝世奇石从十个不同角度，上下左右、前后顶底，一一落笔描绘，灵璧石呈现千奇万变的梦幻姿态。吴彬画完之后，米万钟广邀天下名士为画卷题跋。今天"非非石"已经消失不见，但是这张长长的画卷很幸运地留存下来，引首有邢侗写"岩壑奇姿"、黄汝亨写"五岳片云"，后人称为《十面灵璧图》，属吴彬生平杰作。

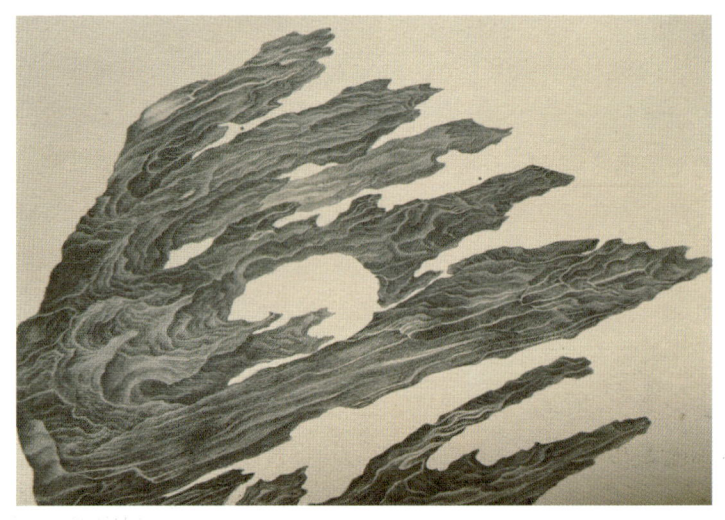

《十面灵璧图》（其一）
明　吴彬
私人收藏

因为有题跋，我们今天可以看到当时文人们对于这块石头的集体赞美。万历四十二年董其昌题跋此画，他说：吴彬给米万钟画的这块石头，我认为它的名字应叫作"洞天灵焰"，因为画法用了画家孙知微特有的画火焰技法，吴彬为这张石头所作写真，好像真是一团燃烧的火焰。董其昌不喜欢赏石，题跋里写道："余与仲诏称同好。余好画，仲诏亦好画。余好隐，仲诏亦好隐。仲诏好石，而余独不好石。"

董其昌能够理解米万钟的这种狂热："仲诏先生独嗜石，亦其胸中磊块。李白所谓'五岳起方寸，隐然讵能平'者耶？"老朋友从三千里外写来书信，"函卷相示，辄代为石言"，董其昌不能无动于衷，他继续写道，"非非石"既可以看作水，石上纹理如波涛，但是峰峦部分，质地如金铁，仔细看石上隐隐有树林，郁郁葱葱，那就是有"木"了，还有缓缓的山坡，那就是"土"。

董其昌总结道，这块石头"金、木、水、火、土"五行俱全，真是前所未有的奇观。

陈继儒、李日华、李维桢、叶向高、邹迪光、黄汝亨等名流，当时都受到米万钟邀请，给这张画题跋。李日华赞道："冰碾浪痕，风骞云叶；泗水之滨，磨砻沙雪。"陈继儒的题跋善解人意："仲诏得此石，终日摩挲相对，至忘寝食。度其有情之痴，行且化为石矣。"米万钟认为，画家虽竭尽心力，十面写真，然而"去石披图，若石不尽然；按图穷石，又若图不尽石"。陈继儒同意米万钟的看法，纵然画家高明无比，但仍无法完全用画笔展示出此石真正的精神与气质："今米仲诏先生所藏灵璧，更有出四法外者。虽百方穷态，十面取姿，图与记仅仿佛耳。"

石画十面，仅得仿佛，不是吴彬画艺不精，也不是文章写得不够好，而是都仅能传递一二分而已，无法穷尽"非非石"惊心动魄之美。

陈继儒《笔记》记录了云间张仲颐藏石事迹。张仲颐号雨怀，"生而美丰仪，修髯白皙。绝意进取，托酒德以隐家。善造名酒，岁得百石，尽置床头，日引客高饮"。

上海当时的藏石风气，确实引领全国。

松江文人孙克弘，一生爱石、画石，他曾经画过一张手卷《文窗清供图》，用工笔描绘了当时文人日常生活中所使用的一些器物，有砚台、佛手等清玩，我印象最深的是画中一块带座的赏石。整张图卷看起来并不繁复，透着一股清雅之气。故宫博物院藏有他描绘明代赏石的画作，包括《七石图》等，在台北故宫博物院也有他所画的一些赏石图卷。

今天喜欢石头的收藏家，喜欢孔雀石、朱砂石、青金石这类小品赏石，在明朝就已经有人给它们配个小底座，或者放在石盆里面。文震亨一律认为俗气，甚至不多说一个字，直接给出结论——"最俗"。

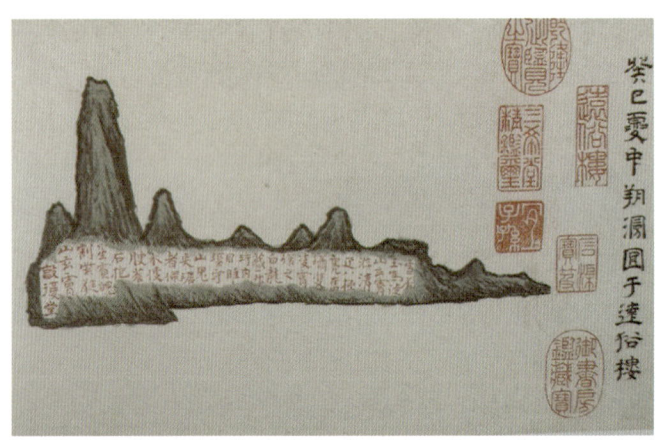

《文窗清供图》（局部）
明　孙克弘
故宫博物院藏

第三十一章 雨花石

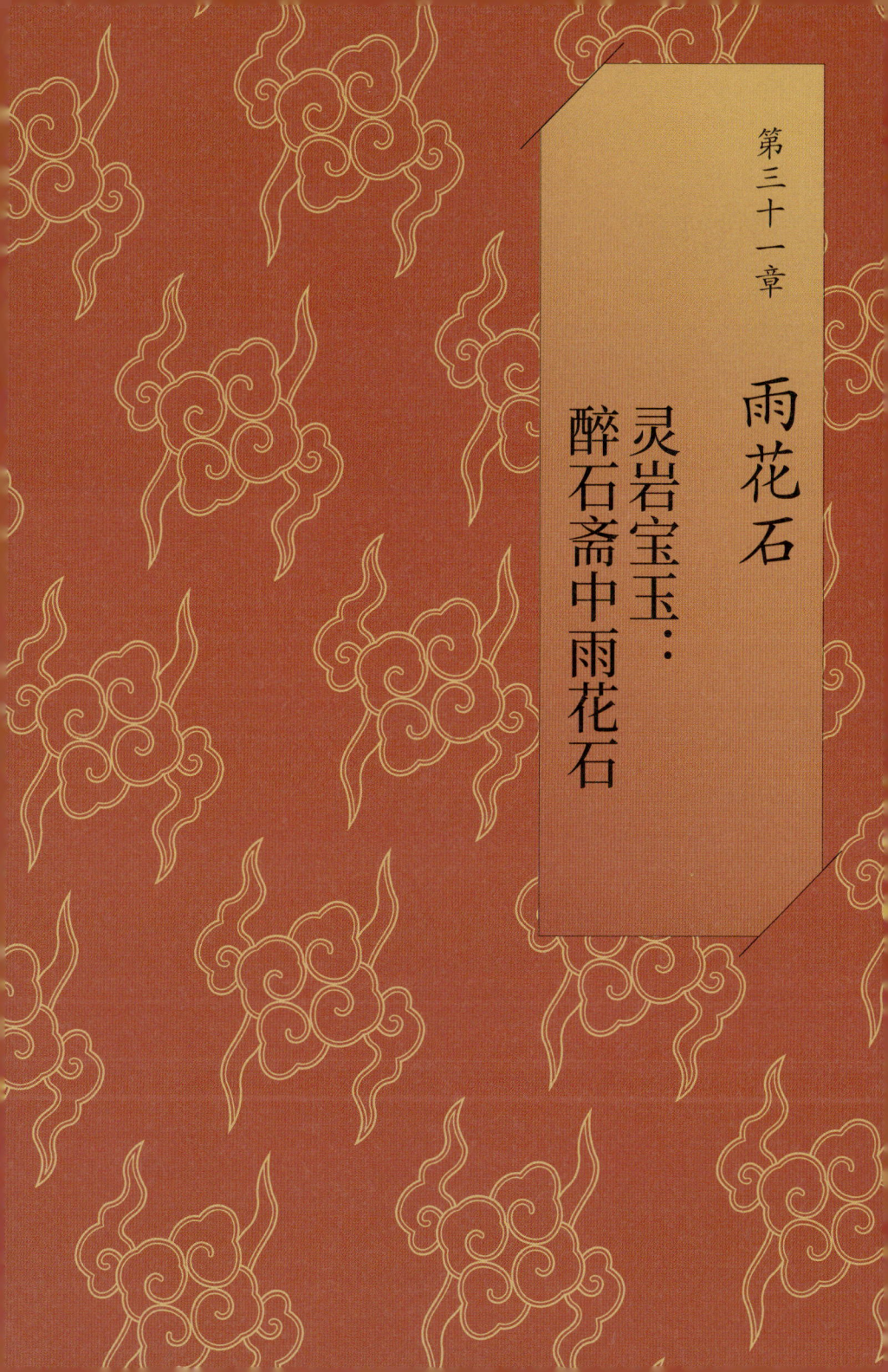

灵岩宝玉：
醉石斋中雨花石

第三十一章 雨花石

雨花石出自南京，六合县最早发现"玛瑙涧"，雨水冲刷泥土露出各色小石子，神奇之处是它们必须放在水里欣赏。清水一碗，盛放十几颗雨花石在案头，养目清心，堪称清供第一。早在南宋时期，雨花石就属于文人赏石。明代万历时，雨花石形成第一次欣赏、收藏的热潮，虽一石一金，众多文人仍争相购买。

雨花石有许多不同质地，如玛瑙、蛋白石、水晶、玉髓等，以质、形、色、纹，以及呈象和意蕴而著称。一盆清水，几枚雨花石，绚烂的色彩，奇特的纹理，给人无限想象空间。雨花石有的如羊脂白玉，有的如粉红胭脂，珠光宝气。"透板子"迎着光晶莹透润，油泥石稳重深沉，草花石冰清玉洁，缠丝玛瑙造型奇特。经过多年积累，商人们可以配出一盘又一盘有内涵的雨花石，有春夏秋冬四时风景、《西游记》师徒四人和白龙马前往西天取经，还有星空璀璨的宇宙奇观，以及龙鳞石上的春日茶园，神佛、人物、山水、动物、写实、抽象，种种千变万化的美景集中在小小一颗雨花石上，令人陶醉于自然造化之神奇。

文人欣赏水石的传统，源自苏东坡。

苏东坡有一块仇池峰石，"以高丽所饷大铜盆贮之，又以登州海石如碎玉者附其足"。铜盆古朴，配石顿显高贵。当年苏东坡在黄州齐安江河滩捡得美石二百九十八枚，"多红黄白色，其文如人指上螺，精明可爱，虽巧者以意绘画，有不能及"，他第一次尝试"以净水注石为供"，这是文人清泉赏石最早的记录。

无锡邵宝，官至南京礼部尚书。他是理学名家，却不是古板之人，曾效仿宋朝人以铜盆养白石，《铜盘谣》说："铜盘古色如碧石，泉水清清石子白。"还有一首《咏铜槃水石》："我有古铜盘，俗事久相屈。以石贮其中，载挹泉潫沸。朱碧照清波，古色一何蔚。"两首诗都提到夏天炎热，以铜盘赏石感觉最是清凉。但是很可惜，那个时代雨花石还没有流行，养在铜盆里的若是雨花石，比起白石子一定更为奇特。陈继儒《太平清话》里，有目睹南京商贾售卖雨花石的记录，时间是在万历二十二年：

甲午八月，游秣陵。贾客以白瓷盎贮五色石子售之，索价甚高。其石皆出六合山玛瑙涧。

陈贞慧《秋园杂佩》有记"五色石"，时间恰好也是万历二十二年：

自万历甲午，饼师估儿从旁结草棚以市酒食，于是负石者始众，蜂涌蚁聚，日不下数百。以白磁盘新水盛之，好甚者十不得一二。其佳者，猩红黛绿，云桄不一，或为羊脂玉，或为蜀川锦，或为鹦鹉紫，或为僧眼碧，或为嫩鹅黄。朱者如美人睡痕，黑者如山猿怪癯，文采陆离，虽玞璆珍堆盘，琥珀映筯，无以加是。纵不敢望米襄阳研山，然亦石骨中之小有奇趣者，独恨阛阓市儿，寸许石子，索价每以两许。

陈贞慧笔下描绘的雨花石商人，或摆摊招揽，或沿街售卖，以白瓷盘注入清水，粗石图案大多平平而已，特别好的叫"活石"，如水生动，颜色绚烂，有羊脂玉、蜀川锦、鹦鹉紫、僧眼碧、嫩鹅黄、美人睡痕、山猿怪癯这些形容之词，美艳不可方物，借着水波折射光线，瓷盘洁白更加衬托出玛瑙质地的五彩缤纷。

第三十一章 雨花石

《粤绣博古图》(局部)
明 佚名
台北故宫博物院藏

《长物志》书中，文震亨说雨花石：

石子五色，或大如拳，或小如豆，中有禽鱼、鸟兽、人物、方胜、回纹之形，置青绿小盆，或宣窑白盆内，斑然可玩。其价甚贵，亦不易得。然斋中不可多置，近见人家环列数盆，竟如贾肆。新都人有名"醉石斋"者，闻其藏石甚富且奇。

文震亨这段文字意有所指，却没有直接点出"醉石斋"为谁，语焉不详，其实蕴含文章。

"醉石斋"主人程克全曾任同知一级官职，故时人尊称"程别驾"，致仕后寓居金陵。万历二十五年，冯梦祯曾为他写过《醉石斋记》。万历二十二年，冯梦祯在南京国子监担任司业，听说程氏藏石极富，上门求观，程克全慨然出示全部藏石，并说"喜则取之，不可则返，无伤也"。冯梦祯大喜过望，不过前后几年，只挑选了几十枚雨花石纳入囊中，"皆取其天机而略其元黄牝牡，乃所谓文如指上螺者，则掷不顾"。冯梦祯选石标准与众不同，酷似指头上螺纹的石子，他都不要。程克全自认上品的雨花石"大都求奇于人物仙释"，冯梦祯精挑细选，从醉石斋藏品中挑选自己喜欢的石头，还揶揄道：克全兄辛苦积累许多好石，我所选之石如此另类，因此克全兄珍爱的精品，"余未尝夺之也"，正好两全其美。

《快雪堂日记》记录，万历二十三年二月二十一日，他在杭州家中与朋友一起赏玩"文石"：

晴，暖，遂去绵衣。园中玉兰与梅花并艳，新柳渐肥。平湖两冯生伯礼、伯禋来，为其父乞墓志铭。曹林、信庵别去，周叔宗来，寓斋中，午后同观王维《雪霁卷》，出文石与客共玩。是日，天气绝佳，春物增盛，游兴勃勃矣！

所谓"文石"就是雨花石，冯梦祯说："至于今日，逐为书室净几不可缺之物。"

冯梦祯之外，南京士大夫为"醉石斋"题咏过的也不在少数，状元焦竑有《咏醉石斋》诗相赠：

有美斋中石，累累狎世贤。摩挲承碧草，斑驳带清泉。
岂以云飞远，将同鹊化坚。锦文纷灿烂，玉质谢雕镌。
意惬非关酒，沉酣不问年。过从真赏足，因尔一陶然。

南京礼部郎中鲍应鳌是程克全同乡，《酒后为程遂所漫题醉石斋》诗云：

陶令有醉石，李相有醒石。一醒一醉石不知，醉醒由来都自适。
君石却与两公殊，醉兮醒兮君莫拘。琅玕颗颗涵碧水，云霞片片丽斋橱。
君有此石那不醉，肯向醒来嗟憔悴。君如醉到白石烂，石髓殷流青玉案。

"琅玕颗颗涵碧水"，雨花石盛于水盘中，方见精神。"云霞片片丽斋橱"，说明雨花石日常放在橱架之上展示。

宣城才子汤宾尹，万历二十三年的榜眼，曾担任南京国子监祭酒，他也有《醉石斋》长诗一首，极尽赞美之词：

我爱苏长公，前后怪石供。以饼易诸儿，物薄而用重。我爱米元

> 章，终日惟石弄。端笏下拜之，兄丈成呼诵。昔云石似玉，其解出禹贡。玉亦常物耳，不得以怪哄。呼丈亦已奇，当身谁伯仲。怀袖中许物，纳纳语盎瓮。何来水土精，辐辏贮盆瓮。质如万果园，文如千色绶。鸟兽羽毛翔，人鬼须眉动。頮洗益精神，活水再四潵。礐硌各献异，飞扬不可控。遍索天地间，品物无遗种。奖识恣沈酣，茶铛与酒筒。拂拂十指间，氤氲流石湩。木末盛丝簧，雨花骄缨鞚。得尔为主人，门庭织游踵。醉罢倚之眠，枕漱谐清梦。

汤宾尹的《睡庵稿文集》中，还有一篇《无穷上人净室引》，追忆与程克全、梅守箕等人的交游往事，醉石斋主人程克全此时已经去世，这篇文章是十分难得的史料：

> 普德寺与天界相连，寺前老松数百章，翠烟欲幕。予客南，尝与程醉石、唐君平、梅季豹、无穷运公游息其间，听风坐月，几忘寒暑。醉石斋隔松间半里，主人晨出暮归。季豹每来，辄手大瓢，对两儿子狂饮，醉则肩儿以去，或径卧松下。予时昼索斋厨，夜寄半榻。独运公是需。运公，普德堂主也。自予北来，季豹与两儿先后死，醉石主人亦已老亡，运公无与游者……

程克全从万历二十二年起开始大规模收藏雨花石，无疑是当时最有影响力的雨花石收藏家。普德寺在南京城南，离雨花台不远，醉石斋与普德寺相隔只有半里，文中缅怀"醉石主人亦已老亡"，不免令人唏嘘。

也有对醉石斋评价不佳的，比如《灵岩石说》作者孙国敉，天启五年贡生，非常看不惯醉石斋的做派，批评起来毫不客气：

> 乃有新安程别驾，侨居长干里，作醉石斋，斋中所藏石子甚伙，如邲厨邾架，列盆盂成队。一石奴唱石名号以见客，号多鄙俚，以石亦多粗豪故也。

人家藏石，风雅之事，却被讽刺为鄙俚，这种诛心之论，就是看不惯，不需要理由。文震亨说起醉石斋也是皮里阳秋，形容"如同贾肆"，张口称老板，在明朝这可不是什么好话，代表了某种文人的偏见。

程克全可能是徽商出身，"别驾"官衔是捐银而来，侨居金陵，大肆藏石招摇，引来一些文人讥讪，原因或在于此。人世间的种种珍玩奇宝，都是幻象，荣辱皆是。晚明著名高僧雪浪禅师有一首《咏灵岩石子》诗：

> 谽谺擘巨灵，毒雾怒相逐。灵液测圆珠，雪乳凝细簌。
> 大禹餐有余，仙人煮未熟。石家珊瑚碎，松根琥珀伏。
> 涧琢几千秋，云磨十万斛。细细侵花片，蒙蒙累霞縠。
> 米颠袍笏拜，楚士蹒跚哭。亦云匪蓝田，岂曰混鱼目。
> 谁知席上珍，元自出幽谷。

"米颠袍笏拜"，米芾拜石的传说不知真假，米芾的后人米万钟倒是真的爱石。

米万钟本是不折不扣的"石痴"，官场沉浮"十年不迁"，万历三十六年，从四川铜山县调任六合县令，这回身入宝山岂可空手而回。《灵岩子石记》记：

万历丙申①岁，米友石尹于兹邑，簿书之暇，觞咏于灵岩山，见溪流中文石累累，遣舆台褰裳掇之，则缤纷璀璨，发缕丝萦。其色白如霏雪，紫若蒸霞，绿映远山之黛，黑洄瀚海之波，黄琮可荐于虞烟，赤文曾藏于禹穴。更有天成鱼鸟竹石，暨大士高真，如镜涵影，自然成文。友石得未曾有，诧为奇观，更具畚锸，采之重渊。邑令所好，风行景从，源源而来，多多益善。自兹以往，知音竞赏，珍奇琳琅。

米万钟担任六合县令，闲暇时来到灵岩山游玩。他见到玛瑙涧溪流中文石累累，大喜过望，便令人放下轿子，揭起轿帘，自己跑去捡拾雨花石。南京雨花石让米万钟"诧为奇观"，后来他干脆自备工具去深山里挖采。见如今的县令如此热衷石头，一些雨花石收藏家纷纷割爱献宝，本地雨花石收藏家再得不到新出好石，"一片玛瑙涧，几不胫而走入宝晋斋中矣"。来对地方做官的米万钟兴致勃勃，至此人生得意，畅快至极。

文人赏石，果然不同凡响：

仲诏先生既富有文石，复雅多贮石之具，上者官定旧陶，下亦不失为宣德间窑器，大小异涵，寡众殊置，全不仍俗子。十石一盘格。或离之以标双美，或配之以资映带，清泉易涤，锦绮十袭，衙斋孤赏，如在珠宫宝船中，手自品题，终日不倦。或清宴示客，拭几焚香，以次荐目，激赏移时，授简命赋。不则，亦必饮客一蕉叶赏之，已乃呼童子引捧，而宅其旧所，更呼别涵以荐。或从衣袖间时出尤物，一博奇赏……

---

① 疑为"戊申"之误。

藏石器物考究，用官窑古瓷赏看雨花石，良辰美景，雅集焚香，这个时候取出珍藏的雨花石，大家赋诗品题，童子轮流捧出一匣又一匣藏石，气派庄重，好像观摩名画碑帖，与程克全热闹的"唱名"套路完全不同。

给雨花石换水这种小细节，米万钟也有学问：

> 石质硬，且离涧穴久，易燥，故居平宜常换清泉浸渍，以养其脉。天落水次之，河水又次之，井水绝不堪用。令石体透涩滓秽，又不宜油手触污，斯二者皆石刑也。

这种说法看似玄虚，实为经验之谈。水质软硬，天长日久的确影响雨花石的养护效果，按现代科学解释，水中钙离子含量较高，碱性太重，容易生出石垢，破坏品相。明代赏石之精微入理，可见一斑。更玄的事情还有，米万钟声称，贤妻陆夫人能听声辨石，自己衣袖里藏着雨花石，相击、摩擦之声入她之耳，就知道纹理是否漂亮、色彩是否鲜艳、整体是否润泽透光，"审音定品"的绝技，乃天长日久熏陶而来，米万钟从袖子中拿出石子，果然像夫人说的那样，非常神奇。

万历三十八年前后，米万钟请吴彬绘制《灵岩石子图》，请文人胥自勉作《灵岩石子图说》。吴彬画的这张《灵岩石子图》据说尚存人间，图卷或已更换他名，外人难窥一面。好在还有《灵岩石子图说》的文字，记录下这些精品藏石的名称，过屠门而大嚼，我们来看看有哪些宝贝：

> 三山半落青天外、双凤云中扶辇下、龙衔宝盖承朝日、门对寒流雪满山、绿树阴浓夏日长、山光积翠遥疑碧、天孙为织云锦裳、平章

宅里一阑花、雨中春树万人家、桃花流水杳然去、疏松隔水奏笙簧、请看石上藤萝月、潮生瓜步、庐山瀑布、琅琊古雪、藻荇交横、万斛珠玑、苍松白石。

　　米万钟心爱之石共十八枚，绘图于一卷。按照《十面灵璧图》的做法，卷尾应该不乏名家题跋。吴彬长期生活在南京，他的福建同乡叶向高在《苍霞草全集》中，著有《枝隐庵诗集序》："吾乡吴文中侨寓白门，名其所居曰'枝隐庵'。日匡坐其中，诵经礼佛、吟诗作画，虽环堵萧然，而丰神朗畅，意趣安恬，大有逍遥之致。"

　　胥自勉《灵岩石子图说》写成时间无考，孙国敉的《灵岩石说》

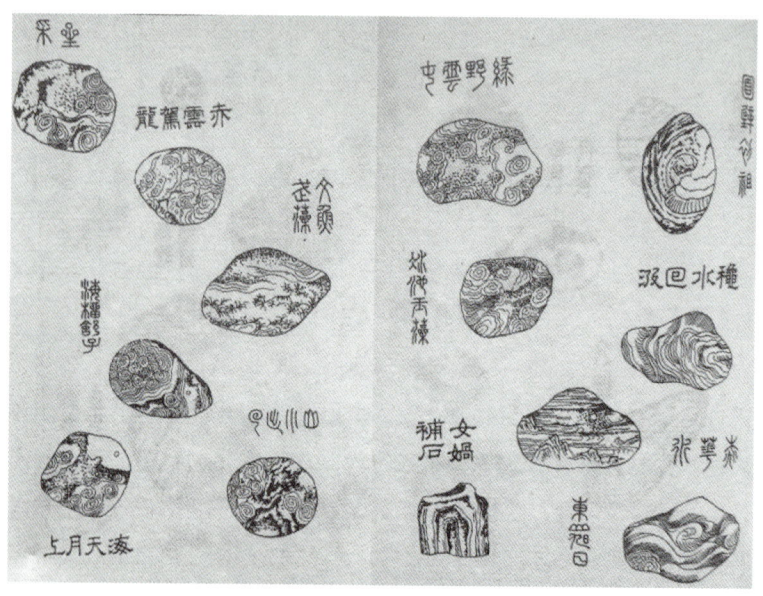

《素园石谱》雨花石图
明　林有麟

最早出现于明代书籍中的雨花石。

篇末记:"顷闻仲诏先生已属吴文仲图其家藏石子为一卷,而授时贤题咏之,此自其书画船中家常饭也。"

今天我们可以在万历四十一年林有麟刊刻的《素园石谱》一书中看到明代的雨花石。石谱附有"青莲舫图",记载明代最早的雨花石木刻图像,共有"绮石"三十五枚,极具史料价值。

林有麟写道:"绮石,诸溪涧中皆有之,出六合水最佳。文理可玩,多奇形怪状……"三十五枚雨花石,包括:

远浦归帆、云峰古刹、峨眉积雪、莲花法相、凤鸣高岗、螳螂捕

《上元灯彩图》(局部)
明 佚名
台北观想艺术中心藏
——
小贩售卖雨花石的场景。

蝉、教子升天、山川出云、目送归鸿、面壁初祖、秋水回波、海天月上、东山旭日、绿野云屯、冰池玉藻、女娲补石、五色卿云、赤云驾龙、文鱼武藻、海榴舒子、丹霄日月、金叶冰桃、黄河天晓、沧海秋霞、玉鼎丹砂、红霞映雪、层霞叠雪、赤松脂、桃花水、瑞芝、星采、文蝉、文啮、春蛙、玄龟。

《上元灯彩图》表现了夫子庙一带的古董市场，小贩摆摊售卖商品的场景，有盆景奇石、蜡梅、兰花、水仙、细竹、小松、金鱼、各种珍禽，其中也有雨花石，地上有白瓷盆，盆中石子五颜六色，碧波荡漾……

张岱《琅嬛文集》收录有《雨花石铭》："大父（张汝霖）收藏雨花石，自余祖、余叔及余，积三世而得十三枚，奇形怪状，不可思议。怪石供，将毋同。"

我猜想，这则铭文是迄今最早出现"雨花石"三个字的文献。

第三十二章 大理石

天然石画：一片苍山在大理

第三十二章 大理石

有一种明代赏石，既是赏石，又是一种顶级家具，它就是大理石做的屏风。明代开始出现的这种奇石，顾名思义，产自云南大理点苍山。

以前大理石深藏点苍山，需要人工采掘，运往内地山隔水阻，不为外界所知。明代开始，云南地区与内地交通有所改善。

成化年间，云南镇守太监钱能在当地巧取豪夺，他有个干儿子钱宁是正德皇帝的宠臣。钱宁大肆贪污受贿，被抄家时抄出金银四百九十八万两、金银餐具四百二十套、近六百箱黄金首饰、玉带两千五百条，还有各种珍贵书画四十大箱。这份抄家清单，出自正德时期户部尚书王鏊的记录，王鏊还特意提到，钱宁家里有三十三座大理石屏风。这是一个惊人的数字。当时，大理石开采、运输特别艰险，以嘉靖十五年（1536）为例，嘉靖皇帝为母亲蒋太后修建慈宁宫，要求云南地方官开采、进贡大块的大理石，石匠们到深山开凿大理石，死伤者十有八九，而宫廷下旨采集的大理石，尺寸要求六七尺，约为两米，即使开采到了巨石，也无法运出山。北京天坛祈年殿内，铺设有一块"龙凤呈祥石"，直径一米多，图案是一条飞龙、一只凤凰，黑白分明。"龙凤呈祥石"是嘉靖年间修建天坛大享殿时留下的明代古石，尺寸也不过三四尺，远远没有达到六七尺这一惊人数字。

大理石在明初属于稀罕的贡品，只有皇家能够使用。做过明清两朝高官的孙承泽，在《春明梦余录》书中记载，他目睹皇极殿内有八口大龙橱，上面列有大理石屏。故宫博物院景仁宫，尚存两块大理石屏，据说是元末皇宫遗物，非常壮观。

大理石珍贵，可以做成屏风，如座屏、挂屏等，当时成为上流社会，尤其是高官权贵中流行的宝物。最早出现的明代大理石图像记载，出自正统年间的《杏园雅集图》，该图描绘了当时重要的政治家杨士奇、杨溥等人在北京的私人园林聚会的景象，场面非常奢华，画中出现了大理石屏风。

嘉靖朝，严嵩被抄家后，其家产被清点并登记造册，称《天水冰山录》。严嵩家里有大小屏风五十六架。当年严府抄没的普通家具，全部发往民间拍卖，但大理石屏风和镶嵌大理石的家具，一件不漏地送到内库封存。其中有五张镶嵌大理石的床，有一件因为损坏严重，才被发往民间拍卖，结果居然拍出八两白银的高价。按当时田价，八两银子可以在严嵩老家江西购买十亩良田。

嘉靖四十二年（1563），严嵩倒台。这一年开始，王世贞为冤死的父亲王忬奔走平反，终于成功昭雪。也是这年，王世贞营建离薋园，小园东西不过十丈，建有壶隐亭、小憩室，有竹篱围栏，种植有

《上元灯彩图》（局部）
明　佚名
台北观想艺术中心藏

南京灯市沿街陈设的大理石屏，以及镶嵌大理石的床榻。

桃、杏、海棠、木药等花木，园中有好友张佳胤相赠的一块大理石屏。张佳胤还有《石屏歌寄给王元美》诗，赠予知己：

碧鸡西去洱水长，一十九峰俱点苍。巨灵笑揽芙蓉气，叱咤天工块混茫。五色氤氲奋万象，珠岩片片皆文章。往往入云窟，断霞削玉千峰出，指掌居然海岳图，真形不数丹青笔，若有人分隔沧溟，潆荡秋波似洞庭。侧身东望暮烟紫，何以报之锦石屏？石屏石屏产南服，万里随君坐空谷。云母霓虹徒自高，零阳雪浪非其族。有时寒碧吹江涛，酒酣夜半歌独漉，若将此物比昆吾，便铸双龙隐鱼腹。

明代中后期，大理石赏玩蔚然成风。文震亨《长物志》记载：

出滇中，白若玉、黑若墨为贵。白微带青、黑微带灰者，皆下品。但得旧石，天成山水云烟，如米家山，此为无上佳品。古人以镶屏风，近始作几榻，终为非古。近京口一种，与大理相似，但花色不清，石药填之，为山云泉石，亦可得高价。然真伪亦易辨，真者更以旧为贵。

文震亨的前辈陆深曾不惜数月俸禄购得大理石屏，《大理石屏铭》云：

远岫含云，平林过雨。一屏盈尺，中有万里。

周履靖与陈继儒一样，都是晚明著名"山人"。李日华的父亲李应笃是周履靖的表哥，李日华早年家贫，攻读科举课业时曾得到周履靖帮助，终生感念。周履靖懂医术，擅书法，极嗜收藏，书画以外旁及古董奇珍。《梅颠稿选》收录其《大理石屏铭》：

> 千片云，万重山。毋远眺，咫尺间。

　　云山意境，江山万里，浓缩于咫尺之间。大理石以底色洁白如玉者为上品，衬托黑色的水墨效果，浓淡远近，神秘非常。但是黑白分明的大理石极其稀少，色泽历来是选择大理石的重要标准。如果白色里带一点青色，或者黑色中略带一点灰色，品级就差许多。"旧石"就是古石，尤其难得。石头上的图案像一幅天然山水画，虽然颜色混杂一些灰白色调，但烟云满石，如米家山水，也是万里挑一的无上佳品。天然图案最好的是"米家山"，非常像米芾父子的文人画。文震亨在文中突出了石头同绘画高度相似。清代阮元写过一本《石画记》，

明　黄花梨小座屏风
上海博物馆藏

庄氏家族 1998 年捐赠。

认为天然大理石上品,都会有"笔墨",而且这些"笔墨"非常像王蒙、倪瓒的画作,那是非常高级的文房陈设了。

文震亨认为,古人以大理石镶嵌做成屏风,这个做法比较合适。明代中叶以后,市面上大理石多了,有人把它做成几榻上的装饰品,文震亨认为暴殄天物,"终为非古"。文人的浪漫想法,未必可以左右时尚风气,明代世俗生活中,大理石屏风也是豪门彰显豪奢的重要陈设。《金瓶梅》中多次出现大理石家具,叙述最为详细的是一件大理石屏风,出现在第四十五回:

两个正打双陆,忽见玳安儿来说道:"贲四拿了一座大螺钿大理石屏风、两架铜锣铜鼓连铰儿,说是白皇亲家的,要当三十两银子,爹当与他不当?"西门庆道:"你教贲四拿进来我瞧。"不一时,贲四同两个人抬进去,放在厅堂上。西门庆与伯爵丢下双陆,走出来看。原来是三尺阔、五尺高、可桌放的螺钿描金大理石屏风,端的黑白分明。

"黑白分明"的大理石屏,原是皇亲家中之物,抵押在当铺中,来历不凡,确实是稀罕物。大理石画面除了山水,也有动物、花卉、仙佛,不一而足。

金庸小说《鹿鼎记》中有一个细节:吴三桂向前来送亲的韦小宝展示自己的书房,韦小宝进去以后就发现一张太师椅,上面铺着白虎皮,虎皮座椅边上就有两座大理石屏风,都有两米多高,图案是自然山水,好像画出来的一样。另一座小石屏,图案是一座山峰,山峰上站着一只黄莺。金庸先生文笔风趣,小说里韦小宝将吴三桂比喻成老虎,看起来凶相毕露,而那只叽叽喳喳的黄莺象征康熙小皇帝,借机讽刺吴三桂。其实金庸先生写到的这些细节并非杜撰,清代笔记《庭闻录》记载，吴三桂王府的确有罕见的大理石屏风，是明代沐王府遗留的珍贵藏石。《庭闻录》也明确记载，吴三桂王府的三件宝贝是白虎皮、两米多高的大理石屏风，还有一颗硕大的红宝石。

明　黄花梨镂空绦环板嵌大理石座屏
明尼阿波利斯美术馆藏

此屏尺寸巨大，做工精美，是同时期最杰出的落地座屏之一。

李日华对大理石印象深刻，也许源自万历四十二年十二月的一次"走亲戚"。李日华的孙女嫁给汪砢玉之子，两家联姻，关系非比寻常。这天，李日华受汪砢玉邀请，与儿子李肇亨、门生石梦飞兄弟一起来到城南的东雅堂，"堂前松石梅兰，列置楚楚，已入书室中，手探一卷展示，乃元人翰墨也"。随后，他们一行人登上更为隐秘的"墨华阁"，这是当年汪砢玉父亲汪继美最私密的收藏室，只见四座大理石屏，安静地与满架宋版书比邻而立："列大理石屏四座，石榻一张，几上宋板书数十函，杂帖数十种，铜瓷花觚罍洗之属，汪君所自娱弄，以绝意于外交者也。"连"东雅堂"三字堂匾，也是汪继美请董其昌书写的。

清凉境界，神仙洞府。

汪砢玉喜爱奇石，对大理石屏当然珍视，他甚至留意过无锡华氏"真赏斋"所藏石屏。《珊瑚网》"梁溪华氏真赏斋画品"：

真赏斋有点苍石屏，其一春景晴峦，云气吞吐，内凡七十二峰。其二秋岩积翠，山青云白，三远毕具，为伏溪徐文靖物。又小屏二，潇湘雨晴，远岫凝绿。最胜者，一面云峰石色，浓淡悉分，非笔墨所能仿佛；一面春龙出蛰，头角爪鬣悉备，目精炯然，几欲飞动。旧藏京口江氏。

提笔至此，汪砢玉回忆起父亲收藏过的那些大理石屏，盛极一时，不禁感怀往事：

因忆吾家大理石，昔年亦颇胜，在西坨凝霞阁有大屏五座，小屏十数座，及几榻、椅凳诸器具，东坨墨花阁石称是，俱面面佳山水也。今如烟云灭没矣，岂独华氏之有聚散哉！

聚散，本来无常！

李日华见识过汪家东园墨华阁上的大理石屏,叹为观止。西园凝霞阁上,曾有大小屏风十五座,几榻、椅凳诸器具皆以点苍山石镶嵌。遥想当年,书斋画室里一片清光,云山缭绕,连炉中香气也幽幽散发着阴凉幽寂之味,不似人间景象,宛若仙家洞府。

天启末年,汪砢玉担任山东盐运使。崇祯元年,汪家发生了一次语焉不详的"家难",母亲去世,汪家无钱操办丧事,汪砢玉为此无奈将大批家中藏品卖给了古玩商人吴集之,其中包括一座珍贵的"春山欲雨"大理石屏:

余时为先慈丧事费,不能秘作世传。又点苍石屏名"春山欲雨"者,共古梅两大树,悉售之,可念也。

两棵古梅树,后来很快枯死,被当作灶柴烧掉,化为一缕青烟。

崇祯三年八月,汪砢玉去杭州参加乡试,寓居昭庆寺内的古朴山房,与萧山吴太华相约"阅其所藏玩好"。汪砢玉看到了灵璧、砚山、英石,还有端石莺砚、木瘿龟、犀杯、琥珀柿坠、玛瑙簪,其中有一个花梨屏榻,"所镶点苍石俱佳"。吴太华好像注意到汪砢玉一瞬即逝的表情,提出用这件镶嵌大理石的花梨屏榻交换汪砢玉珍藏的三件珍玩异物:汉代古玉图章、猩红兜罗绒(明代宫廷生产的兜罗绒,织法传自西域,是一种高档羊绒织物,上用之物,民间罕见)、五彩成化官窑大盘。

换还是不换?

此刻,汪砢玉脑海里,会不会想起当年墨华阁、凝霞阁上的那些石屏?

《西子湖拾翠余谈》说,汪砢玉没有同意吴太华的提议,翩然而归。

万历四十六年（1618），谢肇淛在云南担任布政司参政，当时七八尺的大理石屏价值百金。

大理石珍贵，很快出现了赝品。万历四十三年闰八月，李日华在苏州的虎丘买到了一块"京口所出"的龙潭石，龙潭石是一种比大理石差许多的画面石。按照文震亨的说法，这种石头的花纹不是很清晰，但是有人拿一些酸性物质腐蚀天然石材，可以人工制造出需要的画面，比如前文提到的吴三桂王府里的那块小屏风，一只老虎抬头看树枝上的黄莺，大概可以人为加工、制作出来，虽不如天然而成图画，但是好在价格低廉。

崇祯十二年（1639）三月，徐霞客来到大理，"观石于寺南石工家。何君与余各以百钱市一小方。何君所取者，有峰峦点缀之妙，余取其黑白明辨而已"。

同日，徐霞客来到著名的崇圣寺，瞻仰唐开元年间所建三塔，寺内还有高达三丈的铜观音造像，异常珍贵。在崇圣寺的下院净土庵，徐霞客有幸观摩点苍山中最古老的两块奇石，七尺见方，气象宏大：

前殿三楹，佛座后有巨石二方，嵌中楹间，各方七尺，厚寸许。北一方为远山阔水之势，其波流潆折，极变化之妙，有半舟度尾烟汀间。南一方为高峰叠嶂之观，其氤氲浅深，各臻神化。此二石与清真寺碑趺枯梅，为点苍之最古者。

崇圣寺大空山房藏有当时顺宁知府寄放的五十多块大理石："块块皆奇，俱绝妙著色山水，危峰断壑，飞瀑随云，雪崖映水，层叠远近，笔笔灵异，云皆能活，水如有声，不特五色灿然而已。"这些新开采的大理石，有些比文震亨推崇的"古石"更有神韵风采，走遍天下山水的徐霞客最后叹息说："故知造物之愈出愈奇，从此丹青一家，皆为俗笔,而画苑可废矣。"

画坛中擅长丹青妙笔的海内名家,目睹天然石画的出尘之姿,知晓造物如此,也会颓然掷笔。李日华听到这番议论,一定感触良多。

《六研斋笔记》论大理石,云山景象,阴阳相通,不仅是书房玩物而已:

> 大理石屏所现云山,晴则寻常,雨则鲜活,层层显露。物之至者未尝不与阴阳通,不徒作清士耳目之玩而已。

李日华其实是有感而发。他不仅收藏书画,也擅画山水,对当时许多画家的作品深为失望:"日者绘法荒谬,令人愦愦思呕,不如环列大理石屏,以一榻坐卧其下,翻有荆、关、董、巨之想。"

劣质图画令人望而生厌,反不如大理石屏自然秀美。好的大理石本身便带着画意,画面中其实蕴含前代名家的笔意,天意使然,"所谓天不足则补之人,人不足则还之天",是人间奇物。

第三十三章 黄花梨

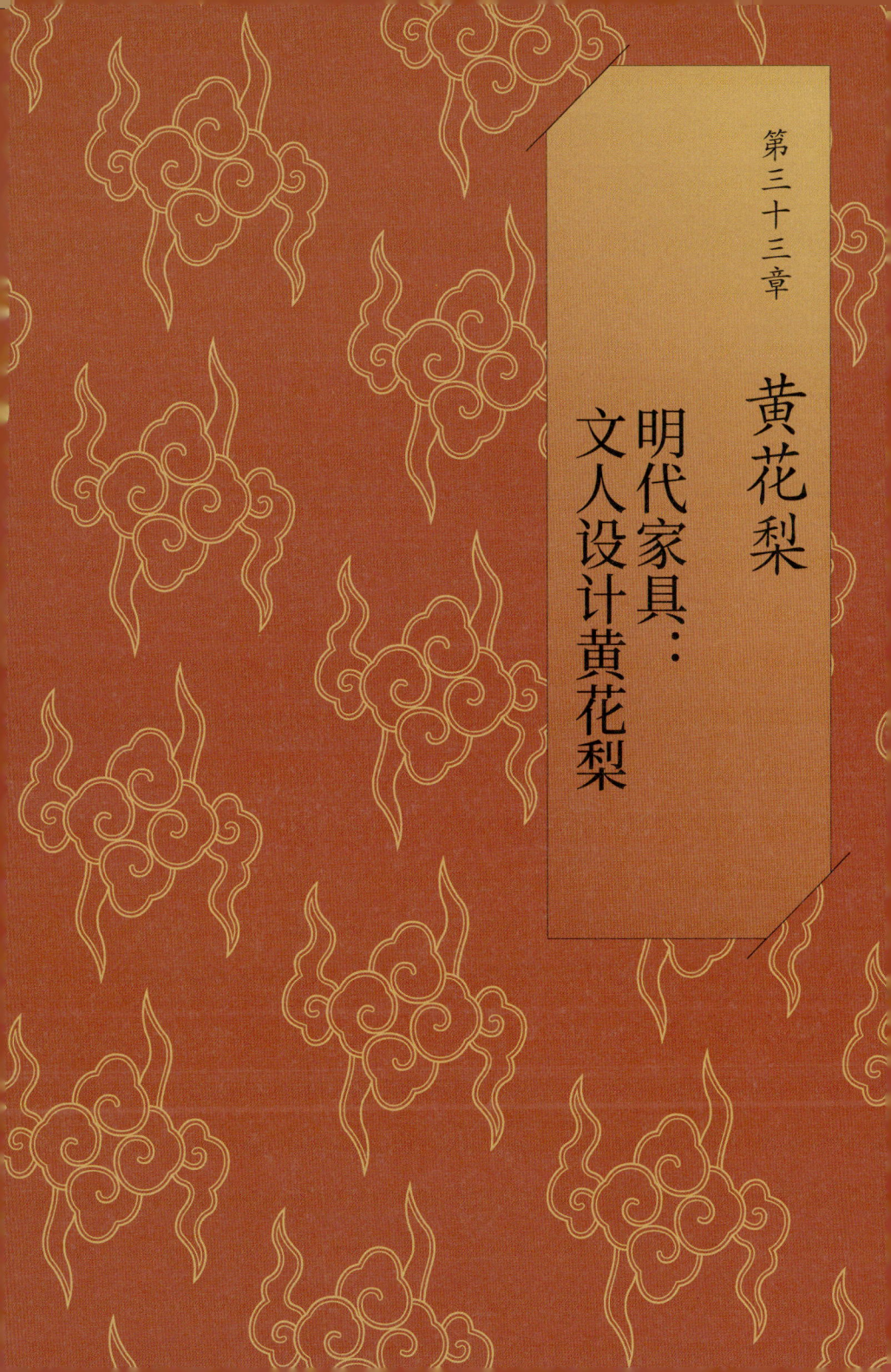

明代家具：文人设计黄花梨

第三十三章 黄花梨

明代家具简洁高雅，多一寸则肥，少一寸则瘦，符合中国人的审美。圈椅大气端庄，浑然天成；书房里的翘头大案，束腰挺秀，看似水平如镜的线条其实有微妙的弧度，阴阳变化蕴藏在不动声色中。世俗生活里有繁花似锦，拔步大床富丽堂皇；在苏州古寺里，有长丈余的硕大供桌，香烟缭绕，受了几百年虔诚烟火，积灰下案上竟然有细木拼攒出的百衲千拼、万工做成。明朝官员王士性一生宦迹几遍天下，也赞叹当时苏州家具样式高雅，工匠制作"斋头清玩、几案、床榻"，大多采用珍贵的紫檀、花梨，"尚古朴不尚雕镂，即物有雕镂，亦皆商、周、秦、汉之式，海内僻远皆效尤之，此亦嘉、隆、万三朝为盛"。"苏作"家具在嘉靖、隆庆、万历三朝，蔚然流行海内。

西方人从明代家具里看到了另一种文化的深邃与优雅。德国人古斯塔夫·艾克是最早研究明代家具的学者，1944 年出版的《中国花梨家具图考》是明代家具研究开山之作。艾克认为，荷兰人、西班牙人很早就将中国的藤屉设计带入欧洲，万历初年，西班牙费利佩二世统

晚明　黄花梨罗汉床
明尼阿波利斯美术馆藏

晚明　黄花梨圆角柜
明尼阿波利斯美术馆藏

治期间，一把带靠背、搭脑的中国交椅流入西方，一百年后，实心木靠背板成为时尚，主导了欧洲椅子的风格。明代家具也影响到如今北欧的家具，很多设计师从明代家具中寻找灵感，他们认为明代家具在视觉上充满了东方含蓄、空灵的思考，在材料方面充分尊重、利用好每一寸木头，不仅审美非常高级，也注重实用性。今天很多人在布置住宅空间或者社交场所时，还喜欢将明代家具作为一种元素进行混搭，效果也很不错。

说起明代家具，很多人脑海里就跳出一个名词——黄花梨家具。其实以黄花梨家具为代表的硬木家具，在整个明代并不是主流的家具。明代宫廷里面的高级漆木家具，大都继承了宋朝、元朝以来的做工传统，有描金髹漆，或是纯色素漆，还有一些镶嵌家具，有很严格的等级制度。明代宫廷的髹漆家具工艺烦冗、价格昂贵，普通老百姓

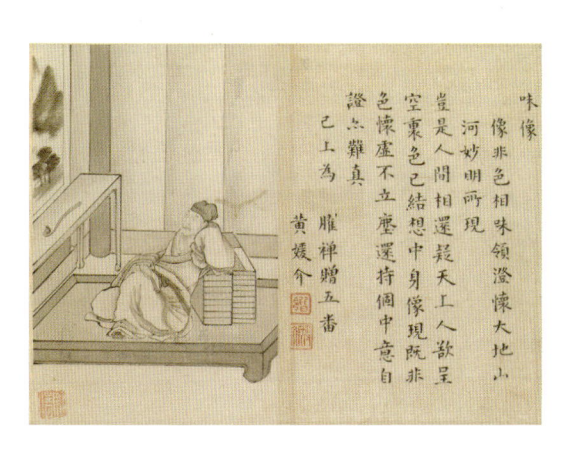

《为月人沈夫人画册·味像》
明末清初 黄媛介
何创时书法艺术基金会藏

日常所用也多为漆木家具，但使用普通材料，南方多用榉木、杉木，北方多用榆木。

黄花梨家具确实代表明代家具制作的极高水准。今天讲明代家具，很多人认为都是名贵的硬木家具，紫檀、黄花梨所制，但其实直到晚明"隆庆开关"，始有海外贵重木材进入中国。万历《漳州府志》记录，隆庆六年，紫檀每百斤缴纳税银九分，乌木每百斤一分。到万历十七年，紫檀每百斤税银六分，万历四十三年，再降到五分二厘。这个数据变化，意味着名贵木材进口数量持续增多，故而税率下调。

苏州东山，本地商帮号称"钻天洞庭"，商贾大户对高档家具竞相追捧。东山工匠制器精湛、用料考究、制式古朴、不事雕琢的苏式风格影响周边，风靡全国，在嘉靖时期成为行业标杆并为世人看重。苏州、松江少数文人参与高档家具设计、制作，使用的材料名贵，形成了一种消费主义热潮。范濂《云间据目抄》记载，嘉靖时期松江民风淳朴，家具以实用为主，江南地区家具普遍用榉木制作。后来一些纨绔子弟豪奢，要用花梨、瘿木、乌木、相思木、黄杨木等，家具动辄万钱：

　　细木家伙，如书桌、禅椅之类，余少年曾不一见，民间止用银杏金漆方桌。自莫廷韩与顾、宋两公子，用细木数件，亦从吴门购之。隆、万以来，虽奴隶快甲之家，皆用细器，而徽之小木匠，争列肆于郡治中，即嫁装杂器，俱属之矣。纨绔豪奢，又以椐木不足贵，凡床榻几桌，皆用花梨、瘿木、乌木、相思木与黄杨木，极其贵巧，动费万钱，亦俗之一靡也。尤可怪者，如皂快偶得居止，即整一小憩，以木板装铺，庭畜盆鱼杂卉，内则细桌拂尘，号称书房，竟不知皂快所读何书也。

　　陈继儒编纂的崇祯《松江府志》"俗变"记"几案之变"，松江本地宴请起初只用"官桌"，举办高规格宴席则添加"并春"，也就是小桌子。"今家有宴几，有天然几。书桌以花梨、瘿柏、铁力、榆木为之。"崇祯时代，松江地区桌子的形制和材料都有了提高。究其原因，是镶钢冶炼技术出现，带动了木工工具发展。特别是刨子的发明，是明代家具大放异彩的关键原因之一。刨子为细木家具的精细加工、打磨提供了技术保障，使家具制作更为方便。炫耀性的家具消费，从此深入社会各个阶层，导致市场繁荣。冯梦龙《醒世恒言》第二十卷讲述了万历时期一个木匠张权的故事，他从小在隔壁徽州人开的小木匠店学艺，成年后在苏州阊门外皇华亭旁边开了一个细木家具店，招牌写着"江西张仰亭精造坚固小木家火，不误主顾"。

　　在苏州开玉器店的富豪王员外住在专诸巷内天库前，见张权"门首摆列许多家火，做得精致"，就请他做一副嫁妆，"木料尽多，只要做得坚固、精巧。完了嫁妆，还要做些卓椅书橱等类"。张权"同着两个儿子，带了斧凿锯子，进了阊门，来到天库前"，"王员外唤家人王进开了一间房子,搬出木料,交与张权,分付了样式。父子三人量画定了,动起斧锯,手忙脚乱","一连做了五日,成了几件家火,请王员外来看。王员外逐件仔细一观,连声喝采道:'果然做得精巧!'"。

《长物志》中,文震亨以整整一卷篇幅讲述二十种家具,所涉及的家具有榻、短榻、几、禅椅、天然几、书桌、壁桌、方桌、台几、椅、杌、凳、交床、橱、架、佛厨佛桌、床、箱、屏、脚凳,其中榻、短榻、几、禅椅、天然几属于郑重其事讨论的文人家具,等级非常高。此外桌子分三类,分别是书桌、壁桌、方桌。座椅有四类,有非常正式的椅子、交椅,有小圆凳、长凳,林林总总,涵盖全面。

就材质而言,文震亨并不特别推崇当时的花梨木,明代文献中的"花梨",一般就是今天所说的黄花梨家具。文震亨其实特别留恋、推崇宋元风格的漆木家具,还有少量的螺钿家具。以《长物志》中床榻为例,文震亨认为最好的材料是湘竹、漆、螺钿,而不是当时流行的花楠、紫檀、乌木、花梨等贵重材料。文震亨最后说,这些材料也不是不可以拿来做家具,照着"旧式"来制作,"俱可用",口气相当勉强。在文震亨心目中地位很高的一件家具——禅椅,只能用天台山的古藤、树根来做;像天然几这种尺寸非常大的厅堂摆设家具,可以用花梨、铁梨(铁力木)、香楠制作,因为这三种材料都有大料,所以适合。但是小型器具,比如文人书房里面的文具箱,首选豆瓣楠、瘿木、赤水、椤木,用紫檀、花梨做文具箱非常俗气。对家具材料的使用,文人有严苛的标准,源于文人的独特审美。《长物志》的成书年代,正是明代家具新旧潮流交替的年代,文震亨推崇"复古",推崇用黑漆制作的相对简洁、仿宋元样式的高古家具。李日华也反对滥用珍贵木材的风气,他在自己编纂的《嘉兴县志》中提到,如今社会风尚奢侈,追求花梨、瘿柏等材料做家具,嵌大理石,填以金粉,一个

《江干雪意图》
唐　王维
台北故宫博物院藏

屏风的价格就抵得上一户中等人家全部资产。李日华对这种奢靡之风非常不以为然：

> 至于器用，先年俱尚朴素坚壮，贵其坚久。近则一趋脆薄，苟炫目前，侈者必求花梨、瘿柏、嵌石填金，一屏之费几直中产，贫薄之户亦必画几、熏炉、时壶、坛盏，强附士人清态。无济实用，只长虚器，风之靡也非一日矣。

有一个极端的例子，见于李乐《见闻杂记》：松江府吴某去南京应试，与一美妓相好，吴某对人说，"吾若登第，当妾此妓"。后来他果真中举，纳妓为妾，"制一卧床，费至一千余金，不知何木料，何妆饰所成"。千金一床，可见当时高档家具制作的奢靡风尚。

明代文人最喜爱的一种家具木料铁力木（亦作"铁梨木"），产自广西，铁力木坚硬而有大料，纹理如山水奇幻，可制重器。为什么说文人喜欢铁力木？冯梦祯《快雪堂日记》载，万历二十七年九月初一，苏州古玩商张慕江卖给他两把铁力木的大椅。冯梦祯在日记里面特意记载买进这两把铁力木椅子，表明它当时身价非常高，值得记这么一笔。冯梦祯学生李日华的《味水轩日记》中也不止一次记录铁力木家具。

张岱在《陶庵梦忆》"仲叔古董"一章中谈过一件著名的铁力木家具。万历三十一年,他的叔叔张联芳同当时漕运总督、东林党人李三才发生矛盾,起因就是两个人都想买一张铁力木制作的天然几,这个天然几"长丈六",长度约五米,"阔三尺",宽度约一米,摸上去"滑泽坚润",纹理非同一般,非常漂亮。李三才出价一百五十两白银,结果张联芳出价更高,花了整整二百两银子将之纳入囊中。李三才得知后大怒,居然派出兵丁追赶,张联芳闻讯赶紧逃亡。

很可惜,这种木料因为种种原因,现在已经很少有人了解了。

文震亨说:"故韵士所居,入门便有一种高雅绝俗之趣。"家具制作有雅俗之分,但是将家具收纳安排到一个空间里,如何陈设搭配,其实更为重要。

《长物志》序言提到"位置"概念:

> 几榻有度,器具有式,位置有定,贵其精而便、简而裁、巧而自然也。

几案、床榻陈设在书斋、佛室等较为私密的个人空间,主人独坐静栖，或接洽友人娓娓清谈，室内家具不宜太多，强调"位置有定"，突出重点以达成实用、简单的效果，这是懂得文震亨起居日常审美趣味的知己之言。

《长物志》的第十卷《位置》，在明代家具史上独一无二，专门研究如何布置家具，体现空间之美。文震亨说："位置之法，烦简不同，寒暑各异。"高堂广榭（社交、待客）与曲房奥室（私密空间）的家具摆法是不一样的。陈设追求如倪瓒"清秘阁"一样的萧疏意境，清秘阁是倪瓒的书房，也是他收纳古玩书画的地方，《倪瓒像》里的"清秘阁"空间确实干净，甚至空旷，有种无欲无求的修道氛围。

人是道人，屋是道场，繁华落尽，无人可谈。

文震亨说："云林清秘，高梧古石中，仅一几一榻，令人想见其风致，真令神骨俱冷。"身在其中，好像连身心都能感受到清凉境界。

书房，只能摆放四把椅子、一张榻，这已是极限。甚至连书籍也不可以放得太多、太杂："忌靠壁平设数椅。屏风仅可置一面。书架及橱俱列以置图史，然亦不宜太杂，如书肆中。"湘妃竹做成的竹榻、禅椅，冬天时可以铺上宋锦作为坐垫，坐起来舒服暖和，但坐垫要用古旧宋锦制作，不能太新，这才是文人做派。

文人在书房里坐看古今，不过几卷纸，但有万里江山。

高濂在《遵生八笺》中谈论"香几"时也长篇大论，他的要求更为细致，连不同大小、高低、颜色的香几，也一一强调不同用处：

书室中香几之制有二：高者二尺八寸，几面或大理石、岐阳玛瑙等石；或以豆瓣楠镶心，或四入角，或方，或梅花，或葵花，或慈菇，或圆为式；或漆，或水磨诸木成造者，用以搁蒲石，或单玩美石，或置香橼盘，或置花尊，以插多花，或单置一炉焚香，此高几也。

这还只是摆放在书斋一角的"高几",无论是放盆景、奇石、花瓶、水果,还是纯粹摆放香具,皆有章法可循。还有一种放在书桌案上的"小几",制作更为精妙,高濂分享他的经验,指出"日本小几"与"吴中小几"在尺寸、工艺上的微妙差异,以及适宜摆设物品的不同之处:

若书案头所置小几,惟倭制佳绝。其式一板为面,长二尺,阔一尺二寸,高三寸余,上嵌金银片子花鸟,四簇树石。几面两横,设小档二条,用金泥涂之。下用四牙、四足,牙口镵金铜、滚阳线镶铃,持之甚轻。斋中用以陈香炉、匙瓶、香盒,或放一二卷册,或置清雅玩具,妙甚。

今吴中制有朱色小几,去倭差小,式如香案,更有紫檀花嵌,有假模倭制,有以石镶,或大如倭,或小盈尺,更有五六寸者,用以坐乌思藏镵金佛像、佛龛之类,或陈精妙古铜官、哥绝小炉瓶,焚香插

晚明 黄花梨嵌石香几
明尼阿波利斯美术馆藏

花，或置三二寸高天生秀巧山石小盆，以供清玩，甚快心目。

相比之下，文震亨不仅强调每件家具都要古朴简洁，更从大局着眼，言简意赅，追求文人空间的空灵，他提出了一种极度克制、向内收敛的做法。《长物志》说："政不如凝尘满案，环堵四壁，犹有一种萧寂气味耳。"主人久不动笔翻书，也无人拜访，大案上居然有灰尘，主人也不去擦它，四壁空空荡荡，有一种萧疏气味，这就是极简。连空气里的味道都萧索，这已经超出了肉体的体验，简直具有一种精神层面之上、类似于第六感的灵异。

这才是文震亨觉得能够让人身心放松的一种空间。

清代藏书家黄丕烈广搜孤本秘籍，"士礼居"中藏书万卷，牙轴缥缃琳琅，宋版古书插架皆是，室内还陈设有项元汴大理石画桌。黄丕烈是藏书家，对珍玩器物不感兴趣，却郑重题跋，详细记述此画桌的来历：

> 西屏善识古，书籍而外，尤多古物，余家向收大理石画桌，亦其家旧藏，伊侄亲为余言之，此桌出墨林山堂，石背镌此四字，并镌云："其直四十金。"自余收得后，吴中豪家喜蓄大理石器具者，皆来议让，卒以未谐而止。岁丁丑大除，晤一博闻往事之人，谈及墨林当日，有数十万金之书画，皆于此桌上展阅，故项氏甚重之，而此石光泽可鉴，盖有无数古人精神所寄也。余虽不讲书画，而古书堆积，实在此桌间，安知非此石有灵，恋恋于此冷淡生涯耶。今而后当谨护持之，勿轻去焉，庶足以慰此古物之精灵乎。戊寅元旦，坐雪百宋一廛，复翁记。

天籁阁中无数珍贵书画，都曾在这张画案上徐徐展开，令人浮想联翩。藏书家"冷淡生活",不能与富甲天下的项元汴媲美,但是黄丕烈看重的是画案"无数古人精神所寄"的悠悠往事、精神内涵。雪天、书斋、无事,"安知非此石有灵,恋恋于此冷淡生涯耶"。

黄丕烈的心情,与文震亨一样。

每一个人对于自己的住所都有不同的需求。晚明江南文化精英进入家具设计、布置领域,当年并不能形成社会主流风气,更谈不上时尚。文人骨子里多有"复古"情结,一几一榻,追求简洁,像白居易的庐山草堂、苏东坡的雪堂,陈设都非常简单,千百年来一直为后人仰慕。明代吴门画派一度流行"斋室图",沈周、文徵明、唐寅、仇英、钱穀、尤求等画家,都有描摹文人书斋的写实画作,仅文徵明就有《人日诗画图》《句曲山房图》《浒溪草堂图》《木泾幽居图》等传世画作,在对书斋、厅堂陈设的描绘中,出现的明代家具造型都极为

《浒溪草堂图》(局部)
明　文徵明
辽宁省博物馆藏

简洁，朴素无华。

　　文人的审美品位，其实很难被当时和后世广泛认同。小众的文人家具，只是晚明消费潮流中偶尔出现的一朵小小浪花，注定不能成为一个时代的主流，却给后人留下了足够的想象空间。《长物志》一书，很多内容引自更早的鉴赏著作，如《清秘藏》《遵生八笺》。但《几榻》一卷原创最多，相较于明代类书、笔记、地方志以及相关图像资料，如《物理小识》《通雅》《宋氏燕闲部》《三才图会》《事物绀珠》等著述，论述家具方面体系更为完备。文震亨对晚明家具制作工艺、细节、地域特点、流行趋势的熟悉程度，在当时文人中实属罕见。

　　明代的文人家具，注定孤独、另类，因此才显得难得、珍贵。

第三十四章

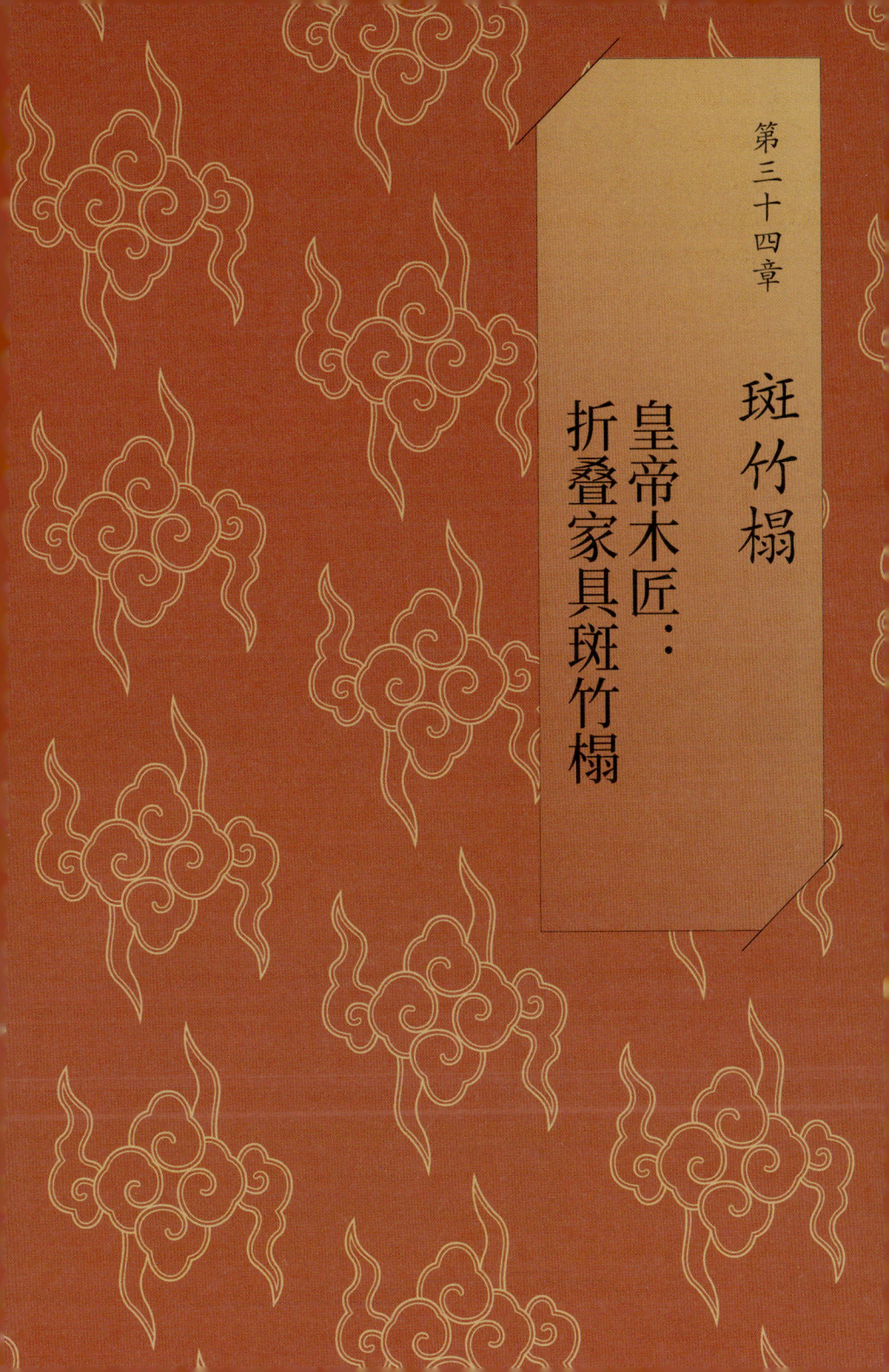

斑竹榻

皇帝木匠：折叠家具斑竹榻

折叠家具，古已有之。

明代的交椅，"即古胡床之式"，属于典型的折叠家具，腿部嵌有金属作为装饰，还用白银做成绞钉，可以打开、收起，不仅可在室内使用，主人到郊外、山中去游玩，短途旅行，携带这种交椅随时都可以安坐休息，如果是走水路，还可以把它放在船舱里面。交椅折叠、搬运都非常方便，明代绘画中，有仆人背着交椅随主人而行的场景。

《遵生八笺》记载了一种"倚床"，文人气派十足，今天仍有模仿制造，属于明代家具里的上品：

高尺二寸，长六尺五寸，用藤竹编之，勿用板，轻则童子易抬。上置倚圈靠背如镜架，后有撑放活动，以适高低。如醉卧、偃仰观书并花下卧赏，俱妙。

这种折叠躺椅，也就是后世所说的醉翁椅，分量较轻，搬抬自如，《三才图会》中有醉翁椅的图像："今之醉翁诸椅，竹木间为之，制各不同，然皆胡床之遗意也。"明代唐寅《桐阴清梦图》、仇英《梧竹书堂图》中都出现了醉翁椅，这两幅明代古画，一淡墨，一重彩，画风各有千秋。画中两把醉翁椅制式大略相同，尤其是靠背都用藤编而成，夏日坐卧，清凉宜人。值得留意处，还有画中醉翁椅的摆放地点，一在庭院，只有梧桐绿荫，白石细草点缀；一在竹林掩映的草亭中，四壁空旷，严格说也不算室内。醉翁椅采用折叠设计，活动范围扩大，或置于凉亭，或置于户外，《桐阴清梦图》与《梧竹书堂图》画中的场景，也正是高濂文中所指用途。

《梧竹书堂图》
明　仇英
上海博物馆藏

    《桐阴清梦图》上，唐寅还有自题诗："十里桐阴覆紫苔，先生闲试醉眠来。此生已谢功名念，清梦应无到古槐。"人生不过清梦一场，高士自有潇洒姿态。

    折叠椅之外，还有折叠桌和配套的折叠小几。屠隆《考槃余事》记载：

> 叠桌二张，一张高一尺六寸，长三尺二寸，阔二尺四寸，作二面折脚活法，展则成桌，叠则成匣，以便携带，席地用此抬合，以供酬酢。其小几一张，同上叠式，高一尺四寸，长一尺二寸，阔八寸，以磨楠木为之，置之坐外，列炉焚香，置瓶插花，以供清赏。

    折叠桌可拆掉桌腿，打开是桌，折叠成匣，设计精妙。郊游时在山野中席地而坐，可用折叠小桌放置食物、酒水，再摆放一个折叠小

第三十四章　斑竹榻

明　黄花梨圆后背交椅
原加州中国古典家具博物馆藏

明　黄花梨直后背交椅
比利时侣明室藏

明　黄花梨交椅式躺椅
原加州中国古典家具博物馆藏

明　黄花梨交杌
明尼阿波利斯美术馆藏

几，放置香炉、花瓶作为清赏。

《长物志》提到一种小型折叠床，出自浙江永嘉、广东东部地区，外出旅行时放在船舱里使用，非常方便。比较特别的是一种皇宫内府所制的"独眠床"，《长物志》没有展开描述，但据"独眠"二字推测，或许是一种小型单人床，我甚至怀疑这是当年天启皇帝的杰作。

明末清初藏书家蒋之翘有《天启宫词》，记录了天启时代皇宫大内的很多秘闻。《天启宫词》说，朱由校喜欢亲自拿斧子、凿子、刨子、大锯，先开料，再精雕细刻，打磨家具。这是中国历史上罕见的一位爱做木工的奇葩皇帝，也是暗藏在紫禁城里的一位木工行业"顶流"人物。

明代木匠分工明确，"大木作"造房盖屋，"小木作"做家具，"细木作"雕刻制作高档家具、木质文房器物。朱由校既做大木，又做小木，更痴迷细木，发明出许多奇奇怪怪的物件，同时钻研漆匠本领，"上好弄油漆，凡所使器具，皆御用监内官监办。进作料，上手为之，成而喜，喜不久而弃，弃而又成，不厌也"。

《天启宫词》说："大事多教属厂臣，手营窄殿秘如神。氍毹恰受三人坐，藻井勾阑色色新。"皇帝不管国家大事，全部交给了魏忠贤。魏忠贤往往看着皇帝在木工房内斧凿齐飞，趁他干活最起劲的时候，笑眯眯地前来汇报政事，天启皇帝大手一挥："你去处理。"大权便旁落阉党之手。"手营窄殿秘如神"，就是制作微缩宫殿模型，现在售楼处展示的沙盘模型，天启皇帝应该看不上，他用榫卯结构细细拼攒而成的实木宫殿，叠屋营构，油漆彩绘，内部铺设地毯，空间可容三人坐下。"日夕躬自营缮小房，雕镂刻画，工师莫及。非亲昵内臣不得见"，皇帝早晚斧子不离手，做这种小楼阁，雕刻手艺一般工匠根本比不上。《旷园杂志》记，天启皇帝生性聪慧，"尤喜起造，尝于庭院中盖小宫殿，高四尺许，玲珑巧妙其砖瓦则敕琉璃厂所另造也"。

《明熹宗坐像轴》
明　佚名
台北故宫博物院藏

　　这种场景，为什么只有跟他非常亲近的内臣、太监才能够看到？也许，天启皇帝大概也不好意思，只能偷偷地钻研技术，让大臣们看见就太不体面了。他的亲近之臣，当时有涂文辅、葛九思、杜永明、王秉恭、胡明佐、齐良臣、李本忠、张应诏、高永寿等九人，围绕着他每日营造木器。史料记载，熹宗"朝夕营造，每营造得意，即膳饮可忘，寒暑罔觉"，完全沉浸在一个手艺人的世界里，想不起吃饭，也想不起睡觉，不觉得冷，也不知道热，非常痴迷。

　　我看到过一则记载，天启皇帝制作完成一件木器后，内心总是希望得到世人的认可。身边围绕着太监亲信，他们当然一味夸赞皇帝做得好。天启皇帝有一次故意安排小太监将八件"小灯屏"拿到皇宫外市场兜售。"小灯屏"做得精致，雕刻有喜鹊、梅花图案。小太监回来报告说，刚到街市，就有很多人围拢过来，争相加价，很快卖得高价。天启皇帝闻讯龙颜大悦。

正因为天启皇帝的种种事迹，回到《长物志》提到的内府所造"独眠床"，越是语焉不详，越有可能是天启皇帝创制。江南文人参与家具设计，无伤大雅，自己玩玩，高兴就好；天启皇帝御制家具，沿街叫卖，从市场反应获得心理满足。历史学家认为，天启皇帝将国家大事都交给魏忠贤，自己安心做一个能工巧匠，导致政局动荡、黑暗，有失帝德。这种行为算不算心理疾病，只能留给后人解读了。

明代帝王对制作家具如痴如醉，明代文人对家具也情有独钟，万历年间常熟人戈汕，编成一部《蝶几图》，这是一部罕见的晚明文人家具类谱录，将移动家具的玩法推向极致。

戈汕，字庄乐，"能书善画，尝造蝶几，长短方圆，惟意自裁，垒者尤多，张者满室，自二三客至数十俱可用"。

宋代有《燕几图》，用长桌两张、中桌两张、小桌三张，七张不同大小的桌几互相拼凑，任意组合，轻巧便于搬动，可满足家中各种规格宴会的需要。戈汕在《燕几图》基础上推陈出新，设计木几十三件，储存在家中"赖古室"内，高度均为二尺八寸，按几面形状及大小分为六种，其中几面称"长斜"的制二件，称"左半斜"和"右半斜"的各制二件，称"小三斜"的制四件，称"大三斜"的制二件，称"闺"的制一件。可组合成方（正方形）、直（长方形）、曲（直角弯折）、楞（六棱形）、空（中空）、象（描摹实物形状）、全屋排（锯齿形）、杂（其他）等八类，如"象"类可表现亭、山、磬、鼎、瓶、床帐、飞鸿、轻燕、蝴蝶、双鱼、桐叶、秋葵叶、女墙、曲池、短蓑、野店等，"每一改陈之，辄得一变"，"随意增损，聚散咸宜"，变幻无穷，而且功能实用，"时摊琴书而坐，亲朋至藉觞受枰"。

这套设计被后人变桌为板，即"七巧板"。

毛晋是戈汕外甥，家有汲古阁。万历四十五年，毛晋将"积而成帙"的《蝶几图》设计图样刊刻成书，列为《山居小玩》十种之一。

戈汕多才多艺，擅长绘画、诗歌，会弹奏古琴，与虞山派古琴名家严澂是好友，严澂说戈汕是"巧心人也，以其巧施之身，为忠信廉洁。施之文辞为古雅，为清严，为奇迈；施之琴为静好，为散徒；施之制作为小舟流憩，为蝶几。世不信庄乐，请观之几谱"。常熟诗人陆瑞徵有诗赞叹蝶几之妙用：

> 不规不矩自心裁，五时三时取次开。
> 轻薄似从花底散，翩翩疑问梦中来。
> 因方屈曲无恒谱，匠意安排试举杯。
> 但恐宣尼求讲席，却教临坐重徘徊。
> 依然展翅向斜曛，惹尽书窗四壁芸。
> 襟合娟娟成对舞，角刓诩诩自求群。
> 纵横似补山中衲，聚散俄看岭上云。
> 凭久嗒焉疑丧我，奇邪曷贷柳州文。

严澂提到的"流憩"，是戈汕制作的名为"流憩"的小船，设计精妙，也是一座流动的书房。蝶几可随意陈设于船上，用以读书写字、作画操琴、会友雅集。严澂有诗描绘：

> 扁舟巧断叶如轻，泛泛重湖一掌平。
> 事外云山容傲骨，岁寒冰雪寄遥情。
> 停桡独契观鱼乐，拂軨时为御鹤鸣。
> 醉后数行棐几墨，纵横直欲汇元精。

明代古画里还有不少罕见的家具，如托名仇英的两套明代《二十四孝图》中"彩衣娱亲"一帧：庭院中陈设簟席，二老复坐锦褥上，姿态闲适，簟席设一黑漆围屏，绘有山水。围屏宽大，可移动到室外陈设，是当时大户人家才有的家具，相当另类。

明代文人最热衷的另类家具，应是竹榻。古代床榻的地位最高，日常起居皆围绕这件家具。文人选择家具以精神愉悦为目的，古人择一榻，如今日入住新居选择一款沙发，好的沙发能令居所空间散发高雅气质，非常关键。文震亨说榻的重要性："古人制几榻，虽长短广狭不齐，置之斋室，必古雅可爱，又坐卧依凭，无不便适。燕衎之暇，以之展经史，阅书画，陈鼎彝，罗肴核，施枕簟，何施不可。"

但是，这么重要的榻，必须是竹榻："周设木格，中实湘竹，下座不虚，三面靠背，后背与两傍等，此榻之定式也。"

竹榻再寻常不过，旧时江南小镇多有此物。文震亨特别提示"中实湘竹"，原来这是一款湘妃竹榻，不是家常之物！

传说大舜南巡至苍梧去世，二位妃子留湘江之浦，闻讯泪洒竹上，竹为之斑。湘妃竹斑斓如泪，又称斑竹。每一根斑竹的纹理不尽相同，纹理自内朝外层层晕染开去，大小不一。使用日久，竹子的颜色红黄相间，非常有个性。

陆游《溪园》云："矮榻水纹簟，虚斋山字屏。"水纹簟，细密水波纹，其实妙处在"动"——使用时随着视角变化，竹席在光线下会呈现立体的视觉效果。一张凉席的花纹中还隐藏着另一种花纹，奇幻多变，这种古老的技术需要工匠具有耐心，用心编织设计。

竹榻在夏天使用，更是让人遍体生凉。

文人追求自然之道，用斑竹制器，融素朴、奢华于一身，消费观念上似自相矛盾，但能自圆其说，总之越是稀罕越受追捧。用斑竹制成扇骨，看似寻常，但身价亦自不凡。用来制作床榻，岂止文人风

《松江邦彦画传》袁凯像
清　徐璋

竹榻可卧可坐，超然物外。

雅，还富贵逼人——

万历时，洞庭东山有一巨富名翁笾，号少山。翁笾以棉布贸易起家，布匹畅销海内外，当时上流社会有"非翁少山布，勿衣勿被"之说。崇祯年间，其后人翁彦博建"湘云阁"，园林广阔，湘云阁以湘妃竹铺地成纹，斑然可爱。《林屋民风》载："湘云阁在东山翁巷，处士翁青崖筑。以湘妃竹布地成纹，斑斓陆离，如锦缀绣错，真奇观也。处士收藏法书、名画、彝器、古玉甚富，皆罗列其中。游人至，比之倪元镇清閟阁云。"顺治时，昆山归庄曾两游湘云阁，后有《湘云阁记》称，"登临其楼，凭窗而望，连峰矗其前，太湖萦绕之，山川云物之奇，林木之茂密，聚落烟火之繁盛，一览而尽得之"，阁中"鼎彝书画，三代秦汉之法物，宋元以下之名迹，粲然布列，目鉴手玩，应接不暇"，"其尤绝者为湘云阁，盖板屋而铺以湘妃竹，斑然可爱"。

翁笾当年号称"翁百万"，虽是一介商人，但董其昌、钱谦益等尊其为"湖山主人",他死后,内阁首辅申时行为他撰写墓志铭。湘云阁耗资巨大,翁家后来因造园难以为继,便是后话了。

《遵生八笺》里的"竹榻",说的也是斑竹:

以斑竹为之,三面有屏,无柱,置之高斋,可足午睡倦息。榻上宜置靠几,或布作扶手协作靠墩。夏月上铺竹簟,冬用蒲席。榻前置一竹踏,以便上床安履。或以花梨、花楠、柏木、大理石镶,种种俱雅,在主人所好用之。

文震亨认为,一榻清风,竹榻是最好的,当时流行用螺钿、大理石镶嵌床榻,皆"大非雅器"。文震亨的想法,追根溯源,或许能从更早的一些古画中找到答案——

台北故宫博物院藏《倪瓒像》,画中倪瓒着道服,戴隐修小冠,坐在一黑漆榻上,侧倚隐几,左手伸卷,右手执笔,看起来冲淡平和、胸无点尘,一派修道人气象。他坐的黑漆榻形制高古,上设竹簟,衬托出道袍的洁白无瑕。这种竹篾编成的凉席,看起来斑斓紧密,从远处望去俨然一张阔大竹榻。

《处实堂集》记,张凤翼有一张斑竹榻,是他心爱之物。张凤翼有求志园,月明风清之地,设此斑竹榻,一定颇为相宜。张凤翼晚年"不事经营",家境慢慢败落,不得已将这张竹榻出售给他人,竹榻从江南沿运河北上,运到山东某家。

张凤翼非常感伤,写有长诗缅怀。斑竹榻看起来素雅,属于低调的高级,其实若真论价格,斑竹榻未必输给紫檀、黄花梨、大理石等材质的榻,属于名贵之物,否则张凤翼也不会因为经济窘迫而出售斑竹榻,而有人也愿意上门议价、千里迢迢运回。

一张斑竹榻,聚散不易。

晚明还出现了以木仿竹、以木仿藤的家具，"近有以柏木琢细如竹者，甚精，宜闺阁及小斋中"，这种家具，木行称"劈料""仿竹"家具，是顺应当时潮流而创新出来的，做工精细，如今天苏州沧浪亭"翠玲珑"内，外植茂密修竹，室中桌椅家具多为仿竹家具。也有俗气的竹制家具，不入当时文人法眼。《长物志》说："其折叠单靠、吴

《陆文定人物画册》（局部）
明 沈俊
美国普林斯顿大学美术馆藏

《林泉放鹤图》（局部）
明 吴彬
浙江省博物馆藏
——
竹榻清风，至简脱俗。

江竹椅、专诸禅椅诸俗式,断不可用。"

清人《忆江南》词云:

苏州好,竹器半塘精。卍字阑干縻竹榻,月弯香几石棋枰。斗室置宜轻。

山塘街的尽头就是虎丘。李日华常来虎丘,买盆景花木,淘书画、碑帖,他还在虎丘买过许多花盆运回嘉兴。如果是春天,清明前后,李日华要去山上的云岩寺喝杯虎丘茶,购买少许"真虎丘茶"。万历四十三年闰八月,李日华从嘉兴出发去虎丘,书画商人、掮客知道了他的行踪,相约看画商谈。这次虎丘之行,李日华购得龙潭石黑髹漆榻一张,《味水轩日记》记:

龙潭石,生润州界内,初不入用。姑苏金梅南者,有巧思,素以精髹闻江南。一日,偶至龙潭,得其石,稍荟治之。见其质美可乱大理凤凰石,因益募工,掘地出石,锯截成片,就其纹脉,加药点治,为屏几、床榻。骤睹者,莫不以为大理也。梅南曾以榻一张,眩昆山钱侍御秀峰,贻其六十金。后觉,几为所困。

一榻清风,许多往事。

第三十五章 天然几

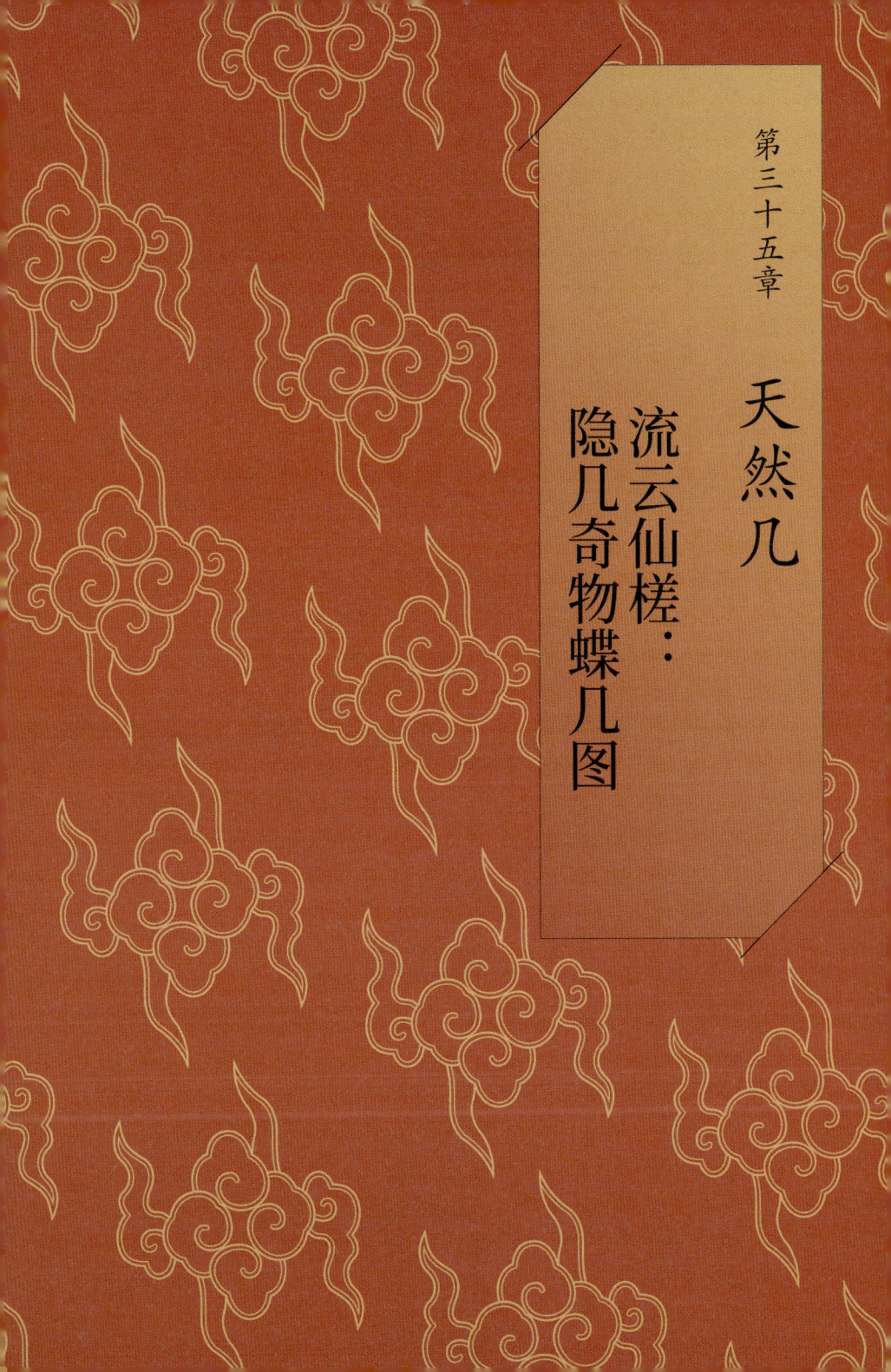

流云仙槎：隐几奇物蝶几图

明代文人最看重树根家具。这种家具取自天然，盘根错节，变化无穷，制器高手将其巧妙地拼合起来，丝毫不露斧凿痕迹，完全看不出接缝和铁钉。

树根做家具，由来已久。白居易咏"白藤床"有诗："新树低如帐，小台平似掌。六尺白藤床，一茎青竹杖。风飘竹皮落，苔印鹤迹上。幽境与谁同，闲人自来往。"白藤床，也许就是庐山草堂里的那一张素榻。陈继儒编纂的崇祯《松江府志》"俗变"记"几案之变"提及，椅子起初有太师椅及栲栳圈椅、折叠椅等样式，现在甚至有用"离奇蟠根"为座及榻的人。"离奇蟠根"就是树根、古藤家具。托名仇英的明代《二十四孝图》中，黄庭坚"涤亲溺器"一帧，有树根制作的长榻，榻之边框、腿、扶手、靠背，全部以树根拼接而成。这张用奇木树根制作的长榻造型高古，所散发的气息与一般的明代家具明显不同，文人追求的奇崛姿态尽显无遗。

古代流传下来的最标准的一件明代树根家具，是陈列在故宫博物院的明代"流云槎"，名字取晋代张华《博物志》"仙人乘槎"之意，描写仙人乘坐木船，顺着黄河上到银河天界的场景。"流云槎"配有楠木的透雕底座，填绿篆书"流云"二字，是明代寒山隐士赵宧光的手笔，还有"凡夫"印文。"流云槎"之所以珍贵，是因为上面还有董其昌、陈继儒等同时代文人的题跋，董其昌题镌铭文曰"散木无文章，直木忌先伐。连蜷而离奇，仙查与禅筏"，陈继儒题镌铭文古雅，为"搜土骨，剔松皮。九苞九地，藏将翱将。翔书云乡，瑞星化木告吉祥"。

这件树根坐具可躺可倚，据说是明弘治十五年状元康海旧物，最

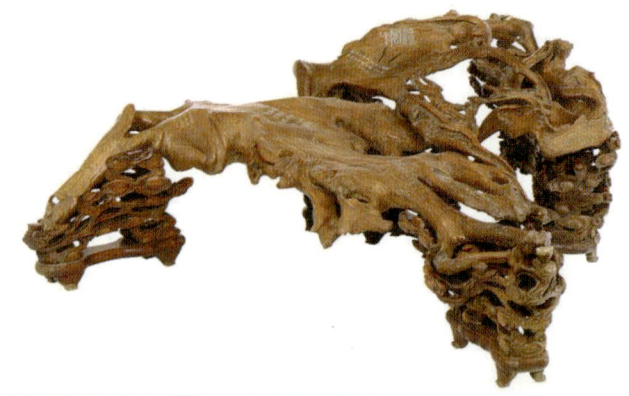

明　流云槎及其局部
故宫博物院藏
—
王衡永捐赠。

早陈设于扬州康山草堂。清乾隆时,扬州盐商江春以千金购得此流云槎。道光时,此槎为重臣阮元偶然发现,当时已尘封虫蚀,有所破损。阮元请人修补,后转赠给好友江南河道总督麟庆。麟庆在北京有半亩园,主人风雅,半亩园收藏奇石、善本、古琴、鼎彝,闻名一时。流云槎从南方千里之外小心运来,放在半亩园的云荫堂中,《天咫偶闻》记述:"正室云荫堂中,设流云槎,为康对山物,乃木根天然,榻宽长及丈,俨然若紫云之垂于地……"

我一直怀疑流云槎本是寒山别业之物,或至少曾入寒山。"流云"二字铭刻,赵宧光题于最醒目处,俨然主人自居。流云槎另两处明人铭刻,一是曾亲自来过寒山的陈继儒,一是陈继儒密友董其昌,董其昌《容台集》有《枯木》五言诗"散木无文章,中林有先伐。连蜷而离奇,仙槎与禅筏",与流云槎铭文大致相同。汪砢玉《珊瑚网》记,赵家后人携带文玩、字画转售嘉兴。崇祯时,寒山别业遭荒废,珍贵书画、器物变卖一空,此物或是此时散失。

天然几是晚明才出现的一种文人家具,在当时属于创新之作,非常流行,而在文震亨心目中,最高级的天然几也是以树根做成。

天然几的造型明显有别于传统书桌、大案。黄一正《事物绀珠》说:"天然几,木坚而细,体长而阔厚,制质明润,无榫卯,架而为几,今时极尚。"《长物志》说,一般而论,天然几"以文木如花梨、铁梨、香楠等木为之",案面阔大为好,造型不可拘谨,案板厚度不超过五寸,以今天制作家具的标准来看,十几厘米厚的木板,用料极其奢侈,重量二三百斤,可谓不计成本,放在今天几乎可以制作两三件同样的家具了。天然几属于"架几"类家具,"复古"架设,而不使用"先进"的榫卯结构将案面与几足加固连接,好处是拆装自如。然而天然几案板都非常厚重,支撑重量的几足必须有足够的承受力,多年长成的天然树根材质细腻、坚硬如铁,相较于普通明代家具以各种脚枨与榫卯精妙结合来解决承载力问题，几足取材树根，适当雕饰就可以担当厚板的承重，如《陶庵梦忆》所记的铁力木天然几，"长丈六，阔三尺"，其重可达数百斤，如果再以树根为几足承托架之，实用美观，且造型千奇百怪，无一雷同，铭心之物无逾于此。难怪张联芳会不惜重金与李三才争夺。《长物志》强调天然几的造型："飞角处不可太尖，须平圆，乃古式。照倭几下有拖尾者，更奇，不可用四足如书桌式。"这是天然几明显区别于书桌之处，它没有那么"规矩"，造型追求"古式"，还有由日本香几嬗变而来的夸张"拖尾"。所以文震亨认为最为独特的天然几，"或以古树根承之，不则用木，如台面阔厚者，空其中，略雕云头、如意之类"。天然树根最适宜架设天然几的独板巨木，以追求"复古"意蕴。

多年前，我在《伪好物》一书里，偶然看到一幅《养正图》长卷，传为宋代刘松年所作，但其实是晚明苏州职业赝品画师以状元焦竑于万历二十二年所编的《养正图解》一书作为蓝本所绘的"苏州片"，就是一幅"假画"。而"伪好物"作为仿作，不可避免地用当时社会上流行的文人家具臆想宋代家具样式，反而无意中记录了当时家具的真实图像。其中"洒扫庭除"一段，曲屏前设有一件树根天然几，四足、边框皆为树根盘结，腿足之间用来加固的一根独枨也是树根，造型浑然一体，树根奇木虬结突兀的外形极具视觉冲击力，令人过眼难忘。这件树根天然几架设一翘头大板，木纹华丽，如行云流水，上置花觚、酒枪、茶铛、书卷、香器、杯盏诸物，充满复古情调，满眼富贵又有山林之气，是这件家具最奇特的地方。

第三十五章 天然几

《养正图》(局部)
明 佚名
大都会艺术博物馆藏

相比树根天然几的豪阔，《长物志》里还有一种几，也是用树根制作，"以怪树天生屈曲若环若带之半者为之"，几面造型弯曲、呈半圆形，有三足，"出自天然，摩弄滑泽"。这种几可以用来做香几、案头小几，但又不是单纯的香几、案头小几，其秘密在于它的摆放位置："置之榻上或蒲团，可倚手顿颡，又见图画中有古人架足而卧者，制亦奇古。"至此读者才发现，文震亨说的几，其实是隐几。

扬之水先生《隐几与养和》一文谈到，隐几是席坐时代的一件重要家具，用来缓解久坐的疲劳。而独榻前设隐几，是为尊者而设，"隐几而卧"则是表现一种傲然的姿态。先秦至两汉，隐几的几面平直或中间微凹，多为二足。到魏晋南北朝，出现"曲木抱腰式"的三足隐几，还有一种被称为"养和"的变异隐几，"是用一枝虬曲的松枝，大体依它自然的形状，作成用来凭倚的隐几"。文震亨说过，"又见图画中有古人架足而卧者，制亦奇古"，扬之水考证，"纽约大都会博物馆藏杜堇《伏生授经图》所绘即松枝养和之属"，"南宋林洪《山家清事》'山房三益'条，曰'采松樛枝作曲几以靠背，古名"养和"'"。

魏晋"席坐时代"，高士扪虱清谈，当时座椅尚未发明，隐几的重要性不言而喻。榻上设隐几，用起来随心所欲，可以躺下，架足跷腿其上，宋代佚名画家创作的《槐荫消夏图》中，就有这样的使用场景。隐几可以支颐倚靠，坐在蒲团上可用，俯仰之间，姿态潇闲。晚明时代，隐几这种古代小型倚靠家具大受文人雅士欢迎，好古之人以为奇特，多与床榻一起使用，属于标新立异的复古风流。

《遵生八笺》中还有一种"靠背"，与传统隐几相比，功能创新，使用便捷："以杂木为框，中穿细藤如镜架然，高可二尺，阔一尺八寸，下作机局，以准高低。置之榻上，坐起靠背，偃仰适情，甚可人意。""靠背"在室内用于榻上，也可于野外使用，花树下、竹林间、随意铺设席毯，席地坐卧，有此靠背为倚更为舒适。雍正皇帝曾以沉香为框仿制一具，至今犹存。

著名"山人"周履靖为人恬淡寡言，酷爱研究上古文字，穿着不修边幅，鹑衣百结，悠然度日。周履靖与当时名流王世贞、董其昌、王稚登、文嘉、皇甫汸、茅坤、屠隆、张献翼等多有交游。他有闲云馆别业，前有白苎溪，后圃种梅花几百株环绕自家，因此自号"梅颠"。他有一条小船"飞江苇"，"飞江苇者，野航也。无帆无楫，中容一人，首容一鹤，尾容一童，先生倚琴孤坐，放乎桃花春水，任其所之。有时令童抚麋竹笛为落梅调，鹤声复戛然和之，先生雾氅云扆，手执铁如意，泛泛烟水中，远近望者以为神仙焉"。

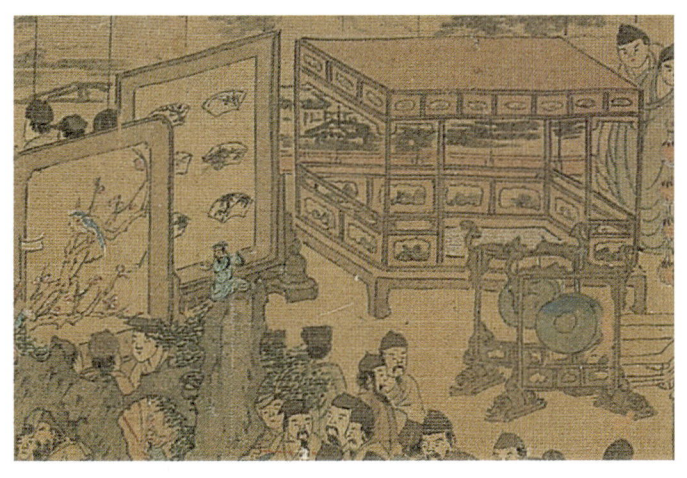

《上元灯彩图》（局部）
明　佚名
台北观想艺术中心藏
—
图中架子床做工繁缛，装饰精美。屏风也是当时重要的室内家具，观赏陈设作用大于实用性。

老神仙一样的周履靖筑室于鸳湖之滨，懂医术，擅书法，会星相命理，超然物外，与世无争。李日华是周履靖的外侄，父亲李应筠小时候家境贫困，仰赖周履靖父母抚养长大，李家与周家亲如一家。李日华幼年，父亲还没有经商致富，十二岁时读书于周履靖的"晴雪斋"中，学业曾得到周履靖的指点。李日华十四岁中秀才，他一生笃信道教，少年时曾号"烟霞生"，是受到了父亲和周履靖的影响。万历七年，李日华十五岁，写成《梅墟先生别录》，其中《梅颠道人传》一篇是周履靖的传记。文章中提到周履靖的世外高人、隐士身份，闲云馆内的陈设、收藏也颇有"山人"特色，有三件奇木古藤制成的器物，尤称世人罕见：

其一，树根隐几。"先生性最巧，尝搜古柢为几，其蜿蜒屈曲，如青虯春日藉草眠花，率用以支膊焉。又因木之拥踵，镂而鼎之以为蹲象，故有'坐调往白象，眠挟怪青虯'之句。"这件树根制作的小几，"用以支膊"，因为原来的造型臃肿了些，周履靖雕刻"鼎之"，三足而立如蹲象，形状诡谲，无疑是一件明代的奇木隐几。

其二，百衲榻。"榻以古藤为樊，鹿角为趾，几高三尺，平滑如砥，扪之不知其为攒簇也……"鹿角、古藤、百衲榻，奇形怪状，不可方物！李日华当年一定亲眼见过这件奇器，以手抚摸，感觉平滑至极，俨然一块大木削成，拼接无痕。明代江南工匠擅长以小木料拼攒制作大器物，苏州西园寺有明代百衲大案，俗称"千拼台"，长一丈余，包镶工艺，用几千片黄花梨小木攒成"冰绽纹"案面，这件家具可能来自万历时徐氏园林，但是周履靖的这件百衲榻用料奇特，更是罕见。

其三，万岁藤杖。周履靖村居时，往往"匏冠野服，铁瓢鹿茵，出入骑驴，士大夫来挂万岁藤杖出迎，不为易服"。

这三件树根古藤器物，都是周履靖心爱之物。

周履靖著述等身，编纂有《夷门广牍》等大部丛书传世，还有收藏书画的嗜好，旁及古董珍玩。他眼力高超，识古辨器往往通过"气韵"就能立判高下，兼以学识渊博考证真伪，有独到见解：

客有持古玩器真迹售于诸贵人及好事者，必求先生品骘之，举数百载以上无爽也。人有问所以，先生曰："于色韵中别之，窥之以意，御之以神，乃得其情。"曰："此亦有理乎？"先生曰："有。如往岁，有鬻古镜于市者，以八分书铸其背曰'周灵王八年造'。夫灵王时有石鼓文、篆籀，而无八分，八分起于秦者也。故知其为假无疑！然则，好得无理乎？"人服其议。

古镜的铭文字体明显时代错乱，穿越而来，这就相当于买到了一套宋版的《康熙字典》、成化年间的微波炉专用青花官窑，造假之人不学无术，周履靖轻松判断为赝品，大家心服口服。周履靖与项元汴格外亲密，论交三十年，常常一起鉴赏古董，焦山收藏家郭五、古董商人王越石，都与周履靖多有来往。李日华说，周履靖的"飞江苇"船舱内，有几件非同寻常的"奇器"：一是鹤笠，"以鹤之坠羽为之"；二是琴，"名泛月，以其音清越，泛泛然，如月中出也"；三是剑，"名霄电，当夜而悬之室中，其光烁烁如电，余戏为《霄电篇》，极先生所珍云"；四是炼镔铁为如意，"茵头平底，操之自如，铭其项曰：'欧冶之锻，镆铘之质。既敛厥锷，不揉其直。匠心匪随，伊可挥也。绕指岂柔，不可卷也。贞人之操，烈士之肠也'"。

万历二十二年，陈继儒作《泛柳吟序》，称周履靖是"嗜奇好古，有道之士……乃先生独于甲午秋，翩然航一苇来云间，湘橐锦囊所笼金石古文奇字不可胜纪"。

嗜奇好古，确实如此。周履靖日常过的是真正的隐士生活："更不喜扫除，蒿莱满径，结庵蓊蔚中，放歌狂啸，若不知有人间世。或旬月不出，瓢飧汲饮而已。意与景会，则摘英嗅芬，扫石梅下，移墨挥洒其间，得意辄狂叫，诧为羲献家法；每吟小诗，大抵宗法韦孟，冲淡而多味，合不合亦不论。"

周履靖对树根家具的痴迷喜好，蕴含着自己内心"复古""猎奇"的审美趣味。

文人大多不愿意循规蹈矩，家具制作、陈设，也不拘守绳墨，以慧眼看世间万象，山河大地的种种奇观造化，浓缩在一件家具里，这是树根家具的魅力所在。

李日华说起这位长辈，"平生无长物，止一鹤共行梅间，晴云朗画，戛然长鸣"，如此风姿逍遥，令人神往。

第三十六章 吴孺子

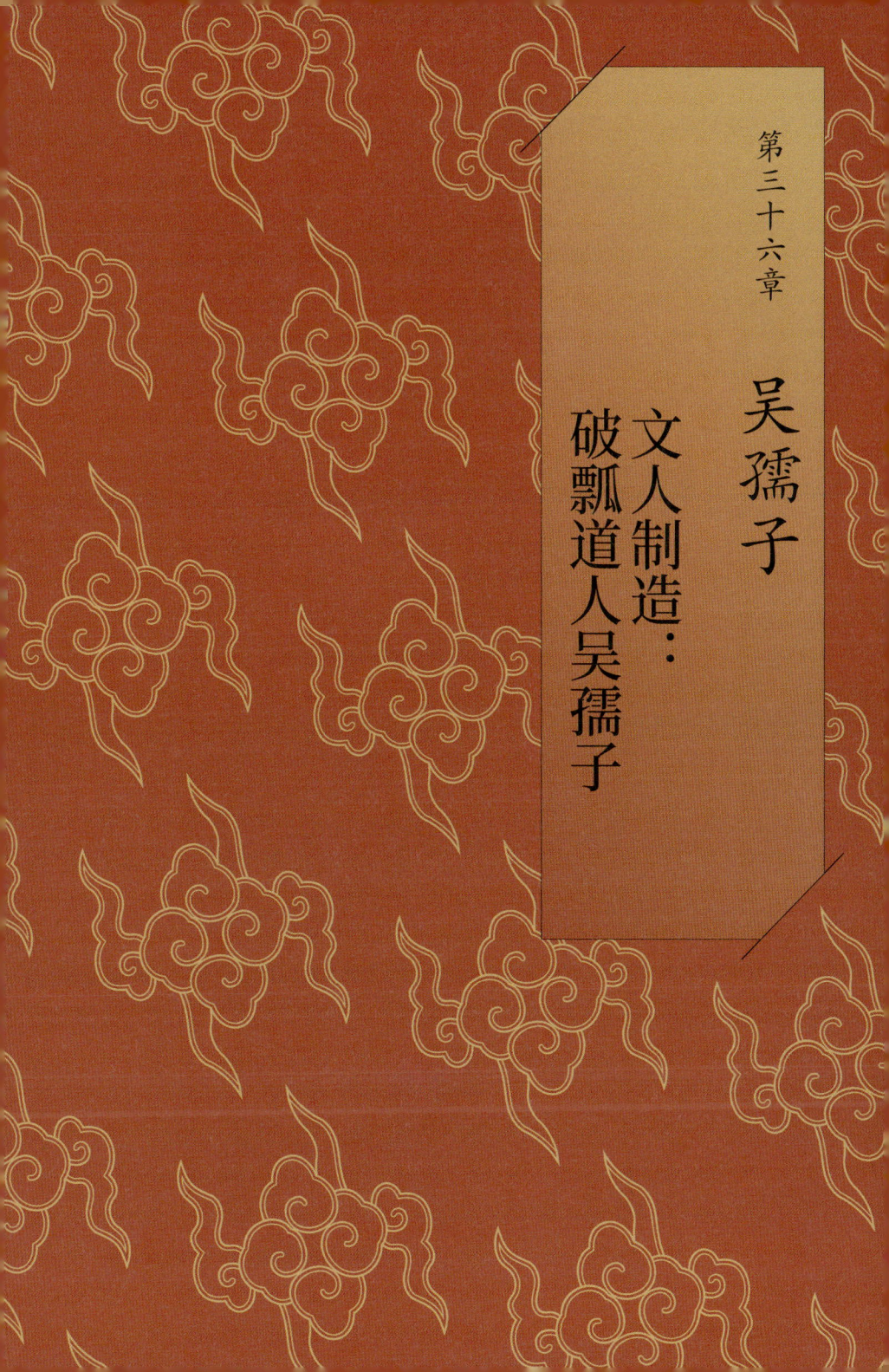

文人制造：破瓢道人吴孺子

第三十六章 吴孺子

明代有一位破瓢道人，本是富家子弟，饱读诗书，却身怀绝技，"嘉隆间，以黄冠游吴、楚间"，以"名士"姿态交游名流高官之间，偶尔制作各种奇巧之物，"性最巧，所规制，必精绝"，令人瞠目结舌。

吴孺子，金华兰溪人，字少君，号破瓢道人。《槜李诗系》记，吴孺子家在兰溪城东，本来"有腴田"百亩的家产，不知为何，被他"尽易硗瘦"，百亩良田换成了贫瘠山地，吴孺子还"凿沟引山泉，绕入玉雪厨铜池中，曰如此庶不辱自亲釜灶耳，以此破家"。这番操作，也许是想像赵宧光、邹光迪那样，引来山中泉水做飞悬瀑布？吴孺子肯定不善经营俗务，家业因此破败。中年时妻子去世，吴孺子索性离乡远游。

沈德符在《万历野获编》记"金华二名士"里说："吴少君（孺子），为余大父客，幼时曾识其人，孤介有洁癖，所携树瘿炉鹿皮毯之属，俱极精好，炊饭择好米，自视火候，其貌亦似野麋，为诗俊冷自喜，不受凡俗人供养，视今日山人辈犹粪壤也。"沈德符的祖父沈启原曾任陕西按察副使，也是一位藏书家，晚年遭弹劾闲住嘉兴。沈德符回忆童年时曾亲见吴孺子，认为他性格孤僻，且有洁癖，与钱谦益说他"好洁，不畏寒，遇水清泠，虽盛冬便解衣赴濯"记述吻合。高士如倪瓒也有洁癖，担水洗树，后世传为美谈，而吴孺子在当时许多人眼中虽然乖僻，但俨然云游四方的修道之人：

所至僦居僧寺，自炊一铜灶，饭不足则啜糜。日买两钱菜，又剩干叶为斋羹，语人曰："免吾低眉向人，觉饱于梁肉耳。"

清　奇木香几
明尼阿波利斯美术馆藏

晚明是一个奇特的时代，社会生活和艺术审美趣味尚"奇"尚"新"，吴孺子在文人圈子里以制器"复古"而闻名，满足了很多人的审美趣好。他游屐半海内，东南数郡，尤其嘉兴地区，数数往还，行踪飘忽，一度住在常熟虞山，时而移居王世贞小祇园，时而与松江何良俊兄弟相善，寓居在松江的南禅寺，后再次移居东佘山。隐退山居的乡宦章宪文为吴孺子择地栖居，并赠双鹤供他赏玩。

吴孺子曾"以数缣市一大瓢，摩挲鑢锡，暗室发光"。这件闪亮晶莹的宝贝葫芦，可说是道人打扮的吴孺子行走江湖的标记，不料在荆溪时，吴孺子遭到强盗洗劫，拦路"发其箧"，不见银钱而发怒，将他心爱的大瓢打碎，吴孺子"抱而泣者累日"，王世贞为作《破瓢道人歌》，诗有小序，说"吴孺子游人间，仅一瓢。后破，书此慰之"：

吴郎手携长生瓢，自云巢许同消摇。
偶然洗颒瓢破碎，赤手向余不得骄。
男儿有身差足慰，况乃生无向平累。
捩予竟作汝南游，别有壶中贮天地。

瓢没了，吴孺子前去天台山寻觅万岁古藤制作隐几，古藤隐几取代"破瓢",成为他最出名的"奇器"。

钱谦益记吴孺子曾"逾天台、石梁,采万岁藤,屡犯虎豹,制为曲几,可凭而寐"。冒着危险来到深山悬崖下,吴孺子采集天台山万年古藤,制作成一个隐几,可想见光怪陆离之态照人眉宇,有惊心动魄之美。高濂与吴孺子熟稔,他在《遵生八笺》中说,吴孺子视自己的这件藤几如性命,须臾不离身,如对当年的"破瓢"一样,视若珍宝:

《沛然肖像图》(局部)
明　曾鲸
上海博物馆藏

余见友人吴破瓢一几，树形皱皮，花细屈曲奇怪，三足天然，摩弄莹滑，宛若黄玉。此老携以遨游，珍惜若宝。此诚希有物也。

天台古藤，以天台山华顶所出为最，出自奇峰绝壁处，外形看起来屈曲盘结，多为千百年物，古藤苍劲，纹理细密，皮起凹凸之形，吴孺子用此古藤制隐几，大有古意，随之出现仿制品，"今以美木取曲为之，水摩光莹，亦可据隐"。"取曲"，即选用名贵木料大料整挖，非常奢侈，然后打磨如树根自然光泽，用料、用工皆费，不能与吴孺子采集天台万岁藤做成的天然隐几媲美。

吴孺子与嘉兴朱国祚的交往，令人浮想联翩。朱国祚于万历三十年任吏部侍郎，被弹劾后称病回乡，家居十八年。他与郁嘉庆曾一起纵游天台山、雁荡山，有《天台》诗："人言天台高，四万八千丈。中有瀑布泉，飞流众山响。多少采药人，石梁不得上。我思斸寿藤，削作过头杖。拄上最高峰，云中一抚掌。"

吴孺子创制的另一样"奇器"是瘿木香炉。

清　仿竹节椅
明尼阿波利斯美术馆藏

明代焚香，用宣德炉最贵重，然而到晚明时宣德炉稀罕难求，用树瘤瘿木做成香炉、香鼎，设盖加座，将珊瑚、玉佩装饰其上，标新立异，是文人、隐士最好的供养清玩。吴孺子做的木瘿香炉，很多人印象深刻。

陈继儒与吴孺子熟稔。他印象里的吴孺子"状如老猿"，相貌奇特，"有木瘿炉及曲木几，光净如蜡"。董其昌《画禅室随笔》记："养疴三月。而仲醇挟所藏木瘿炉，王右军《月半帖》真迹、吴道子《观音变相图》、宋板《华严经》《尊宿语录》示余。"陈继儒特意带去给董其昌欣赏的木瘿炉，无疑是吴孺子所赠之物。

李日华也与吴孺子相识，他在《紫桃轩又缀》中回忆道，当年吴孺子不知从何处捡到一个"烧余枯柢"（被火烧过的树根），"作小鼎，用荐沉水。少君殁后，仕族购为珍玩"。崇祯七年初夏，安徽人吴循

《上元灯彩图》（局部）
明　佚名
台北观想艺术中心藏

一
图中有衣箱、大案、衣架、奇木香几、座椅，它们均是罕见的文人家具，"留都"南京的繁华由此可见。

吾到恬致堂访李日华，携带了一个木瘿鼎。吴循吾带来的木瘿鼎，未必是吴孺子手泽，否则斯人已逝，李日华不能没有感喟，这时距离吴孺子去世已久，瘿木鼎不仅在少数文人间流行，古董市场也时有所见。

天台藤杖是吴孺子所制令人艳羡不已的第三种"奇器"。

吴孺子喜制杖，曾有绿萼梅杖，名"紫玉"，还有红斑竹杖，"形制奇古，皆三代物也"。《金华杂识》记，吴孺子这根"鸠头红斑竹杖"，杖头用鸠头古玉做装饰，一位古玩收藏家向他重金求购，吴孺子哂然拒绝。嘉兴名士沈思孝赠诗云："食无鱼处宁弹铗，杖有鸠时不换钱。"陆游说过："拄杖，斑竹为上，竹欲老瘦而坚劲，斑欲微赤而点疏。"红斑竹杖配以三代古物装饰，是吴孺子心爱之物，他当然不会脱手。

天台藤杖，自古有之。当地山民选"奇挺者制为杖，剥去藤皮后，色如枣红，黄如蜡脂，或赭如栗壳，陆离相间，形殊朴茂，一杖需数十金"。《五杂组》记："皮日休有天台杖，色黯而力遒，谓之华顶杖。"陆游羡慕此物，有诗云："老病龙钟不自持，饱知藤杖可扶衰。明朝欲入天台去，试就高人乞一枝。"天台藤杖还可以作为僧人之物，增添威仪。

康熙元年（1662），钱谦益八十岁，苏州灵岩寺住持、高僧弘储前来，持天台万年藤如意作为贺寿礼物，钱谦益端详片刻，认出这根万岁藤杖是"金华吴少君遗物也"，他感从中来，歌以记之，赋诗《老藤如意歌》：

> 天台老藤作如意，破瓢道人手砻治。
> 三尺搜从虎豹群，万年文暗蛟龙字。
> 老僧珍重如朵云，爱我不惜持赠君。
> 唾壶击缺非吾事，指顾或可摩三军。

《陆文定人物画册》（局部）
明　沈俊
美国普林斯顿大学美术馆收藏

　　吴孺子以天台万岁古藤制作的手杖，在友朋间时有出现，如陈继儒《藤杖》诗：

　　　　老境得为丘壑伴，醉乡还胜子孙扶。
　　　　不如三尺枯藤影，到处幽吟兴不孤。

　　这根藤杖应是吴孺子所赠，陈继儒有诗记吴孺子曾雪夜寄画："秦淮钓者方年少，漂母一饭心应怜。"吴孺子常年漂泊在外，有时难免为人所侮,陈继儒劝慰老友"世情眼底真无味,闭门自写寒岩树",并以李广曾遭都尉呵斥往事劝慰,呵护之意,跃然纸上。

屠隆《考槃余事》记吴孺子曾制作了一件"禅椅":"采天台藤为之,靠背用大理石,坐身则百衲者,精巧莹滑无比。"奇怪的古藤交织、拼攒而成的这件禅椅,百衲如僧衣,大有古风。早在唐宋绘画中,多有僧人、罗汉坐在藤制禅椅上,形象超凡脱俗。文震亨《长物志》里也提到禅椅说:"以天台藤为之,或得古树根,如虬龙诘曲臃肿,槎丫四出。"这种禅椅阔大超过寻常,枝丫处可以悬挂瓢、斗笠、念珠、瓶钵,都是出家人云游时所携之物,《长物志》说这种禅椅"更须莹滑如玉,不露斧斤者为佳",文震亨挥笔落墨时,心中一定想起了吴孺子的种种往事。

《槜李诗系》所记吴孺子制器品类最多,除了"几杖",还有各种其他树根器物,仿青铜礼器,大小不一,特点是每一件都莹润光泽,常人以为是经常擦拭的缘故,其实不然。我曾向业内专家请教,得知

《萧翼赚兰亭图》(局部)
(传)宋末元初 钱选
弗利尔美术馆藏

古代奇木、树根家具光泽莹润，有的也用漆装饰，调和配制秘方不为外人所知，效果却是惊人。若是单纯的掌中把玩小件，以苏州工匠制作家具的经验，可能不漆不蜡，以天然的一种青草（俗称"锉草""节节草"）打磨，效果很好，但是大型家具如床榻、禅椅等，往往罩漆，才能达到目眩神迷的效果。

晚明出现的诸多器物，实用性让位于形式，往往超越日常生活范畴，带有文人的精神追求，故而制作精益求精，道学家认为这是一个产生"物妖"和"奇技淫巧"的时代。

文人偶然制器，只为自己所喜之物而制，"无用之用，方为大用"，不为迎合，更不为赢利，吴孺子的精益求精，只为取悦自己。而晚明时代的文人，遭遇政局动荡黑暗，思想上不满儒家礼教的窠臼，言行往往出人意表，一见吴孺子其人，仿佛神交已久，精神与之契合，不以寻常江湖异人看待，看吴孺子制器，往往深有触动。浊世冥冥，器物清雅，可以洗涤俗肠，一室之内，陈列吴孺子所制精妙器物，如置身山林之中。

松江顾从义曾担任文华殿中书舍人，取得功名后，很快就归乡闲住，他和两位兄长结社赋诗，悠游林下，过起享受园林的生活。"公建玉泓馆，结昙花庵，筑舒啸台，夷犹其间，虽风雨寒暑不辍，所蓄鼎、彝、尊、罍、甒、甗、镦、璧、刀、剑、盘、匜，皆三代以上物，帖皆善本，画皆名家大家。盖公既好古，而又精于赏鉴故也。"顾家三世博雅，收藏大量书画、古籍，顾从义最有名的收藏，是晋顾恺之的《女史箴图》和传为宋李公麟作品的《潇湘卧游图》《九歌图》《蜀川胜概图》，它们被董其昌称作"四美图"。何三畏《顾廷评研山公传》说："其自制箨冠、匏笠、芝杖、竹环，室中无不毕具，见者如入五都市而游一洞天矣。"我怀疑箨冠、匏笠、芝杖、竹环都不是顾从义制作的，而是吴孺子在松江寓居期间所制。吴孺子的作品往往跟随书画流转，天启元年（1621），汪砢玉收得顾从义旧藏钱榖《樊川诗意图》，特意记载了一件玉泓馆旧藏"玉镶椰盂"，或出自吴孺子之手：

天启辛酉春，汤玉林共文氏《万壑松风》持来，俱有顾砚山印记。余家玉镶椰盂亦镌"砚山山房"，愚父子遂得二画与盂供一室，恍身在顾氏玉泓馆，不独樊川诗意也。

《槜李诗系》说："孺子游屐半海内，而吾郡尤数数往还，始客于项氏、戚氏或姚氏、钟氏、梅溪李氏、海盐钱氏，及释戒襄处最久，后终于梁溪。"吴孺子一生，以诗画交游当时名流，也能挟技游于风雅豪门，制作各种器物。

吴孺子客居嘉兴时，曾住在郁嘉庆家中。郁嘉庆与朱国祚、陈继儒、董其昌、李日华等都熟稔，"喜结客收书，家亦以是尽"，李日华曾为郁嘉庆写《先懒庵记》。吴孺子住在郁家，"拥曲木几，摩树根炉，笑曰：'余真富黔娄，伯承乃贫孟尝也。'"。郁嘉庆"贫孟尝"之说不胫而走。李日华《紫桃轩杂缀》曾记此往事，晚明松江人吴履震《五茸志逸》也记有郁嘉庆"贫孟尝"笑谈，吴孺子当年风流洒脱，可见一斑。

吴孺子还与项元汴相识，有诗云：

湖上梅花出短墙，一开半落湖水香。
春阳羞涩香花细，桃花梨花亦不忙。
君家有酒藏床头，可怜花月未肯游。
愿君醉我君亦醉，花朝慎勿嗔莫愁。
房栊窈窕娇欲留，懊恨归来纤月流。

> 不知此景谁能酬，空将好句为君投。

吴孺子擅长制作奇器，因为其人具有文学艺术修养。吴孺子好读书，多与当时藏书家交往，如常熟赵用贤、孙七政。他自幼不读八股文章、不事科举，喜读之书是《老子》《庄子》之类，他也是一位不错的画家："岁不过一二纸，靳不轻与。山水类王黄鹤。"吴孺子是晚明时代的一个特立独行者，非儒非道，如孔子所说"游于艺"，不是师徒相授能培养出的工匠，他将个人的艺术审美发挥运用于"身外长物"，一般工匠万难望其项背。他性格清高孤僻，没有因为漂泊无定的生活而改变。《槜李诗系》记："好采寿藤瘿株为几杖、槃盂、尊壶、罍洗之属，手自摩挲，光泽可鉴，客稍谛视，辄不听，曰：'勿令为俗尘所触。'"他眼里的一般俗人，实在不该凝视冒犯自己倾注心血做成的奇器，眼光可以杀人，眼光也会污染他心目中的神圣之物，这段记录相当可信。他学道半生，将老庄哲学中的"道法自然"体现在器物制作上，而他作为性情中人，本不愿意为尘俗所羁绊，虽寄人篱下，但往往一言不合就拂袖而去，"遇俗人，辄云我不识一字，口占诗使人代写"。吴孺子的乖僻性格，跃然纸上。

晚年吴孺子在无锡状元孙继皋家去世，邹迪光为其撰写墓志铭，生卒不详。

《恬致堂集》有一篇李日华悼念朋友的文章，提笔居然先写吴孺子："自余亡友金华吴少君孺子没，而天下不复有山人，亦不复有山人诗。"不胜唏嘘，念念难忘。万历三十九年四月，李日华拜访隐士王静村，王静村时年八十二岁，历数生平"交厚者"，提到"山人吴玄铁"，李日华不能无感。

世界就那么大，嘉兴也是。

李日华见过吴孺子，朱国祚见过吴孺子，沈德符见过吴孺子，项元汴见过吴孺子，李日华同乡好友、收藏家吴伯度见过吴孺子。

李日华一生"不食人间烟火"，钱谦益在他去世后的崇祯十三年，应其子所求为李日华《李太仆恬致堂集》作序时评价说，李君实"与异石、古木、钟鼎、彝器、法书、名画近"，远离时俗，远离是非，远离官场，"恬致"二字其实是崇祯皇帝对他的评价。区区六品官，李日华觉得自己有负朝廷。李日华自己也以鉴赏家自居，一日无聊，"戏为评古次第"，将藤杖作为最后一件雅物，这是李日华对吴孺子的评价吧。

行文至此，本已结篇，但夜读《陈继儒全集》，发现一则《木香炉铭》，情深意切，感人至深，铭文一行好像不是镌刻在炉身，而是陈继儒悲悯关切地望向吴孺子，徐徐所说之言：

何居乎，形固可使槁木，而心固可使如死灰乎，惟我与尔有是夫。

这几乎是陈继儒对这位奇人最后的握手道别，所谓知己，莫过于此。

第三十七章 古籍

宋版第一：最是人间留不住

明代文人最看重古籍收藏，尤其是宋版书，经史子集，缥缃满架，代表着文化传承。藏书家看重版本，校雠文字，没有经过良好的训练，就不能辨别古代书籍的细微差异，从某种程度上说，比收藏古董、书画更体现文化修养。不仅文人喜好藏书，一些豪门巨富也以藏书作为志向，标榜风雅。项元汴的天籁阁、白雪堂，藏书数量和质量都要胜过当时的宁波天一阁。

明代最传奇的一部古书，号称宋版书第一，是所谓"铭心绝品"，这部宋版书在晚明辗转递藏多次，就是曾被元代画家赵孟頫收藏过的宋版两《汉书》。赵孟頫当年非常喜爱这套古籍，不仅写了题跋，还在书扉画有自己的一张小像，这也是赵孟頫仅有的传世真实肖像。因此这部书在藏书家圈子里尽人皆知，公认为天下第一宋版。

王世贞收藏有许多古籍，小酉馆贮书达三万卷，尔雅楼专藏宋刻本，他对史书尤其感兴趣，理想是有机会编纂《明史》。他从藏书家顾从德处获得了这部大名鼎鼎的宋版两《汉书》，欣喜异常。

顾从德（1519—1587），字汝修，别号方壶山人，是顾从义的兄弟。家境殷实，雅尚博综，游以词艺，"嗜古图史及古器物，往往并金悬购，得之，则摩抚谛玩，喜见颜色"。

顾从德、顾从义兄弟都是当时著名的收藏家，时人称"江南旧迹珍玩，收藏过半"。顾从德的收藏倾向于古代印玺，曾经一次获得几百枚玉印，有《集古印谱》传世。这套两《汉书》之前在苏州陆完家，他也是明代中叶重要的收藏家，曾任正德朝兵部尚书、吏部尚书，后来因为牵涉江西宁王作乱而充军。顾从德珍视此书，庋藏在家中藏书楼"芸阁"内。王世贞从顾从德手里获得这部珍籍，代价

《隐居十六观图·味象》
明　陈洪绶
台北故宫博物院藏

不菲：

  余生平所购《周易》《礼记》《毛诗》《左传》《史记》《三国志》《唐书》之类，过二千余卷，皆宋本精绝。最后班、范二《汉书》，尤为诸本之冠。……前有赵吴兴小像，当是吴兴家物，入吾郡陆太宰，又转入顾光禄，失一庄而得之。

  历来有一说法，为了得到这套赵孟頫收藏过的两《汉书》，王世贞付出了一座庄园的代价。其实这只是一种比喻，陈继儒《笔记》明确记有王世贞购买宋版《汉书》的情况：

  元美公有宋刻两《汉书》，皆大官板，长尺五许，后有《题文敏小像》，盖赵魏公物也。元美五百金买之，亦画一小像在其后。赵文敏小像一轴，止半身。其面圆而俊伟，神观焕烂，世祖所谓神仙中人也。公有七言律诗题其上，后有"男雍重装"四字。友人刘无己家见之。

  购得此书后，王世贞在书上题跋道：我平生所购买的《周易》《礼记》《毛诗》《左传》《史记》《三国志》《唐书》之类的宋版书，总数超过二千卷，而且都是宋本里面的精绝之书，但是最后收藏到的前、后《汉书》是最好的。王世贞题跋描述这套汉书，"桑皮纸，匀洁如玉，四旁宽广，字大者如钱，绝有欧、柳笔法，细书丝发肤致，墨色清纯"，是高雅的艺术品。高濂曾说："宋人之书，纸坚刻软，字画如写，格用单边，间多讳字，用墨稀薄，虽着水湿，燥无湮迹，开卷一种书香，自生异味。"《汉书》打开之后，有一股清香扑鼻，王世贞仔细研究后确认这是宋真宗朝刻的，而且是内府刻本图书，是特意赏赐给中书、枢密两府的皇家善本。作为学者，王世贞感慨这部书的完好如初，"四百年而手若未触者"，如今到了王世贞手中，四百多年过去了，看起来还是非常新，似乎无人翻阅过。

  王世贞是书画收藏大家，尔雅楼有"九友"，另有专门的藏书室。林林总总的书画碑帖、古玩藏书中，王世贞内心认定这套宋版两《汉书》是他最珍贵的收藏品——铭心绝品！他效仿赵孟頫绘制小像的做法，请苏州画家陆师道给自己画了一张小像，还特意请文徵明以八分书题写书签。

  高濂在《遵生八笺》里面曾谈到这套书，羡慕不已。高濂认为，放眼当时海内知名宋版书，以此为最："余见宋刻大板《汉书》，不惟内纸坚白，每本用澄心堂纸数幅为副，今归吴中，真不可得。"

"今归吴中,真不可得"这八个字,口气非常遗憾甚至感伤,高濂知道这套书如今已经到了王世贞那里,自己此生无望得到了。

收藏家张应文是《清秘藏》的作者,张氏家族不仅与沈周等画家熟稔,还与文徵明家族联姻。张应文是王世贞的朋友,他说,自己虽然见到过上千部宋版书,但是看过王世贞的这部书以后,还是惊艳绝伦:"余向见元美家班、范二书……无论墨光焕发,纸色坚润,每本用澄心堂纸为副,尤为清绝。"澄心堂纸是南唐李后主所造的一种特别高级的宫廷用纸,用来印书尤为清绝。张应文认为,自己看到过的上千本宋版书都不如这套两《汉书》,可谓空前绝后。

万历七年,王世贞拜王锡爵之女王焘贞(号昙阳子)为师,潜心修道。昙阳子于这年九月当众坐化"飞升",王世贞买地建昙阳观,供奉"仙姑"昙阳子,辟谷坐关,似乎看破红尘,拒绝一切文章邀约。万历十年(1582),时年五十六岁的王世贞看淡世情,将一生所藏书画、古籍等"身外长物"分家散尽,这一套两《汉书》传给了他的大儿子王士骐。

王士骐比他不靠谱的弟弟王士䯄有出息,他乡试考中解元,与董其昌同科进士,官至吏部郎中。万历十八年,王世贞去世,万历十九年,王士骐因为种种原因将这套书送到了当铺质押。送书进当铺的前一天,他在这部书上题跋:"此先尚书九友斋中第一宝也,近为国税,新旧并急,不免归之质库中,书此志愧。"

王士骐当然不会在书扉题跋里写明送往哪家当铺,而机缘巧合,我偶然听朋友说起一部《玉华堂日记》稿本(迄今没有点校出版),以蛛丝马迹穷尽心力,终于觅得部分转抄内容,赫然发现其中记录了宋版《汉书》当时送入当铺以及赎回记录等若干细节,冥冥之中天佑神物,有此奇遇,实在不可思议!

潘允端经营质典文物的生意,日记里有收典"王凤雏"宋版《汉书》一部的记录：万历十九年五月二十三日，"午，打发（中人）沈四官书价钱二百两，还归欠十两，谢银五两，又与米二斗"。

时隔两年，万历二十一年七月十五日、二十四日，八月初一，"王凤雏"三次派人来提出赎回此书。潘允端"动气"，不让赎回，后因无法阻止，只得让赎。八月初二日，"听王家赎去《汉书》"，本利二百六十五两。

潘允端在日记里将王士骐隐晦地写成"王凤雏"，出于行业规矩，当铺要为主顾严守机密，无奈之下将家传贵重之物送进当铺，不可对外人声张也是人之常情。潘允端当铺成立之初，也曾收入一部《汉书》，万历十四年十二月二十五日，日记里记录杜凤林典当一套两《汉书》，价格六两，与宋版《汉书》二百两的价格，真有云泥之别。

《玉华堂日记》载，《汉书》赎回后时隔九天，万历二十一年八月十一日，潘允端愤愤不平地交代了此书后来的去向，他写道："王凤雏赎《汉书》完，又加银十一两四钱，闻以四百金与徽人士夫，为此可笑可叹。"尽管如此，潘允端也曾经钤上自己的一枚藏书印，算是经眼留痕。

黄正宾，字黄石，新安人，万历时以赀入官为中书舍人，因为抗疏弹劾首辅申时行，被下狱削职为民。这件事使他在士夫清流间获得了广泛的声誉，熹宗天启继位后，他得以起用，迁为尚宝少卿。黄正宾家境富裕，喜收藏，安徽古董商王越石"名著天下，士庶莫不服膺"，与他是姑表兄弟。王世贞收藏宋版《汉书》天下闻名，纳入囊中也是得其归所。根据清宫档案《天禄琳琅书目》记录，这部书中留存一枚"黄印正宾"白文方印，印证了这段递藏往事。

万历四十五年，这部"天下第一宋版书"出售给了常熟钱谦益，成为他生命中最重要的一部书。钱谦益在书上题跋说："余以千二百金从黄尚宝购之。崇祯癸未，损二百金，售诸四明谢氏。"短短几行字,其实一波三折,寓意无穷。

清初笔记《牧斋遗事》,记述了钱谦益得到这部书的故事,与钱谦益说法不同,更为离奇:

> 初,牧翁得此书,仅出价三百余金。以《后汉书》缺二本,售之者固减价也。牧翁宝之如拱璧,遍属书贾,欲补其缺。一书贾停舟于乌镇,买面为晚食。见铺主人于败篚中取书二本作包裹,谛视则宋板《后汉书》也。贾心惊,窃喜,因出数枚钱买之,而首页已缺。贾向主人求之,主人曰:"顷为对邻裹面去,索之可也。"乃并其首页获全,星夜来常。钱喜欲狂,款以盛筵,予之廿金。是书遂为完璧。

当年钱谦益买这套书出价三百两银子。因为当时《后汉书》缺了两本,卖家知道这是一个非常大的问题,所以很便宜就卖给了钱谦益。钱谦益心有不甘,请书商到处寻访,将这套书补全,某书商在浙江乌镇收书,上岸买面,面铺主人从一个破筐里随手拿了两本书出来,想包面用,书商一看,居然是宋版《后汉书》,书商内心狂喜而故作镇静,不动声色花几文钱将书买下,问面店主人封面在哪儿,面店主人说:"刚才对门邻居买面,裹面用了,你去跟他要回来就行了。"书商要来封面,凑全《后汉书》,连夜奔赴常熟,钱谦益看到后大喜过望,盛情款待。

这其实是一个野史故事。真实情况如钱谦益所言,黄正宾以一千二百两银子转售而来。钱谦益视若珍宝,抄录一部做副本,前后《汉书》有十大书函,他专门做了一个很考究的书橱,存放于拂水山房,每日焚香礼拜,保藏二十多年。

崇祯十四年,钱谦益迎娶柳如是,社会舆论为之哗然,但是钱谦益不为所动,新婚不久就开始建造"绛云楼"供柳如是居住。绛云楼里陈列书籍、古玩，包括金石文字、宋刻书数万卷，以及秦汉鼎彝、晋唐宋元书画，各种名贵的瓷器、砚台等，就好像宋朝的赵明诚和李清照夫妇一样，如世外桃源。

绛云楼营造奢华，开销很大。陈寅恪在《柳如是别传》中推论，崇祯十六年（1643），出于经济原因，钱谦益将这套两《汉书》卖掉了，万般不舍，心情复杂：

> 赵文敏家藏前、后《汉书》，为宋椠本之冠……藏弆二十余年，今年鬻之于四明谢象三。床头黄金尽，生平第一杀风景事也。此书去我之日，殊难为怀。李后主去国，听教坊杂曲，"挥泪对宫娥"一段，凄凉景色，约略相似。

失去这部书的伤痛、不舍、惆怅，简直如李后主亡国一般伤心。题跋于当年中秋节写于半野堂——柳如是第一次去常熟拜见钱谦益，两个人相见的地方。钱谦益不仅出售藏书，而且是卖给了自己的情敌——钱谦益与谢象三为争夺柳如是，一度反目成仇。

当时社会上很多人都知道了这件事情，文人李维祯的弟弟李维柱曾对钱谦益说：如果我拥有这套赵孟頫传下来的宋版《汉书》，一定每天焚香祭拜，奉若神明，就是死了也要拿它来殉葬。这句话，隐隐然是在谴责钱谦益："你不应该卖掉它。"钱谦益听到之后，内心其实也是惭愧不已。

钱谦益藏书规模非常大，搜罗各种罕见的抄本奇书，除了卖掉的这套《汉书》，他专门有七十三个大的书柜放在绛云楼中，珍藏宋刻孤本，秘册精椠，学者称"大江以南，藏书之富无过于钱"。尽管失去了"天下第一宋版书"，他仍可号称天下第一藏书家。顺治七年（1650），著名藏书家曹溶来虞山绛云楼拜见钱谦益，钱谦益看着

《柳如是幅巾小像》(局部)
清 顾韶
上海博物馆藏

这些书柜、满屋书籍，很自豪地对曹溶说道："我晚而贫，书则可云富矣。"

不料十几天后，绛云楼失火，这七十多个大书柜焚之一炬，很多天下难寻的孤本秘籍就此消失。钱谦益一度秘不示人的书籍在这场大火中化为灰烬，曹溶前来安慰时，钱谦益后悔地说：当初你向我借阅《九国志》《十国纪年》两部孤本，我不愿出借，因为有"惜书癖"，害怕借出去了辗转丢失，没想到如今化成青烟一缕。"今此书永绝矣！使抄本在，余可还抄也。"

钱谦益痛心疾首地说："甲申之乱，古今书史图籍一大劫也。吾家庚寅之火，江左书史图籍一小劫也。"

关于这套宋版《汉书》，钱谦益也始终念念不忘。顺治十五年（1658），已经七十六岁的钱谦益到了杭州，见到了当时的浙江布政使张缙彦。此人"相当了得"，做过崇祯皇帝的兵部尚书，当年就是他率领文武百官迎接李自成进入北京，后来再次投降清朝。张缙彦若无其事地告诉钱谦益：您那套好书我好像买到了，请您鉴别一下真伪。钱谦益看后非常感慨，在杭州的报恩寺又题写了一篇很长的书跋。

乾隆九年（1744），恰逢钱谦益卖书一百零一年后，宋版《汉书》进入北京宫廷。乾隆皇帝知道这套书的前世今生后非常兴奋，连写两篇书跋，"雕镂纸墨，并极精妙，实为宋本之冠"，一口气打了十几个藏书章，也学前面文人做派，让人在书扉画上自己的小像。

最后的结局很不幸。嘉庆二年（1797），皇家藏书"天禄琳琅"所在的昭仁殿发生火灾，这部号称"天下第一"的宋版《汉书》，就此灰飞烟灭。

王世贞当年用一座庄园换来了这套宋版《汉书》，其实他当年曾见过另一套赵孟𫖯旧藏的宋版《文选》，这部书由梁武帝太子萧统编成，是我国现存最早的诗文总集，上面有赵孟𫖯小楷书跋："霜月如

《上元灯彩图》（局部）
明　佚名
台北观想艺术中心藏
—
出售珍贵版本书籍的书摊。

《上元灯彩图》（局部）
明　佚名
台北观想艺术中心藏
—
出售寻常图书的书铺。

雪，夜读阮嗣宗《咏怀诗》，九咽皆作清冷气，而是书玉楮银钩，若与镫月相映，助我清吟之兴不浅。"此书为松江藏书家朱大韶旧藏，有人持来出售，对于这一套宋版《文选》，王世贞似乎颇为留恋而又惆怅，题跋说，"此本缮刻极精"，用澄心堂纸，以古墨印成，非常了不起！但是话锋一转："余自闻道日束身团焦，五体外俱长物。前所得《汉书》已授儿辈，不复置几头，宁更购此。因题而归之，吾师得无谓余犹有嗜心耶！"

昙阳子去世后，王世贞写了一篇《昙阳大师传》，对外宣扬的教义核心就是返璞归真、少私寡欲、恬静养性、淡泊养真。热衷收藏身外之物，即使是古籍善本，王世贞仍觉得有负大师传授教导，写于"昙阳观大参同斋中"的这段跋语，足见当时心态：之前得到的《汉书》都已经给儿子了，儒家经典史书都不看了，一切已经看淡了，所以不再买了。

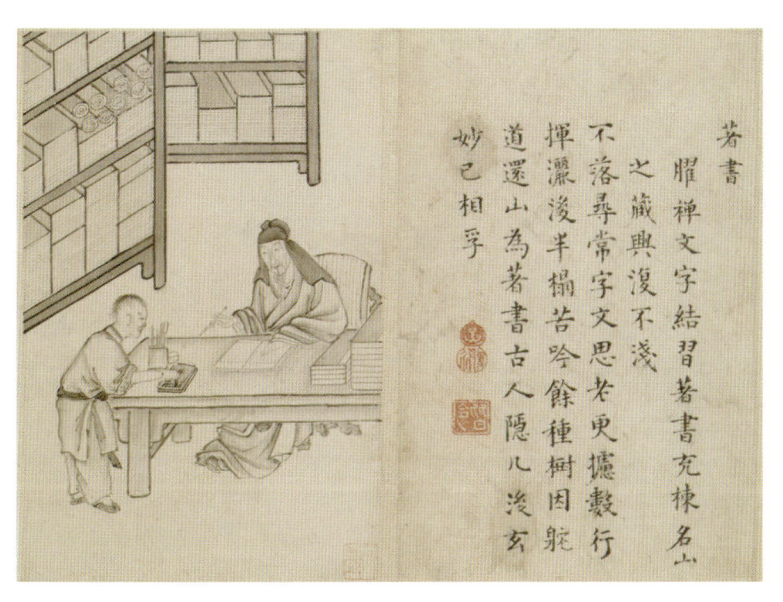

《为月人沈夫人画册·著书》
明末清初　黄媛介
何创时书法艺术基金会藏

王世贞纠结但最后没有买下的宋版《文选》，后来被谁买走了呢？非常巧合，就是卖西湖孤山之地给冯梦祯的安徽人汪仲嘉，而汪仲嘉得到赵孟𫖯旧藏《文选》，正是在冯梦祯考中进士这一年。

　　不论古今，真正第一流的大收藏家，其实并不是特别看重古董书画、金银珠宝。中国文化的核心是文字，汉字是中华文化的起源与内核，书籍无疑是最重要的载体，青铜器之所以贵逾金玉，也是因为上有铭文来记录三代史实，学者一字一字辨认、考证，逐步拨开历史的迷雾。古董行业以前有个说法，青铜器铭文多一字则多一金，所谓"一字千金"，是闪耀在传统商业规则之上的文章璀璨，星汉灿烂。

第三十八章 版画

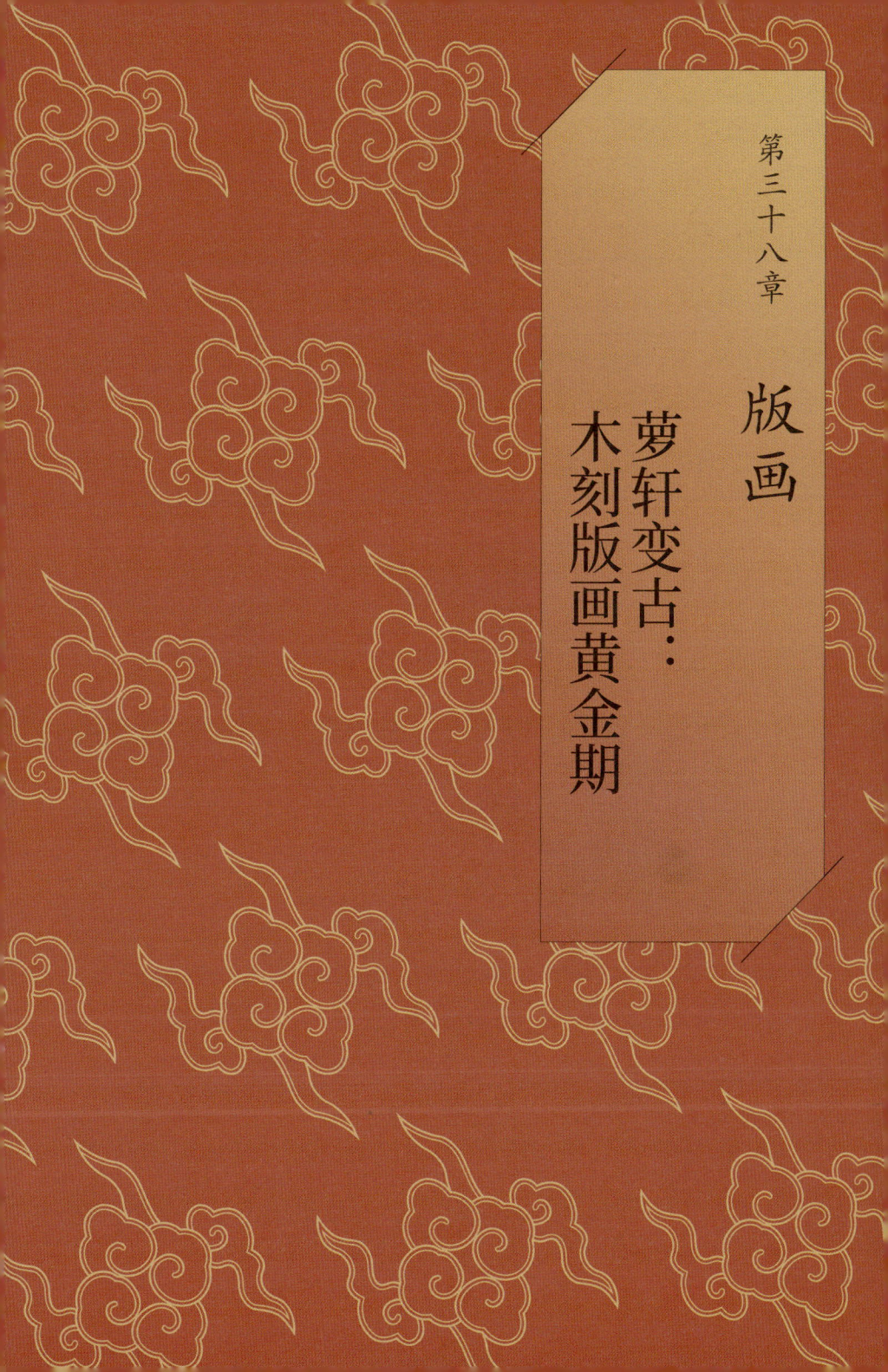

萝轩变古：木刻版画黄金期

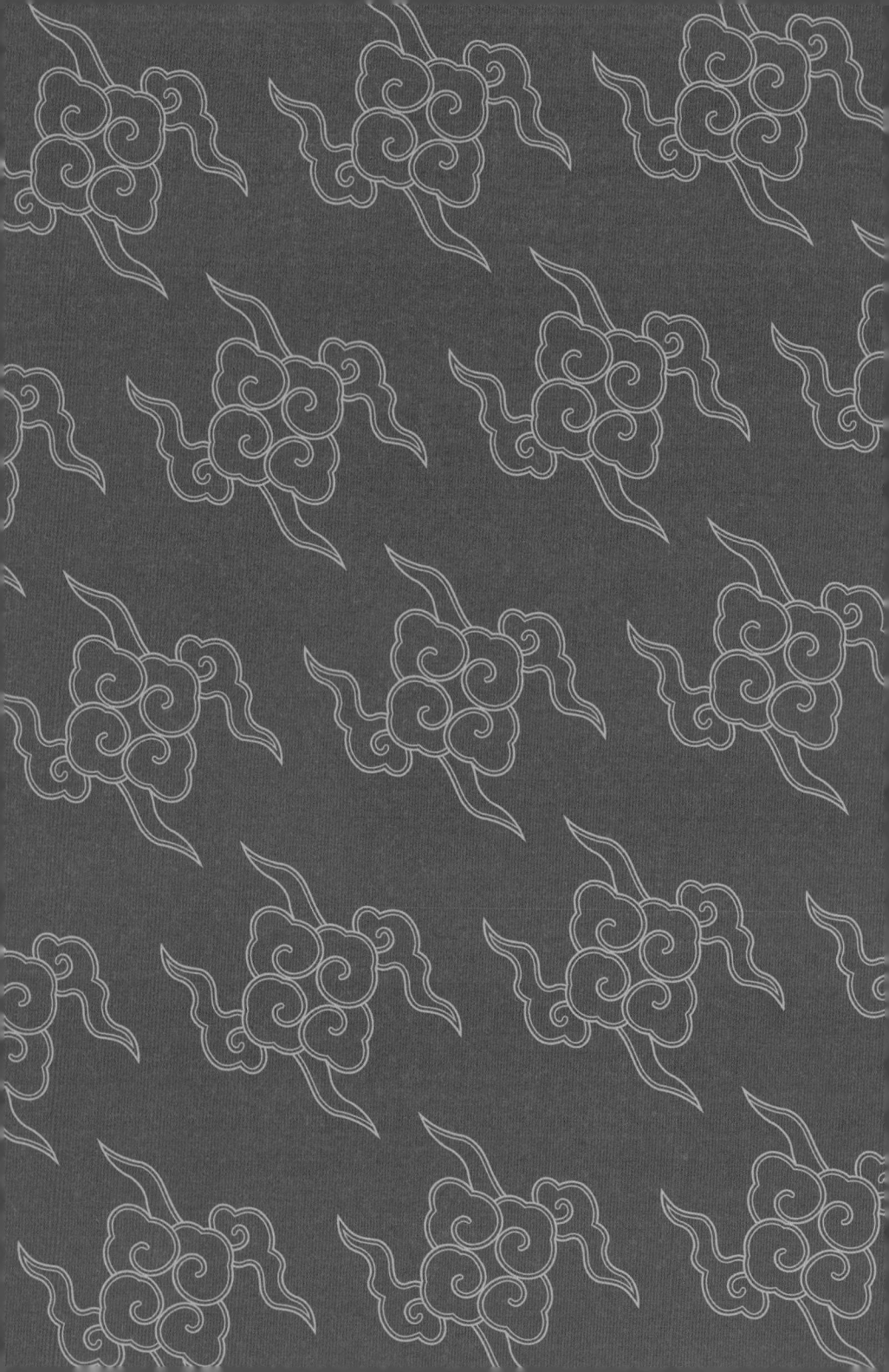

第三十八章 版画

按照出版机构划分，明代书籍主要可以分为官刻、私刻、坊刻。最高等级的是国家官刻，像国子监做的"四书五经"，是阐述主流价值观的"课本"；专门给皇帝、皇后御览的一些圣贤礼教之书（令晚明满朝文武簌簌发抖的"妖书案"，源头也只是一部文臣编撰、罗列历代皇后闺范道德事迹的插图书）；地方官署、分封王府也有弘扬圣人理想的义务，要按时续修地方志，刻各种《春秋》《礼记》，乃至散佚孤本。私刻也称家刻，官宦、文人喜欢刻自己的诗集，每年都刻一本，然后取个名字。例如，中举前可以刻一本《江湖集》；《北上集》是应试途中的感想；一旦做官，便有了宦游天下的各种纪年选集，如《南游草》《颍上集》……边写边刻，有各种体裁，如传、记、赞铭、信札甚至简略的个人年谱，总结成功或失败的一生，有人在世时就规划好了，也有去世后由子孙、门生替他搜集整理，增删出版的。吴江叶绍袁的妻子、女诗人沈宜修把自己家族女性创作的诗歌汇编，出版了《伊人思》，可见当时私刻风气之盛。

坊刻比较好理解，就是将图书作为商品，像今天以营利为目的的出版业。

当时江南地区的南京、苏州都是重要的坊刻出版中心。当时刻一套书也是按照字数、页码、印量、具体要求来论价钱，刻起来速度非常快。如果是为了商业利益，一些流行的小说、诗词、戏曲可能要连夜开工抢时间，作者还在写，出版商就已经在刻，这造成了明代的刻书质量良莠不齐。宫廷、官府的刻本，每个字都很漂亮，行距疏朗，用纸高级，而一些廉价的用于底层消费的图书就比较粗糙。当时也流行自费出版，很多潦倒的文人会刻一些文章诗集，但往往错漏百出。

单纯为了追求利润而进行大量的雕版、印刷、贩卖，使晚明的一些纯商业书被后人诟病，这些书里面的错误非常多，灾梨祸枣，有点泛滥成灾。

从内容上来说，明代出版的书籍内容繁多，比如八股文的范文、考卷，就像今天高考的教材、教辅，那是读书人的敲门砖，所以刻得比较多。还有工具书，当时称为"类书"，内容上至天文，下至地理，大到国家的制度、法律，小到教你如何洗衣服、防虫、驱鬼、养花、种菜，无所不包。

还有一大宗，就是供人解闷的通俗小说，比如《西游记》、"三言二拍"等。其他还有医学书、农业书、商业书、讲风水的书，等等。

总之，为了追求利润，出版商各显神通，甚至还有专门教人写书信的书，内容有如何应对官府的诉讼、对长辈的问候信怎么写、朋友人情往来信怎么写、生日的祝词应该怎么写、买房买地的契约合同范本怎么写，甚至还教如何给青楼女子写情书。连陈继儒这样的隐士，也是一位非常专业的出版家，他自己写书、编书，声名鹊起后还有人假冒他的名义来刻书赚钱，这种行为居然也能风行天下。他知道之后也是无可奈何，只能一笑了之。

在明代版刻史上，无锡大收藏家、布衣经商起家的富豪安国，对铜活字印刷极有影响，属于"玩票"的另类。

无锡当时有"安国、邹望、华麟祥，日日金银用斗量"的民谣。安国不仅与吴门画家文徵明、周臣等人交游密切，也喜欢购买古书、名画，闻人有奇书，必重价购之，以至充栋。他财力充足，铸活字铜版印诸秘书，好旅游，带着好友一起游山玩水，闲居时，每访古书中少刻本，就以铜字翻印，知名海内。这是明代中叶私人刻书的情况，更多是为了自己的喜好，并不考虑商业收益。

晚明时期，情况发生变化。

晚明常熟大出版家毛晋，也是没有功名在身的商人。他最早是为了自己的情怀，喜欢找一些失传已久的古书，找来之后进行复刻，这些因藏书家"理想"而诞生的罕见精美之书，不计工本，价格高昂，只为完美。早期毛晋"绿君亭本"少量图书，刻得非常精彩，但是慢慢地，毛晋发现其中商机，转身变成了一个专业出版商，开始重金悬赏、征集天下失传很久的各类珍贵古籍，翻刻行销赚取利润。比如《管子》这样大家久闻其名而不得一见的善本，因为战乱等原因，已经多年没出现于坊间了，一些藏书家甚至认为此书已经亡佚了。毛晋花重金辗转寻访藏书家，终于把宋本《管子》找来进行翻印。他创办的"汲古阁"是大型出版机构，书籍行销遍及天下，获得了非常高的专业声誉，甚至有记录称，当年远在千里之外的云南丽江木府土司，曾经专门派人来到江南联系毛晋，要定制刻书，同时也要买"汲古阁"的高质量出版物。

除了珍藏在德国的一套明代《西厢记》套色木刻，我个人觉得晚明乃至整个明代最为奇特、最漂亮的一套书，是《萝轩变古笺谱》。

这是当时的出版家吴发祥主持刊印的一套笺谱。

"笺谱"就是笺纸之谱。我们现在很少写信，资讯、沟通靠全球数字化移动通信。但是在古代，写信交流是主流方式，信笺是消费量非常大的日常用品。笺纸是"八行一页"的升级版信纸，上面有漂亮的图案。一套"笺谱"可能有几十张，甚至更多，有不同的主题，文字、金石、山水、花鸟、人物绘画都可装饰信纸，讲究的文人、官僚，喜欢自己设计图稿，再交给专业店铺定制，这种"南纸店"也有普通的大众消费产品，荣宝斋就是这种机构。今天东京地价最昂贵的闹市，名店林立，售卖奢侈品，但附近依然设有类似的百年老店，专营笔墨、笺纸、信封。

《萝轩变古笺谱》是古往今来最传奇的一部笺谱。

《明刻套色西厢记图册》(局部)
明崇祯十三年闵齐伋六色套印本
科隆东方艺术博物馆藏

制作人吴发祥，生于万历七年，卒于顺治十七年（1660），他在四十八岁时完成《萝轩变古笺谱》的刊印。关于他的生平，记载寥寥。清陈作霖《金陵通传》载："吴发祥，江宁人，居天阙山下，恂恂儒者，学极渊博，日手一编不倦。"还有史料说他："性耽一壑，卜居秦淮之干；志在千秋，尚友羲皇以上。闭门闲白日，挥麈自如；饮酒读《离骚》唾壶欲缺。尝语余云：'我辈无趋今而畔古，亦不必是古而非今。'"如此看来，吴发祥是一个读书人，出于"好玩"的心理，不按常理出牌，不计成本制作了这套"雕镂极巧"的艺术品。

按照《萝轩变古笺谱·小引》的说法："尺幅尽月露风云之态，连篇备禽虫花卉之名。大如楼阁关津，万千难穷其气象；细至盘盂剑佩，毫发倍见其精神。少许丹青，尽是匠心锦绣；若干曲折，却非依样葫芦。"

吴发祥所制的《萝轩变古笺谱》分为上、下两册，共九十四叶，一百八十八面，是我国现存最早的饾版、拱花印刷笺谱，是雕版套色印刷的巅峰之作。为这套笺谱辑稿、写小引的颜继祖也是传奇人物。颜继祖，字绳其，号同兰，福建漳州龙溪县人，万历四十七年进士，历官工科给事中、吏科都给事中、右佥都御史、山东巡抚等职。按照时间推算，天启年间他还在南京，担任南京给事中的闲差。《明史》说他深得崇祯皇帝信任，但是崇祯十二年，清军攻克济南，言官交章弹劾颜继祖，崇祯皇帝将其斩首弃市。我考证出颜继祖在南京时期与文震亨有过交往，他自称"名根素淡，野趣偏浓"，喜爱文学和艺术鉴赏，与"白门浪子"文震亨应该一拍即合，当年秦淮河畔的诗酒流连，一面是对阉党黑暗专政的抗议，一面也是无所寄托的空虚惆怅。这个时候花费大量心思做一套"穷奢极欲"的笺谱，大概也符合颜继祖这位"白门散吏"七年无所事事的身份。

《萝轩变古笺谱》作为早期木版彩印精品，代表着当时最高的印

《萝轩变古笺谱》（局部）
明　吴发祥
上海博物馆藏

刷技术。毫不夸张地说，它反映了晚明时代最高雅、最有学养的文人情怀与设计思想。笺谱一百八十八面，上册分为画诗、筠蓝、博物、飞白、折赠、雕玉、斗草、杂稿八目；下册分为选石、遗赠、仙灵、代步、搜奇、龙种、择栖、杂稿八目。

先看上册八目，其中"画诗"二十幅图像，以山水画表现南朝、唐人诗句，多为江南山水清雅之景，塔影、孤松、清泉、苍苔、古渡，诗画一体，如同大家心照不宣的文化符号，画面空灵，或草草几笔，或细致入微。

"筠蓝"表现的内容有佛手、碧桃、牡丹、石榴、珊瑚、桃子、梅花、山茶、灵芝、萱花、月季、莲藕等十几种花果。

"飞白"所描绘的昆虫，有蜻蜓、蜜蜂、天牛、螳螂、蝗虫、蝴蝶等八种之多，全部用拱花技法制作，将全素宣纸压出凹凸不平的暗纹，对着日光观看昆虫的造型，更为立体生动、纤毫毕现。

"博物"所绘八件物品最奇特，有"长公螺砚"，这是苏东坡当年案头的文具；有宰相张九龄的笏囊；有"曹氏书仓"，代表汉代学者保存典籍于乱世的苦心；二月初一，以青囊盛装五谷、瓜果种子，取名"献生子"，这是唐宋时代流行于民间的风俗；还有一件名为"御制玉梨"的物品，出处不详，有学者推测，这部笺谱刻制于天启时期，当时的皇帝熹宗朱由校沉溺于木匠等手工技艺，不理朝政，"御制"二字清楚记载，或许能证明朱由校不仅是技术高超的木工，也是身怀绝技的玉器雕刻师。

"折赠"有十二图，花草无情，折来一枝寄托相思，"制芰荷以为衣兮""彼采艾兮，一日不见，如三岁兮"，诗句多出自《诗经》《楚辞》，意味深长。

拱花法表现的还有"雕玉"十二图，造型有鹿卢、蚩尤环、螭龙盘绕等，沁色动人，反映了晚明玉器收藏的趣味，这些图像与明代少量古玉收藏文字互相对照，是极为难得的史料。

"斗草"是端午风俗，民间以斗百草为戏，此目包含野菊花、露桃、紫薇、虞美人、百合花、金丝桃等十六种图案。

"杂稿"含两幅，一幅是《云鹭》，一幅是《陇上云》。

下册八十八幅，也是分为八目。"选石"十二幅，包括文石、历史上有名的东坡"雪浪石"、象征为官清廉的陆绩"郁林石"、六祖慧能展示神通之"放钵石"、黄石公化身而成的"黄石"……种种神仙高士奇异传说，杂糅了晚明的赏石趣味。

"遗赠"八幅，取各自天涯行旅，临别相赠，见物思人之意，笺中题字为"美人赠我锦绣缎，何以报之青玉案""美人赠我金琅玕，何以报之双玉盘""赠以鹿角书格，易以竹翘书格报之"等。图中之物色彩斑斓，书囊、玉盘、小案无不造型典雅。

"仙灵"八幅，内容多祥瑞之动物，宜春苑鹿、朱兔、衔灵雀、向日鸟、系缕燕，都是历代典籍里的仙物，令人的思绪一下跳脱出眼前尘世的困境、喧嚣，进入神话世界的虚空中。

"代步"八幅，有舟笛惊龙、车飞金凤、记里大鼓、刻舟称象等题材，都是上古汉唐以来的遗老传说、神仙典故。《宛渠螺舟》这幅画得最漂亮，它出自东晋王嘉《拾遗记》，这不是可疑的竹简文献，而是当年最佳奇幻小说：始皇好神仙之事，于是宛渠人坐着像大海螺一样的船自海底而来，像潜艇一样，横渡万里悄无声息，船长、水手都身高十丈，穿着鸟兽毛制成的衣服，谈论盘古开天辟地发生的事情。

"搜奇"洋洋二十四幅，因为有太多的奇人奇物：有王维的"辋川帚"、米芾的"书画船"、陶渊明的"篮舆"、吕夷简的"茶罗"、苏秦所佩"六国印"；有开元天宝盛世扫花而聚的"花裀"坐垫；还有"幽人笔"，那是司空图隐居山中时砍松枝做成的笔，而笺谱上画的笔管状如珊瑚，朱红可爱，笔头却黝黑，如同等待彩绘的指甲。最妙的是《换鹅》一幅，图案是一只鹅和一个天然灵璧石几，令人想起嘉兴汪砢玉忍痛割爱的那块"听经石"，与王羲之爱鹅的典故息息相关。

"龙种"有九幅，中国人最喜欢、崇拜龙、蚍蜉、螭虎、鳌鱼、蟠蛇、宪章、饕餮、蟋蜴、金猊、椒图，龙的后代性格各异，神通各异，可到了晚明，朱元璋的不孝龙子龙孙在南京强买货品并拒绝付款，官府拿他们也没办法……看官仔细分辨这些或狰狞或古怪的龙种，一筹莫展，可能它们九个自己也互相不认得……

"择栖"画了十二幅花鸟。鸳鸯石榴、鹦鹉梅兰、荷花白鹭、飞燕梨花……动植物组成的生态，象征着精神家园以及自由选择的重要性。

"杂稿"八幅，其实内容全部是古木。有令庄子感叹赞美的"大椿"，以八千岁为春，八千岁为秋；有"左纽柏"，似螺旋向左扭曲着枝干盘桓向上；有庐山"五粒松"，形如桃仁；有上古《禹贡》记载的制琴良材"峄阳桐"；还有《尔雅》里神秘的"守宫槐"。

难以归类，吴发祥就干脆将它们直接命名为"杂稿"，其实心情复杂。

《萝轩变古笺谱》其实是对古代隐逸者、高士名贤、神话传说的一次私人整理，叙述方式乃是直观的图像：亭台楼阁、山川风云、车马舆服、钟鼎，一幅幅精美的画面透着晚明时代特有的高古之气。笺谱中的文字部分，或直接或间接地表露着创作者的心态，将古代咏物诗的传统转化为直观的"说明文字"，图文互相印证，系统周全。吴发祥深谙隐喻中国文化的诸多古典"密码"，这是晚明文人设计而成的一套"迷宫"，一幅幅画面，古物、古人，事事有来历，件件有讲究，局外人可能不解风情，而文字如钥匙、如指南，诗书画印兼备，深谙其中的趣旨者见了往往拍案惊奇，会心一笑。

《萝轩变古笺谱》是晚明文人"小趣味"的巅峰之作，而到了民国时代，这部书已经"失传"多年。

直到 1923 年，日本的艺术史学者大村西崖在东京的一次古书展销会上，找到半部《萝轩变古笺谱》，但是他也没有搞清楚这部书的来历，反而认为是清代康熙时期的作品。大家熟悉的藏书家郑振铎先生，于抗战时期抢救古籍，为国家做了很大的贡献。他当年也是千方百计搜罗古代笺纸，跟鲁迅先生一样，他们都知道有这么一部书，而且怀疑大村西崖对《萝轩变古笺谱》出版年代的判断有误。遗憾的是，直到他去世，一直没有机会见到《萝轩变古笺谱》真本。

二十世纪六十年代，《萝轩变古笺谱》在失去踪迹三百年之后，重现人间。

1963 年，机缘巧合下，有人在嘉兴一个乡下老太太家里面发现了这套完整的明代笺谱，居然被用来"夹鞋样"。笺谱送到上海文博机构鉴定，当时的文博机构的负责人徐森玉曾与郑振铎一起追寻此书多年，一见此书，叹为观止，终于找到了！于是把它"截留"下来。上海博物馆用十六幅字画精品，包括郑板桥竹石轴、郑板桥行书轴、文徵明山水、金农隶书轴、项圣谟梅花轴、钱载兰花图轴、李鱓芭蕉竹石图、吴昌硕墨荷、吴昌硕水墨水仙石轴、吴昌硕行书屏、吴昌硕岁朝清供、吴昌硕七言石鼓联以及蒲华梅花轴等，与嘉兴方面协调交换到《萝轩变古笺谱》。

《萝轩变古笺谱》的诞生地，为什么是南京？

南京是明朝留都，六部衙门如北京一样有全套人马，官员们个个无事，聊备一格而已。南京是明朝出版中心之一，城南三山街一带书肆林立。南京商业繁荣，是江南富商大贾云集的大城市。南京龙盘虎踞，是南北交通枢纽。

笺纸，虽然薄薄一张，却是大生意。

每年江南士子科场应试，南京人文荟萃，笔墨交往更是不断，社会需求推动了笺纸生产的发展，而市场竞争促使出版商重视提高花笺的质量。此外，南京新兴的市民阶层对通俗读物的需求旺盛，在当时形成巨大的图书市场，而南京宽松的文化环境，又吸引了当时版刻水平最高的新安派刻工、印工和出版家。

晚明时期的木刻套版画多出于徽州人，如《十竹斋书画谱》《十竹斋笺谱》即出自安徽休宁人胡正言之手。《萝轩变古笺谱》的制作人吴发祥，一说也是寓居金陵的安徽人。所以，当时徽州出版商在南京"花笺市场"的标志成就，就是《萝轩变古笺谱》和《十竹斋笺谱》这两部集大成的笺谱。

的确，当年很多来自安徽的商人在南京进行出版活动，雕版匠人中很多高手来自安徽歙县虬村。这个村是明清两代中国著名的木刻之乡，黄氏刻工们世居于此地，从明正统年间开始刻书，一直刻到清道光年间，历时四百余年，代代相传，留名者不下三百人。这些黄氏工匠，伴随着徽州书商，以一姓之技倾倒大江南北。万历年间，黄氏刻工所刻印的《闺范》《仙媛纪事》《图绘宗彝》等作品被誉为徽州版画划时代的巨作，并形成了独立的门派。金陵派与新安派版刻技艺交融，遂成一时之冠，为花笺创新提供了契机。

尤其值得一提的是，当时利玛窦等西方传教士带来的西洋印刷品，引发了南京出版界在艺术上和技术上的思考，他们受到了西洋画"凹凸相"的启发。《萝轩变古笺谱》表现行云流水、虫鸟文玩等，精巧绝伦，运用彩色套印的"饾版"和具有凹凸效果的"拱花"两种技法创新，可能也是中西文化交流促进的结果。

商业与文化如此紧密结合，轰轰烈烈的晚明出版业，因有源头活水，故而烈火烹油。此外，晚明的出版行业中，通俗小说、戏曲剧本是热门的方向，这些"不那么高雅"的产品，积极迎合了当时市民娱乐休闲的需要。

晚明另一个书籍流通中心城市苏州，在城外一个叫甪直的地方，有一位叫许自昌的文人是著名的藏书家，他的"梅花墅"是名动江南的精致园林，里面藏书万卷。许自昌与当时的文学家钟惺等人往来密切，与陈继儒也是好朋友。许自昌曾经为自己创作的诗文做了精心编辑、刊刻，闲来办了很多雅集聚会，倡导风雅。刻书，是他获得社会声望的途径之一。他花费重金，刊刻唐代陆龟蒙、李白、杜甫、皮日休等人的文集、诗集，影响很大，特别是《太平广记》五百卷，工程浩大，但他凭着一己之力完成。同时，他出版了大量当时流行的昆曲剧本，流布天下。董其昌曾经赞许许自昌刻书不辍，《甫里夜泊酬许玄佑中舍》说他"隐几时生白，雠书几杀青"。上海文人、画家李流芳赞扬他"独好奇文异书，手自雠校，悬之国门"。许氏家族成员，包括他的儿子、孙子、曾孙四代都是藏书家，一直到二十世纪五十年代，这个家族的珍贵藏书还一直在市面上流通，为爱书人所珍惜、追捧。

第三十九章 清玩

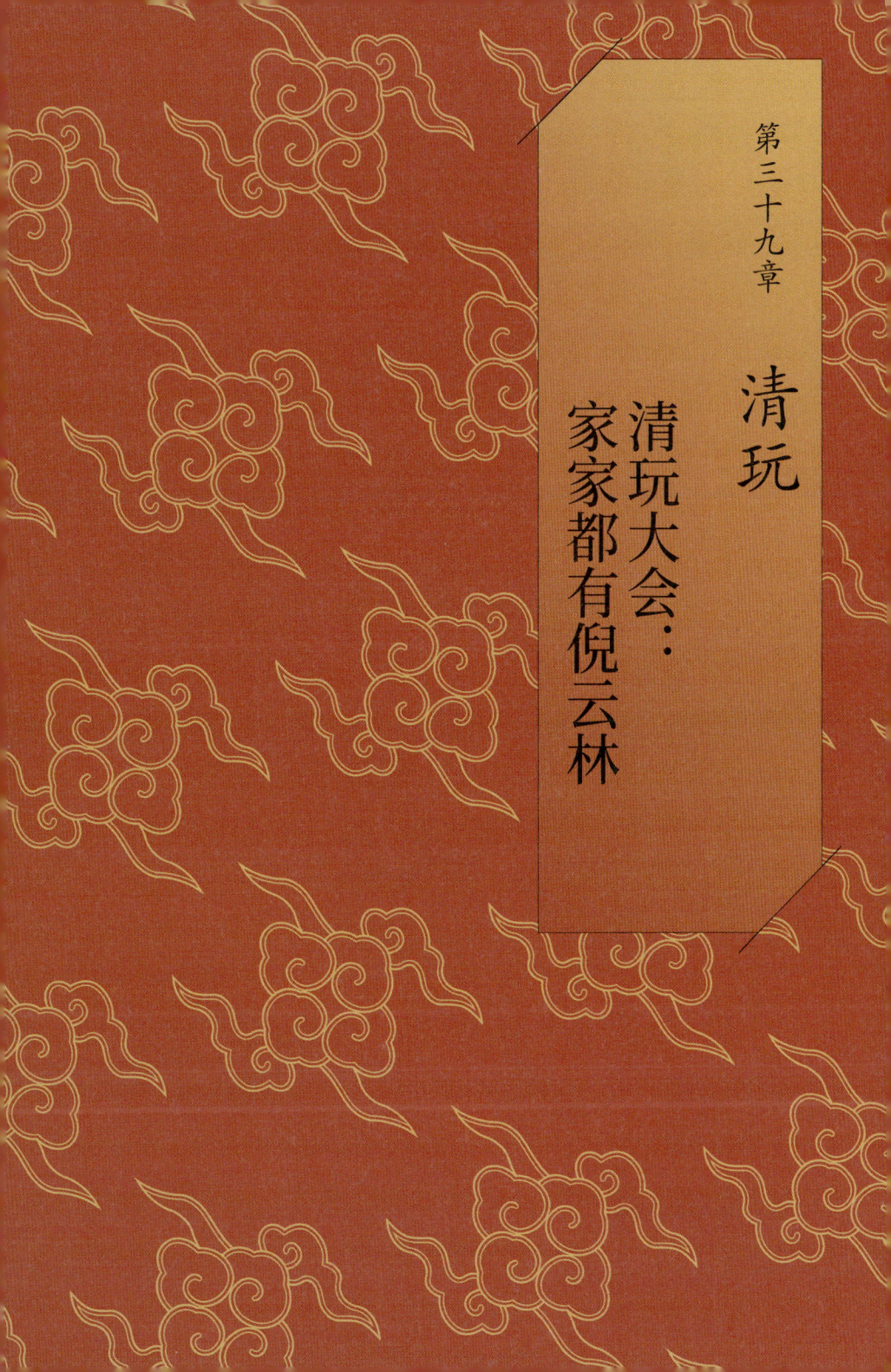

清玩大会：家家都有倪云林

第三十九章 清玩

从明代中叶开始，书画文物作为一种清玩大行其道，在上流社会中非常流行。所谓"清玩"或"清赏"，是对古代的书画、器物进行收藏、鉴赏的活动。弘治四年（1491），画家沈周临摹了一张倪瓒的作品，他在自己的这张画上题跋："吴人助清玩，重价争沽诸。"一百年后，董其昌概括当时风气，对于倪瓒之画，"江东人以有无论清俗"，士大夫以家中没有倪瓒的墨迹为耻。甚至当时有一种说法：上流社会的人家里要有一张倪瓒的画，才称得上"风雅"。就好像今天如果负担得起，很多人愿意一掷千金去买一辆豪车。物质主义和消费主义热潮也体现在了艺术品的收藏领域，王世贞说：

画当重宋，而三十年来忽重元人，乃至倪元镇，以逮明沈周，价骤增十倍。窑器当重哥、汝，而十五年来忽重宣德，以至永乐、成化，价亦骤增十倍。大抵吴人滥觞，而徽人导之，俱可怪也。

在热衷收藏者看来，拥有书画、古玩是文化生活必不可少的内容，他们期待着"挹古今清华美妙之气于耳目之前，供我呼吸；罗天地琐杂碎细之物于几席之上，听我指挥；挟日用寒不可衣、饥不可食之器，尊逾拱璧，享轻千金，以寄我之慷慨不平"。

苏州素有书画收藏风气，尤其是官僚士绅，热衷品鉴名家字画，搜罗传世碑帖。《万历野获编》记苏州王延喆的古董收藏，王延喆的母亲是皇后的妹妹，他从小生活在皇宫中，三代铜器鼎彝就有万件之多。顾起元有一首诗，反映当时士大夫追求"博古"的风气，诗云："摩挲古彝鼎，仿佛辨殷周。虎凤葳蕤出，云雷潾泱流。"钱谦益说：

《上元灯彩图》(局部)
明 佚名
台北观想艺术中心藏

——

出售古董、奇石的场景。

《上元灯彩图》(局部)
明 佚名
台北观想艺术中心藏

——

出售古董漆盒的店铺。

"士大夫闲居无事，相与轻衣缓带，留连文酒。而其子弟之佳者，往往荫藉高华，寄托旷达。居处则园林池馆，泉石花药，鉴赏则法书名画，钟鼎彝器。"

一般富人也想通过收藏提升社会地位、标榜身份。晚明江南自俭入奢，虚荣者虽家无余粮，但买一顶貂皮帽子可花费数十金，带动附近的浪荡子弟效仿。当时苏州有专门叠假山造园林的"花园子"，生意兴隆，为假山一掷千金者不在少数。

第三十九章 清玩

隆庆四年（1570）三月，"吴中四大姓"召开了一次清玩会。清玩会就是展示各家收藏，炫耀财力，同时进行交流的活动。苏州收藏家张应文在《清秘藏》中说，他曾经亲自前往观赏藏书文玩，四个富豪纷纷亮出收藏的得意之物。有一家展出了文王方鼎，这是西周时代的一件青铜礼器，还有颜真卿的诗帖《裴将军诗》，这幅作品很神奇，楷书、行书、草书混杂，非常了不起。

第二户人家展示了秦代的蟠螭小玺，一颗一两多重的祖母绿宝石，宋代编撰、我国最早的书法碑帖合集《淳化阁帖》，还有大名鼎鼎的顾恺之《女史箴图》，这件唐代名作的摹本今天收藏在大英博物馆，清玩会上展示的是顾恺之的原作。

还有一户人家拿出来的宝贝是王羲之的《此事帖》真迹，以及宋代定窑瓷器。

最后一户人家展示的是宋初郭忠恕的《明皇避暑宫图》。这张画将建筑画得非常精细，是中国古代界画中的佼佼者。这件作品今天还留在世间，收藏在日本大阪市立美术馆。

以上这些书画文玩，只是张应文印象深刻之物，四大家清玩会上还有很多珍贵之物。张应文家族几代人与沈周、文徵明熟稔，他非常感慨一天之内可以看到这么多珍贵的绘画古玩。

《清秘藏》里有一张名单，张应文认可的重要收藏家有二十八位，包括徐有贞、李应祯、沈周、吴宽、都穆、祝允明、陆完、史鉴、黄琳、王鏊、王延喆、马愈、陈鉴、朱存理、陆深、文徵明、文彭、文嘉、徐祯卿、王宠、陈淳、顾定芳、王延陵、黄姬水、王世贞、王世懋、项元汴、陆会一。这些人有的是朝廷高官，有的本身是书画家，还有一些人物，像朱存理、黄姬水，是热衷于文物收藏的文人雅士。

举办清玩会的"吴中四大姓"具体为谁，张应文没有给出答案。黄朋博士在《吴门具眼：明代苏州书画鉴藏》里注意到了这个问题，并解释了两晋时期"衣冠南渡"后对本地大姓的定义,是"顾陆朱张"。研究明代艺术史,隆庆四年的吴中清玩会是一个绕不开的话题,过去的研究却只是笼统概述其藏品,那么四大家究竟为谁?

张应文重点关注四家藏品,第一家有颜真卿的诗帖《裴将军诗》。这件书法名品见于《弇州山人题跋》,王世贞收藏这件书法时认为曾是安国之物,安国家大量藏品流出时间在隆庆年间,因此能够拿出颜真卿诗帖的只能是王世贞。至于文王方鼎,与王世懋关系亲密的詹景凤《东图玄览编》有"文王小方鼎"条:"王敬美(王世懋)与歙汪宗尼文王小方鼎,花细而色佳,皆所罕见,价皆至百六十金。"潘允端在《玉华堂日记》中记录了王世懋购买过一件文王方鼎,花了四十两,可谓价格惊人。王世懋的这件文王方鼎很出名,在陈继儒的《笔记》里也有记载。从这两件藏品来看,王世贞兄弟无疑正是"吴中四大姓"中的第一家。

第二家"出秦蟠螭小玺,顾恺之《女史箴》,祖母绿一枚,重两许,《淳化阁帖》"。顾恺之《女史箴图》在隆庆四年时为上海顾从义所藏,闻名天下。顾从义喜好摹刻,曾手摹宋本《淳化阁帖》,著有《法帖释文考异》,顾从义四弟顾从德工于篆刻,广收秦汉古印二万枚,印为《印薮》,海内无匹,秦代古印无疑是他的专嗜之藏,所以可以认定第二家当为顾从义家族。

另一大姓"出王逸少《此事帖》真迹,龙角簪一枝,官窑葱管脚鼎"。最可信的线索是王羲之的《此事帖》,它流传有序,前后经王鏊、严嵩、项元汴、韩逢僖、张丑收藏。隆庆三年(1569)八月初一,项元汴"用价五十金,得于无锡安氏"。安国家财万贯,大事收藏历代书画鼎彝,去世后藏品流出不少。项元汴从安国家获得这幅《此事帖》,并特意标注定价。但如果是嘉兴项元汴出此帖参加吴中清玩会,有籍贯疑问。天启四年,张丑从韩逢僖处购得此帖。韩逢僖的父亲韩世能，字存良，号敬堂，苏州人，隆庆二年进士，官至礼部左侍郎，是董其昌的老师。韩世能所藏王羲之书法数量超过严嵩，《此事帖》很可能就是项元汴售与韩家的，如此看来，吴中四大姓的第三家是韩世能一族的可能性高过嘉兴项氏。

第四大姓"出郭忠恕《明皇避暑宫殿图》，白玉古琴，李廷珪墨二饼"。这个大姓究竟为谁，当从郭忠恕《明皇避暑宫殿图》入手，此画至今保存在日本大阪市立美术馆，该馆出版的特展图录《遗珠》收有此图，但没有文字题跋、收藏印款，或待以后查考。

我对"吴中四大姓"好奇多年，以上"三姓"推论，从考证张应文记录的清玩会重要藏品而来，王世贞、顾从义、韩世能都是当时屈指可数的海内收藏大家。

到了晚明，所谓的风雅渐渐变了味道，开始有商人参与，追逐利润。书画交易的风气其实是由苏州文人率先兴起，而被徽州的一些书画古玩商人推波助澜，许多活跃的交易者四方奔走。上海文人何良俊说："世人家多资力，加以好事。闻好古之家亦曾畜画，遂买数十幅于家，客至，悬之中堂，夸以为观美。今之所称好画者，皆此辈耳。"周晖在《二续金陵琐事》里记录了王世贞与詹景凤的一段打趣，刻画传神入微：

凤洲公同詹东图在瓦官寺中。凤洲公偶云："新安贾人见苏州文人，如蝇聚一膻。"东图曰："苏州文人见新安贾人，亦如蝇聚一膻。"凤洲公笑而不语。

詹景凤是安徽休宁人，以举人身份担任过低级官员，以鉴赏家自居，是一位很有艺术品鉴能力的书画行家。王世贞与詹景凤的私交相当不错，两人的这场对话，调侃中意有所指。一段时间里，无锡、苏州等地前辈收藏家将书画卖给新崛起的收藏家如项元汴等人，后来书画又开始流向安徽古董书画商人，类似"新钱""老钱"的阶层鸿沟，话题敏感，因此王世贞笑而不语。

崇祯十二年，徽州歙县书画家吴其贞回忆当时书画古玩热潮时说："忆昔我徽之盛，莫如休、歙二县，而雅俗之分在于古玩之有无，故不惜重值争而收入。时四方货玩者闻风奔至，行商于外者搜寻而归，因此所得甚多。其风始开于汪司马兄弟，行于溪南吴氏、丛睦坊汪氏，继之余乡商山吴氏、休邑朱氏、居安黄氏、榆村程氏，所得皆为海内名器。"对于这种情形，上海的文人莫是龙曾说："今富贵之家，亦多好古玩，亦多从众附会，而不知所以好也。"比如寻到一本罕见古书，本应该认认真真地比对版本，细细品读，校雠错漏，研究它的内容，但是很多人就是为了收藏而收藏。

"吴中四大姓"的清玩会其实是一次炫富盛会。文人之间，也多有"斗侈"夸耀之举，通常是举办雅集或者宴会。如沈德符说严世藩当年得到了《清明上河图》，便举办酒会赏玩："既得此卷，珍为异宝，用以为诸画压卷，置酒会诸贵人赏玩之。"董其昌在北京时，也经常参加书画藏家的聚会，看到了很多名作巨迹。尽管并非所有收藏书画者都是为了"斗侈"，但"夸示文物"、以书画"角胜负"无疑更普遍。

当年文徵明曾经给老朋友华夏写过《真赏斋铭》，"真赏斋"是华夏的收藏室。在这篇文章里，文徵明非常感慨地说道："今江南收藏之家，岂无富于君者？然而真赝杂出，精驳间存，不过夸示文物，取悦俗目耳。"意思是说，您看，现在江南的收藏家难道没有身家财富超过您的吗？但他们往往都是真假混在一起，只追求数量，本质上都是夸耀财富，没有人再能够静静品味、欣赏艺术本身。文徵明说，能够做到这一点，才是真正有福之人，也就得了"真赏"二字，真赏不易，真赏才是真快活。

　　文人收藏家的典型代表是王世贞，他在太仓弇山园有骄人的收藏。王世贞在文漪堂边亲自设计了凉风堂，四壁洞开，无处不受风，种植梧桐几株，夏天可以障暑。边上的尔雅楼堪称秘阁，又称九友楼，里面的"九友"是他收藏的古籍、古帖、名迹、书画、古器、鼎炉、酒枪等。宋版书有《汉书》，名帖法书如褚遂良《文皇哀册》、虞世南《汝南公主墓志》、钟繇《荐季直表》，名画有周昉《听琴图》、王诜《烟江叠嶂图》，听听名字都很震撼。传说中的柴窑珍罕无比，当时无人能辨别。随着西安法门寺地宫《衣物账》碑的出土，后世对"秘色瓷"的争论已经尘埃落定，而众说纷纭的柴窑还是未解之谜。王世贞清楚记载他收藏了"柴氏杯托"，名冠酒枪之列，其他古刻，如《定武兰亭》《太清楼帖》，也是世间罕见的尤物。他把以上几种古籍、法书、名画、名瓷、碑帖称为五友；道家、佛教之藏，为二友；山水为一友；最后王世贞颇含蓄而自豪地将自己的著作《弇山四部稿》称作一友，如此九友咸集，"朝夕坐尔雅，随意抽一编读之。或展卷册，取适笔墨"。至此，才满足地生活在自己的园林深处，领悟佛道真谛，参究天地，旁观人间。

　　王世贞的弟弟王世懋收藏书画几十年，万历八年三月回乡前夕，才在北京广慧寺获得一幅王献之《送梨帖》。全部文字应为"今送梨三百。晚雪，殊不能佳"，而岁月沧桑，书帖上字迹模糊，王世懋看到的残本只存短短十字，商人索价七十两，王世懋当时囊中羞涩，也是借用了别人的祭奠仪金才买下，然后欣然南下。在运河宝应段舟船上，他题跋说："客有谓余曰：'大令十字而费五十金，且十损五六，即完好当奈何？'余笑应之曰：'幸不完好，乃得归余，不然倒橐中无足酬，徒一目后，他人有之矣。'"王世懋这时感觉突破重围，终于摘得了一颗明珠。明代中期，《送梨帖》在吴门就已经非常有名了，王世贞知道后也很兴奋："敬美书家当行，矻矻数十年，捐赀构古真迹，至兹岁乃始获此晋法书一纸耳！"这张王献之真迹字迹稍损，王世贞说没有关系："若大令笔，虽稍有剥轶，而存者犹自煜煜射人眉睫间。"

无锡华叔阳，字起龙，是华察之子。华察是谁？周星驰电影《唐伯虎点秋香》里的那位华太师，原型就是华察。这部电影给人印象深刻的还有两位华公子，他们清奇古怪，表现夸张。《唐伯虎点秋香》故事的源头是苏州评弹《三笑》，用苏州话来形容这两位公子，叫作"大蠢""贰刁"，意思是说大公子性格比较憨直，二公子比较刁钻精灵。

华叔阳是"华太师"的三公子，是华察退隐家乡之后，五十三岁才得的宝贝儿子。其实真实的历史上，华察的几位公子都不错，尤其是这位三少爷华叔阳，隆庆二年中进士，同榜有徐显卿、韩世能，官至礼部主事。

华叔阳是王世贞的乘龙快婿，王世贞有《戏赠华甥起龙》诗二首，看得出翁婿关系亲密，其一为："新郎玉润眼中稀，五日严程便促归。若使异时驱传过，肯教回马款柴扉。"另一首调侃女婿酒量差劲："莫将公礼恼田家，才得三杯帽已斜。任尔文章能似舅，酒狂随分减些些。"

还有一则渊源，王世贞当年中进士，考官就是华察。历史上的"华太师"学问渊博，不仅诗名远播，还是一位八股文大家。他为官清廉，出使朝鲜时谢绝万金馈赠。嘉靖朝，华察任侍读学士，差一点入阁拜相，严嵩当政时归隐林下。王世贞曾写信给恩师说："向熟岩居诸稿，真足名世，我师不罢官，不过八座已耳，试问今八座畴，可达素而自表？千百岁后，亦复谁有知今八座者？世途荆棘，动辄由人，唯此事差可自力。愚虽不敏，愿从执鞭。"安慰老师虽然没有

"八座"高位,但诗文足以不朽,表达了由衷敬仰之意。

华察晚年得子,王世贞把自己的长女嫁给华叔阳,跟老师做了亲家。华察喜欢收藏书画,华叔阳继承了他父亲的爱好,耳濡目染,对于书画收藏瘾头非常之大。时人赞扬他"旁通释典,兼晓宿因,临池之染,多托经藏,性不嗜酒,而从容款宵,居无杂交,而慷慨倾橐,至于名画法书,商彝周鼎,挥金悬募,几侔秘苑"。华叔阳中进士后,"尽买故大珰袁祥家三代鼎彝书画,严分宜家所蓄亦尽收之。于是好古之名远四方"。当年严嵩的收藏,华叔阳也收购了很多,家中有一座贻燕堂,专门用来贮藏书画古玩:

馆列三巨架,一架古石刻;一架明朝名人书法,其中王宠、彭年、袁尊尼、徐有贞、吴宽、沈氏兄弟、祝允明、文

《粤绣博古图》(局部)
明 佚名
台北故宫博物院藏

氏父子为多；一架明朝名人画作，倪瓒、陈汝秩兄弟、顾阿瑛、王绂、沈周、唐寅、仇英为多。所收王维以下至五代三百卷轴，宋人不与也，秦汉器二百件。

文献记载，华叔阳藏品中自王维以下至五代的绘画就有三百多卷，数目惊人，而宋人之画不可胜数。同时华叔阳对于古董也很喜欢，秦汉器物二百件，非常可观。"馆列三巨架，一架古石刻"，那是文人最喜欢的碑刻，与书法有关；一架是明朝本朝的名人书法，都是当时名流的作品；还有一架是明朝人的画作，沈周、唐寅、仇英的作品比较多。华叔阳是个漂亮人物，喝酒不行，但诗写得颇具其父之风，尤其擅长五言："逃名爱岩泽，一室面诸峰。月隐孤村树，云和远寺钟。溪声连断岸，塔影落疏松。阖户斋心久，依然学老龙。"

无锡的地方志记录了一段很有趣的历史。华叔阳考中进士后，南京有一位收藏家朱庭皋特意来到无锡拜访，希望能够看到宋人真迹，华叔阳于是打开了复壁。复壁是什么？古代的一些大户人家，为了防盗、安全，将一些房间特意做了夹层，万一有人明火执仗来抢劫，家人可以躲藏到复壁里面，平时复壁可作为隐秘藏宝的地方。

华叔阳挑选出宋代杜衍、范宽、萧照、赵伯驹、赵伯骕、苏舜钦，元代画家黄公望、王蒙、吴镇，以及较早的南唐王齐翰等人的作品，一一展示，请他鉴赏。

朱庭皋看完之后，没有什么特别激动的表情，看起来好像有点无所谓，于是华叔阳又将他请到另外一个更为隐秘的收藏之处，抬出了用麋鹿竹编织而成的长画匣，其中有宋代人物画大家李公麟所画的《丽人行》、苏东坡书法《醉翁亭记》、王诜《春雪山谷十咏》、李邕的书法《上林赋》、文同画竹作品多件、唐代周昉《琴阮山石》、米芾诗画卷，还有赵孟頫书录陶渊明诗二十二首及其画作《文姬归汉图》……

书画，一张张打开，再收拢。到这个时候，朱庭皋才由衷地称赞，觉得非常满意。但是，不知道大家有没有注意到，自始至终华叔阳都没有拿出更早的晋唐书画，为什么呢？这是一个有意思的话题。晋唐书画在当时，每一卷、每一幅都是稀世之宝，一卷难求，收藏家能够得到一幅就已经可以引为平生一件得意事。真正的收藏家愿意与同好知己交流，甚至展开一种眼力上的比拼，这是知识的较量，是财富的较量，但同时还有一种深藏不露的心态，不愿意大肆炫耀。华叔阳的父亲华察热衷书画收藏，董其昌曾经记载，华察收藏法书名画为江南之冠，有倪瓒《鹤林图》手卷，表现道士周玄初"招鹤"事迹。嘉兴项元汴是后起之秀，他收藏了倪瓒名作《狮子林图》。一狮一鹤，这两张手卷是倪瓒生平最重要的作品，收藏家追求完美，当然乐意将两幅画合为一处，所谓"双璧齐辉"，也是一桩美谈。作为华察与项元汴共同的朋友，文徵明曾经想要试着撮合两位收藏家，让出其中一卷给对方。结果两位大收藏家相持不下，都不愿意割爱，事情只能不了了之。说到倪瓒画的《狮子林图》，前文提过的编撰《一统路程图记》的安徽商人黄汴，收藏了文徵明所画《补天如狮子林图》，虽然不是原作，但是也很珍贵。

倪瓒的书画，晚明书画商王越石经手最多。项元汴收藏的《狮子林图》，就是从王越石处转买来的。此人当年纵横江湖，名气极大，他的客户有李日华、董其昌、汪砢玉，都是江南文人圈子里以鉴赏眼力高超、藏品丰富闻名的收藏家。

李日华曾经与王越石有过多次交流。印象比较深的一次，是王越石带了大量的倪瓒精品，令李日华非常羡慕。王越石自己也喜欢画画，李日华非常给面子，曾经给他的画作写了题跋，称赞他的鉴赏水平。汪砢玉尽管也是王越石的客户，但两个人关系非常微妙，直截了当来说，汪砢玉鄙视他又需要他。王越石曾强买了他家祖传的"白鹅听经"灵璧石，让汪砢玉耿耿于怀。他们之间最大的一次交易发生在崇祯元年，汪砢玉的父亲汪继美去世，家道中落，办丧仪要大量钱财，汪砢玉卖给王越石宋元册页多达二百幅，另外还有宋元画轴二百多幅，加起来有四百多件，汪家的收藏几乎清仓卖给了王越石。汪继美慧眼识宝，不断积累得来的宋元小品，这次基本流入王越石囊中，其中两套宋元绘画册页，是极品中的极品。

六年过后，崇祯七年，王越石带着这两套宋元极品册页再次来拜访，他告诉汪砢玉，已经卖掉了其中十张小画，包括王维的团扇、小景，剩下来的那些打算卖给汪砢玉，但是王越石提出交易条件，他看上了汪砢玉收藏的唐代贯休和尚的《十六应真像》，这是一幅珍贵的罗汉像，还有闻名遐迩的沈周、文徵明合作《落花图并诗》长卷……

王越石在汪砢玉家一边谈生意，一边大谈自己的眼力如何好，但是最后他说了一句话，让汪砢玉彻底惊呆了。都知道王越石是"倪瓒精品专业户"，手上掌握了很多倪瓒的真迹，但是王越石告诉汪砢玉，做生意，如果可以卖钱，不妨将倪瓒的画拆开，一分为二，一分为三，分别出售，挣的钱更多。

汪砢玉在自己书房里感慨道：这是风雅罪人啊。

在明朝，大家都这么喜欢倪瓒的画：一个亭子，一片水面，几棵光秃秃的树直挺挺插向虚空。两个朋友，看芦苇荡里飞出野鸭。野鸭纵身飞起，呼啦啦一声，忽然又落到水面轻轻一点水，飞远不见……

闲云野鹤的生活，就算世俗中人，也真心向往啊。

第四十章 藏家

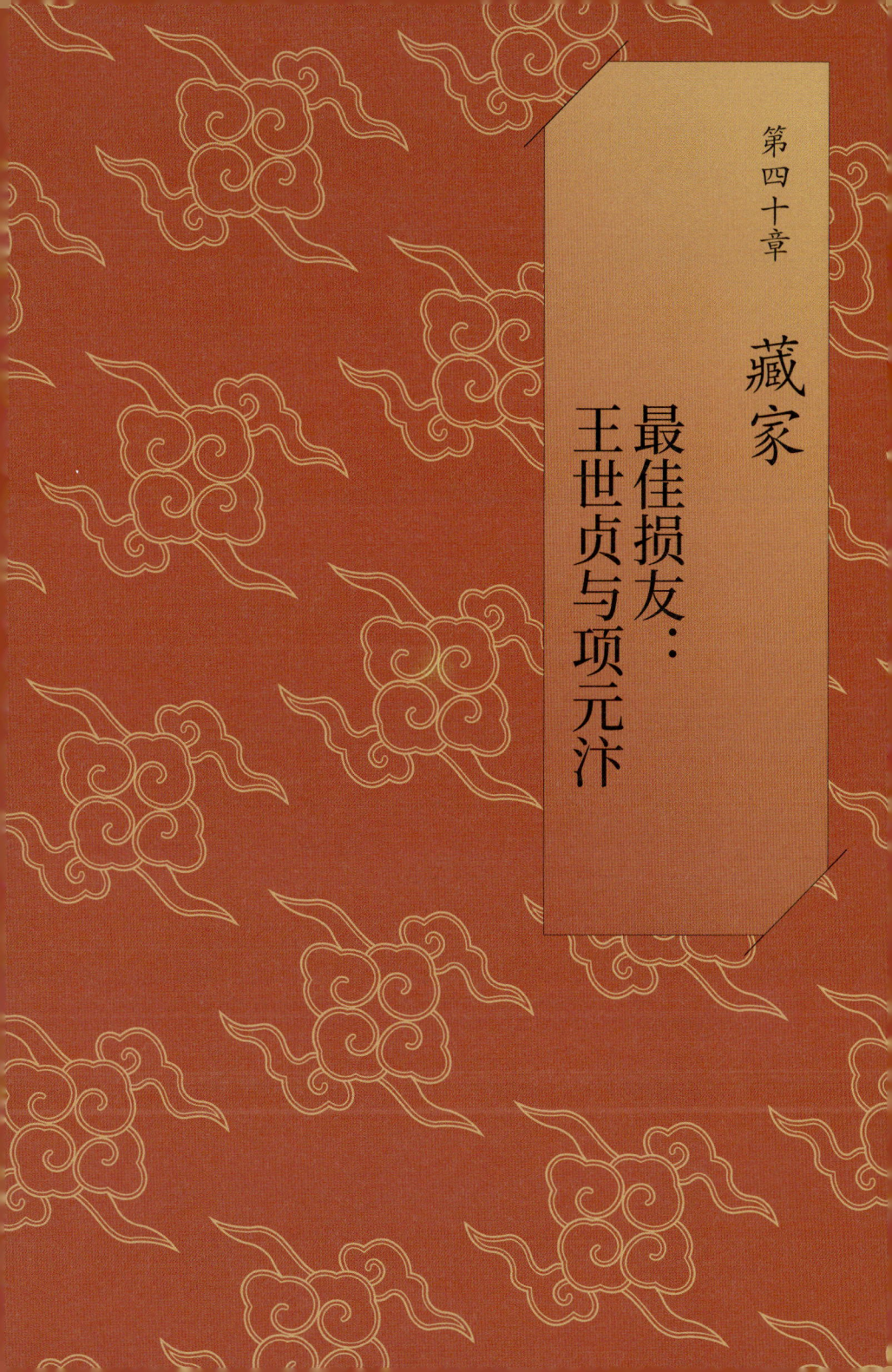

最佳损友:王世贞与项元汴

第四十章 藏家

晚明收藏家项元汴的天籁阁是当时文人、艺术爱好者和后世艺术史研究者、收藏家梦寐以求的天堂。其书画收藏俨然一部中国古代艺术史，书法如王羲之、孙过庭、褚遂良、怀素、欧阳询、颜真卿、苏东坡、黄庭坚、米芾的作品，名画真迹如顾恺之、王维、韩滉、巨然、李公麟、马远、梁楷、宋徽宗、赵孟頫等人精品，天籁阁中俯拾皆是，同时代的收藏家一旦进入其中，往往如入宝山，流连忘返。顾恺之《洛神赋图》的宋代摹本，如今珍藏在大英博物馆，而这件作品就是当年天籁阁的无数藏品之一。王羲之的作品，项元汴收藏有十三幅之多。如唐代名画《照夜白图》《五牛图》这些全世界各大博物馆的镇馆之宝，都曾是天籁阁中的珍藏，元代赵孟頫是项元汴最喜欢的大家，他收藏赵孟頫的书法作品就近八十件。

此外，项元汴对古董珍宝搜罗也不遗余力，比如有一枚著名的汉代美人赵飞燕的玉印"婕妤妾娋"，如今保存在故宫博物院。相传，这枚玉印最初为宋代驸马爷兼画家王诜珍藏，彼时就被断定为赵飞燕的遗物。此印在元代曾入藏顾阿瑛的金粟冢，明代转归严嵩父子，严氏籍没后，此印重新流出，天籁阁以重金购藏。这枚"汉赵飞燕玉印"历经宋、元、明、清无数鉴藏家的传承后，以其稀见、精美、流传有绪而成为堪比传国玉玺的国宝级文物。

天籁阁的命名，流传最广的说法是源自一张古琴。据说，项元汴因为得到一张铁琴，上有"天籁"字样，下有晋代名士孙登款识，所以就以此来为自己的藏阁命名。项元汴的后人项奎曾于康熙二十五年（1686）画过一套十二开的山水册页，现藏于故宫博物院。其中一开画有一片竹园，园中有一座茅亭，两人对坐清谈，题诗写道："琅玕千个一茅亭，歇脚于中养鹤翎。有客携琴弹古调，孙登天籁自泠泠。"

书画收藏需要巨大财力，王世贞曾为当时全国富人排名，《弇州史料后集》列有十七家名列前茅的富豪：

> 严世藩积资满百万，辄置酒一高会，其后四高会矣，而乾没不止。尝与所厚屈指天下富家，居首等者凡十七，虽溧阳史恭甫最有声，亦仅得二等之首。所谓十七家者，已与蜀王、黔公、太监黄忠、黄锦及成公、魏公、陆都督炳，又京师有张二锦衣者，太监永之侄也。山西三姓、徽州二姓与土官贵州安宣慰。积资满五十万以上，方居首等。前是无锡有邹望者将百万，安国者过五十万。今吴兴董尚书家过百万，嘉兴项氏将百万，项之金银古玩实胜董，田宅典库资产，差不如耳。

严世藩资产最多，贪墨之财约五百万两白银。项元汴执掌的项氏家族，良田之外更有许多商铺，资产接近百万，跻身当年以王公贵族、太监、大官、土司为主的十七家巨富之列。王世贞特意指出，项元汴的"金银古玩"比湖州董份家族更富，而田地、宅邸、当铺不如董家规模大。

财力之外，收藏鉴赏也靠眼力。项元汴作为书画收藏界的后起之秀，很聪明地与文徵明家族建立了良好关系，不仅从文徵明处获得指点，购其作品，还借助文徵明的人脉拓展收藏渠道，更与文徵明的两个儿子文彭、文嘉建立私交，使二人为他掌眼、搜集书画，上升势头十分强劲。项元汴频繁上门向文徵明请益，如嘉靖三十六年（1557）时，定制小楷《古诗十九首》书册，文徵明已经八十八岁高龄，依然一丝不苟为"小友"项元汴创作。

项氏本是嘉兴大族，祖辈项忠为朝廷重臣，功勋卓著，项元汴父兄都有收藏爱好，他自幼爱好书画，承担家族生意后对科举做官不感兴趣。项元汴的收藏主要是向前辈收藏家购买。王世贞提到的无锡巨富安国，是明中期的一位重要藏家。隆庆元年（1567），安家的第三代开始出售家藏，精品逐渐散出。这个阶段恰恰是项元汴开始大规模收藏的活跃期，他倾力买下其中许多名品。天籁阁里有四十多件颇有分量的藏品都是安国旧藏，其中不乏王羲之《思想帖》、顾恺之《女史箴图》、赵孟頫《归田赋》这样的精品。

《项墨林像》
明 马图
上海博物馆藏

项氏家族上代积累的财富，包括田产、当铺、各类买卖生意，析产后大部分由项元汴掌管经营。项元汴从事收藏，得到两位兄长项元淇、项笃寿的帮助。项元汴的异母兄长项元淇是传统意义上的文人，交游广阔，在江南文人中很有口碑，也是项元汴收藏的引路人。项元淇人品、学问皆好，为人淡泊，分家析产时曾让财于项元汴，与王世贞诗文相交，王世贞在项元淇去世之后曾为其诗集作序。

另一同胞兄长项笃寿是嘉靖四十一年进士，对项元汴这个能干的弟弟也十分喜爱。有时候项元汴看上一幅名画或书法，不惜重金购入，买回不久就不喜欢了，坐在家里唉声叹气，这个时候他的哥哥、忠厚可敬的项笃寿就成为"接盘侠"，说自己也很喜欢，愉快地将藏品买下来。

项元汴虽为监生，本质上是地主商人。历来古代名家书画只被少数人拥有，不是有钱就能买到的，项元汴倚仗财力大肆收藏书画，"三吴珍秘，归之如流"，天籁阁一时声名鹊起。项家占据了这么多社会稀缺资源，让当时的官僚士大夫心里觉得不太舒服，说羡慕也好，说鄙视也好，总之毁誉参半。

项元汴异军突起后，与当时另一位收藏家王世贞竞购书画。王世贞出身名门望族，二十二岁进士及第，官至刑部尚书，擅长书法，以文坛领袖身份号召全国。收藏家詹景凤评论说："元美虽不以字名，顾吴中诸书家，唯元美一人知法古人。"王世贞除了能书，对书画理论也深有研究，著有《王氏书苑》《王氏画苑》，题跋众多古代书画，考据严谨，文辞优雅。他题跋过的书画藏品约五百件，明代以前的书画与明代名家作品各占一半。项元汴天籁阁的藏品数量在一千四百件至两千件之间，以明代以前的宋元书画为主。

王世贞与项元汴年龄相差一岁，在收藏方面各有优势，于是发生了很多故事，其中最著名的一件事与黄庭坚书录的《经伏波神祠》有关。

黄庭坚这卷大字行楷书卷是他五十七岁时所写，共四十六行一百六十六字，长枪大戟，震撼人心。书卷内容也很有意思，唐代诗人刘禹锡在湖南常德路过汉代名将马援祠堂，感慨"一以功名累"，遂作此诗。黄庭坚经历长期贬谪，他应邀写此书卷时须发尽白，饱经沧桑，笔画间倾注了强烈的个人感情。弘治、正德年间，此卷为沈周收藏，后被无锡收藏家"真赏斋主人"华夏获得。嘉靖十年（1531），华夏好友文徵明题跋，说此卷"雄伟绝伦，真得折钗、屋漏之妙"。

其实三十年前，文徵明就曾在沈周家里欣赏过这幅书卷。

华夏"真赏斋"大部分藏品在华夏晚年逐渐散出，最大的买家正是项元汴。隆庆元年，无锡收藏家华叔阳携此书卷拜访王世贞，他是王世贞的女婿，想要购买黄庭坚《经伏波神祠》又无法确定是否为真迹。王世贞一看，书卷绝真，不但没有任何问题，而且是一件"最为奇逸"的精品。

王世贞虽然非常中意这幅书卷，但当时大造园林，囊中羞涩，只能委托好友双钩廓填，做了一个复制本。王世贞对这件作品念念不忘，得知被项元汴买走后，他说了一句话："佳人已属沙咤利矣，可怜可怜。"

这句话说得很酸，什么意思呢？唐代才子韩翊供职在外，美妾柳氏被藩族武将劫走，本有归属的美人被一个粗鄙武夫霸占，岂非明珠暗投？王世贞对项元汴绝无好感，批评起来毫不留情。项元汴之后，这幅书卷后来被严嵩、韩世能收藏，如今保存在日本永青文库。

还有一次，苏州书画商人向王世贞兜售一幅宋代徐铉篆书《千字文》，王世贞看过之后心有疑虑，后来卖家以一百两银子的价格将这件作品卖给了项元汴。王世贞很生气，回忆此事时说："这件书法看起来还不错，但是缺乏古意，题跋的书法写得尤其俗气，印章也有问题。苏州商人要将它卖给我，我没看上，但是他一定要让我写一个题跋，我就照自己的想法如实写来。他读完后怏怏而去，后来听说卖给了嘉兴项元汴，售价百金，还把我的题跋割去，这不是骗人吗？俗话说，'若无此辈，饿杀此辈'，真的是这样啊。"王世贞引用当时的一句谚语，讽刺书画收藏交易之钩心斗角，奸诈商人与附庸风雅者互相吹捧欺骗，正是因为有项元汴这样眼力差的人，才养活了这些卖假书画的人，如果没有蠢材傻瓜，那些奸商都要饿死了。

顾恺之《女史箴图》是中国绘画史上最有名的一幅人物长卷，王世贞研究历史，对古代人物绘画非常重视，知道这幅画是项元汴收藏的，但两个人的关系没那么好，几乎互不往来，好在项氏家族还有人与王世贞关系不错，万历七年，王世贞通过项元汴的兄长项笃寿借来了这幅《女史箴图》，请来仇英的儿子临摹其中"冯媛挡熊"一段。

令王世贞最难过的一次，是"尔雅楼九友"之一的《荐季直表》被送进项元汴的当铺。

王世贞生平收藏书画碑帖，最重要的就是《荐季直表》。这是三国时期钟繇写给曹丕的奏章，元代时被陆行直、张雨、倪瓒收藏，明初时为苏州张氏之物，后被画家沈周购得，又转由无锡华夏收藏并刻入《真赏斋帖》，文徵明父子也刻入《停云馆帖》，因此名声大振。王世贞说："自华氏之刻行，而天下之学钟书者，不复知有《淳化阁帖》矣。"

据王世贞题跋，华夏收藏此真迹，后来受某位"大戎"权贵逼迫而忍痛割爱，购买者献给了严嵩。严氏败落，书画收入内府，文嘉将严氏抄家书画作《钤山堂书画记》，其中有《荐季直表》。隆庆皇帝不重历代书画，以书画代替俸禄，故此帖为成国公朱希忠所得，万历元年朱希忠去世后，自己从商贾手中获得，收藏于家。他在上面两次题跋，认为这幅书法"幽深无际，古雅有余"。

王世贞中年遭遇家难，与严嵩有杀父之仇。严嵩贪酷，世传为了《清明上河图》而陷害其父兵部左侍郎王忬，嘉靖三十九年（1560）王忬被杀弃市。王世贞在叙述书帖递藏经过时，冷冷写道"权相复见法"，口气快意至极。严嵩搜罗秘藏的珍贵书卷，此时归于王世贞之手，他自然感触良多。

然而，在王世贞心目中如此重要的《荐季直表》，最后黯然送到了项元汴的"质库"中。金华诗人胡应麟才华出众，万历五年结识王世贞，相见恨晚。王世贞晚年对其提携备至。胡应麟记："丙戌秋，余尝偕汪司马过弇中，玩诸古帖，司马乞钟太傅《季直表》观之，长公默然良久，曰：'是月以催科不办，持质诸樵李项氏矣。'余舟回诣项氏，假其所藏彝鼎及遗墨遍阅，则此帖俨然在云。"汪司马是汪道昆，与王世贞齐名。胡应麟一生崇拜王世贞，他的叙述相当可信。

王世贞获得《荐季直表》的具体时间，据明代孙矿《书画跋跋》抄本所记，"司寇公得此卷后即出抚郧阳"，王世贞于万历二年三月自广西抵京，九月获任郧阳（今湖北十堰）巡抚，次年一月到任。照此推测，《荐季直表》是万历二年王世贞在北京期间从商人处获得，到万历十四年秋天送入项元汴质库，前后珍藏十二年。王世贞为生计所迫，将自己书法藏品中排名第一的《荐季直表》送入项家当铺，真是情何以堪！汪道昆指名索看，默然良久的王世贞有许多无奈。

孙矿，号月峰，官至南京兵部尚书。王世贞有《弇州山人题跋》，孙矿"又跋其所跋"，写有《书画跋跋》三卷。他与王世懋为诗友，书中载有许多亲身见闻、一手资料。万历二年时，孙矿刚刚考中进士，《荐季直表》被王世贞携带出京，孙矿说"余不及乞观，至今为恨"，但仍然心存希望。万历八年，王世贞将书画收藏"分授儿辈"，孙矿显然知情，遂有"今诸子中，不知阿谁收得，异日尚图毕此心愿也"的联想。但孙矿不知道，这时《荐季直表》已经不在王家。

王世贞家里也开过当铺。

隆庆四年，范仲淹后人将《伯夷颂》这幅范仲淹小楷书法真迹，还有《范纯仁告身》这卷范仲淹儿子、宰相范纯仁的朝廷委任书送到王世贞的当铺抵押。《伯夷颂》不仅是罕见的范仲淹抄录韩愈名篇的书法真迹，也寄托了范仲淹的高迈人格修养、道德操守，意义非凡，手卷上还有文彦博、晏殊、苏舜元、杜衍、富弼、欧阳修等宋代名臣题跋，具有重要的历史价值。巧合的是，这次范氏后人将书卷送到当铺前一个月，王世贞才第一次看到这卷《伯夷颂》并且题跋。

《荐季直表》（局部）
明　华夏《真赏斋帖》刻本

　　王世贞几次请范氏原价赎回，一直没有收到答复。直到十年后，万历八年夏，王世贞因信仰昙阳子的教义，主动散去收藏之物分给儿子们，在整理物品时发现这两件书法作品，决定无偿奉还范家，王世贞题跋云：

　　此帖与《忠宣公告身》跋之月余，而其后人主奉不能守，作余质库中物者十年矣。余闻之，数责其以原价取赎，不得。今年初夏，悉理散帙，分授儿辈，因举此二卷以归主奉，且不取价。嗟夫！余岂敢以百金市义名，顾满吾甘棠勿剪之愿云耳。

　　不图百金，换来仗义之名，"满吾甘棠勿剪之愿"语，典出《诗

第四十章 藏家

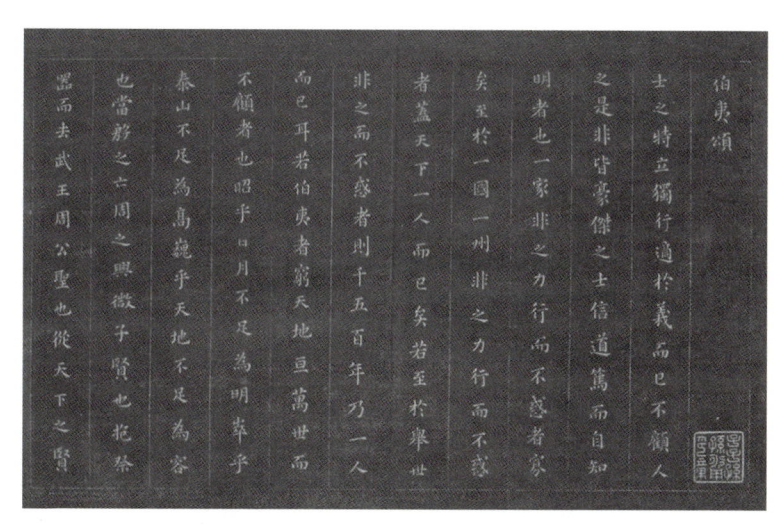

《伯夷颂》（局部）
唐　韩愈作，宋　范仲淹手书
《御题高义园世宝》初拓本（第一册）
哈佛大学图书馆藏

经》中的"蔽芾甘棠，勿翦勿伐，召伯所茇"，大意是周召公巡行南国，曾憩甘棠树下，后人思其德行，不忍砍伐。王世贞敬仰范仲淹，第一次题跋《伯夷颂》时，"不胜惕然，有高山仰止之感"，认为"不应于翰墨中论轻重"。讨论书法技巧高下已经不重要，王世贞更看重范仲淹书法背后蕴含的高尚情操。

话说回来，项元汴对王世贞也看不起。万历四年，项元汴与安徽收藏家詹景凤谈论海内书画收藏，谁的眼力最好，有点天下英雄华山论剑的味道。项元汴语带刻薄地说："今天下谁具双眼者？"意思是，全天下谁能够用两只眼睛来看懂书画？"王氏二美则瞎汉"，王世贞、王世懋兄弟字元美、敬美，他们兄弟没有一只眼睛能看懂字画，就是两个瞎汉；顾氏二汝，就是上海顾从德、顾从义两兄弟，他们看书画，有一只眼睛还行，顾家三代收藏，号称吴越间"风雅之渊薮"，项元汴很多藏品源自顾氏。只有文徵明老师，两眼炯炯有神，但是他已经去世很久了，所以如今天下，只有你跟我有好眼力。詹景凤原文是：

> 项尝谓余："今天下谁具双眼者？王氏二美则瞎汉，顾氏二汝眇视者尔。唯文徵仲具双眼，则死已久。"

这像曹操青梅煮酒，天下英雄，唯使君与操耳。

在《东图玄览编》里面记录下这段话的詹景凤很有意思，他就是不接项元汴的话，真是大有玄机。以上对话的背景，是万历四年詹景凤从杭州放舟而行拜访项元汴，詹景凤最后对项元汴本人观感不佳：

> 第项为人鄙啬，而所收物多有足观者，其中赝本亦半之。人从借观，则骄矜，自说好不休，人过之本欲尽观其所藏，彼固珍秘不竟示，意在欲人观其诗，诗殊未自解，乃亦强自说好不休，冀人称之。顾欲观其所藏，不得不强与说诗，称佳以顺其意，使之悦而尽发所藏也。

世态往往如此，诗人会说自己厨艺第一、书法第二，写诗余事是玩玩的。项元汴本不是诗人，希望别人称赞他诗写得好，就人性而言，好胜争名，其实无可厚非，慢慢修行就是。

项元汴说"王氏二美则瞎汉"，对不对？不可一概而论。

《万历野获编》记载过一件事情，项元汴收藏宋代初拓《淳化阁帖》号称祖本、最善本，是天籁阁中花费千金巨资购买的三件瑰宝之一。按照汪砢玉的说法，"淳化祖刻，世绝其传久矣"，直到明代才偶然出现，是华夏真赏斋中最重要的宝物，华夏用了二十多年时间才找

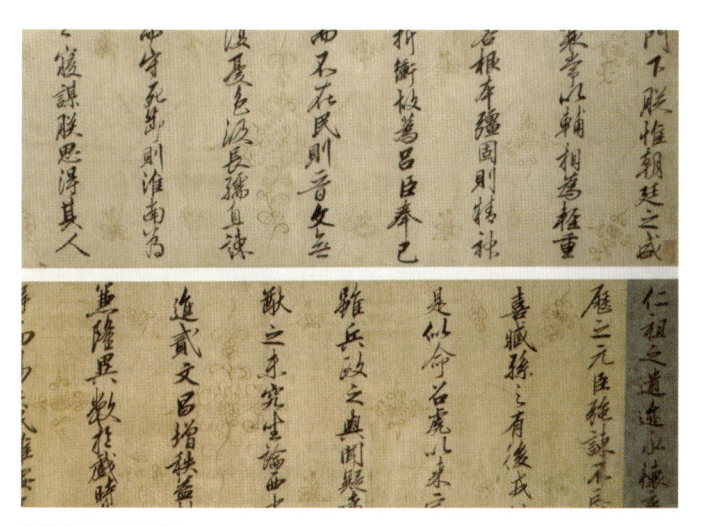

《范纯仁告身》（局部）
宋　佚名
苏州博物馆藏

到九卷，"神物终合"，人们惊叹不已。隆庆末年，华家将《淳化阁帖》九卷出售给项笃寿，项笃寿转交给项元汴。

相比之下，王世贞、王世懋兄弟也曾不惜重价争购宋拓《淳化阁帖》，但比起项元汴还是略逊一筹。苏州书画商卢某曾卖《快雪时晴帖》给王百谷，取《淳化阁帖》南宋"泉州本"中最好的一种，花费重金请高手重刻上石，用很薄的"蝉翼旧纸"拓取，伪造"银锭纹"细节特征，再用西南所产的罕见"法锦"装订成册，最后，伪造了收藏大家朱希孝的收藏印，一番操作完成，这件赝品以三百两卖给了王世懋。交易前，王世懋一度有所怀疑，应邀为他掌眼的书法家周天球认为是宋拓善本。后来卢某等分赃时发生内讧，造假之事才败露，王世懋、周天球闻讯羞愧、懊恼不已。

项元汴凭借巨大财富和商人精明，收藏了优中选优之精品，成为收藏界不得不关注的人物，如传世《兰亭序》书法碑刻谱系中，《定武兰亭》堪称翘楚。王世贞一一记录明白，他先后见过最佳的五本，一本有赵孟𫖯题跋，豫园主人潘允端、王世贞兄弟各有一本，都有元人题跋。第四本在项元汴处，是南宋贾似道的藏本，比前三本"纸墨差更明润"，王世贞承认项元汴所藏最佳。还有一本是詹景凤收藏，为"五子损本"。詹景凤主动来天籁阁访项元汴，原因也在此。

项元汴是商人出身，后世诟病他收藏书画往往标注价格，世俗气息扑面而来，比如王羲之的《瞻近帖》、清代《石渠宝笈续编》，上面有项元汴记语"其值二千金"，后来转让给张觐宸，买家记录交易价格，"万历四十七年仲秋三日，以二千金购于墨林之子元度者"。出于什么心态暂且不论，客观上却保存了当时书画收藏交易的行情信息。

文人未必不谈钱，董其昌青年时代因为和项元汴结交，有机会进入天籁阁饱览古代书画真迹，对项元汴非常尊重，为他写了墓志铭。唐代怀素《自叙帖》号称"天下第一草书"，是书法史上的瑰宝，董其昌在《容台别集》中记录："怀素《自叙帖》真迹，嘉兴项氏以六百金购之朱锦衣家。朱得之内府，盖严分宜物，没入大内，后给侯伯为月俸，朱太尉希孝旋收之。其初，吴郡陆完所藏也。文待诏曾摹刻《停云馆》，行于世。"项元汴得到怀素《自叙帖》的经过，与王世贞得到《荐季直表》的经过如出一辙，区别是项元汴购入该卷后标注价格"此卷值千金"，而王世贞对交易价格未作记录。

姜绍书曾评价王世贞与项元汴，持论较为公平："项元汴墨林，生嘉隆承平之世，资力雄赡，享素封之乐，出其绪余，购求法书名画及鼎彝奇器，三吴珍秘，归之如流。王弇州与之同时，主盟风雅，搜罗名品不遗余力，然所藏不及墨林远甚。"

人生百态，人生百年，笑笑别人，笑笑自己。

老和尚问，争什么？一笑而过。

第四十一章 制壶

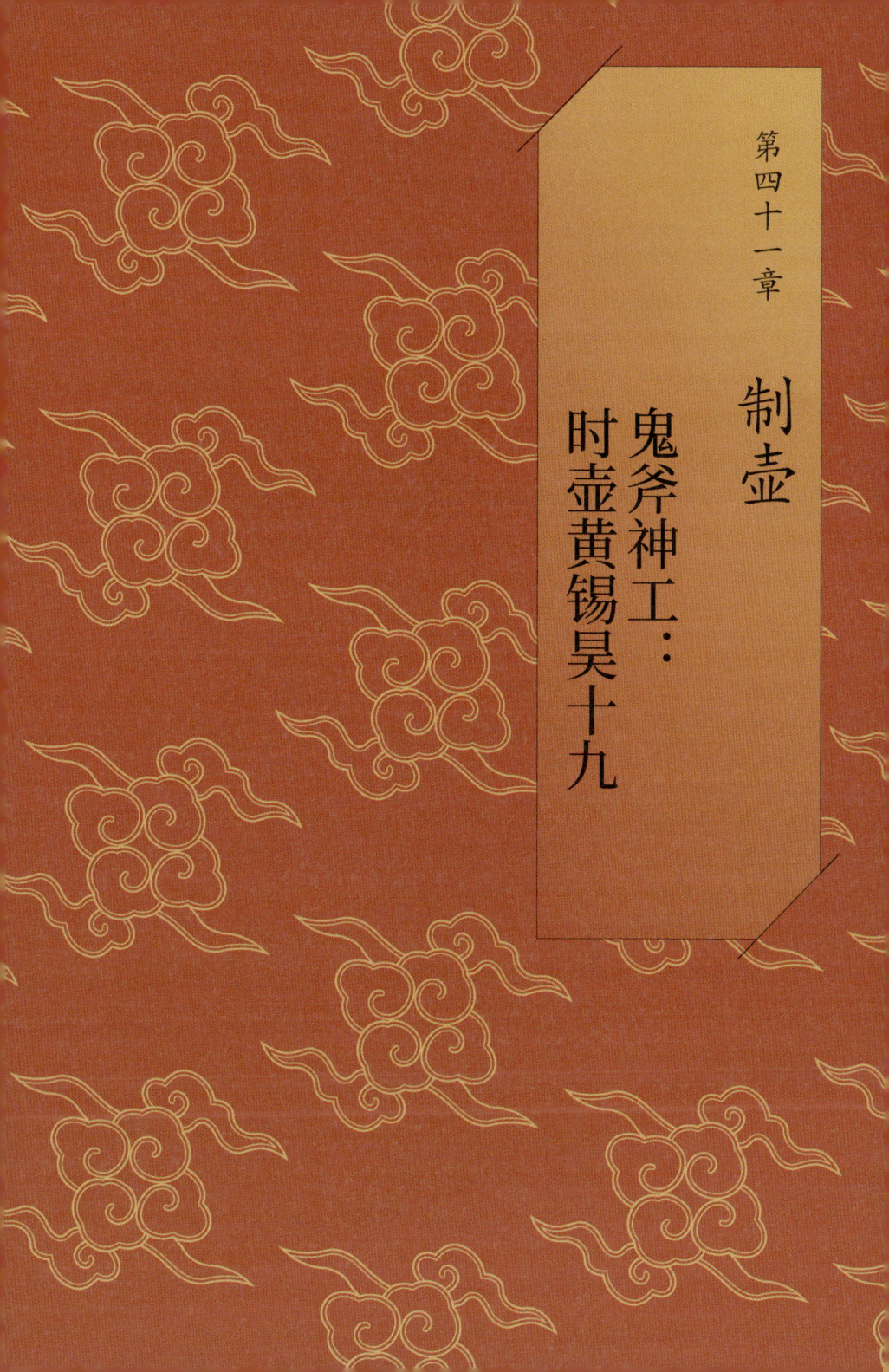

鬼斧神工：时壶黄锡昊十九

第四十一章 制壶

明代的手工业发达，工艺美术领域产生过许多名师高手。晚明紫砂壶诞生之初，时大彬以做壶闻名，他做的壶一壶难求。崇祯时代章回小说《鼓掌绝尘》里描述房间摆设："香几上摆一座宣铜宝鼎，文具里列几方汉玉图书。时大彬小瓷壶，粗砂细做；王羲之《兰亭帖》，连草带真。"

时大彬壶陈列在豪宅中，如文房古董，居然和王羲之的《兰亭集序》并称，真是咄咄怪事。小说里提到的"粗砂细做"倒是内行，许次纾《茶疏》说，紫砂壶初创时，原料多取"粗砂"，砂多泥少是为避免"土气"，时大彬制作的茶壶，壶身颗粒粗大是典型特征之一：

往时龚春茶壶，近日时彬所制，大为时人宝惜。盖皆以粗砂制之，正取砂无土气耳。随手造作，颇极精工，顾烧时必须为力极足，方可出窑。然火候少过，壶又多碎坏者，以是益加贵重。

他制作的茶壶看起来是随手而成，实际微妙考究，并且烧制后成品率低。时大彬的壶，贵重到什么程度？可以帮助儿子科举过关。

万历二十年，江盈科在苏州长洲担任县令。他在《雪涛谐史》中说："宜兴县人时大彬，居恒巾服游士夫间。性巧，能制磁罐，极其精工，号曰时瓶。有与市者，一金一颗。郡县亦贵之，重其人。会当岁考，时之子亦与院试，然文尚未成，学院陈公笑曰：'时某入试，其父一贯之力也。'"

时大彬早期最擅长做的茶器被称为"时瓶"，其中蕴含玄机，要从喝茶方式说起。

唐代流行烹茶法，即把茶饼碾磨成粉，放进敞口的茶釜中烹煮，然后舀出饮用。茶釜材质有金银、铁，也有瓷、石之类。烹茶法也叫煎茶法。宋代流行点茶饮法，用茶炉煮水，不用敞口茶釜，改用汤瓶，如南宋《茶具图赞》所示，美其名曰"汤提点"，小口、溜肩、直颈、弧腹，壶有长流，注水有力不散，便于冲入茶盏点茶。但是汤瓶不像敞口茶釜那样可以观察水温变化，只能靠听声音辨别水沸程度，几乎是一门玄学。虫鸣蝉叫、松风涧水，都用来形容水温高下，实在是消磨时光的好办法，文人自得其乐，不算迂腐。

明代初年，饮茶方式改为散茶，煮水沿用汤瓶，直接放置在茶炉上。明朝人也纠结于水的温度，"汤熟""汤老""汤嫩"，文火、武火一通阴阳辩证，所谓"候汤"，就是仔细观察水温变化，但靠细脖子的汤瓶听声辨水，实在是太折磨人了，而且晚明出现的芥茶珍贵难寻。万历二十六年，程用宾《茶录》中出现了矮扁造型的"锡罐"，以代替长身直立的"汤瓶"。"煮汤"条说，煮水掌握火候靠三种办法——辨形、辨声、辨气。汤瓶如何辨形？书中有"茶具十二执事名说"，列举了鼎、都篮、盒、壶、盏、罐、瓢、具列等十二件茶器，附插图十一幅。这里的煮水器曰"罐"，"以锡为之，煮汤者也"，鼓腹、短流、长直柄，如古代茶具"急须"，锡罐上的圆盖带提柄，便于揭盖观察水沸程度。程用宾特别指出，壶"宜瓷为之，茶交于此，今仪兴时氏多雅制"。茶壶出现，并出现了时鹏、时大彬父子的信息。

程用宾的时代，用锡罐煮水还是主流，但是很多茶人不满锡罐的弊端。许次纾是资深

明 "大彬" 款三足圆壶
无锡明代华师伊夫妇墓出土

茶人，在评论茶壶材质优劣时，推崇"首银次锡"，但是锡壶不能掺杂黑铅，否则水质会变坏。对于粗陶紫砂，许次纾深有研究，认为龚春、时大彬所制最妙，与俗手的区别是："火力不到者，如以生砂注水，土气满鼻，不中用也。较之锡器，尚减三分。砂性微渗，又不用油，香不窜发，易冷易馊，仅堪供玩耳。其余细砂，及造自他匠手者，质恶制劣，尤有土气，绝能败味，勿用勿用。"

时大彬当年所作，常见"时罐""时瓶"的说法，时大彬家族制作煮水用的瓦罐、瓦瓶时间，要早于执壶。

明代中叶，唐代煮水用的金银茶釜没有重出江湖，宋代点茶用的汤瓶基本消失不见，文徵明、仇英等人描绘烹茶场景，煮水多用陶瓷瓦罐、瓦瓶。造型以提梁壶居多，煮水为泡茶，而不是烹茶、点茶，茶炉上的煮水器，非金非银，而以陶土制成，紫砂、朱泥各具特色，古朴自然。南京中华门外明代司礼监太监吴经墓出土的紫砂提梁壶，考定时间为嘉靖十二年制，这把紫砂提梁壶造型壮硕，应是作为煮水之用，是一件标准的明代中后期"瓦瓶"。用瓦瓶煮水，反映出明代饮茶愈加务实的风气，明代人喝茶，与宋代点茶饮法彻底分道扬镳。万历二十三年，张源《茶录》说，既然如此，汤为什么不可以"纯熟"呢？这样反而"元神始发"，"汤须五沸，茶奏三奇"，水煮到天荒地老也是一样的。

唐宋以来的煮水汤瓶材质有金、银、锡、铜等，靠听声辨沸，张源摒弃宋代以来对茶汤声音的执念，汤熟不熟、嫩不嫩，喝了再说。概言之，这是向前迈进的一种简易之法。在这种主张之下，陶土粗砂制作得法的瓦罐、瓦瓶大有市场。

时大彬最早用"粗砂细做"的方法制作煮水、煮茶的"时瓶"，将粗犷自然之美与文雅气质融于一身，得到茶人赞许。明代周高起在《阳羡茗壶系》中明确说过，时大彬早期制作模仿龚春，"喜作大壶"，也就是说，所谓"时瓶""时罐"，多是这一阶段的作品。提梁大肚造型古朴，可以直接在茶炉上烹煮。孔尚任也曾说，自己有时大彬壶三把，最大的一壶"口柄肥美，体肤稍糙，似初年所制"。

但是我也怀疑，明代如此多的茶人一概沿袭煮水"汤老""汤嫩"之说，总不是空穴来风。这里就要提到明代杭州人陈师，他的《茶考》成书于万历二十一年，明代中后期茶谱文献众多，陈师明确记录将茶叶放入"磁瓶"，也就是"瓦瓶"，恢复"煎茶"的做法：

> 烹茶之法，唯苏吴得之。以佳茗入磁瓶火煎，酌量火候，以数沸蟹眼为节，如淡金黄色，香味清馥，过此而色赤不佳矣。

注意，是"入磁瓶火煎"，一个"煎"字，说明唐人煎茶之法在明朝重现。茶史历来主张明代散茶冲泡，泡茶之说深入人心。我怀疑晚明又有了将茶叶投入"汤瓶"烹煎茶汤的做法，这缘于多年前点校《长物志》时注意到文震亨一再强调"汤老""汤嫩"问题。如果

《赵孟頫写经换茶图》（局部）
明　仇英
克利夫兰艺术博物馆藏

不是煎茶、煮茶，仅是单纯煮水，水温在七八十摄氏度未沸状态称为"嫩"，一样的沸水，文震亨何至于认为"若水逾十沸，汤已失性，谓之'老'，皆不能发茶香"？苦苦观察、守候之"汤"，究竟是泉水还是茶汤？陈师这番论述，解开了我的许多疑问。回头再看《长物志》中"候汤"之说，"缓火炙，活火煎""一沸""二沸""三沸""急取旋倾"等一系列令人眼花缭乱的操作指南，原来是担心茶叶煮烂、茶汤发红，这也是我们今天日常生活中具有的经验，尤其冲泡碧螺春这类明前采摘嫩芽的绿茶，行家绝不会沸水瀹之。

同时代张源对"汤"的认识则开明许多，虽也有"三大辨""十五小辨"之说，但林林总总归纳起来，还是一句"汤须五沸"，"纯熟"就行。百滚之水就不好吗？它再"老"，还能高到一百零一摄氏度吗？张源说，汤是有"水气"的，水气有一缕、二缕、三四缕，汤若是"萌汤"（还没有烧开），则不能激发茶香，"直至气直冲贯，方是纯熟"。

时大彬同时代的唯一批评者是文震亨。《长物志》说，时大彬"所制又太小，若得受水半升而形制古洁者，取以注茶，更为适用"。

请问，太小有什么不好？

文震亨一直追求复古，茶炉上瓦釜中清泉初沸，候汤煎茶，注入茶盏，犹有宋人风度，如今一人一把小茶壶，少了一道程序，少了些许姿态，他的抱怨或因此而来。想想文震亨也不容易，他的时代，已经可以直接投茶叶入茶壶，张源说，泡茶嘛，简单，"探汤纯熟便取起，先注少许壶中，祛荡冷气，倾出，然后投茶"。张源是万历时人，家乡苏州洞庭西山古称"包山"，有道教"天下第九洞天"林屋洞，宋代就产"水月茶"，如今也是出产碧螺春的地方，张源喝茶"一路向前"，办法简单实惠，将苏州人喝茶的诀窍讲得明明白白。文震亨也是苏州人，而他是"一切向后"的复古之人，追寻、实践唐代陆羽的煎茶古法，《长物志》不是一味抄书而来，文震亨的饮茶理论奋然对抗潮流，他守着一锅茶汤，精神专注，凑近看"水形"，水汽上冲，模糊了视线，这是古道。文震亨是陆羽的传人，令人敬佩且唏嘘。

明朝总共二百多年历史，一代代人喝茶，习惯逐渐演变。漫长岁月中，明朝人对煮茶器物的说法混乱无比：一会儿是茶瓶，一会儿是汤瓶，一会儿是茶壶，一会儿是茶注，一会儿罐子也来了，另外还有长短高低、金银铜锡、白石紫泥之说……煮水还是煮茶，借助明代中期烹茶题材绘画，大致可以对照辨析。

文徵明、唐寅、仇英的品茶图多有传世，画中的煮水器，造型、材质与后世紫砂、朱泥茶壶相近。文徵明《茶具十咏图》中，茅屋待客小几上出现了陶土茶壶，另一个茶灶上，童子烹茶用直柄瓦瓶；王问《煮茶图》中的提梁壶，与前文吴经提梁壶造型几乎一致；故宫博物院所藏明佚名《煮茶图》，不仅茶炉上有陶罐、瓦壶，边上的石几上还陈列了三把不同造型的茶壶；仇英《园居图》《东林图》两幅画中的烹茶场景，也是茶炉上置陶土紫砂瓦罐，造型与后世茶壶类似，台几上有白色茶瓯。可见正德、嘉靖时代，瓦瓶多是提梁造型，容量相对较大，偶有出现急须直把造型，而茶壶一律有执把，少见提梁，与后世造型无异。

晚明的情况，可参见故宫博物院藏《玉川煮茶图》，所绘茶具最为典型。主人席地而坐，簟毯上有乳足执把紫砂壶，一老妪扇茶炉，炉上瓦瓶为急须式，紫砂质地。无锡博物院另藏一幅丁云鹏《煮茶图》，画中瓦瓶与茶壶皆为紫砂器，瓦瓶直柄，茶壶有执把，可见这两种紫砂茶器这时已各有定位，有煮水、泡茶的清晰分工。

换句话说，除了仇英《园居图》《东林图》带有摹古倾向，表现古人"煮茶"场面，其他画作都表现了烧水泡茶的场景。

如此，时大彬家里最初的生意就是造"时瓶""时罐"用来烧水，当无疑义。

那么紫砂茶壶为什么直到万历后期才大为流行呢?

答案是,当时江南文人开始流行用小紫砂茶壶饮用绿茶,提倡一人一壶,越小越佳,自斟自饮。

时大彬转而精心制作茶壶的原因,《阳羡茗壶系》说得很明白,时大彬"后游娄东,闻陈眉公与琅琊、太原诸公品茶施茶之论,乃作小壶。几案有一具,生人闲远之思,前后诸名家并不能及。遂于陶人标大雅之遗,擅空群之目矣"。晚明文人"品茶施茶之论"颇为流行,陈继儒《岩栖幽事》说品茶:"一人得神,二人得趣,三人得味,七八人是名施茶。"王世贞、陈继儒和朋友们认为,喝茶该用小壶为好,时大彬获得这个消息后,敏锐留意到饮茶风尚正在变化,于是致力于小壶制作,做出的小壶甫一面市就受到士大夫阶层的大力欢迎。时大彬壶越来越小巧,花样百出,迎合士人审美,追摹古代器物神韵,他的事业真正迎来了巅峰时刻。寻常茶炉上实用的煮水瓦瓶,嬗变为几案清供、掌中玩物,时大彬揣摩文人心思,不断创新,还开创了竹片镌刻文字于壶身的做法,起初他还请人篆刻,后来自己刻字,经过不断学习、训练,技法逐渐纯熟,时大彬壶雅器之名传遍天下。

回到前文,江盈科这则"时瓶"雅贿的记录很难得,交代了时大彬虽是工匠身份,却以文人巾服交游官宦的事。他还可以请托照顾儿子的学业,文章不够资格照样可以参加岁考及院试,博一秀才功名,乃馈赠"时瓶"之力。万历二十三年,袁宏道担任苏州吴县知县,他感叹说道:"近日小技著名者尤多,皆吴人。瓦壶如龚春、时大彬,价至二三千钱。"这已经是堪比古董青铜器的价格了。价格多贵倒在其次,袁宏道真正想说的是下面这段话:

古今好尚不同,薄技小器皆得著名。铸铜如王吉、姜娘子,琢琴如雷文、张越，窑器如哥窑、董窑，漆器如张成、杨茂、彭君宝，经历几世，士大夫宝玩欣赏，与诗画并重。当时文人墨士、名公巨卿，炫赫一时者，不知湮没多少，而诸匠之名，顾得不朽。所谓五谷不熟，不如稊稗者也。

在他看来，文人墨客即使有真才实学，种种机缘也会令其默默无闻，反而不如匠师，靠手艺挣钱，死后名声得以不朽。细细想来，这真是晚明文人发出的一声悲鸣呢。

张大复《梅花草堂笔谈》力捧时大彬壶道："时大彬之物，如名窑宝刀，不可使满天下。使满天下，必不佳。"时大彬的茶壶看起来古朴平淡，但细细欣赏，内敛其中的精神逐渐焕发，张大复朋友王祖玉曾送他一把时大彬茶壶："平平耳，而四维上下虚空，色色可人意。"

"上下虚空"的一把茶壶，设计至简，好看、好用、好把玩。张大复那天正喝洞山岕茶，朋友沈德符问滋味如何，张大复想了一下，说味道像时大彬的茶壶，大家哈哈一笑。

万历时葛应秋有《瓦壶记》，对时大彬生平叙述详尽：

大彬抟埴之工，专治壶。家贫，性嗜酒，挑达迂疎，负气自亢。士大夫索其壶，庀仪状，通简牍，乃为许可。不者，虽甚贵倨，弗知也。壶既名四方，索者众，或三五月弗染指，或闭门便六七旬弗出，则解衣磅礴、科头攘臂而为壶，专气一神，得心应手。品式不主故常，奇奇怪怪，相逼而来。出之火中，纯完乃可，否则勿论苦窳，稍欹点，辄引铁椎碎之，虽从旁请乞，弗与。时令邑追遣彬壶数十，三月弗应。令怒逮下狱，竟坐狱月余，醉歌自如，壶弗得也。士大夫为令言，令始礼延之署中，仅得数壶而已。

第四十一章 制壶

时大彬出身紫砂工匠世家，明代有"匠籍"，世代不得更替。他家境贫寒，喜欢喝酒，性格刚烈自负，士大夫必须以礼相待，客气写信来预约他才愿意做壶，也不怕得罪贵人。他性情特立独行，做的茶壶出名之后，市场上供不应求，他悠悠然、醉醺醺，半年不做壶，闭门索居。一旦开工，他随心所欲创制各种产品样式，严格把控质量，稍不满意就砸掉次品，让边上排队买壶的人看得肉疼心焦。宜兴县令曾命令时大彬造壶几十把，他拖延三个月就是不予理睬。县令大怒，将他逮捕入狱，他在狱中继续躺平罢工，一边喝酒一边唱曲……有人出面调和，知县忍气以礼待之，他只做了几把茶壶算是交差。不是匠人师傅脾气大，而是时大彬这时已经修炼到"大师"阶段，交游广阔，即使对县官也不买账，安然脱离牢狱之灾，活出了一点陶渊明的风范。这件事情应该发生在时大彬刚刚出名的时候，后来名声传入皇宫，所谓"千奇万状信出手""宫中艳说大彬壶"。

时大彬制作茶壶数量极少的原因，当然不排除惜售扬名、自高身价，但为文人制器，被文人视为艺术作品的，不能是大量烧造的产品，时大彬从一开始就有自己的追求，目标客户群体是上流社会的文人雅士，他的做法可以理解。

画家徐渭一生经历过许多大风大浪，替胡宗宪上《进白鹿表》使得嘉靖皇帝龙颜大悦。抗倭年代，他在军旅生活中意气风发，其实还是文人本色。朋友送他雨前虎丘茶，徐渭写诗感谢说："虎丘春茗妙烘蒸，七碗何愁不上升。青箬旧封题谷雨，紫砂新罐买宜兴。"

明　时大彬款紫砂壶
京都黄檗山万福寺藏

莫非时大彬壶就是宜兴的"紫砂新罐"？

"时壶"珍罕，非常适合送礼。冯梦祯好茶，客居杭州，年年去龙井，也喜欢虎丘茶，年年放舟虎丘，必定向老和尚讨碗茶喝。《快雪堂日记》记录，有人两次送他时大彬壶，万历十六年八月二十五日，"吴权石孝廉书来，寄竹匣一枚，甚精致，大时壶一枚"。万历三十一年八月十二日，"罗山人饷时壶二、茶二瓶，在舟啜茶五六壶而别"。这等好事，只有"白水先生"冯梦祯心安受得，也是宝剑赠英雄，实至名归。

在许次纾看来，火力不够的砂壶反而不如锡壶，只有龚春、时大彬所制的茶壶才是上品。但时大彬经常几个月不做一把壶，市场供不应求，仿制品不胫而走。张岱在《五异人传》中，提及他十叔张紫渊欲请阳羡李仲芳以紫砂烧制棺材，并以松脂灌满棺材，希望自己的遗体被封存在琥珀中的荒唐行径。这件事情发生在张岱二叔张联芳的淮安官署，李仲芳是时大彬的弟子，当时正在官署内大力仿造时大彬壶。这个故事说明，市场上的时大彬壶，不仅外人在仿制，他的徒弟也在仿制中牟利。

崇祯年间，宜兴教谕熊飞曾作《坐怀苏亭，焚北铸炉，以陈壶、徐壶烹洞山岕片歌》，其中有句："景陵铜鼎半百沽，荆溪瓦注十千余。"时大彬弟子徐友泉与另一紫砂艺人陈用卿制作的壶，在当时市场已值十两白银之数，紫砂茶壶彻底火了。

火爆到一定程度，新人就应运而生了。

茶人罗廪《茶解》说："注，以时大彬手制粗沙烧缸色者为妙，其次锡。"茶人冯可宾在《岕茶笺》中称"茶壶，窑器为上，锡次之"。锡壶，其实一直都在，没有离开过舞台。时大彬客气，礼让出的偌大市场空间，足够接纳几位新晋大师了。

文震亨《长物志》说："锡壶有赵良璧者，亦佳。然宜冬月间用。

近时吴中'归锡'、嘉禾'黄锡',价皆最高。"

万历年间,苏州赵良璧师傅制作锡壶,居然仿造了时大彬紫砂壶的式样,其创作思路与时大彬相同,是紫砂壶还是锡壶不重要,文人喜欢的就值钱。而归复初继承仿紫砂锡壶,风格又一变,追求豪华气派,他以生锡制壶身,用檀木做壶把,以玉做壶嘴和盖钮,金玉璀璨,这是卖给贵人巨商的奢侈品。谢肇淛《五杂组》中描述苏州的一种茶壶,称"吴中造者,紫檀为柄,圆玉为纽,置几案间,足称大雅"。这种价格达到五六两白银的锡茶壶,应该就是"归锡"。张岱是文人也是富人,他表示现在有点看不懂了:

> 锡注以黄元吉为上,归懋德次之。夫砂罐,砂也。锡注,锡也。器方脱手,而一罐一注,价五六金,则是砂与锡与价,其轻重正相等焉,岂非怪事!然一砂罐、一锡注,直跻之商彝、周鼎之列,而毫无惭色,则是其品地也。

《陶庵梦忆》里这段话像绕口令似的,意思还是以夸奖为主,一袋紫砂等于一袋金子,价格虽高到离谱,但人家做得高级,自然有品牌溢价。

嘉兴黄元吉所造各式茶具都极精巧,特色是锡器色泽如同白银,几乎分辨不出差别,壶盖、壶身严密,合上之后,提盖而壶身亦起,与张鸣岐手炉相似。他每制一壶,价值五六金,时人视"黄锡"为珍品。文震亨当然不会喜欢"归锡""黄锡",认为它们"制小而俗"。张岱在《夜航船》的宝玩部"玩器"条一直关注锡壶的行情,目睹了锡壶的兴衰:"嘉兴锡壶,所制精工,以黄元吉为上,归懋德次之。初年价钱极贵,后渐轻微。"

万历四十三年正月二十九日,李日华在《味水轩日记》中提到另

一个"黄锡"黄裳,陈继儒为他写过像赞:

> 里中黄裳者,善锻锡为茶注,横范百出,而精雅绝伦,一时高流贵尚之。陈眉公为作像赞,又乞余予数语,漫应之云:"道剖而器,德降而艺。既为世资,亦用资世。古之至人,若倕若般,若欧若扁,咸卓有所树,而不见其细。嗟嗟黄裳,朴貌古心,自发灵慧,取材从革,妙兼冶化。既成,而傲兀于罍洗甗鬵之间,觉洒然而有以自异者欤。若夫岩芽吐白、槐燧燎青。春雪腾沸,注虚把盈,酒余狎坐,吟坛策勋。嗟嗟黄裳,生可以仗履于又新、君谟之堂,殁可以俎豆于竟陵子之楹者也。"

这位黄裳与黄元吉是否为同一人,不得而知。从陈继儒曾为他题写过像赞来看,此人不只是一个身怀绝艺的匠师,李日华为他写的像赞保留了下来,称此人德艺双馨。李日华嗜茶,定期从惠山运泉水来嘉兴,为黄裳写赞的兴致颇高,因为深知好的茶器,一物难得。

对茶器的关注,始于李日华十几年前在江西做官的经历。万历二十六年,他受命为皇帝挑选御用瓷器,认识了一位景德镇手艺人昊十九。昊十九是一位烧窑老人,"精于陶事,所作永窑、宣窑、成窑,皆逼真",当时已经须发皆白,李日华知道他擅长仿制前朝官窑,看重他的本领。明代官窑瓷器以永乐、宣德青花最著名,采用西亚和中亚进口颜料,颜色高

明　甜白三系竹节把壶
台北故宫博物院藏

雅,其他如甜白、釉里红的花瓶、酒器、杯盏等玩物,都是传世名品;成化官窑有斗彩压手杯,争奇斗艳。这些官窑瓷器,到万历时代已经是珍贵罕见之物,而昊十九能逼真仿造,技艺不凡。其人能吟诗、会绘画,自号壶隐老人,李日华非常尊重他,商请他定制"流霞盏"五十件,"流霞盏"是根据李日华的创意设计的,二人认真商量如何配比颜料发色,最好能试验烧出"秘色"之瓷。李日华付了三两银子的定金,不料随后遭到上官排挤,黯然降职离任,这五十件流霞盏的事情也就忘怀了。李日华当年赠诗昊十九云:

为觅丹砂到市廛,松声云影自壶天。
凭君点出流霞盏,去泛兰亭九曲泉。

在李日华眼里,昊十九就是一位仙气飘飘的老神仙啊。《味水轩日记》记,万历三十八年三月十八日,时隔十二年后,李日华意外收到昊十九的书信:"知昊十九烧成五十件,附沈别驾归余,竟为乾没。沈,杭人,以狼藉转王官,又营税监保留,士大夫不齿之,宜余盏之羽化也。"这位沈姓官员受昊十九委托,本应将五十件烧好的流霞盏顺路送来,不料此人豺狼之性,乾没了事。

有人考证,昊十九其实不姓昊,姓吴,家族世代做瓷器,总之是当年极负盛名的制瓷高人,他有一身本事,虽说是在民间烧造,但他的瓷器当时也被尊称为"壶公窑",俨然可以与官窑并驾齐驱。他最得意的产品叫"卵幕杯",此杯制胎极薄,如剥开鸡蛋时蛋壳与蛋白之间那一层半透明的"卵幕"。李日华特意记载,这只小杯仅重半铢(二十四铢为一两),真是轻若浮云,不可思议。晚明文人雅士如王世贞之流,家里设有流觞之处,用这种杯子盛酒,放在水上漂荡而行,兰亭雅集的盛况就重现了,所以是登峰造极的玩物。

李日华对此人念念不忘,《紫桃轩杂缀》里也有记载说:"浮梁人吴十九者……性不嗜利,家索然,席门瓮牖也。"

李日华很高兴接到吴十九的来信,流霞盏没了没关系。吴十九精神矍铄,是有道之人,他布衣蔬食地生活,穷尽一生创造美好之物。白苎村乡居书斋里,李日华放下来信,心里想想吴十九,这位浮梁烧窑老人的面貌,现今又该是另一番仙风道骨吧。有时候李日华觉得自己也是一个手艺人,鉴赏书画日久,随意涂抹,笔墨萧闲淡雅,闲居嘉兴多年,很多认识或不认识、熟悉或不熟悉的人找上门求他写画扇面。修道半生,当面得罪人的事情李日华不会做,想想不如游戏到底,干脆立个规矩,公开自己卖书润格,他自称"大涤洞左界翰墨司散仙竹懒","示谕掌书僮等知悉":

凡持扇索书者,必验重金佳骨,即时登簿,明注某月日,编次甲乙,陆续送写,不得前后搀越。每柄为号者取磨墨钱五文,不为号三文。其为号必系士绅,及高僧羽客,方许登号,不得以市井凡流,蒙蔽混乞。每遇三、六、九日辰刻,研磨好墨,量扇多寡,斟酌墨汁,禀请挥写。如乞细楷者,收笔墨银一钱,磨墨钱亦止三文。写就藏贮候发,亦明白登记某日发讫。其有求书卷册字,多者磨墨钱二十文,扁书一具三十文。单条草书每幅五文。纸色不佳,或浇薄渗墨者,不许混送。

大家排队取号,老夫一个一个替你们写来,一把扇子五文钱,童叟无欺。

这是崇祯二年闰月的事,李日华啜一口龙井新茶,三月的庭院,一棵青松愈见精神。

第四十二章 巧工

天生高手：
工匠人生也风流

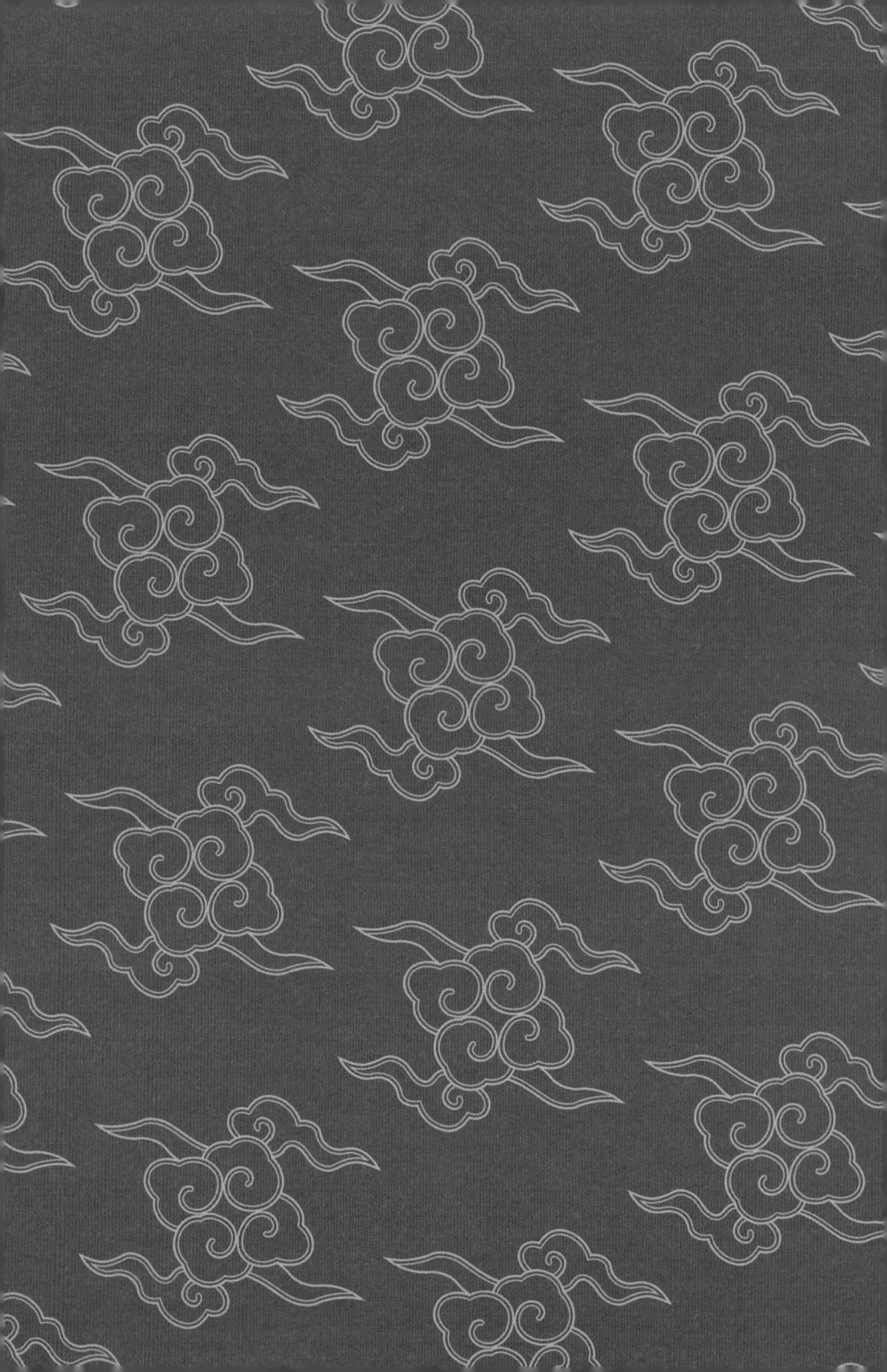

项元汴青楼怒焚沉香床的传说，很有戏剧性。

项元汴在南京秦淮河畔的钞库街青楼留情一妓，分别不久重逢。他兴冲冲花费千金，数月制成一架沉香床，雕镂精美，特意运来，本来想赠送美人，不料妓女怠慢无情，项元汴大怒，愤而举火焚烧，一街香气不绝数日。这个故事出自清初钮琇所著《觚賸》，后世流传甚广。

沉香床、象牙榻，都带着明代话本小说的夸张。我有时会想，这张沉香床，会不会是严望云做的？项元汴，后世都以书画大收藏家目之，其实研究明代家具历史，会发现好多时候都有项元汴的身影。天籁阁中，不仅有画家仇英为他临摹的古画，有善于制作手炉的张鸣岐为他设计的袖炉，还有"小木"高手严望云的作品！

严望云是当年浙江地区的一位巧匠，为天籁阁所制的香几、小盒等物流传后世。台北故宫博物院藏有一件紫檀嵌玉剑璏墨床，制作精良，嵌有银丝"墨林山人""嘉禾项墨林珍赏"字样，可能也是严望云所制。项元汴收藏门类众多，古玉、鼎彝、文玩、香炉、笔筒……这些器物也需要工匠制作各种底座小件。做这类东西的工匠在木工行里属于雕花细木，而术业有专攻，紫檀、花梨之外其他珍贵材质，如象牙、玳瑁、犀角、珊瑚等，雕刻匠师各尽所能，甚至寻常不过的果核也雕刻得巧夺天工。这种工匠，晚明苏州地区最多，张岱《陶庵梦忆》说："吴中绝技：陆子冈之治玉，鲍天成之治犀，周柱之治嵌镶，赵良璧之治梳，朱碧山之治金银，马勋、荷叶李之治扇，张寄修之治琴，范昆白之治三弦子，俱可上下百年保无敌手。但其良工苦心，亦技艺之能事。至其厚薄深浅，浓淡疏密，适与后世赏鉴家之心力、目力针芥相对，是岂工匠之所能办乎？盖技也而进乎道矣。"

道，是读书人的追求，手艺人只为养家糊口、扬名立万，孜孜矻矻地钻研工艺技法。晚明时代民艺确实绚烂如烟火，百工百业高手如云，还有吴门周翥百宝嵌、嘉定派竹刻、江千里螺钿，群雄并起，在一件小小的器物上雕镂镶嵌，竭尽所能达到鬼斧神工的效果。岁月太平，"好事家"从来不少，各人买卖做得风生水起。

袁宏道究竟不是道学家，无奈评论说："其事皆始于吴中，狯子转相售受，以欺富人公子，动得重赀。浸淫至士大夫间，遂以成风。然其器实精良，他工不及，其得名不虚也。"这些浮华之物，连士大夫也喜闻乐见，更何况浮浪子弟们呢？陈继儒《笔记》记无锡华尚古与沈周相交最契："尚古时时载小舟，从沈周先生游，互出所藏，相与评骘，或累旬不返。成化、弘治间，东南好古博雅之士，称沈先生，而尚古其次焉。"华尚古是当时有名的收藏家，家中有尚古楼，

清　雕沉香木香山九老
杨维占
台北故宫博物院藏

清　瘿木雕鼎式炉（附元代白玉秋山炉顶）
台北故宫博物院藏

陈列书画、鼎彝，对室内家具、器物也有很高的要求，尚古楼中"凡冠履盘盂几榻，悉拟制古人"，这些仿古器具都需要工匠高手制作。

人性如此，人大概都是喜欢好东西的，一如限量版的铂金包，虚荣就虚荣吧。

王士性《广志绎》说得更狠："至于寸竹片石，摩弄成物，动辄千文百缗，如陆子冈之玉、马小官之扇、赵良璧之锻，得者竞赛，咸不论钱，几成物妖，亦为俗蠹。"王士性又表扬江南工匠："既繁且慧，亡论冠盖文物，即百工技艺，心智咸儇巧异常。虽五商辏集，物产不称乏，然非天产也，多人工所成，足夺造化。"

李日华自称散仙，世间的妖怪也可能就是散仙，像金光洞里修炼过的白猿，会偷看天书。"物妖"成长背后都有传奇故事，比如江春波，他是活跃于明代正德、嘉靖时期的文玩制作高手，生平奇特。

江春波是个孤儿，被后母虐待，后来被一个苏州雕工收养，从小就雕刻神像。得了工钱后，他不像别的孩子那样买糖果子吃、买新衣服穿，而是全部拿来买药材、奇木。药材、奇木应该就是伽南（奇楠），是价值不菲的稀罕物，从前中药铺里都有卖。江春波陆陆续续积攒起一些，没人知道他想做什么。

四川游方道士长素道人云游江南，与江春波结识，二人关系最好。道人想去杭州，江春波随行，带了药材出售，得百余金，他采买了许多青田冻石、古藤、

《松江邦彦画传》孙克弘像
清　徐璋

瘿木、柏根、湘竹，都是制作文玩的上好材料，一如王士性所说"寸竹片石，摩弄成物"，一旦做成文玩，"动辄千文百缗"。

正德十年前后，江春波大概四十岁，他与长素道人来到家乡，掐指一算，自己已经出门云游二十多年了。回家一看，父亲、继母都已去世，继母生的弟弟刚成年。江春波为这个弟弟娶亲并买田二十亩，代替父亲完成这桩大事。俗事已毕，他自己不愿意成家，去了太湖边的无锡，在雪浪山麓找了一块地，依山面湖，在茂密树林里建一草堂。草堂用一种俗称"三角草"的植物编织后覆盖屋顶，看起来非常朴素。

草堂周围的山林有茵茵绿草，他看着还不满意，希望能长出青苔。《长物志》说山斋布置，如果想让青苔长满庭院空隙之地，就"沃以饭沈，雨渍苔生，绿缛可爱。绕砌可种翠芸草，令遍，茂则青葱欲浮"。江春波生活的年代比文震亨写书的年代早了一百年，他用淘米之水浇灌，草地渐渐就长出青苔来，望去一片绿毡，十分清凉。

草堂的匾额，是请当时的吏部尚书陆完来写的。草堂内供奉着佛像，陈设着云游天下时得来的石鼎、蚌瓢、竹篮、铜钟磬、坐墩、隐几等各种"奇物"。江春波每天跟长素道人诵经礼佛，闲暇时取藤瘿、古木、湘竹，制作笔架、盘盂、臂搁、麈尾（拂尘）、如意、禅椅、短榻、坐团之类，"摩弄光泽，皎洁照人，富贵家所未有也，莫不持重货以求之"。两人还擅长酿造美酒、烹饪素菜，很多名流登门拜访。唐寅，祝允明，文徵明、文彭父子等苏州书画家来访尤其频繁。我一直想象当年唐寅他们来无锡看望江春波的场面——

文徵明安坐在草堂木榻，从袖中取出一张草草画成的样稿，递给江春波。江春波端详片刻，然后站起，从隔壁小室柜中取出几片沉香料，掂量着，心里盘算，大概知道这件文老师今后画案上用的小小压尺，雕什么纹样才好，沉香拼攒位置大概哪里最好，然后收起沉香出来，脸上还是笑眯眯，跟戴眼镜的祝允明打趣：老祝，你看清楚了啊，别动我这件藤瘿盂的脑筋，底下有一条细缝老漏水，我没还空修补呢。

史料说他善于谈吐，种种逸事趣闻娓娓道来，客人流连忘返。

在山中隐居四十八年，近九十岁时，江春波坐化仙逝。明代雕刻名家众多，江春波独树一帜，尤其擅长雕刻沉香。沉香与一般紫檀硬木不同，与象牙、犀角也有所不同，沉香本就是从香树切割、搜剔而来，大料不多，而且越是好沉香越富含油脂，以利刃割一片沉香，沉香自然卷起，柔韧性不是硬木可比的，因此雕刻沉香更难。匠人往往略取其意奏刀，雕刻人物、山水、树木、楼阁等，一般不会雕刻过细，深雕、圆雕和透雕技艺在沉香上很难施展，但江春波可以！几十年中，他走遍万水千山觅得好香，取材优异，因他从小就熟悉沉香木性，故而能镌刻雕琢到常人难以企及的精微程度。故宫博物院收藏有一件江春波的沉香笔筒，稀世之珍在人间，寥寥可数。

传统手工行业，时有天才出现，贺恩就是这样一位天生高手。

贺恩，字子沾，是浙江乌镇人，张凤翼单独为他写过《小贺传》并收入《处实堂集》中。明代工匠社会地位不高，张凤翼写文章揄扬其人，如空谷足音，非常难得。如果张凤翼没有写这篇传记，"小贺"肯定就消失在历史的烟云中了。之所以如此肯定，是因为与严望云、江春波不同，贺恩的作品如今没有一件存世。

贺恩本姓陆，是乌镇一家酒店老板的儿子。北京雕刻器皿高手贺四来到乌镇，替王姓富人做家具、工艺品。王家购买了许多紫檀、花梨、乌木、象牙、犀角材料，贺四雕刻做成古代样式的器皿。小陆家与王家相邻，经常跑去看贺四干活，看完之后回家琢磨着找点紫檀、花梨小料，自己模仿试做，做好拿给贺四看。贺四目瞪口呆，觉得这小孩子太有天赋了，便想将他收为弟子，但是陆家父母不愿意，因为家里是开酒店的，以后这份家业还要靠儿子，舍不得。

不久，崇德的叶家派人来到乌镇，极其诚恳地邀请贺四前往做工，贺四觉得小陆太聪慧了，必须一起带着去，于是恳求陆家父母说：你们的孩子实在资质上佳，这次我一定要带他同往，我会将生平绝艺倾囊传授。少年小陆也苦苦求父母，于是父母同意他与贺四一起去崇德。到了叶家，他们开工制作器物，"凡工作圆者觚者，圆而觚、觚而圆者，非子沽莫与成，而子沽得心应手，出入规矩，中巧每越贺四上"。贺四干活其实不大用心，喜欢喝酒，后来他发现小陆做犀角、象牙小件，雕刻技术已经完全超过了自己，叶家以为他们是父子关系，他不好意思明说，看叶家人招待自己师徒愈加热情，每餐鸡鸭鱼肉，就只当没有这回事了。

《小贺传》还提到贺四后来在苏州开店，苏州本地的"好事者"——喜欢收藏文玩的人——发现贺四手艺又长进了，没人知道"小贺"以前是"酒家子"，也没人知道店中器具是他做的。贺四去世后，小贺为其料理后事，照顾其家人，所得工钱一部分给贺家补贴生活，一部分给自己亲生父母，顶门立户，负责陆、贺两家人。张凤翼感慨赞叹：这是"孝义之人也"。

小贺慢慢成了老贺，贺恩手艺的名声越传越远。贺恩住在苏州城里，有时在太仓、松江、无锡接活，当地人特意派船来接他，每到一地，刚下码头就有人恭候，专程陪同前去家中。他其实不愿意给这些缙绅大户做工，反而愿意为仰仗他"所造器物举火"的"趋市者"，也就是文玩行业的生意人做活，缙绅富人购买文玩"不过供耳目娱"，摆设在厅堂夸耀富贵，而这些生意人靠他维持生计。贺恩生活节俭，也没有贺四好酒的毛病，对主顾们都客客气气，有求必应，不以一技之长而自大。

当年有一位王按察使，为苏州、松江兵备之事来苏州巡视。他是一位收藏家，这次特意带了一块砚石来配匣，砚石形状奇特而不规则。苏州工匠素有"吴中绝技"，但这块砚石刁钻，王按察使之前问了好几个巧匠，他们都不敢接手配匣。他慕名请来贺恩，看过砚石后，贺恩爽快答应下来。后来他交还给王按察使的砚匣制作得与砚石严丝合缝，王按察使非常满意。配砚匣的事情，今天的人会觉得无所谓，但当年砚台是文人的性命，也是玩物，配个好砚匣的重要性不亚于今天硬盘恢复数据。

说起砚匣，我忽然想起另一个明代刻工章文与文徵明的故事。

明代刻碑的工作极为重要，宋代宫廷刊刻《淳化阁帖》之后，收藏家喜欢将自己的珍贵书画勒石拓印成帖，流传天下，造福后世，是骄傲，也是责任所在。王羲之、怀素、颜真卿等古代书法大家的作品刻在石头上，最后能使拓印出来的每个字都忠实真迹，笔画精妙细微，气韵连贯，尤其不易。华夏藏有许多古代书法杰作，他耗费巨资，请文徵明父子帮助勾勒上石，刻有《真赏斋帖》。文徵明自己耗时几十年，卖掉许多书画藏品，家财为之一空，就为了刻一部《停云馆贴》。

章文，字简甫，祖籍福建，迁居苏州，世代以刻碑为业。王世贞曾作《章筼谷墓志铭》，对其评价甚高，称其"能夺古人精魄"，孙矿《书画跋跋》赞其为"迩来第一高手，尤精摹拓"。明代中叶，刻帖风气兴盛，刻工和文人的合作密切，文徵明等文人应邀为人写墓志铭，以及府学、桥梁、寺观碑记，最后还得由刻工来上碑刻字，算是与文化直接打交道。章文的人生经历更离奇。

唐寅被宁王延揽到江西王府做清客，章文当年与唐寅、谢时臣是好友，三人都是宁王府中延揽之客，只是唐寅发现宁王不轨，事发前先逃走了。章文没有唐寅机灵，宁王起兵造反时被裹挟在叛军中，王阳明的部队剿灭叛军后，他以酬金贿赂士兵，仓皇逃离江西，两千里逃亡路上九死一生，总算活着回到家乡。这个事情的经过，王世贞在《章赟谷墓志铭》中写得明明白白。奇人异士往往有性格，我记住章文事迹，还是因为《文徵明集》里一通写于嘉靖三十一年（1552）的信札："屡屡遣人，无处相觅，可恨可恨！"这封文徵明写给章文的小札，开头就是斥责口吻，怒火中烧。文徵明素以好脾气闻名，让他发火的原因是："所烦砚匣，今四年矣。区区八十三岁矣，安能久相待也？前番付银一钱五分，近又一钱，不审更要几何？写来补奉，不负不负！"

用四年时间来等章文的砚匣，当然得是好砚台。文人之有砚，犹美人之有镜，文徵明是书画名家，砚台须臾不可离。苏州古玩商人曾售卖一批古砚，说是宋代皇室的藏品。南宋末代皇帝漂舟海上，元军击沉宋军舰队，皇家所用宋砚沉入海底，后来被好事者打捞若干，重回人间。文人喜砚，文徵明收藏若干宋砚，还从虎丘剑池取石制砚，清《西清砚谱》录有文徵明旧藏绿玉砚，气象非凡。文徵明让章文做的事情，应是在砚匣上铭刻文字，而非木工制匣，八十三岁的老人望穿秋水，脾气发完了，还得请章师傅继续做工，工钱之前已付过两回，文徵明问："您看还需要再补些吗？"

居然还有第二封信："向期砚匣初三准有，今又过一日矣，不审竟复何如？"

虽再次延误，但这次口气稍缓，大概章师傅已经开工，开始为文老师的砚匣刻字了，文徵明信里一并商量说："何家碑上数字，望那忙一完，渠家见有人在此，要载回也。墓表一通，亦要区区写，不审简甫有暇刻否？如不暇，却属他人也。"

《文徵明年谱》记，这一年，章文确实和文徵明有过合作，为刑部侍郎何鳌的父亲完成了神道碑的撰写、铭刻，就是第二封信里讨论的事情。而这一年章文如此不靠谱的原因大概是赌钱，他喜欢与一帮赌徒为伍，渐废其业。王世贞在《章篔谷墓志铭》中说他"时时从博徒游，所得资随手散尽"，死后家贫，居然不能办理丧事。

文徵明的时代，海外进口的犀角、象牙为匠师们提供了施展技艺的舞台，但对器物样式之审美，仍沿袭古典风尚，以三代鼎彝为模范，如文徵明有一札答谢张献翼说："见惠犀杯，盖旧制也。适有远客在座，当就试之，共饮盛德也。"另一札感谢张献翼馈赠"古铜天鹿，适副文房之用"，强调礼物"旧制"、"古铜"可喜。

到了晚明，士大夫开始自己参与文玩设计，与工匠合作创新，孙克弘是其中代表。

孙克弘是礼部尚书孙承恩之子。年轻时以父荫授应天府治中，做过汉阳知府，受徐阶案牵连，隆庆五年被罢官，他因此深感黑暗官场对人性的扭曲，极度失望之下，放弃了东山再起的机会，在松江东郊故居修筑精舍，布置奇石，环列鼎彝、金石、法书、名画，展开自己精彩的艺术人生。与董其昌、陈继儒相比，孙克弘是松江地区的前辈名流，他爱好奇石，豪迈好客，陈继儒为他所写生平传记说他声音洪亮，穿着随意，"好客之癖，闻于江东，履綦如云，谈笑生风，坐上酒尊，老而不空"。藏于台北故宫博物院的《销闲清课图》，有观史、展画、摹帖、洗研、烹茗、焚香、灌花、薄醉、礼佛、山游、听雨等二十景，可以看成他退隐生活的写照。

孙克弘出身豪门，性喜奢华，闲情偶致，改进了宋代的"宋嵌"工艺，制作精雅的仿古器。《云间杂志》载："吾松紫檀器皿，向偶有之，孙雪居始仿古式，刻为杯、斝、尊、彝，嵌以金银丝，系之以铭，极古雅，人争效之。"故宫博物院藏有一件"明紫檀木福寿禄螭梅纹六方委角杯"，紫檀木杯身通体嵌银丝"福""禄""寿"字，写法各异，杯底嵌银丝楷书"云间雪居仿古"六字。

传世的《明孙雪居摹赵松雪倪云林张伯雨象及古器物图》非常精

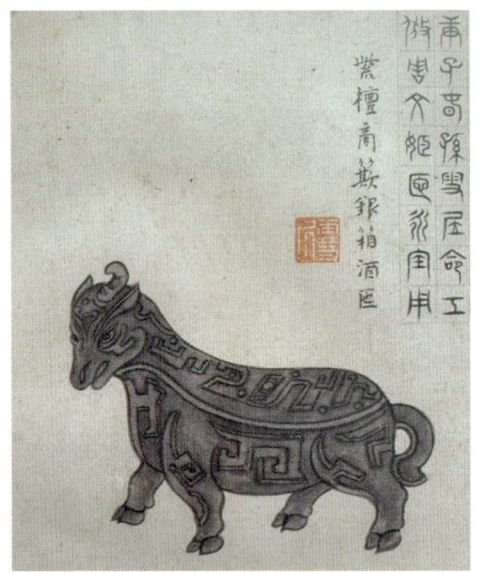

《明孙雪居摹赵松雪倪云林张伯雨象及古器物图》（局部）
明　孙克弘

这幅图画的是紫檀商嵌银箱酒匜。

《明孙雪居摹赵松雪倪云林张伯雨象及古器物图》（局部）
明　孙克弘

这幅图画的是紫檀银箱灵芝把手酒鲜。

彩。图卷的第十五段描绘了两件紫檀镶嵌酒具,一为"紫檀银箍灵芝把手酒斝",铭文为"规制孔容,君子酳之,礼宜介寿,大享无仪";另一件是"紫檀商嵌银箍酒匜",铭文为"庚子春,孙雪居命工仿周文姬匜永宝用"。据此可知,此图绘于万历二十八年。

这种镶嵌银丝的紫檀器皿,孙克弘估计不会亲自动手。如项元汴一样,他的收藏丰富,需要工匠根据自己的喜好完成制作,定好样式之后的事情,未必是画家能亲力亲为的。《五茸志逸》记,孙克弘做成这种紫檀嵌银丝杯,只是日常使用之物,"以紫檀仿古制,刻三雅杯"。他好酒,客人来了抛骰子行酒令,骰子得幺(一)二之数,就用"季雅"之杯,即最小的杯子喝酒,抛骰子得三四点,以中杯"仲雅"喝酒一杯,抛骰子得五六点数,以最大的"伯雅"杯饮酒一杯。

明朝文人对家具、器物的热衷,有审美的客观需求,也不妨认作自我欲望的释放,比如张岱自创"兰雪茶",消费与创新都是一种解放。

周履靖好诗、好梅花、好奇器、好书画,他曾经专门去松江拜访孙克弘,《访孙雪居先生》诗说:

雪居款紫檀嵌银丝"松化石"铭小杯

————

见《中国文人的书房》(*The Chinese Scholar's Studio*)。

> 误步入郊墟，来登白雪居。
> 奇香绕画栋，异卉杂庭除。
> 书满陈蕃榻，盘供张翰鱼。
> 兴浓忘尔我，醉酒衔巾裾。

周履靖闻到伽南（奇楠）香气围绕着孙雪居的居室，看见庭院里种着奇花异草、珍本古书满床，醉酒的主人据案挥毫，两人的精神世界在同一个宇宙里，注定相逢。

将难以回避的世俗生活过得风雅，用风雅的精神滋润苍凉的末世。晚明世情小说《金瓶梅》，有人看作淫书妖孽，有人看作劝世良方。好像晚明流行的核雕，一技之末，往往见世道苍凉，浮生欢喜。

果核雕刻始自宋代内廷，明初宣德皇帝青睐夏白眼所制的乌榄核雕，雕刻有十六娃娃，"眉目喜怒悉具"。核雕在明末渐成风尚，常熟王叔远雕刻苏东坡赤壁游船，鬼斧神工，李日华为之揄扬，魏学洢《核舟记》入今日教材，斯人不朽。

比王叔远更早，钱希言《狯园》记，万历时代有沈宗彝和小顾并称名工高手。尤其是小顾，在传统的胡桃核舟之中，进一步制作男女秘戏，象牙双扇壁门开启后，红勾栏中安放一架紫檀床，罗帏帐中男欢女爱，眉目如画，形体毕露，美人横陈之状更可以"施关发机，皆能摇动如生"，钱希言交游遍天下，见多识广，居然也感慨："此巧岂物之妖者乎。"

这个核雕艺人小顾，我一直奇怪为何他至今不为人知。冯梦龙是晚明畅销书作家第一，《古今笑史》以《雕刻绝艺》为标题，全文引用钱希言《狯园》文字：

> 吴人顾四刻桃核作小舸子，大可二寸许，篷樯舵橹纤索莫不悉

具。一人岸帻卸衣盘礴于船头，衔杯自若。一人脱巾袒卧船头，横笛而吹。其傍有覆笠一人，蹲于船尾，相对风炉扇火温酒，作收舵不行状。船中壶觞竹案，左右皆格子眼窗，玲珑相望。窗楣两边有春帖子一联，是"好风能自至，明月不须期"十字。其人物之细，眉发机棙，无不历历分明。

晚明的"妖者"越来越多，当年宜兴还有一位叫丘山的工匠，能制胡桃坠，人物、山水、树木毫发毕具，"夜半烧灯照海棠""春色先归十二楼"，窗阁玲珑，疏枝密叶掩映成趣。这些"春色"，正统读书人如文震亨，非常不屑。

点校《长物志》时，我就发现文震亨不喜欢核雕："吴中如贺四、李文甫、陆子冈，皆后来继出高手。第所刻必以白玉、琥珀、水晶、玛瑙等为佳器，若一涉竹木，便非所贵。至于雕刻果核，虽极人工之巧，终是恶道。"

文震亨说的三位工匠，如今陆子冈名气最大，没想到小贺的师傅贺四也得他青睐。文震亨不喜欢核雕，开始我以为是因为材质不够名

《芸窗清玩图》（局部）
明　孙克弘
首都博物馆藏

贵，白玉、琥珀、水晶、玛瑙多漂亮啊，竹木虽不算名贵，但也不至于被评为"恶道"，原来是"妖者"作怪，文老师鄙视核雕的原因在此。

文震亨比较喜欢陆子冈，白玉无瑕，尤其是他所造的"水仙簪"，玲珑奇巧，花如毫发。

《太仓州志》记，崇祯十五年，陆子冈五十年前做的一支玉簪，此时已值五十金。

徐渭曾有《咏水仙簪》诗：

略有风情陈妙常，绝无烟火杜兰香。
昆吾锋尽终难似，愁煞苏州陆子冈。

结局出人意料——

《木渎小志》记，陆子冈"年未六十，忽有方外之思，为僧治平寺，十余年不入城市，亦奇人也"。

昆吾锋尽，那就收起来，陆子冈不用再发愁。

中年悟道，剃发修行。

那支水仙簪子，他用不着了。

第四十三章 露香园

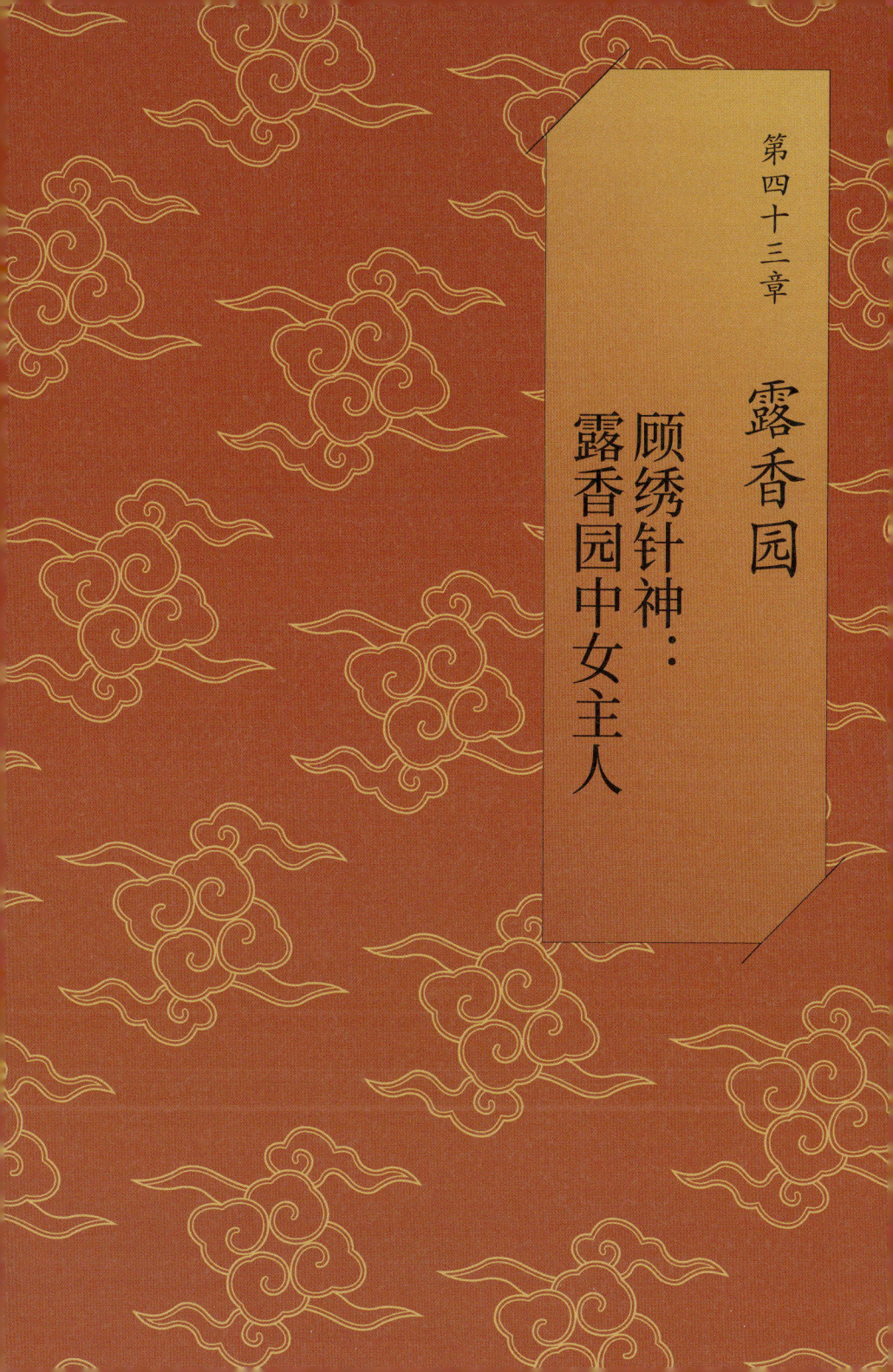

顾绣针神：露香园中女主人

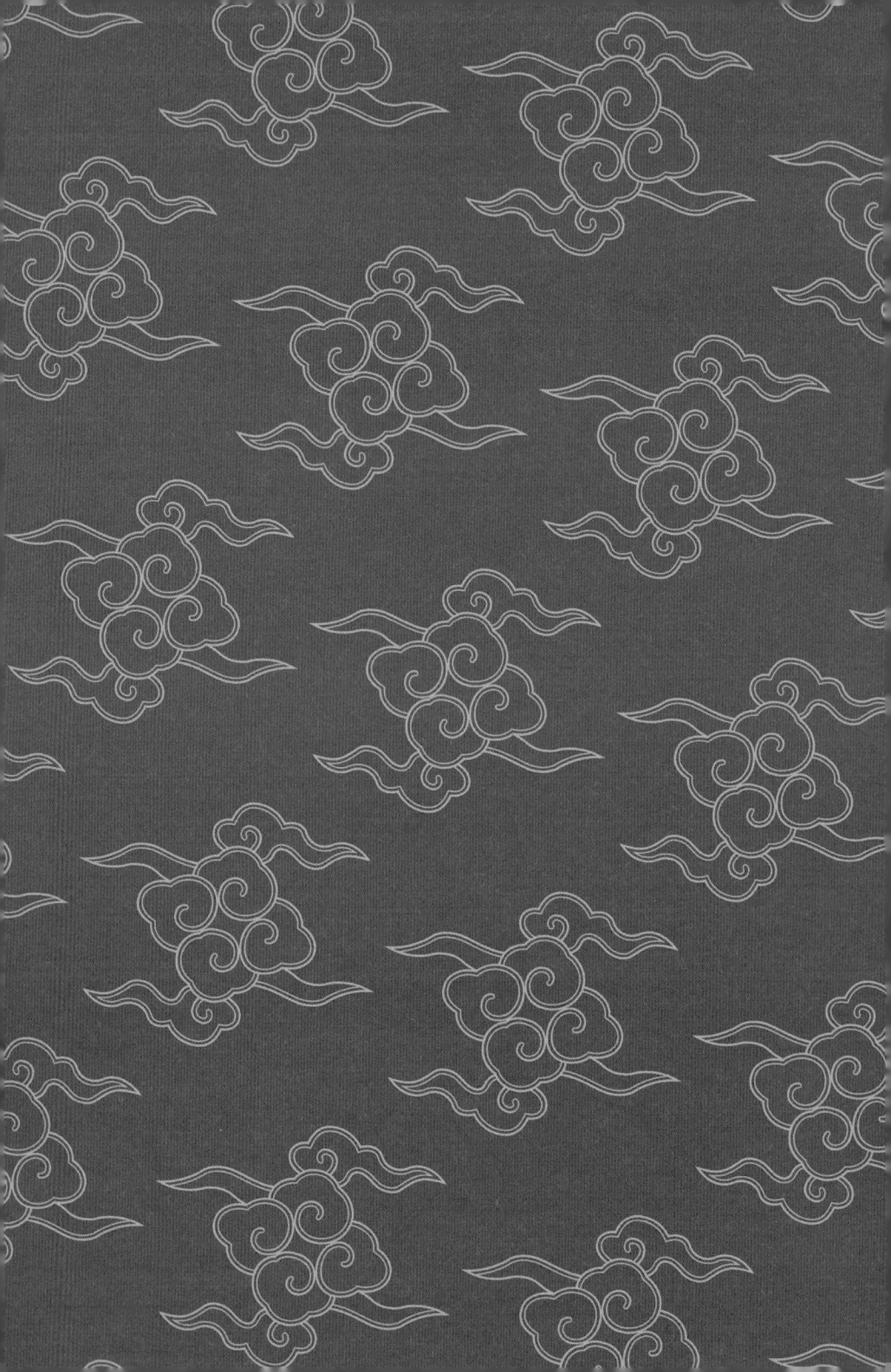

第四十三章 露香园

露香园作为"明代上海三大名园"之一,是一个非常独特的存在。它的位置在现在上海最繁华的闹市区,老城隍庙的西北。

露香园的第一代主人顾名世是嘉靖三十八年的进士,做过"尚宝卿",专门给皇帝管理皇家印玺。他的哥哥顾名儒当年造了一个园林叫作万竹山房,顾名世就在哥哥的园林旁边购买了几十亩土地,历时十年,用数万两白银造了露香园。

露香园的得名非常偶然。园林破土动工后,挖出了一个石碑,上面有元代书法家赵孟頫所题的"露香池"三个字。知道这个情况以后,顾名世非常开心,因为赵孟頫一生文采风流,大名鼎鼎,这块古代石碑的出现在顾名世看来好像是一种天意,于是他就将自家园林命名为"露香园"。露香园以露香池为中心,周围有碧漪堂、阜春山馆、秋翠岗、潮音阁、露香阁、独莞轩、青莲座、分鸥亭等景观。

顾名世建造完露香园已年过六十。他在这里度过了二十年光阴,在万历十六年去世,享寿八十二岁。在他去世前一年,万历十五年的冬天,苏州大文人王世贞应礼部尚书徐学谟邀请来到松江,参观当地的私家园林,在露香园也进行了一次游览。王世贞自己家里面有弇山园,但是他也感慨,这里的园林楼阁错落有致,与众不同,隐隐然带着一种仙气。其实王世贞是比较谦虚的,露香园虽然是一个很有名气的园林,但是当时江南很多地方都有园子,露香园的规模只能算是中等,无论是设计还是规模都不算是最好、最大的。但是露香园有自己的特色,它是今天我们所知的明代唯一一个以园林物产闻名全国的私家园林。明代中叶,苏州状元吴宽有"东庄",说是园林,其实就是一个大农庄。东庄占地广阔,大量种植农作物,有粮食可以收成,有各种果树可以采摘，还有很多的蔬菜田亩，甚至有学者认为，当时的东庄首先是一座昌旺繁荣的庄园，经济功能高于居住功能，绝不仅仅是为了安居舒适、美观。

园林作为一种生活的空间，其实很早就包含着生产的功能。

露香园当年有很多著名的物产，包括刺绣、水蜜桃，顾家秘制的小菜、藕粉，还有男主人制作的高级徽墨，而前面的四件特产，应该说都是园林女主人们的杰作。

露香园的刺绣，真是独特的艺术品。露香园当年共有三位"针神"，因为园林是顾家的，后世将这种流派的刺绣称作"顾绣"。

《顾绣八仙庆寿挂屏·西池王母》
明　佚名
台北故宫博物院藏

第一位"针神"是顾缪氏，是园主顾名世大儿子顾汇海的侍妾。顾缪氏还没有嫁过来的时候，就已经掌握了刺绣的一些基本技法，包括将一根丝线"劈丝"。所谓"劈丝"就是将从店铺里买来的丝线一劈为二，二劈为四……不断地劈，分成很多更细的丝线，真正做到"细若游丝"，这种丝线能够在刺绣中更好地表达，使刺绣显得更加精美。顾缪氏的刺绣技艺已经相当高妙，嫁过来之后，发现顾家原来是一个文化世家，家里有很多宋、元绘画，一些客人前来拜访，讨论的也都是书画方面的艺术，她受到艺术熏陶，借鉴了古代绘画的精华，与原有的刺绣技术相结合，创作题材有所突破，不仅可以绣人物，也能绣山水、花卉。晚明诗人谭元春得到她的一幅佛绣像后，作歌赞叹：

> 如是我闻犹未见，以纸以笔想灵变。
> 一见惊叹不得语，竹在风先，果浮水面。
> 拙哉笔纸犹有气，安能十七尊者化为线。
> 有鹄有僮具佛性，托汝针神光明映。
> 浪浪层层起伏中，以手扪之如虚空。

顾缪氏应该说是"顾绣"开创者，也是顾绣这种"画绣"风格的奠定者。

第二位顾家"针神"最出名，就是韩希孟，她在顾绣发展史当中特别重要。

韩希孟是江苏武进人，是园主的孙媳妇。她的代表作是《韩希孟宋元名迹册》，历时三年而成，以宋、元名画为蓝本临摹绣制，一共八幅册页。其中的《洗马图》仿赵子昂风格，《女后图》仿宋画风格，《米画山水图》仿米芾笔法，《花溪渔隐图》仿元代王蒙笔法……册页最后有丈夫顾寿潜的跋文，董其昌逐幅题词，流传至今，文人气

《顾绣十六应真图》
明 佚名
故宫博物院藏

十足。

　　韩希孟跟顾缪氏一样，很早就懂得刺绣，这是古代闺阁女子都需要学习的技能，她自己也喜欢绘画，嫁到露香园之后，正是顾家最繁花似锦、兴旺鼎盛的时期，园林里面经常高朋满座，名流云集。她的丈夫顾寿潜是董其昌的学生，是一个喜好艺术的上海文人，平日就喜欢写字、画画。更难得的是，顾寿潜对刺绣也情有独钟。作为一位男

《顾绣十六应真图》
明　佚名
故宫博物院藏

士，他对刺绣这样一种女性专属的艺术形式不但没有轻视，而且非常感兴趣，这种现象比较有意思。像今天的苏州，以太湖边几个乡镇为核心制作刺绣的地方，很多妇女依旧从事各种刺绣生产，不管是日用品还是艺术品，传统产业依然延续着。当地有一种罕见的现象：从事刺绣职业的女性非常爱护手指，如果手上的皮肤粗糙，就无法将丝线"劈丝"，因此平时家务操劳大多由男士完成。但是当地很多男子也将刺绣作为一种副业，他们自己会刺绣，会设计，甚至在北京专业的美术学院接受正规训练后，回到家乡继续从事刺绣行业。

韩希孟跟她的丈夫应该说是天作之合，用顾家的针法结合各种丝线颜色的搭配，来表现古代绘画的精髓，形神皆备。他们做成的《韩希孟宋元名迹册》可谓高雅脱俗、栩栩如生，每一幅刺绣都能够很好地表现原作的笔墨趣味、风格，如果不贴近仔细察看，一眼望去就是一幅幅古代名画原作。这套册页完成之后，顾寿潜还专门给妻子的刺

《韩希孟宋元名迹册·补衮图》
明　韩希孟
故宫博物院藏

《韩希孟宋元名迹册·鹑鸟图》
明 韩希孟
故宫博物院藏

绣作品作了品题："寒铦暑溽，风冥雨晦时，弗敢从事。往往天清日霁，鸟悦花芬，撮取眼前灵活之气，刺入吴绫。"今天这套册页珍藏在故宫博物院，堪称天下第一"顾绣"珍品。

晚明，随着社会的动荡，顾家产业渐渐败落了。到了顾名世的曾孙女顾兰玉这一代，露香园需要通过售卖刺绣来维持家用。《松江府志》记载，顾兰玉"工针黹，设幔授徒，女弟子咸来就学，时人亦目之为顾绣。顾绣针法外传，顾绣之名震溢天下"。顾兰玉是顾绣传承中的第三位重要人物，她的贡献是将顾家刺绣作为商品全面推向了社会。顾兰玉早年守寡，基本上是靠刺绣卖钱糊口，她还收了很多学生，将顾绣的技法广为传播，其他地方的妇女纷纷来学习，因此顾绣名气反而变得越来越大。在三十多年的时间里面，学习顾绣作为副业也好，维持家用也好，顾绣慢慢地变成了一种产业。很多地方开设的刺绣店铺纷纷自称顾绣店、顾绣庄，顾绣几乎遍布江南地区。

第二件露香园好玩的东西是水蜜桃。

"水蜜桃推雷震红，闻雷见一晕红工。露香园种今难觅，都向黄泥墙掷铜。"这是清朝的一首上海竹枝词，讲的就是顾家特别神秘的水蜜桃。如果将时间稍稍往前推一点，很多当地文人都已经记述过这种露香园水蜜桃。天启元年，王象晋在他的《群芳谱》中最早记述了上海水蜜桃："水蜜桃，独上海有之，而顾尚宝西园所出尤佳，其味亚于生荔枝。"几乎同一年，张所望在《阅耕余录》中也记述："水蜜桃独吾邑有之，而顾尚宝西园所出尤佳，其味亚于生荔枝。又有一种名雷震红，每雷雨过辄，见一红晕，更为难得。"

两个人都认为顾尚宝家露香园所出的上海水蜜桃特别好，赞美桃子味道只比广东的荔枝稍微差一点而已。

当时要吃荔枝不容易，水蜜桃的滋味想必非常好，而且颜色也漂亮，说是"如以绛纱裹甘露"，好像是用绛红色的纱裹住了一泡甘露，绉纱是很轻很薄的，意思是皮可以轻松地揭开，而里面的果肉含水量非常丰富，如甘露一般。

露香园的水蜜桃，今天已经找不到了，但是它的"子孙"其实已经广泛传播到了全世界。今天阳山水蜜桃、奉化水蜜桃很有名，这些其实都是露香园水蜜桃的变种。更远的是在鸦片战争之后，当时露香园品种被间接引入了英国、美国、日本，然后就被培育成为当地非常有特色的品种，但是溯其根源，它们都来自上海，来自露香园。露香园在康熙初年荒废，水蜜桃产区转移到城西的黄泥墙，同治年间迁至龙华一带。到二十世纪初，龙华水蜜桃仍闻名遐迩。露香园水蜜桃从清代初期开始向外地传播，江苏省的吴县、南通、海门和浙江的平湖等地，都有从上海引种水蜜桃的记载。浙江奉化的玉露桃和无锡的白凤桃都是由"黄泥墙"引种的。无锡阳山水蜜桃来自二十世纪二三十年代的奉化水蜜桃的移栽，追溯历史，仍是露香园水蜜桃的后代。1844 年，露香园品种被引入英国，并被命名为"上海桃"（Shanghai Peach）。1850 年，上海水蜜桃传到美国，被称为中国粘核桃（Chinese Cling）。日本于明治八年（1875）引入这个品种，将其命名为"上海水蜜"。

再说说顾家的露香园小菜，今天在上海也已失传，但是查资料可以了解，它是用芥菜做成的私房酱菜。清朝的竹枝词是这么说的：

> 露香池石子昂书，万竹山居东凿渠。
> 名士风流多巧技，绣精墨雅芥成蔬。

> 银丝芥种邑中专，岁首辛盘供客筵。
> 顾氏露香园制美，芥菹一味可经年。

银丝芥菜，今天上海还能买到，是可以存放一年的酱菜，一般是在除夕之前做的年菜。据说这种酱菜鲜香酸辣，非常爽口，用来佐酒是再好不过的了。

最后说说露香园发明的藕粉。

藕粉今天可能听起来一般般，不算什么稀奇玩意，但是当初我看到明末清初的上海地方史料时非常惊讶，原来今天非常有名的藕粉，它的源头就在露香园！

露香园因露香池而得名。当年偌大的池塘，里面种了很多荷花，不仅可以观赏，自然也出产莲藕，这么一想，当年顾家的女主人们真的是精打细算，她们将池塘里的鲜藕取出之后，精妙加工制成了藕粉，十亩的池塘，出产的量也不小了。当时的文献记载，露香池上架设有红色栏杆的曲桥，水中红色的荷花映衬，整片池水都成了红色。记录这段往事的叶梦珠是明末清初人，他说藕粉唯有露香园才有，"主人用为服饵，等于丹药"，是一种养生食物。而当时市场上是根本就买不到藕粉的，藕粉是露香园的女主人独创的私房秘制。可能因为生计所迫，露香园渐渐将这个产品或者配方外传了。叶梦珠说，顺治初年有人在售卖藕粉，但是售价非常高，每斤纹银一两五六钱，对比芥茶的售价不遑多让。

藕粉，在明朝实在是一种特别名贵、很稀罕的东西。

露香园的女主人们，为晚明园林的日常生活增添了人间烟火气，慧心巧手，堪称千古绝唱。

第四十四章 奇书

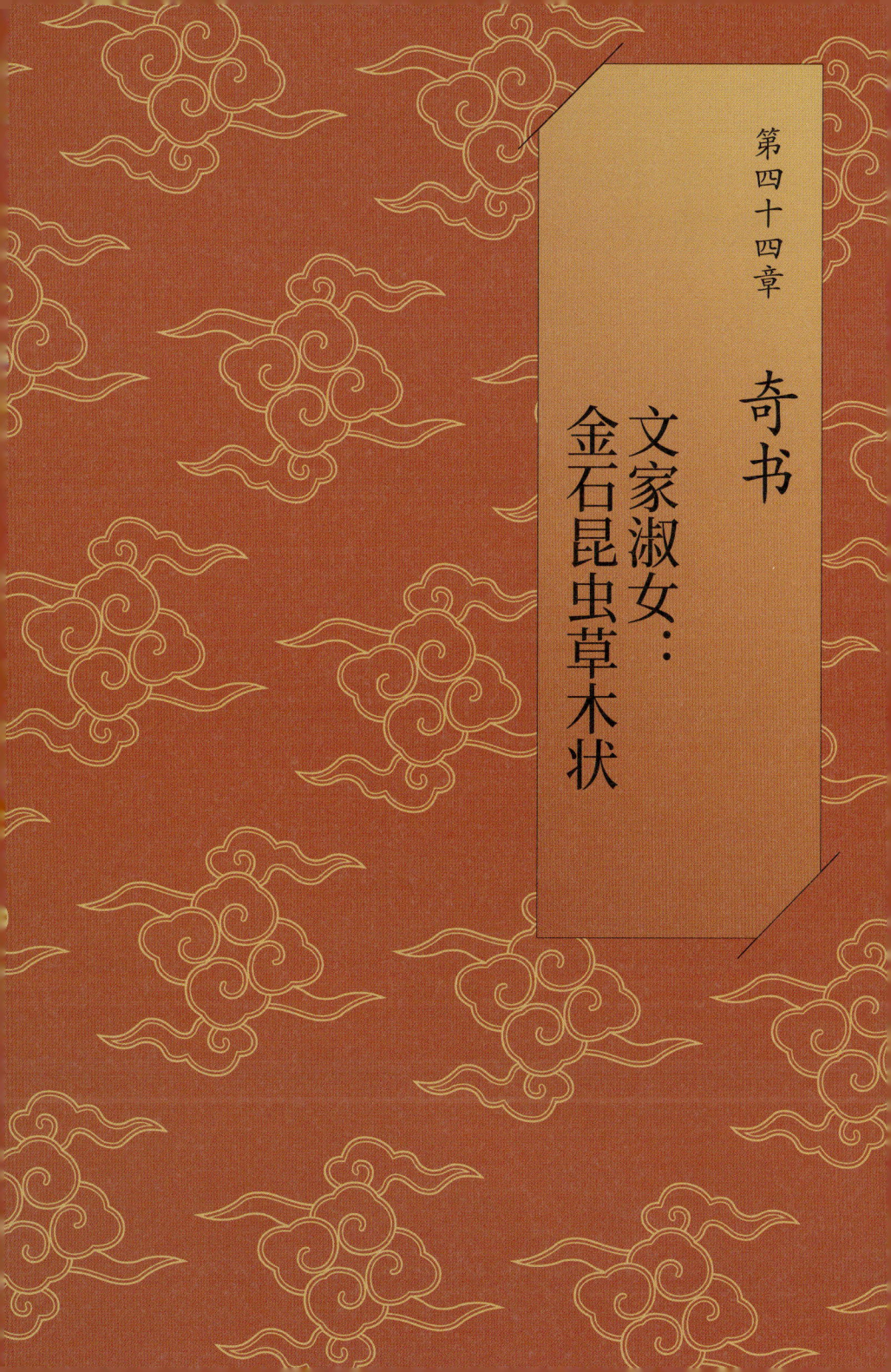

文家淑女：金石昆虫草木状

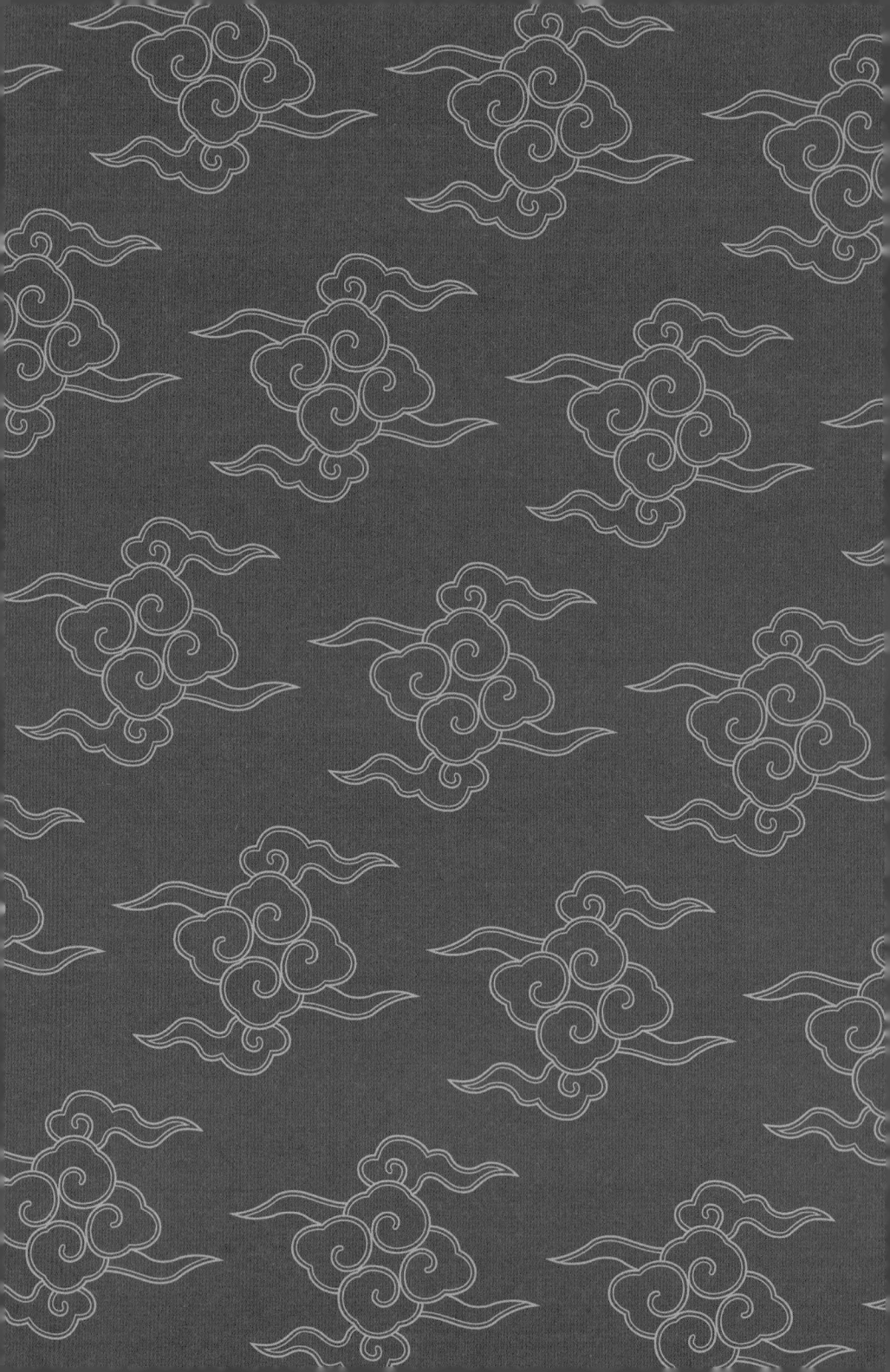

第四十四章 奇书

文俶，字端容，号寒山兰闺画史，是明代吴门画家文徵明的玄孙女，明代最优秀的女画家之一，被誉为江南地区三百年来闺秀工丹青者独绝之人。

她的父亲文从简，也是当时江南地区著名的书画家。

隐居寒山的赵宧光、陆卿子夫妇有一个儿子叫赵均，赵均也得到了家传，能够写一些篆书。他还有一门绝技，就是写"诸国字母"。

赵均自幼就拜在文从简的门下学习，因为这个机缘，文从简将自己的女儿文俶嫁给了赵均。文俶传承家学，工于丹青，画蝴蝶、山石、花卉、小鸟勾勒精细，染色鲜妍，形象生动，花鸟画传统一脉，不让古人。《明画录》中记载文俶"写生花卉虫蝶，信笔点染，无不鲜妍灵异……若《湘君捣素》《惜花美人》诸图，精妙绝伦"。

赵宧光、陆卿子夫妇去世之后，赵均、文俶夫妇继承了寒山别墅。赵均喜谈六书之学，痴迷于金石、篆籀，终生不为场屋功名奔波，而是隐居于寒山。钱谦益为赵均写的墓志铭提到，他能写外国字，认识上古或者海外的文字，当时是一门特别大的本领。赵均与文俶相互唱和，时不时还与宾客出游各地，谈古论今。

山中草庐，伉俪情深，仙侣隐居，吟风弄月，寒山的风雅足以流传至今。

我们今天还能够在全国各地的博物馆欣赏到文俶精美绝伦的花鸟画。她曾用约三年时间重新描摹了本来深藏于北京宫廷的弘治年间御医刘文泰编撰的《本草品汇精要》，这部书收录有药品一千八百一十五种。

这部明代宫廷出品的中国传统医药学宝典，我们在前文曾经提

《碧叶绣羽图》
明 文俶
上海博物馆藏

及过。

令人赞叹的是，这部海内孤本，同时也是明代宫廷绘画的集大成者。书籍每一页，都是一张精美绝伦的工笔彩绘作品，栩栩如生！

不知是何缘故，这部书就从深宫流落到了江南。

机缘巧合，文俶得到了这部药典。她的画法"极风致婵娟之妙，尺幅片纸，人争宝之，为国朝闺秀之冠"，小幅的工笔绘画创作本是她的强项。这次她发挥天才的绘画技能，以细致入微的工笔技法临摹、描绘一千多种金石、昆虫、草木，其间也根据自己的想法进行了二次创作，将中医药典籍里的图像转化、提升为空前的美术杰作。

"插图"本来是书中文字、药学知识的直观描摹，文俶凭着一己之力，将家学渊源的文氏画法注入其中，仅用三年时间，就独立完成了这么一部了不起的"长卷"。

全书共二十七卷，分金石、虫、兽、禽、草、木、菜、果、米谷等部，含一千三百多幅杰作，是她二十四岁到二十七岁这三年的心血之作，是她才华、精力均在巅峰状态时完成的一部生平杰作。

这部画稿被重新命名为《金石昆虫草木状》。

每幅画的右上角题写了药名，书法漂亮极了，乃是文俶父亲文从简的墨宝。

万历四十八年五月，赵均为爱妻的这部作品写了序言。他欣然提及这件作品的来源，夸耀《本草品汇精要》本是天府之珍藏、人间之秘宝，而拥有显赫家世的妻子的天才之作，无疑比宫廷珍贵手稿更为出色。他更骄傲地宣称，这部《金石昆虫草木状》注定将赢得不朽名声。

果然，这部作品面世后，如赵均预言，立刻轰动一时。

很多人慕名特意前往寒山一睹风采，更有人试图购买这部难得的画稿，或者也可以称为"手稿"吧：

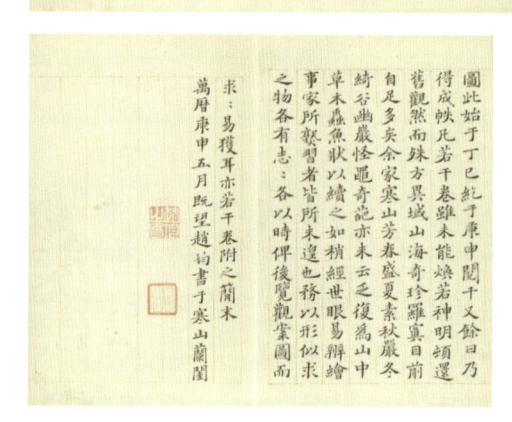

《金石昆虫草木状》明万历时期彩绘本（序言）
明 赵均

　　灵均夫人画《金石昆虫草木状》甫毕，四方求观者，寒山之中若市，名公巨卿，咸愿以多金易之，灵均一概不许，恐所托非人，将致不可问也。

　　夫妇俩都婉言拒绝了。
　　文俶的创作，可谓非常精细，一丝不苟，她对自己的艺术才能相当自信。创作《金石昆虫草木状》之前，她的声名已经被社会广泛知晓，很多人不惜重金定制她的作品，尤其是一些贵妇，特别喜欢她的花鸟画。据说她有一个奇怪的习惯——扇面要两面都画。

我们知道中国的书画创作，如果是画扇面，往往一面是画，另一面是书法，但是因为文俶特别看重自己一笔一笔画出来的作品，不愿意让一些水平不高的人很轻率地将书法写在她的扇面上，所以她想出了一个办法，将扇子两面都画上自己的作品，这样就避免了自己的扇画遭到庸手唐突。由这个细节可以看出文俶对自己作品的郑重其事。

时人观念中，"本草"著作有助于"多识于鸟兽草木之名"，不只医生要读，儒生学者也应该读，如此才能成为格物致知的博物君子，

《金石昆虫草木状》明万历时期彩绘本
明　文俶

这也是晚明方以智写博物学著作的一个动因。从绘画角度来看，《金石昆虫草木状》是一部动植物画谱；从生物学角度来看，它是一部生物图谱，称为"明代的中国地理植物志"也不为过。

赵均在序言里也介绍了一些创作中的细节：《金石昆虫草木状》比原本更完善，"若五色芝、古铢钱、秦权等类，则皆肖其设色，易以古图；珊瑚、瑞草诸种，易以家藏所有，并取其所长，弃其所短耳"。比如原书里的"铜锡镜鼻"，算是一味金属类的金石药，文俶决定用取自《宣和博古图录》的汉代"海马葡萄镜"替换它原来的图像，使之更加美观、古雅。赵均本人就有深厚的金石学素养，这或是夫妻二人商议的结果。

还有一味药物"广州珊瑚"，被归入"玉石部"，文俶夫妇对《本草品汇精要》中的珊瑚图不太满意，联想到自己家中收藏的那株更为精美、贵重的红珊瑚，造型瑰丽，于是便"易以家藏"，成为如今《金石昆虫草木状》里的主角样貌。

五色的灵芝、古铢钱、秦权等物品，在古代中医里面都是能够入药的。这些东西本身就是文物或是文房清玩，文俶对原来的内容加以改善，使其更加古雅、美观。文俶夫妇以文人趣味，将《本草品汇精要》这部专业的医药书拓展打造为一部艺术画册、案头雅玩。

令赵均更为自豪的是，《金石昆虫草木状》添加的寒山内容不止一处：

余家寒山，芳春盛夏，素秋严冬，绮谷幽岩，怪黾奇葩，亦未云乏，复为山中草木虫鱼状以续之。

《金石昆虫草木状》还有猎奇性。

《本草品汇精要》出自宫廷，珍贵之处是里面描写的一些内容，

《金石昆虫草木状》明万历时期彩绘本
明　文俶

民间根本无法窥见。比如我们现在看来很普通的狮子，明代中国人很少有机会看到。文俶的高祖父文徵明，嘉靖初在翰林院工作期间有机会参观北京宫廷，他特意参观了正德皇帝的"豹房"旧址，这里有狮子、大象，都是异域进贡来的罕见的凶猛野兽。

但是当时江南地区的人民完全没有机会看到真正的狮子，所以这样一套《本草品汇精要》图册从宫廷流入民间，可以最大限度地满足民众的好奇心，包括文俶自己。

从《本草品汇精要》到《金石昆虫草木状》，里面很多的动物，包括犀牛、海马，造型非常准确，好像照片一样，描画非常仔细。明代民间雕版木刻的书籍，对于这些动物的描绘往往含糊不清，甚至完全走样。如今，直接从宫里传出来的手绘图册方让人真正眼界大开。

崇祯四年（1631），另一位担任过兵部尚书的张凤翼（不是苏州文人张凤翼），再次为《金石昆虫草木状》写了序言。张凤翼获观此书，忍不住感慨：

千金易得，兹画不易有。况又有灵均、彦可之笔相附而彰耶。三绝之称，洵不诬矣。

一对寒山夫妻，两代文氏传人，三绝齐聚，确实千金难得。
有人花了千金，也真的得到了这件国宝。

《金石昆虫草木状》明万历时期彩绘本
明　文俶

　　东林党人杨维斗崇祯五年有题记，记录当时这件作品的下落。张凤翼的侄子张方耳"酬之以千金。及灵均身后，为之营其丧葬，报其冤愤，恤其弱女，又费五百余金"。

　　我一直有个疑问：宫廷里的绘画怎么就会流入民间，被文俶得到并加以临摹？

　　这曾是一个未解之谜，直到我读了李日华的《味水轩日记》，很意外也很惊喜地找到了答案。根据李日华的记述，在万历四十三年，也就是文俶开始制作《金石昆虫草木状》的前两年，李日华就已经知道宫廷《本草品汇精要》的副本在苏州出现了。

　　这一年的春天，李日华来到苏州旅行，四月十一日，他拜访了当地的一位叫沈恒川的医生。沈医生当时就给他看了《本草品汇精要》，李日华的日记里面是这么说的："午刻，至新桥，访沈恒川国医。"注意李日华称之为"国医",也就是曾经的宫廷御医。

御医沈恒川拿出了弘治年间内府的《图绘本草》,共四套,足足四十本,"自玉石部至草木禽兽介鳞虫豸,皆毕肖其形,而傅彩晕色,有天然之趣。每种列地、名、质、味、性、合、治、反、忌等目",非常精细,李日华看后感慨:"先朝留意方术,不苟如此,真盛时文物也。"李日华记录道,沈医生这套书是从吴江县林廷用那里得来的,而林廷用是从一位太监那里得到的。

李日华由此感慨"固知金匮石室之藏,其漏逸于外者多矣",皇家的藏书也会流入民间。

今天推测,沈医生这位"国医"得到的可能是一个副本或是底稿,是为了保存档案而特意制作的。正本完成之后,呈给皇帝御览,副本就留在了太医院,之后就被太监带出了皇宫。

故事还没有结束。

杨维斗题跋中透露出《金石昆虫草木状》散失的消息,隐含着这个家族的逐渐衰微。

赵均、文俶夫妇去世之后,他们有一个女儿叫赵昭,也是一位女画家,赵昭与嘉兴才女"闺塾师"黄媛介有密切交往。明朝灭亡后,黄媛介也曾经再次来到过寒山,赵昭一个人在寒山生活,一度非常窘迫。崇祯末年,祁彪佳巡按江南,久仰寒山大名,特意去往寒山,寒山别墅已经非常萧条,只有赵昭跟一个老婆婆在。祁彪佳的日记记载,赵昭那个时候只能通过卖画挣一点家用。汪砢玉在《珊瑚网》中记载,更早一些时候,赵昭特意带了家传的很多书画文物前往嘉兴,出售给收藏家,包括汪砢玉自己。可见,赵家当时的经济情况已经非常差了,但是赵昭继承了父母的书画才能。

按照汪砢玉的记述,赵昭的作品也非常精彩。

在今天,我们欣赏文俶作为一位女性艺术家创作的绘画,能够很直观地感受到她作品当中有一种非常安详优雅的气息。每一幅画的颜色，不论是浓是淡，都透着一种自信。而在构图上，她的花草、太湖石，无不说明画家是一位隐居在山中的杰出女性艺术家，继承了自己家族的传统，沉浸在完美的艺术世界中。很可惜，文俶的寿命不是很长，仅仅活了四十一岁，但是她给我们留下的作品，尤其是这套出自寒山的《金石昆虫草木状》今天已经重新出版，我们从这套画册中能够感受到一位天才画家内心的丰盈，以及她对美的执着追求。

《金石昆虫草木状》明万历时期彩绘本
明　文俶

第四十五章 戏曲

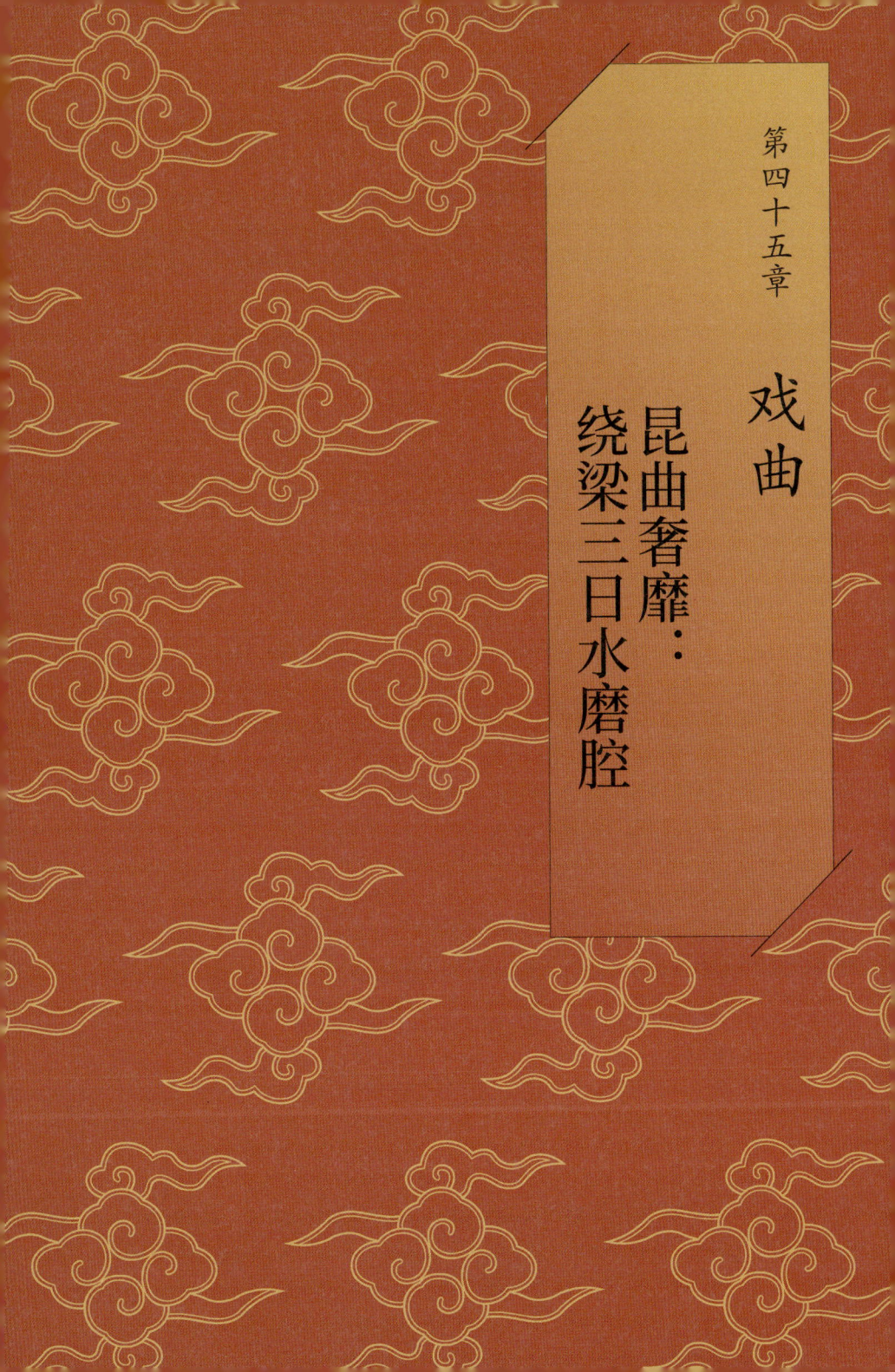

昆曲奢靡：绕梁三日水磨腔

第四十五章 戏曲

晚明江南地区的士大夫阶层,有一个非常烧钱的时尚横空出世——养戏班子。

这个现象与当时昆曲诞生并流行于上层社会息息相关。中国的戏曲,在每个地方都有自己独特的唱腔,明代继承了元曲这样一种艺术形式,在"吴门四家"文徵明、祝允明等活跃的那个时代,还是南曲、北曲并存,各有拥趸,戏班会在一些青楼、妓馆表演这些戏曲,但是不算很流行。按照顾起元《客座赘语》的记述,正德、嘉靖之前,南京的风气还算淳朴,官僚、乡绅看重文章、气节,对道德要求比较严格,求田问舍的逐利风气还少见,专门养歌妓、追逐声色的情况"百不见一二"。而从万历朝开始,家乐——私人置买和蓄养的家庭戏班——开始流行于江南地区,以江苏、浙江、上海为中心向周边辐射。崇祯时代,上海有一首《山歌》云:

墟里歌姬日赴筵,上厅角伎似神仙。
吾家每欲延佳客,十日前头与定钱。

晚明时优伶演出、歌女佐酒风尚已经极其普遍,除官府正式宴席不得唱曲演戏外,官商富人的高墙深院处处皆是声色奢靡。昆曲这种当时主流声腔艺术的诞生,与正德年间一场轰动全国的战争有关。

江西的宁王多年来蓄谋造反,然而被王阳明以迅雷不及掩耳之势迅速剿灭,结果之一是宁王府中很多奇能异士纷纷如鸟兽散。

宁王祖上有蒙古铁骑主力,与朱棣一起造反篡位,事成却没有得到许愿之地,反而改封江西。这代宁王素有异志,见正德皇帝性情乖张，愈加暗中招揽四方高人，比如画家唐伯虎，一度是宁王府的座上客。还有文徵明看重的一位苏州碑刻艺人章文，也去宁王府效力。宁王造反未成，宁王正妃自杀身亡，其他人下场可想而知。章文晚年得到王世贞写的一篇传记文章，记载他当时逃出江西回到苏州的恐怖经历，简直九死一生。与章文的战乱经历类似，宁王府当时有一位戏曲老师魏良辅，逃难流落到了苏州昆山。

魏良辅稳定下来，继续靠着戏曲谋生。江西当时流行的是弋阳腔，弋阳腔源自元朝末年，本属于"南戏"，唱腔高亢，吸收江西地方音乐元素后，逐步发展。祝允明是戏剧爱好者，对这种声腔有深入研究，专门写过文章，流传至今。魏良辅久在江西宁王府从事音乐工作，对这种相对古老的曲调一定非常熟悉。

但是为了迎合人们求新求变的心理，魏良辅结合苏州地区的传统声调，积极寻找新的音乐形式，期待受到市场欢迎。魏良辅来到昆山，受到吴地山歌曲调、传统唱腔的影响，眼界为之一开，糅合、发明了一种"水磨腔"，就是后来的"昆山腔"，很快"新声"一举走红。

戏曲音乐唱腔，往往能从侧面反映一个地区、一个时代人们的审美，有所谓"雅俗"之争。晚明时，弋阳腔没有完全失势、退出舞台。昆山腔开始虽是乡村小调，但经过魏良辅锤炼浓缩后横空出世，自诞生起便不胫而走，传唱四方。昆曲改革一新后，在文人倡导和商人赞助下，迅速流行全国各地，时人盛称"苏州戏"。万历三十八年，明代戏曲理论家王骥德说："旧见唱南调者，皆曰海盐，今海盐不振而曰昆山。昆山之派，以太仓魏良辅为祖，今自苏州而太仓、松江，以及浙江杭、嘉、湖，声各小变，腔调略同。"潘之恒《亘史》记载："长洲、昆山、太仓，中原音也，名曰昆腔。以长洲、太仓皆昆所分而旁出者。无锡媚而繁，吴江柔而媚，上海劲而疏。"

当时一些江南文人热衷以"新腔"参与戏曲创作，将一些历史故事或时事改编为戏剧故事。

比如，严嵩一倒台，就有人将他谋害忠臣、欺男霸女的劣迹恶行编排成戏剧，观众看得热泪盈眶、心潮澎湃，更加痛恨这些贪腐的奸臣，为忠良不幸的遭遇而抱屈。内容有了，唱腔有了，新创的昆剧在社会上形成了轰轰烈烈的热潮。这种创新唱腔的流行，有点像今天的演唱会，流行的说唱歌手争奇斗艳，兼之它的内容与当时的社会生活热点息息相关，每一部作品登台都轰动大江南北，昆曲的创作迎来了一个"四方歌者皆宗吴门"的繁荣期。

晚明松江范濂说，嘉靖、隆庆之际，当地弋阳戏一度"翕然崇高"，万历初年转而竞尚土戏。当时的昆曲改良家还有邓全拙，史料说："吴郡与并起者为邓全拙，稍折衷于魏，而汰之润之，一禀于中和，故在郡为吴腔。"明末清初，远离昆曲发源地的北京也以昆腔为时尚。吴江人史玄说，万历时，宫廷"近侍三百余员，兼学外戏。外戏，吴歈曲本戏也"，后来明熹宗也"喜看曲本戏"，专门有官员在宫中教习曲本戏。随着"梨园共尚吴音"的风行，出现"多少北京人，乱学姑苏语"的盛况。明末徐树丕说："四方歌者，必宗吴门，不惜千里重资致之，以教其伶伎，然终不及吴人远甚。"

声腔的演变靠专业人士，戏曲创作的另一关键密钥——剧本创作的积极推动者，是当时江南地区一些"归隐山林"的高官显贵，或者是掌握舆论清议风向的中低级官员，比如冯梦祯。

冯梦祯尽管只是南京国子监的一个中级官员，但也因为当时的社会风尚，蓄养了"家班"。所谓"家班"，就是前面说的"家乐"，即在家中养一个演出昆剧的小型戏剧团体。他的日记记载，他有一个小型家班，有四位演员。

冯梦祯心里，一直对"家班"这种奢华的戏曲表演方式羡慕不已。

早在万历十九年二月，冯梦祯在苏州太湖洞庭东山的兴福寺看过一场演出《玉簪记》。《玉簪记》是昆曲经典作品,近代俞振飞先生还曾经演过《玉簪记·琴挑》。《玉簪记》的作者,说起来大家一点儿也不陌生,就是今天常常被人提到的高濂,高濂不仅是一个生活艺术家,更是晚明重要的戏剧创作者。

"家班"在当时的江南特别流行。万历首辅申时行退隐回到苏州之后,家里有一个非常大的家班,而且有特色的曲目创作。除歌喉清丽的职业演员之外,甚至还有专业的编剧,申家班的演出闻名一时。与此同时,万历朝做过内阁首辅的太仓王锡爵,家里面也有自己的家班,"家班"好像上流社会娱乐、社交的"标配"一样。昆曲的表演,一方面给人一种精神上的享受,故事曲折生动,演员演技精湛、唱腔新奇,还有精妙的丝竹伴奏。当时申家班也好,王家班也好,都云集了当时最顶尖的艺术人才,这些艺人很安心地在豪门大户里面从事艺术表演工作。

另一方面,对于这些达官贵人来说,观看昆曲表演是一个很好的交流机会。喝酒听曲,几乎是宴饮活动必备的主题,贵人们听昆曲,可以是为了隆重的新剧首演,更多是为了人情往来,借听曲以联络感情,此时,昆曲就被淡化为了背景音乐。屠隆喜欢弋阳腔,冯梦祯比较倾向昆山腔,与魏良辅同时代的邓全拙弟子黄问琴,曾在冯家一再清歌演唱,还与当时的著名戏曲家臧懋循一起论词谈曲。比起魏良辅,邓全拙的名字今天大家不熟悉,其实在当年他也是重要的昆曲改良家之一,他的艺术特色是"中和"。

万历二十年赴南京任职之前,冯梦祯已经蓄养家班,前往南翰林院之际,家班随行。万历二十一年五月二十七日,冯梦祯记载:"悔以吴姬归,连日杭姬构隙,颇乖琴瑟之好。"冯梦祯自己的家班规模不大,主要演唱套数小曲,他在《快雪堂日记》里没有表演本戏和折子戏的记录。这些歌姬是他托人物色而来,费用约二两银子,买来时一般十二三岁，与婢女相比，对容貌要求更高。冯梦祯请来经验丰富的歌姬和昆曲老师担任家班教师。

万历二十六年辞官归隐之后，冯梦祯完全放弃仕途，潜心佛教，致力收藏书画和训练家班。万历三十年四月二十六日，"晤屠纬真于昭庆僧舍"。这年的九月初十，屠隆带了家班到嘉兴做客，邀请知府、县令和冯梦祯等再次观演《昙花记》。这天，冯梦祯的日记记录：

晴和。先访陈仲醇，不面。拜屠长卿，长卿先一日邀太尊诸公看《昙花》于烟雨楼，黄贞所陪，今日复邀两邑侯，招余陪。……晤冯抑吾及其二弟。午后，过烟雨楼，赴长卿之约。……郎生、项于王来久之，二邑侯主上席，复演《昙花》，夜半散席，归舟。

冯梦祯与汤显祖、屠隆等戏曲家往来密切，大家常常一起欣赏家乐的演唱，切磋戏曲艺术。万历三十一年二月十五日："柴仲美、吴太宁共作主邀余，伯宏等俱与席，鹨儿侍，柴氏二童子与家姬互唱，二童平熟，终不如家姬尖新也。"

万历三十二年六月初六，一个大暑天，冯梦祯在包涵所宅邸，与杨苏门等十三人观看包家优伶演唱。南京剧坛声名显赫的名妓马湘兰，擅长北曲杂剧，马氏三姐妹几天前来到杭州游玩，这次也一同演唱，马湘兰的姐姐表演《西厢记》二出，直到半夜才结束。这次北曲表演，让习惯欣赏昆山腔的冯梦祯等士大夫有耳目一新之感。

冯梦祯的家班其实水准也不差，有黄问琴这样的名家指点，规模最大时有十几人，顾起元对冯梦祯评价很高——"妙解音律，雅好歌舞"。

冯梦祯晚年在杭州孤山别墅有专门的小轩，作为诸姬习歌之地，名"雨天花轩"，而家乐女伎宴会时虽在一旁助兴演出，但多在内室

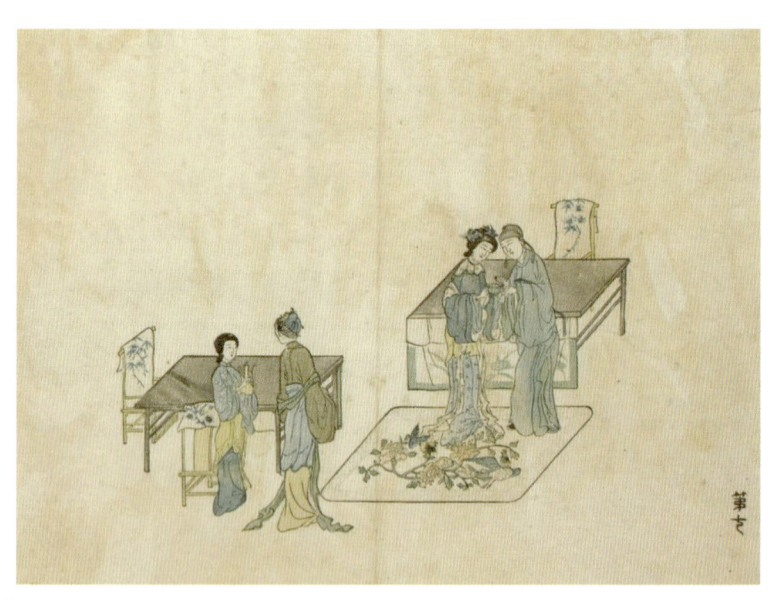

《明刻套色西厢记图册》
明崇祯十三年闵齐伋六色套印本
科隆东方艺术博物馆藏

《明刻套色西厢记图册》
明崇祯十三年闵齐伋六色套印本
科隆东方艺术博物馆藏

第四十五章 戏曲

表演，或设一层红纱屏障。冯梦祯的妻子冯小青曾在观看汤显祖昆剧《牡丹亭》后，写一绝句：

> 冷雨幽窗不可听，挑灯闲看牡丹亭。
> 人间亦有痴于我，岂独伤心是小青？

冯梦祯去世前一年，其家班尚存，时人俞懋相感念其人其事，作有《冯司成招集梅花庄，出歌姬佐酒，次年复游，而司成已故，感赋此诗》一诗缅怀。

杭州听曲的风气并没有随着冯梦祯辞世而稍减，当年的昆曲爱好者多是富豪名流。徽商汪汝谦寓居西溪横山别业，选伎征歌，置办家乐，别出心裁，创制"不系园""随喜庵"等演出场所，宴乐于湖上。前面提到的昆曲名家黄问琴、苏昆生等人，也都担任过汪汝谦的家班教习。

上海这个时候也流行昆曲。豫园主人潘允端是难得留下相关文字的一位，记录甚至比冯梦祯日记更为详细。他从吴门购戏子，颇为雅丽，同时的华亭人顾正心、陈大廷等也购买苏州戏子："松江人又争尚苏州戏。故苏人鹜身学戏者甚众。又有女旦、女生、插班射利，而本地戏子十无二三矣。"潘氏的日记《玉华堂日记》迄今没有正式出版，藏于上海图书馆古籍部库房里，只是因为有专家抄录研究，我们今天才能获得相关的珍贵信息：

> 午后，请（吴）曲石、（王）贞庵、（顾）研山、（徐）南孺、易斋及梅岩弟，移席于家，吴门梨园众皆称美，一更散。

从《玉华堂日记》中我们可以了解到，在诸多声腔中，潘允端最崇尚的是徐缓柔和、清丽婉转的昆山腔。

常在乐寿堂中演出的戏班,除各地梨园外,尚有曹成、杨成、何一、三峨等民间职业班社;家乐有秦风楼、顾亭林、顾青宇、陈明所、姚家等班。经常演出的剧目有《岳武穆》《存孤记》《蔡伯喈》《宝剑记》《拜月亭》《荆钗记》《西厢记》等,几乎是"无日不开宴,无日不观剧"。

各地戏文子弟和士大夫家乐争奇斗艳,不仅有吴门子弟演唱的昆山腔,并且还有余姚、太平等地艺人演唱的地方戏曲声腔,五方之音汇于一堂;从雏伶、小娟的拍手清唱,到梨园艺人的整本大戏,《玉华堂日记》均作了忠实的反映。

潘允端的家班,生旦净末丑,共有二十四个人,可以演出大型的剧目,连县令都多次来借用。他还致力于编排新戏,多次购买南戏剧本,还蓄养文人专门进行剧本创作。潘允端的长子去世了,家里人白天祭祀,晚上仍然要"串戏";妻子顾氏去世了,刚满三七,便要家班演"杂剧一折"。每年四月十四日潘允端的生日,豫园内更是到处歌舞管弦之声。万历十四年,潘允端做寿时,从四月初七到四月十八日,除家班外,特请"松江梨园""吴门梨园"两个戏班一起演出。

万历十六年,潘允端的梨园以家班演出为主。他邀请小梨园戏班来园中演出了有"南戏之祖"美誉的《琵琶记》。万历十七年,潘允端六十四岁寿辰,两班戏子各献技,连演了十多天,真是天天宴会、席席歌舞,连他自己都在日记中承认这是"过分豪奢"了。

万历二十三年七月,潘允端为贺孙子诞生,于二十四日至二十八日演出全本《南西厢记》。

因为他的痴迷,豫园变成了热闹的演出场所。当时上海的当红职业艺人都曾在这里演出,正是他这种热情,为昆剧在最初形成阶段的传播和发展起到了推波助澜的作用,他也因此成为昆剧初创时期有史料记载的重要人物之一。

更大规模的社交场景，出现在苏州虎丘。中秋节，一轮明月当空，虎丘著名的"千人石"如一处宽阔的广场，人们可以席地而坐，一边享用自带的茶酒美食，一边观赏各个家班的演员现场演剧，观者多达万人，挤满了"千人石"周边空间。演员难得有机会在城市的公共场所面对如此多的观众，一口气提起来，精神振奋至极，缓缓吐字，声入云端，如风筝在月光下越飞越高，而始终不断。众人其实看不清演员的表情，只是仰望着头上的明月，想起苏轼的诗情，明月清风，十分动情。而离演员最近的幸运者，可以看见伶人陶醉的表情。在繁华盛世的这个中秋之夜，歌声无处绕梁，每个字偏偏传得清清楚楚，送到阖闾当年藏剑、秦始皇遇见白虎的这座小山丘的每一处。有人落泪了，戏剧里的悲欢离合，在晚明"虎丘中秋曲会"上达到顶点。

凌晨，人群才散去。

后记

在我看来,明朝的社会更加多元,相比于前朝社会各阶层的日常消费,更加世俗,也更有人间烟火之气。老百姓一年到头辛苦劳作,换一点衣食无忧的生活,而文人的生活在晚明以后越发精致,甚至奢靡。

就艺术层面来说,明代诗词歌赋没有办法超越唐宋,倒是世俗的戏曲小说,在市民阶层大行其道。浪漫的《牡丹亭》讲的是男女感情,《金瓶梅》这样的现实主义作品深刻、世俗,《西游记》充满了天真的想象,还有一种讽刺意味,这些作品都将娱乐大众作为第一追求。明代的书法、绘画从宋元而下,明四家精彩,陈老莲、吴彬都是天才勃发,但是只是顺流而下,甚至模式化,董其昌就是代表,没有创作的激情,只是笔墨游戏而已。

文震亨说,不是只有太湖石才是好石头,黄石好就好在不玲珑。这是很接地气的说法。回顾明朝二百多年的历史,多次内战,抗击游牧民族入侵,从陆地到海洋,每个人都在顽强生活,尽管生活艰难,依然兴致勃勃。明朝人按照二十四节气认真地耕田、种植桑麻、纺布,按照传统的衣冠礼乐谈婚论嫁,在村里面造个房子,到城市里面去考个秀才。一旦发达了,造个园林,老来德高望重,参加所谓的乡饮,就是一个人一生最高光的时刻了。死后有人给他们写一篇墓志铭,歌颂、纪念他们的一生,这样起起落落,或是追求大富大贵,或是庸庸碌碌,高低错落,都是咱们乡土中国的往事。

明朝人继承宋代理学思想,讲究仁义道德、国家秩序,追寻帝王道统，尽管也有"靖难之变"，帝王之家血流成河，但终于和解，在百年之后又是一家人。读书人崇尚诗书教化，每年祭祀先贤祖宗，敬畏天地鬼神，要做忠臣孝子，赞叹才子佳人，这样一种思想观念，很神奇地融合在他们日常生活的道德感当中。

明朝人自有一套完备的社会秩序、价值伦理，他们按时交纳皇粮国税，闲来瓜棚树下，闲话三皇五帝、怪力乱神、家长里短，享受檀板悠扬的戏如人生。明朝的文人喜欢用美好的情趣装点悠闲的日常生活，游山玩水、寻花品泉、焚香对月、鼓琴豢鹤、摩挲古玩、摆设书斋、布置园林，有一种闲适的姿态。

最后我要指出，像晚明钱谦益这样的文人，一方面好似非常高雅，有很高的艺术修养，同时他有另一种面目——横行乡里，在官场上钩心斗角，最后等到清军打到江南，他是率先出了南京城投降的那一位，终究为后人所不齿。

倒是老百姓，每天认认真真持家、耕作，有条件就读书上进，为家庭、为社会创造出的物质财富是一切的基础。在这个基础上，把日子过得优雅一点，少一些焦虑，多一分从容恬淡，少一点贪欲，多几分宽容平和，创造每个人完整的自我精神世界，好好生活，诚实面对自己的内心，才是生活的意义所在。这是脱胎于"三联中读"明代生活美学60讲课程的这部书，希望带给大家的一点点生活建议。

图书策划　中信出版·东洋工作室
总策划　东洋
策划编辑　袁月
责任编辑　朱瑞雪
营销　生活美学营销中心
装帧设计　小作书方

出版发行　中信出版集团股份有限公司
服务热线：400-600-8099　网上订购：zxcbs.tmall.com
官方微博：weibo.com/citicpub　官方微信：中信出版集团
官方网站：www.press.citic

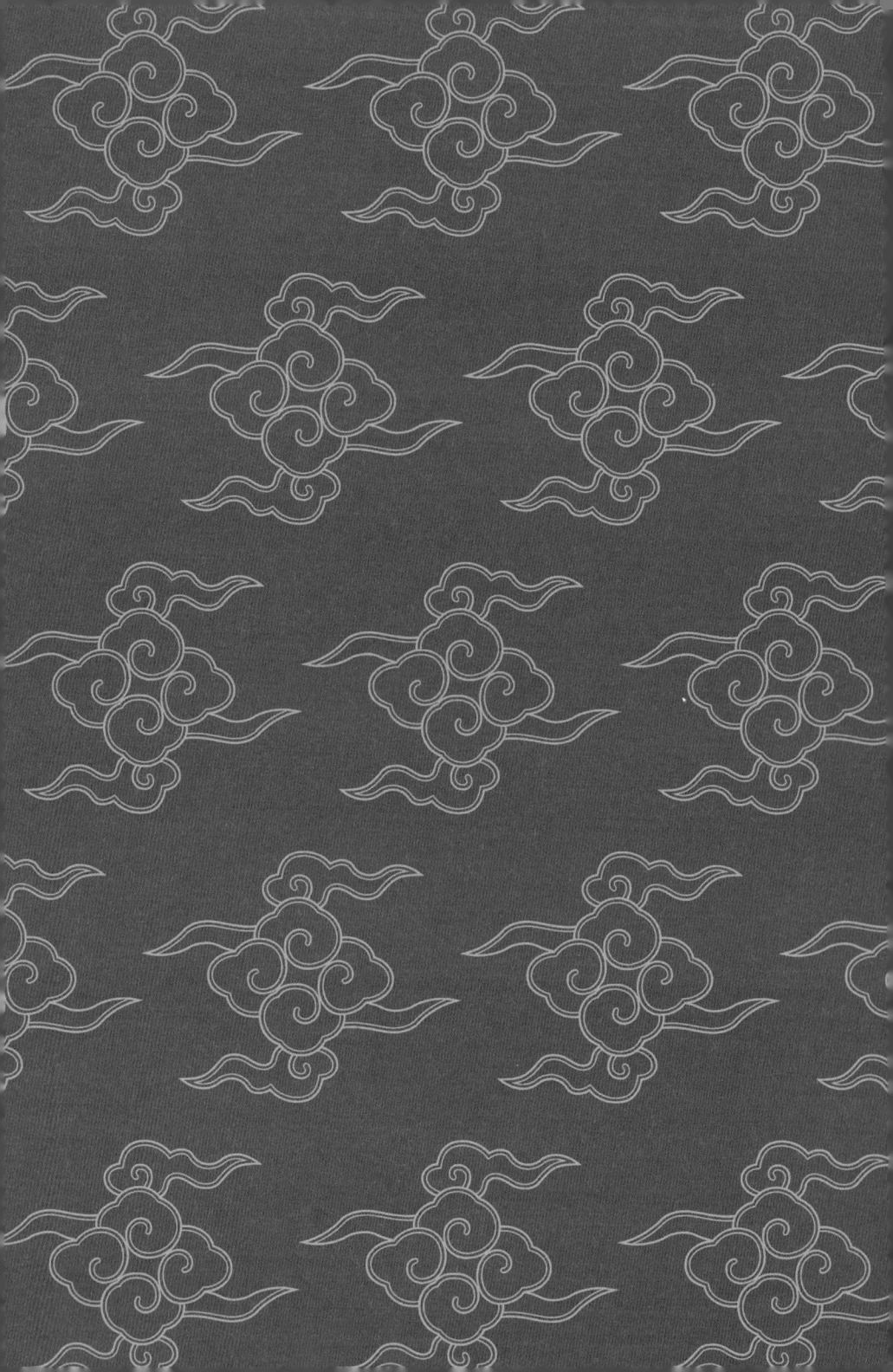